普通高等教育风景园林专业系列教材

计算机辅助园林设计

主　编　杨学成

副主编　高　伟

参　编　钟　涛　　杨德威　张丽敏

主　审　王绍增

重庆大学出版社

内 容 简 介

本书分为两部分。第Ⅰ部分为 AutoCAD 2011 中文版在园林规划设计中的应用,详细介绍了使用 AutoCAD 2011 进行园林规划设计绘图的基本方法和高级技巧,共 17 章,涉及平面图形绘制、编辑、图形组织和输出等。AutoCAD 进行三维建模及应用案例、AutoCAD 2011 菜单命令详解可在配套资源网站免费下载。

第Ⅱ部分简要介绍 Photoshop 及 Indesign 在设计工作中的应用(Photoshop 处理图像文件及制作彩色平面图形,用 Indesign 进行设计成果的编排——图册或展板的制作),强调了制作和编排思路的引导。

本书为风景园林本科专业的计算机辅助设计教材,也适合相关专业设计人员参考使用,并且非常方便于进行自学。每章后面均配有练习题。

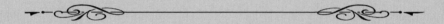

图书在版编目(CIP)数据

计算机辅助园林设计/杨学成主编.—重庆:重庆大学出版社,2012.8(2023.1 重印)
普通高等教育风景园林专业系列教材
ISBN 978-7-5624-6915-5

Ⅰ.①计⋯　Ⅱ.①杨⋯　Ⅲ.①园林设计—计算机辅助设计—AutoCAD 软件—高等学校—教材　Ⅳ.①TU986.2-39

中国版本图书馆 CIP 数据核字(2012)第 177674 号

普通高等教育风景园林专业系列教材
计算机辅助园林设计

主　编　杨学成
副主编　高　伟
主　审　王绍增
策划编辑:张　婷

责任编辑:张　婷　文　鹏　版式设计:张　婷
责任校对:陈　力　　　　责任印制:赵　晟

*

重庆大学出版社出版发行
出版人:饶帮华
社址:重庆市沙坪坝区大学城西路 21 号
邮编:401331
电话:(023)88617190　88617185(中小学)
传真:(023)88617186　88617166
网址:http://www.cqup.com.cn
邮箱:fxk@cqup.com.cn(营销中心)
全国新华书店经销
重庆升光电力印务有限公司印刷

*

开本:787mm×1092mm　1/16　印张:32.25　字数:805 千
2012 年 8 月第 1 版　　2023 年 1 月第 5 次印刷
印数:9 001—10 500
ISBN 978-7-5624-6915-5　定价:72.80

总　序

　　风景园林学,这门古老而又常新的学科,正以崭新的姿态迎接未来。

　　"风景园林学(Landscape Architecture)"是规划、设计、保护、建设和管理户外自然和人工环境的学科。其核心内容是户外空间营造,根本使命是协调人与自然之间的环境关系。回顾已经走过的历史,风景园林已持续存在数千年,从史前文明时期的"筑土为坛""列石为阵",到21世纪的绿色基础设施、都市景观主义和低碳节约型园林,都有一个共同的特点:就是与人们对生存环境的质量追求息息相关。无论中西,都遵循一个共同的规律,当社会经济高速发展之时,就是风景园林大展宏图之势。

　　今天,随着城市化进程的飞速发展,人们对生存环境的要求也越来越高,不仅注重建筑本身,更多的是关注户外空间的营造。休闲意识和休闲时代的来临,对风景名胜区和旅游度假区的保护与开发的矛盾日益加大;滨水地区的开发随着城市形象的提档升级愈来愈受到高度关注;代表城市需求和城市形象的广场、公园、步行街等城市公共开放空间的大量兴建;设计要求越来越高的居住区环境景观设计;城市道路满足交通需求的前提下景观功能逐步被强调……这些都明确显示,社会需要风景园林人才。

　　自1951年,清华大学与原北京农业大学联合设立"造园组"开始,中国现代风景园林学科已有58年的发展历史,据统计,2009年我国共有184个本科专业培养点。但是由于本学科的专业设置分属工学门类下的建筑学一级学科中城市规划与设计二级学科的研究方向和农学门类林学一级学科下的园林植物与观赏园艺二级学科;同时本学科的本科名称又分别有:园林、风景园林、景观建筑设计、景观学,等等,加之社会上从事风景园林行业的人员复杂的专业背景,从而使得人们对这个学科的认知一度呈现较为混乱的局面。

　　然而,随着社会的进步和发展,学科发展越来越受到高度关注,业界普遍认为应该集中精力调整发展学科建设,培养更多更好的适应社会需求的专业人才为当务之急,于是"风景园林(Landscape Architecture)"作为专业名称得到了普遍的共识。为了贯彻《中共中央国务院关于深化教育改革全面推进素质教育的决定》精神,促进风景园林学科人才培养走上规范化的轨道,推进风景园林类专业的"融合、一体化"进程,拓宽和深化专业教学内容,满足现代化城市建设的具体要求,编写一套适合新时代风景园林类专业本科教学需要的系列教材是十分必要的。

　　重庆大学出版社从2007年开始跟踪、调研全国风景园林专业的教学状况,2008年决定启动《普通高等教育风景园林类专业系列教材》的编写工作,并于2008年12月组织召开了"普通

高等院校风景园林类专业系列教材编写研讨会"。研讨会汇集南北各地园林、景观、环境艺术领域的专业教师,就风景园林类专业的教学状况、教材大纲等进行交流和研讨,为确保系列教材的编写质量与顺利出版奠定了基础。经过重庆大学出版社和主编们两年多的精心策划,以及广大参编人员的精诚协作与不懈努力,《普通高等教育风景园林类专业系列教材》将于2011年陆续问世,真是可喜可贺!

这套系列教材的编写广泛吸收了有关专家、教师及风景园林工作者的意见和建议,立足于培养具有综合创新能力的普通本科风景园林专业人才,精心选择内容,既考虑到了相关知识和技能的科学体系的全面系统性,又结合了广大编写人员多年来教学与规划设计的实践经验,吸收国内外最新研究成果编写而成。教材理论深度合适,注重对实践经验与成就的推介,内容翔实,图文并茂,是一套风景园林学科领域内的详尽、系统的教学系列用书,具较高的学术价值和实用价值。这套系列教材适应性广,不仅可供风景园林类及相关专业学生学习风景园林理论知识与专业技能使用,也是专业工作者和广大业余爱好者学习专业基础理论、提高设计能力的有效参考书。

相信这套系列教材的出版,能为推动我国风景园林学科的建设,提高风景园林教育总体水平,更好地适应我国风景园林事业发展的需要起到积极的作用。

愿风景园林之树常青!

编委会

2010年9月

前　言

　　自从 AutoCAD 在 20 世纪 90 年代被应用于设计行业,时至今日,大部分从事风景园林设计的人都在使用它或它的衍生软件(如国内的天正系列软件等)。可以说,如果不会运用 AutoCAD 绘图,是不可能胜任具体的设计工作的。AutoCAD 不仅功能强大(实际上在风景园林设计工作中所应用到的只是它的一部分功能),而且具有较好的易用性和适用性。

　　近年来,Autodesk 公司每年都推出新的 AutoCAD 版本,当前的最新版本是 2012 版,实际工作中很多人则尚在使用较早期的版本,如 2004 版、2006 版、2008 版和 2010 版等,本书的 CAD 作图部分基于 2011 中文版编写。但实际上不论使用何种版本,作图的工具、基本方法和命令大体是一样的,学会使用一个版本,基本上也能快速使用其他版本。

　　Adobe 公司的 Photoshop 是流行极广的位图图像处理软件,被广泛应用于数字摄影、平面设计、建筑和园林设计等各个领域,目前最新版本是 CS5 版。Indesign 是 Adobe 公司的专业排版软件,目前的最新版本也是 CS5 版本。

　　本书结合作者的实际绘图经验及教学经验编写,第一部分详细介绍了 AutoCAD 2011 中文版在园林设计方面的基本应用,并在最后的章节里着重谈了如何提高使用 AutoCAD 绘图效率的问题。第二部分简明扼要地介绍了 Photoshop 和 Indesign 两个软件的基本操作方法及它们在设计工作中的应用,重点说明应用思路的。

　　通过本书的学习,读者可以掌握以下内容:

　　①掌握计算机绘图和辅助设计的基本知识;

　　②全面了解 AutoCAD 园林绘图的方法和技巧,并熟练应用于实际工作;

　　③掌握使用 AutoCAD 协同工作的方法;

　　④编排和输出设计图纸;

　　⑤从 AutoCAD 中输出位图文件,以便在 Photoshop 或 Indesign 中做进一步处理(例如制作彩色平面图);

　　⑥图像处理的基本知识及使用 Photoshop 对图像文件进行处理的方法;

　　⑦排版的基本知识及使用 Indesign 排版的方法和技巧;

　　⑧由于篇幅限制,本书中没有包括 AutoCAD 三维绘图的内容,相关内容在重庆大学出版网教育资源网(htttp://www.cqup.com.cn)提供免费下载,通过学习可以掌握使用 AutoCAD 创建

三维模型的方法。

本书的编写集多人之力:第Ⅰ部分中第1、2、3、4、8、9、10、13、17章由杨学成编写,三维绘图和建模部分的全部内容亦由杨学成编写;第5、6、7章由钟涛编写;第11、14章由杨德威编写;第12、15、16章由张丽敏编写。第Ⅱ部分全部由高伟编写。最后的统稿工作由杨学成完成。

另外本书承王绍增先生百忙中审阅,在此诚挚致谢!

编　者

2012年3月20日

目　录

第 II 部分

绪　论　计算机在园林
设计上的应用概述

在园林设计中,计算机的应用主要包括哪些方面呢? 下面做一个简要的说明。

(1) 草图阶段

多年来,一些设计人员在构思过程中不习惯使用计算机进行草图绘制,认为使用计算机作草图不灵活,会影响方案的构思。但事实上有些设计人员从一开始就使用计算机进行设计方案的推敲。用计算机作草图虽然即时性和灵活性不够,但它具三个优势:第一,精确。例如你无须借助尺子就可以立即绘制出一条准确的 3 米宽的道路。第二,有效利用已有的资源。用计算机作草图你可以随时调用以往做过的景物内容用到当前的设计中。第三,可以跟后续的工作无缝连接。手绘的草图确定后,得花费力气把它绘制成计算机图形,用计算机作草图,这步基本上被免除了。

在用计算机绘草图,用到的软件主要是 AutoCAD,有时会使用 Phptoshop 着色。

(2) 正式图阶段

方案确定后要绘制完整的图纸,就须用计算机作图了。与手工绘图相比,计算机绘图有不言而喻的优越性,主要表现在以下几个方面:

①便于修改调整;

②便于工作小组分工协作;

③可以有效地利用已有的资源,提高工作效率;

④图面更整洁;

⑤便于图纸的复制;

⑥便于设计图纸的归档管理。

在这个阶段,可能用到的软件除了 AutoCAD 之外,还有下列几种:

● Photoshop:制作彩色平面图形(包括平面图和立面图甚至剖面图);把手绘的图形扫描输入计算机后进行后期处理;对要使用的数字相片进行修饰。

● 3Dmax 或 Sketchup:这两个软件常用来制作三维的表现图,前者具有更强的三维建模和渲染能力,后者则可以做出类似于手绘的效果并且更适应于对方案的推敲。AutoCAD 也可以用于建模和渲染,但使用不方便,所以很少有人这样做。

● Indesign 或 CorelDRAW:这两个都是矢量绘图软件,具有强大的排版功能。在方案设计阶段,当个别的图形(包括平面图形和三维表现图)及文字说明都已完成后,可以使用这两个软

件中的任何一个实现对设计方案文件的编排。

　　● PowerPoint 或 Flash：如果设计方案需要向委托方（或评委）演示讲解，则可以使用这两个软件中的一个来实现。PowerPoint 使用简单，Flash 比较复杂，但可以做出很多动人的效果，增加演示的感染力。

　　本书第Ⅰ部分主要介绍用 AutoCAD 2011 绘制二维图形的方法。这是整个设计过程中工作量最大的一部分。AutoCAD 是与园林设计关系最为密切的软件，从早期的方案设计图到后期的施工图，都离不开 AutoCAD 软件。对 AutoCAD 三维绘图和建模也有适当的涉及，但由于教材篇幅的限制，菜单命令简介、三维绘图和建模部分不作为本书的正文编入，读者可在提供的电子教案或出版社相关网页上找到这部分的内容。第Ⅱ部分主要介绍 Adobe 公司的 Photoshop 及 Indesign 两款软件在设计工作中的应用，同时也浅显地讲解有关图像色彩及排版方面的知识。

第Ⅰ部分

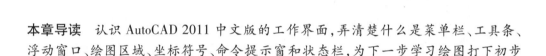

1 AutoCAD 预备知识

本章导读 认识 AutoCAD 2011 中文版的工作界面,弄清楚什么是菜单栏、工具条、浮动窗口、绘图区域、坐标符号、命令提示窗和状态栏,为下一步学习绘图打下初步基础。

1.1 AutoCAD 概述

AutoCAD 是美国 Atuodesk 公司开发的通用计算机辅助绘图软件包,最早的版本是 1982 年诞生的 AutoCAD V1.0,以后 Atuodesk 公司先后发布了多个版本,目前的最新版本是 AutoCAD 2011。不论是中文版还是英文版,读者只要学会使用其中一个版本,掌握了 CAD 绘图的基本知识和技巧,使用其他版本不存在什么困难。

1.2 AutoCAD 2011 的工作界面

安装 AutoCAD 2011 中文版后,每次启动软件时首先见到的是 AutoCAD 2011 的欢迎屏幕,如图 1.1 所示。上面有一系列介绍和学习视频的链接,单击每个链接,将打开相应的介绍或教学视频。如果不希望在启动 AutoCAD 时见到这个欢迎屏幕,可以单击去掉左下角"启动时显示此对话框"前面的"√",则下次启动时将直接进入绘图界面。

关闭欢迎屏幕,进入默认的工作界面,如图 1.2 所示。这是一个初始的工作空间——所谓工作空间就是软件的工作界面。AutoCAD 2011 中文版有好几个默认的工作空间,如果在安装 AutoCAD 2011 中文版之前计算机上有早期的 AutoCAD 版本(例如 AutoCAD 2010)存在,则在安装过程中会提示从早期版本中移植工作空间设置。如果电脑上同时装有 AutoCAD 2010,则在 AutoCAD 2011 的可选工作空间中多了几个与前版本相关的选项,单击软件界面左上角的工作空间窗口,会弹出一个选项菜单,如图 1.3 所示。

图 1.1

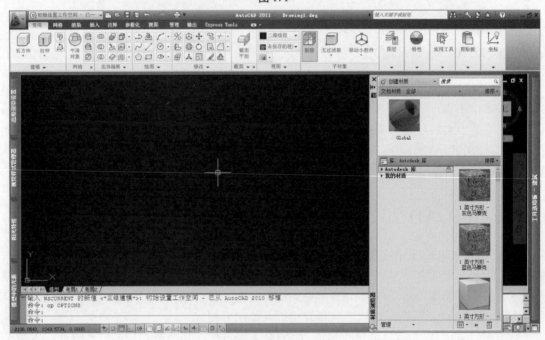

图 1.2

在开始动手绘图之前,要重新设置所需要的绘图空间,请对照图 1.4 来认识初始工作空间的组成。

● 文件操作按钮：对其单击该按钮，将打开文件保存、关闭、新建等一系列功能选项，相当于传统菜单中的"文件"菜单。自 2010 版之后，AutoCAD 也使用了这种默认取消传统菜单栏的界面，其目的是使用者能更加便捷地单击工具按钮进行操作。

◎提示

使用 AutoCAD 绘图，必须尽早习惯使用键盘命令直接操作。当记不住有些不常用命令快捷键时，使用菜单输入命令的方式作为辅助，这种情况下传统的菜单就显得非常方便和重要。

图 1.3

● 工作空间选择窗口：对其单击将打开如图 1.3 所示的选项菜单，用来选择或设置工作空间的形式。

● 工具栏选择菜单：它是把功能相近的工具按钮和组并集中在一起，绘图中要使用哪一组工具，就单击相应的菜单项，下面就显示出详细的工具栏。

● 常用工具栏：是软件设计者最为常用的一组工具集合，包括新建、打开、保存、另存为、放弃、重做、打印等功能，单击右边向下的黑色三角形，会打开更多的选择。

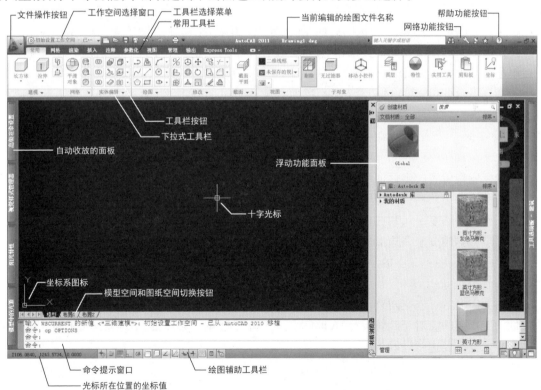

图 1.4

● 当前编辑的绘图文件名称：这里显示的是处于编辑状态下的绘图文件名称，如果是新建的绘图文件，则显示为系统默认的名称，如 Drawing1. dwg、Drawing 2. dwg 等。

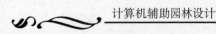

- 网络功能按钮:这是一组与互联网应用相关的工具按钮,个人绘图一般不会使用它。

- 帮助功能按钮:单击该按钮将打开 AutoCAD 2011 的帮助内容。AutoCAD 的帮助功能做得很出色,使用者碰到疑难问题,可以通过帮助功能来解决。

- 自动收放的面板:在界面的最左侧和最右侧都可看到一些竖向长条形的"按钮",这是一些停靠在界面边上会自动缩放的功能面板,如"高级渲染设置""视觉样式管理器"等。把光标移动它上面,会自动展开功能面板,面板中有很多可操作的内容,可以实现比较复杂的功能。当把光标移开后,面板会自动收起来恢复成停靠状态。实际上,这类功能面板可以变成一般的浮动面板,在后面将介绍如何操作。

- 工具栏按钮:这是 AutoCAD 最典型的输入命令途径之一,单击一个按钮将执行一个命令。把光标停在工具按钮上,会显示其功能和功能说明。

- 下拉式工具栏:AutoCAD 的命令非常多,不可能同时显示在界面中,下拉式工具栏中包含了更多的工具。

- 十字光标:这是 AutoCAD 绘图的定点指示标识,我们在绘图中无时无刻不在跟它打交道。默认状态下十字光标的大小为绘图区域的 5%,也可以改变其大小。

- 浮动功能面板:处于浮动状态的功能面板,它也可以被停放在界面的边界上,还可以令其自动收放。

- 坐标系图标:工程绘图离不开坐标的概念,AutoCAD 中有多种坐标系可选择,这里的图标显示了坐标系的类型及 X、Y 坐标的方向,如果处于三维绘图视口中,则还会显示出 Z 轴。

- 模型空间和图纸空间切换按钮:选择使用模型空间还是图纸空间的按钮。一般情况下绘图在模型空间中完成,而图纸编排则在图纸空间中完成。进一步的知识以后讲解。

- 命令提示框口:输入的命令(不论用何种方法输入,例如键盘命令或是点击工具按钮或者点选菜单项)都会显示在命令提示框口中,如果命令需要对话,则会按步骤提示输入对话的内容,例如要画一个圆,输入命令后,命令提示框口会提示你输入圆的半径或直径等确定圆大小的信息。

- 光标所在位置的坐标值:这里显示的是当前坐标系中光标所处位置的坐标值。

- 绘图辅助工具栏:这里是一组会经常使用到的绘图辅助工具,例如正交模式的开关(类似于手工作图中的丁字尺和三角板的功能)、对象捕捉功能的开关(本质就是快速定位精确的几何特征点,例如圆心、多边形的顶点、线段中点等)。

- 绘图区域:图 1.2 中的黑色部分即为 AutoCAD 2011 的绘图区域,所有的绘图工作都在上面完成。

从图 1.3 中的工作空间菜单中可以发现,AutoCAD 2011 的思路是为不同的工作要求提供针对性的工作空间。对于园林设计,AutoCAD 主要用于绘制二维图形,下面将 AutoCAD 2011 的工作空间根据需要进行设置。

单击 AutoCAD 2011 界面左上角的工作空间选择窗口,在弹出的菜单中选择"AutoCAD 经典",工作空间如图 1.5 所示。

单击浮动面板"工具选项板—所有选项板"右上角的"×"按钮,关闭浮动选项板。再单击绘图区域内左上区域上的工具条右边的"×"按钮,关闭该工具条。按住界面左侧工具条顶部,将其拖出到绘图区域内,然后关闭它。用相同的方法关闭右边的两个工具条。

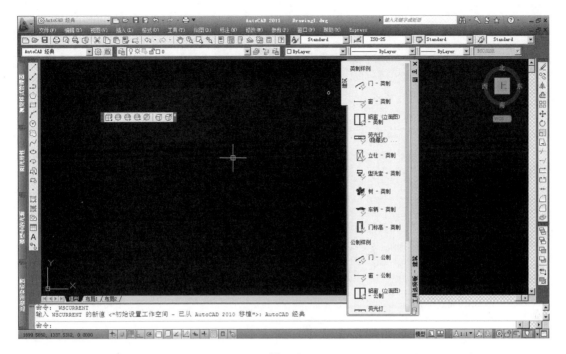

图 1.5

拖出绘图区域上方的"图层"和"特性"工具条,如图 1.6 所示。

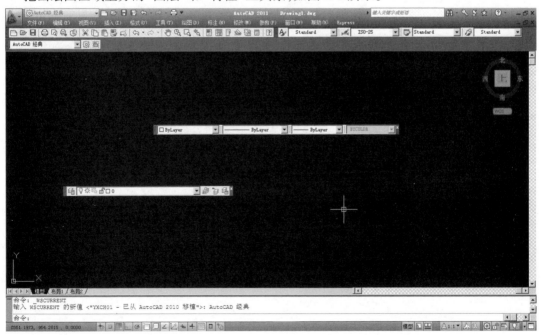

图 1.6

拖动"图层"工具条到"命令提示窗口"上方,工具条会自动泊入,用相同方法把"特性"工具条停放到"图层"工具条右侧,如图 1.7 所示。

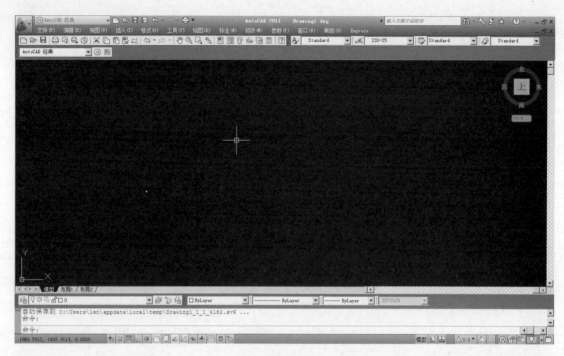

图 1.7

图 1.8

　　移动光标到绘图区域上方原来工具条留下的空白处,单击鼠标右键,在弹出的菜单中选择
"AutoCAD"→"标注",如图 1.8 所示。把"标注"工具条拖放到绘图区域上方"工作空间"工具
条的右侧。用相同方法打开"查询"工具条,拖放到绘图区域右下方,打开"测量工具"工具条放

置在绘图区域右上方,打开"绘图次序"工具条放置在绘图区域右下方。适当调整个工具条的
位置,最后得到如图 1.9 所示的界面。

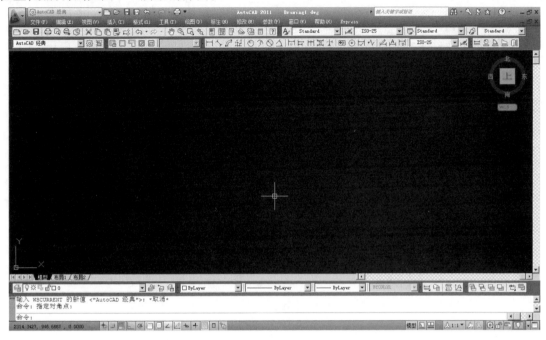

图 1.9

此时工作空间更为简洁,并且界面中有我们熟悉传统的菜单项。工作空间保存:单击绘图
区域左上方的"工作空间控制"窗口,选择"将当前工作空间另存为…",如图 1.10 所示,在弹出
的窗口中输入用以保存的名称,如"自设二维绘图 1",单击"保存"。工作空间控制窗口中将显
示刚才输入的名称,下次启动 AutoCAD 时也将直接进入这
个工作空间。经学习对 AutoCAD 比较熟悉后,可以根据自
己的需要设置多个不同的工作空间并保存,以方便随时
调用。

刚才设置和保存的工作空间关闭了常用的绘图和编辑
工具条,这对能熟练使用 AutoCAD 的人很方便,但对初学
者却有一定的难度,接下来将设置一个适宜于初学者学习
和绘图的工作空间。

单击"工作空间控制"窗口,选择"AutoCAD 经典",关
闭浮动面板,再关闭浮在绘图区域的工具条,其他都不变,
然后将此工作空间以"自设基本二维绘图"为名保存,如图
1.11所示。这个工作空间保留了左侧的"绘图"工具条和
右侧的"编辑"工具条及"绘图次序"工具条,便于初学者用
单击工具条按钮的方式输入命令。

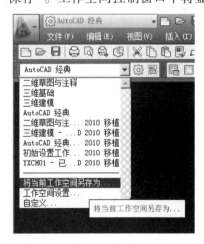

图 1.10

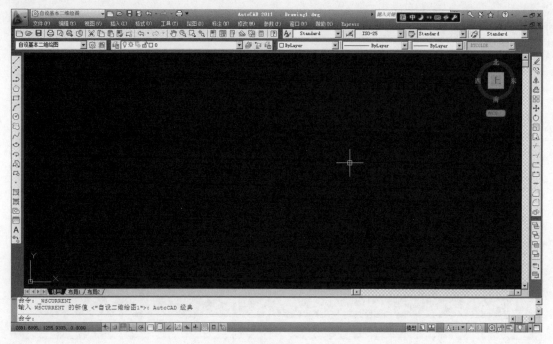

图 1.11

练习题

1. 打开 AutoCAD 中文版,熟悉其工作空间,了解其各部分的位置和基本用途。

2. 尝试在工作空间控制窗口中切换不同的工作空间,了解各个工作空间的主要区别,熟练掌握调用"AutoCAD 经典"工作空间的操作方法。

3. 尝试保存一个你自己的工作空间,并掌握它的调用方法。

2 AutoCAD 2011 快速入门

本章导读 在本章中将认识 AutoCAD 2011 的命令输入方式,初步了解 AutoCAD 2011 各个菜单的主要内容,概要了解工具条的主要内容。另外通过绘制简单的图形,了解用 AutoCAD 绘图的一般过程。

2.1 尝试用 AutoCAD 2011 中文版绘图

初步认识了 AutoCAD 2011 中文版的工作界面后,先尝试用它绘制几个简单的图形。

启动 AutoCAD 2011 中文版,确认系统处于待命状态(系统处于待命状态时光标为带小方框的十字光标,命令提示框口的最下面一行显示为"命令:"),如图 2.1 所示。

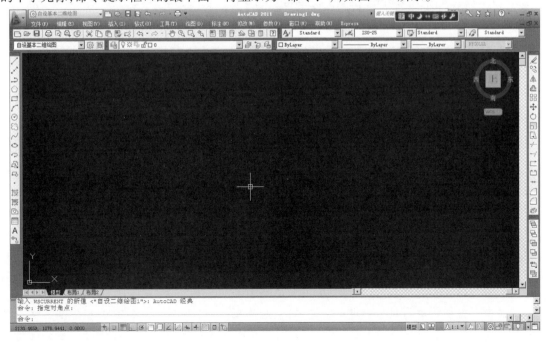

图 2.1

◎提示

　　用户在第一次打开 AutoCAD 2011 进行绘图操作的时候,有可能光标旁边会出现一个或几个蓝色的小矩形,里面显示着一些文字,同时有一些看起来颇为复杂的辅助虚线。这是系统默认打开了绘图辅助工具中的极轴追踪、对象捕捉追踪和动态输入功能。也可先关闭这些辅助工具:在屏幕上绘图辅助工具栏上(图 2.1)单击"极轴追踪""对象捕捉追踪""动态输入"等按钮,确保它们处于关闭状态(即按钮处于灰色显示状态)。详见第 3 章第 5 节的内容。

　　【例 2.1】　在屏幕上绘制一个矩形。

　　单击绘图区左边"绘图"工具条上的□"矩形"按钮,光标移回黑色的绘图区域内,工作界面如图 2.2 所示。

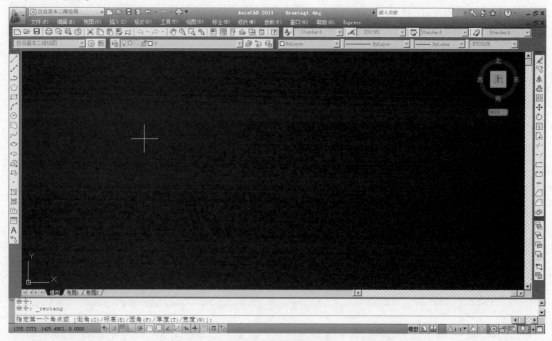

图 2.2

　　图 2.2 和图 2.1 显示的界面有两个不同点:①十字光标的形式不同,图 2.2 中的十字光标少了一个小方框。②命令提示框不同,单击按钮□后,命令提示框显示以下内容:

　　　　命令:_rectang

　　　　指定第一个角点或 [倒角(C)/标高(E)/圆角(F)/厚度(T)/宽度(W)]:

　　这时在绘图区域的左上区域单击鼠标,就指定了矩形的第一个角点,向右下方移动光标,此时界面如图 2.3 所示。

　　在适当位置再次单击鼠标,就完成了矩形的绘制,如图 2.4 所示。

　　【例 2.2】　绘制一个圆。

　　确认系统处于待命状态,然后单击左边绘图工具条上的◎"圆"按钮,命令提示框口显示以下信息:

　　　　命令:_circle 指定圆的圆心或 [三点(3P)/两点(2P)/切点、切点、半径(T)]:

　　这时候在上例所绘的矩形中央单击鼠标,然后移动光标,界面显示如图 2.5 所示。移动光标时会出现一个随着光标移动而变化的圆形,并且圆心和光标之间有一条线连接。当觉得圆的大小合适时,再单击鼠标,则完成圆的绘制,如图 2.6 所示。

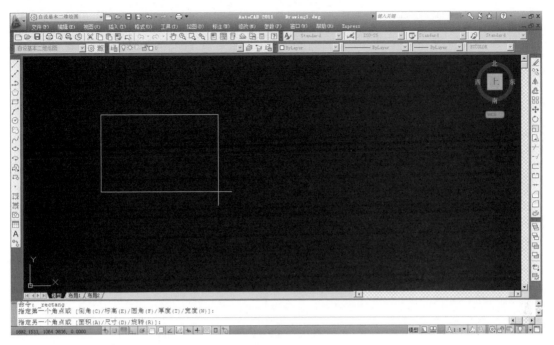

图 2.3

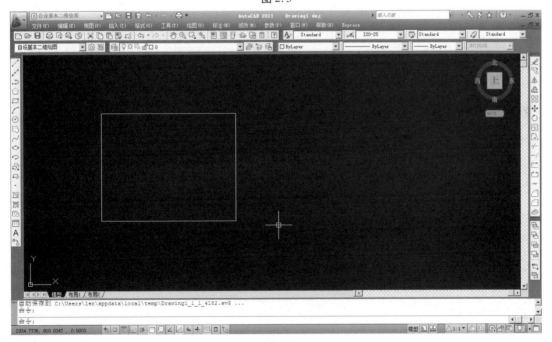

图 2.4

在这两个例子中,执行绘图命令是通过单击工具条按钮的方式来实现的。还有其他方法,如可以用点选菜单项的方式执行命令,如图 2.7 所示。也可以直接从键盘输入命令,例如"绘制矩形"的命令是"REC",而"绘制圆"的命令是"C",请读者练习用菜单和键盘命令的方式绘制矩形和圆。

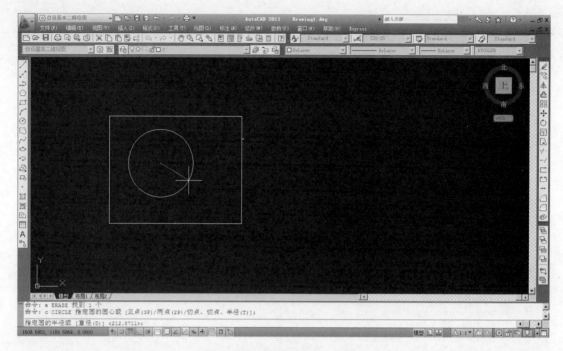

图 2.5

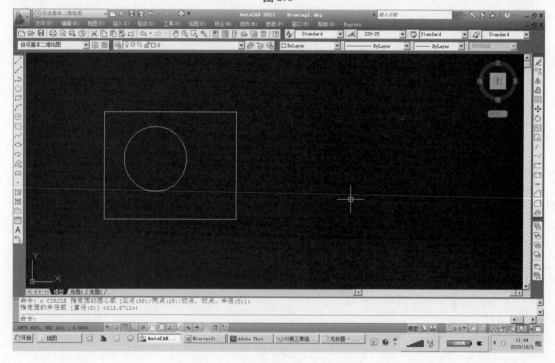

图 2.6

学习 AutoCAD 应尽早养成多用键盘输入命令的习惯,这样可以较快地提高绘图速度。
AutoCAD 2011 还允许用户自己定义命令的快捷方式,以更加方便绘图,在后面的章节中会作详
细介绍。

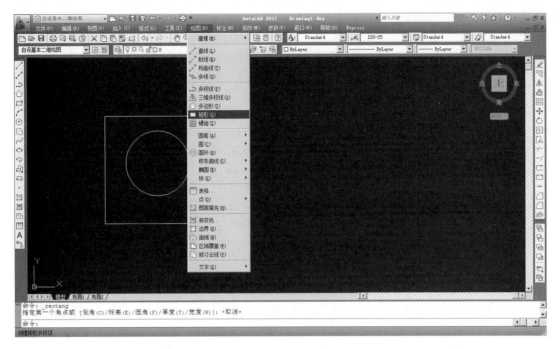

图 2.7

2.2 AutoCAD 2011 命令输入方式

AutoCAD 2011 中文版有三种输入命令的方式：

• 方式一：直接单击工具条上的相应工具，工具条包含了几乎全部的常用命令。在【例 2.1】和【例 2.2】中就是用这种方式输入命令。

• 方式二：通过程序界面上方的菜单及其下拉菜单选择相应的菜单命令。

此外 AutoCAD 2011 中文版还保留了早期版本的一种屏幕菜单形式，如图 2.8 所示，在绘图区的右边有菜单项，通过单击这些根菜单项可以打开下一级菜单选项或命令。

在默认状态下 AutoCAD 2011 的屏幕菜单是处于关闭状态的，使用这种方式绘图极少。如果要打开屏幕菜单，可以单击窗口上部的"工具"菜单，选择"选项"，打开"选项"对话框，勾选"窗口元素"区域内的"显示屏幕菜单(U)"，如图 2.9 所示。单击"应用"并确定，回到主界面，就可以看到右边多了屏幕菜单栏。

• 方式三：通过键盘输入命令。AutoCAD 的命令多数是相应的英文单词或其简化形式，从键盘输入命令，其效果和单击工具条和点选菜单项是一样的。

用工具条按钮较之用菜单输入命令要便捷一些，这种方式由于其直观性也特别适合初学者。对于已经比较熟练的 AutoCAD 用户，效率最高的应该是第三种方式。用左手输入命令而右手操作鼠标(可以通过 Windows 操作系统内的控制面板设置鼠标属性，切换鼠标左右健，如图 2.10 所示)，两个手配合，可以很快地作图。

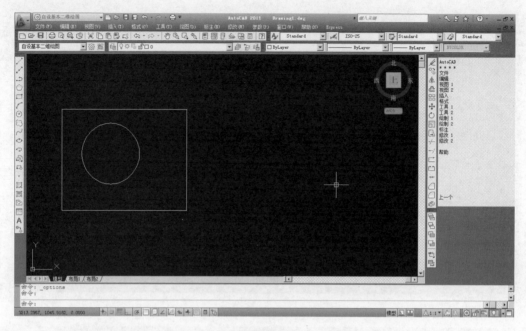

图 2.8

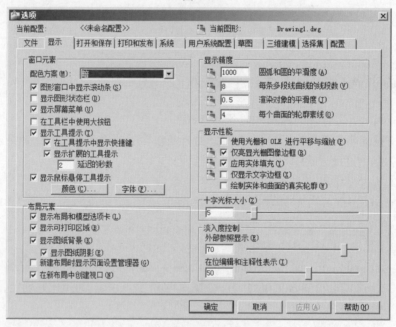

图 2.9

◎提示

把光标移动到工具条的工具按钮上面稍作停留,光标旁边会出现该工具的中文说明。平时多看看工具按钮的说明,可以加快熟悉软件的功能。

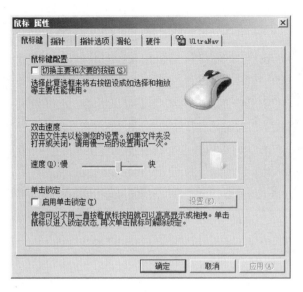

图 2.10

2.3 用 AutoCAD 2011 绘制第一个图形

下面通过绘制一个室外台阶的平面图来初步了解用 AutoCAD 2011 中文版绘图的一般过程及方法。启动 AutoCAD 2011 中文版,单击菜单项"文件"→"新建",打开选择样板窗口(不要选择任何样板文件),单击窗口右下角"打开"按钮右侧的小黑三角,在弹出的菜单中选择"无样板打开 – 公制(M)",新建一个绘图文件。

单击菜单项"文件"→"保存",在弹出的窗口内"文件名"处输入"阶梯",然后在计算机硬盘上把文件保存起来。

◎提示

建议建立一个专门的目录存放练习文件,且最好不要保存在安装了操作系统的磁盘分区上。另外为了印刷上的方便,把绘图区域设定为白色,但在计算机上绘图时宜用黑色背景,这样便于显示不同颜色的线条。

在命令提示窗口提示输入命令的状态下,如图 2.11 所示,从键盘输入"L"并回车,执行"绘制直线"(Line)命令,这时命令提示框显示以下内容:

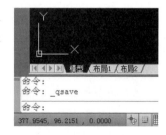

图 2.11

命令:L

LINE 指定第一点:

命令窗口提示输入第一个点的位置。在绘图区域左下方任意点一下,稍稍移动鼠标,可以看到光标和刚才点下的位置之间有一条连线,这条连线是可以任意跟着鼠标转动,如图 2.12 所示。同时命令提示框显示以下内容:

指定下一点或 [放弃(U)]:

按一下 F8 键,打开"正交"(ORTHO)模式,强迫光标和第一个点间的连线(光标引线)只能在水平方向或竖直方向上,移动光标的位置使连线处于竖直向上的状态,如图 2.13 所示。

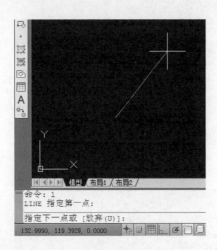

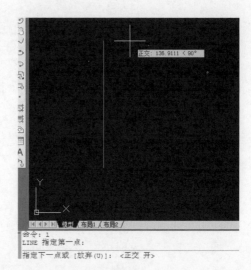

图 2.12   图 2.13

保持光标与第一点连线处于竖直向上,从键盘直接输入线的长度"1 500"并回车两次,这样第一条直线就画好了。

◎**提示**

输入"1 500"后回车两次,第一次回车是确认输入数据,第二次回车是结束画直线命令。也可以单击鼠标右键两次,在这里单击鼠标右键等价于回车。

这时候会发现所绘制的直线上方一直顶到了绘图区域的边缘,实际上直线并没有完全显示在绘图区域内。要使绘图区域显示完整的直线,在键盘上输入"Z"并回车,执行"屏幕缩放"(Zoom)命令,此时命令提示框显示下列内容:

命令:z

ZOOM

指定窗口的角点,输入比例因子 (nX 或 nXP),或者

[全部(A)/中心(C)/动态(D)/范围(E)/上一个(P)/比例(S)/窗口(W)/对象(O)] <实时>:

在键盘上输入"E",回车,绘图区域内就完整显示刚才画的直线,如图 2.14 所示。为了下一步绘图方便,把直线的显示略为缩小,并把直线移动到屏幕的左侧。

输入"Z"并回车两次,光标变成"放大镜"图形,把光标移动到绘图区域靠上面的位置,按住鼠标左键向下拖动鼠标,屏幕上显示的直线会跟着鼠标的拖动缩短。如果按住鼠标左键往上拖动,则是放大。把直线缩小为如图 2.15 所示的大小。这时会发现坐标系符号跑到了屏幕的中间,点选菜单选项"视图"→"显示"→"UCS 图标"→"原点",取消勾选"原点"(Origin),使坐标系符号回到屏幕左下角的位置。

输入"P"并回车,执行"平移"(Pan)命令,光标变成手形,按住鼠标左键向左拖动,直线跟着往左侧移动,到适当位置后放开鼠标左键,再次回车,屏幕变成如图 2.16 所示。

从键盘输入"O"并回车执行"偏移"(Offset)命令,命令提示框显示下列内容:

命令:O

OFFSET

当前设置:删除源 = 否   图层 = 源   OFFSETGAPTYPE = 0

指定偏移距离或 [通过(T)/删除(E)/图层(L)] <1.0000>:

提示输入直线偏移的距离,输入数据"250"并回车,光标变成一个小方框,同时命令框显示下列内容:

选择要偏移的对象,或 [退出(E)/放弃(U)] <退出>:

提示选择要偏移的物体。点选刚才画的直线,这时命令提示框显示下列内容:

指定要偏移的那一侧上的点,或 [退出(E)/多个(M)/放弃(U)] <退出>:

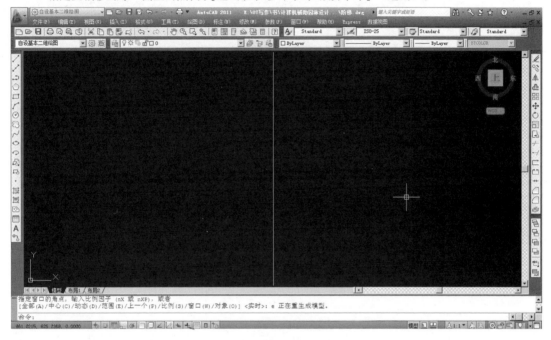

图 2.14

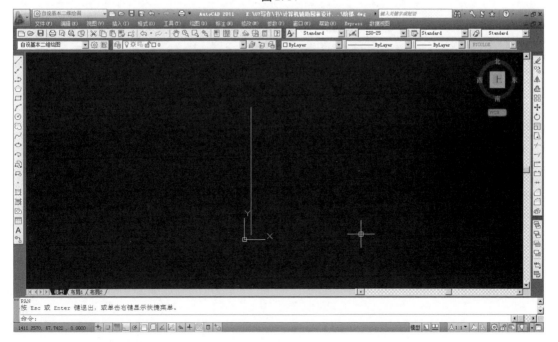

图 2.15

在直线右侧的任意位置点一下,直线被复制了一条到右边离开 250 mm 的位置,如图 2.17 所示,再回车一次结束"偏移"命令。

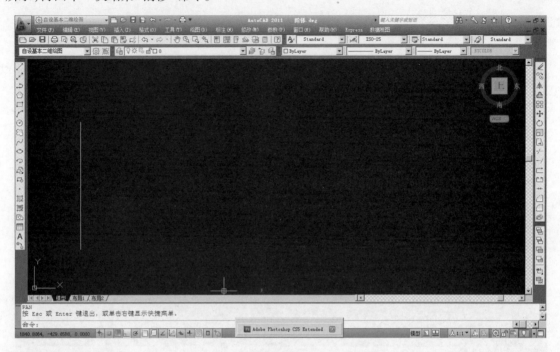

图 2.16

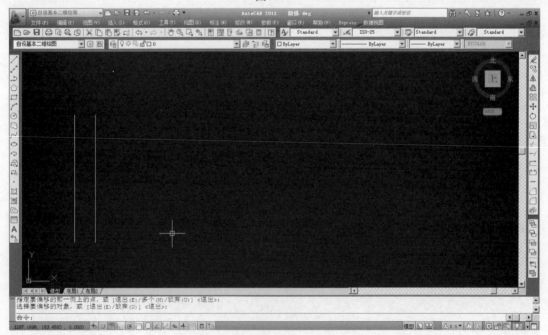

图 2.17

◎提示

在 AutoCAD 中,选择图形对象是基本而又非常重要的技巧,在第 4 章将有专门的解释。在这里只用最简单的选择方法即可,即当命令提示框提示选择对象时,光标同时会变成一个小方框,直接用小方框点击要选择的对象,被单击的对象变成了亮显的虚线,就说明被选中了。

确认命令提示框下面的状态栏上"对象捕捉"(OSNAP)按钮处于亮显状态(从左向右数第 6 个按钮),使自动捕捉模式打开,如图 2.18 所示。

图 2.18

◎提示

若"对象捕捉"(OSNAP)按钮没有处于亮显状态,可以按一次 F3 键,使之亮显。F3 键是打开或关闭自动捕捉功能的开关。也可以用鼠标单击"对象捕捉"(OSNAP)按钮以打开或关闭它。

输入"L"命令,当命令提示框提示输入第一个点时,把光标移动到一开始画的直线的上端点附近,这时光标会自动跳到直线的上端点上,同时在端点上出现一个黄色的小方框。单击确认第一个点。命令提示框提示输入下一个点时,把光标移到刚才偏移出来的直线的上端点附近,光标也会自动捕捉该直线的上端点,单击确认的二个点,回车一次结束"L"命令。

用同样的方法绘制另外一条水平直线段,把两条竖直线的两个下端点连接起来,如图 2.19 所示。

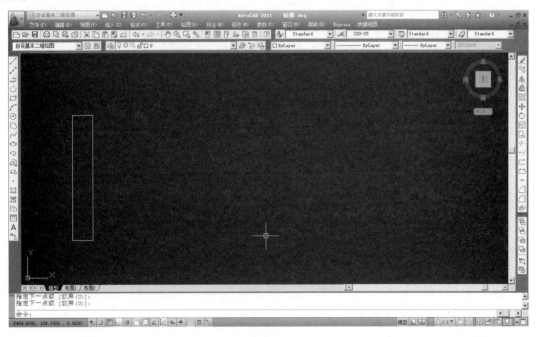

图 2.19

把已经画好的长方形向右边 1 200 mm 的位置复制一次,从键盘输入"CO"并回车执行"复制"(Copy)命令,这时光标变成一个小方框,命令提示框显示下列信息:

命令:co COPY

选择对象:

提示选择物体。把光标移动到已经画好的长方形的左上方单击,此时命令提示框出现以下信息:

指定对角点:

放开鼠标左键,向右下方移动鼠标,屏幕上会拖出一个蓝色的方框范围。继续移动鼠标,使拖出的紫色区域全部包围住长方形,如图 2.20 所示,然后再单击鼠标左键,此时长方形显示为虚线,表示被选中,如图 2.21 所示,再单击鼠标右键,结束选择物体的过程,此时命令提示框显示以下信息:

指定基点或 [位移(D)] <位移>:

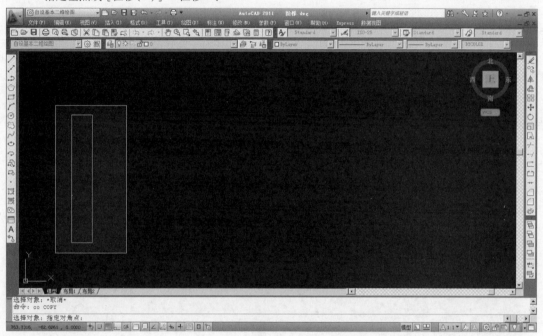

图 2.20

提示输入基点,同时光标变为十字交叉线的形状。在长方形右侧位置单击,然后把鼠标向右侧稍稍移动,屏幕变成如图 2.22 所示。

此时命令提示框显示如下内容:

指定第二个点或 <使用第一个点作为位移>:

从键盘输入数据"1200"并回车两次,屏幕变成如图 2.23 所示。右边相距 1 200 mm 的位置复制出一个长方形。以上的操作要注意使正交模式一直处于打开状态。

在命令提示框提示输入命令的状态下,从键盘输入"L"并回车,执行画直线命令。分别捕捉左边长方形的右下角点及右边长方形的左下角点绘制一条水平直线,如图 2.24 所示。

从键盘输入"M"并回车,执行"移动"(Move)命令,命令提示框提示选择物体时点选刚刚绘制的水平直线,回车一次结束选择过程,此时命令提示框显示以下信息:

指定基点或 [位移(D)] <位移>:

在刚刚选择的直线附近左键单击指定一个基点,并向上稍稍移动鼠标,这时命令提示框显示以下信息:

指定第二个点或 <使用第一个点作为位移>:

从键盘输入数据"300"并回车,屏幕变成如图 2.25 所示。

这样就把刚才绘制的水平直线向上方移动了 300 mm。下面把这条直线向上方偏移 3 条。

从键盘输入"O"回车,执行"偏移"(Offset)命令,当命令提示框出现以下信息时:

　　命令:o OFFSET

　　当前设置:删除源 = 否　图层 = 源　OFFSETGAPTYPE = 0

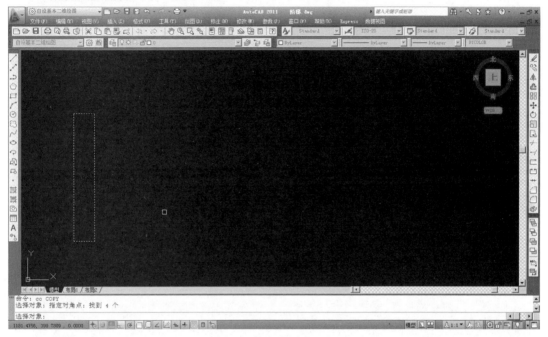

图 2.21

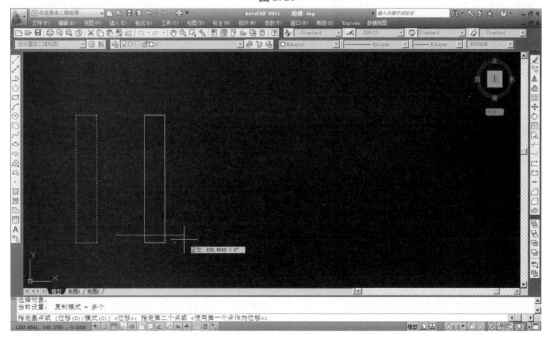

图 2.22

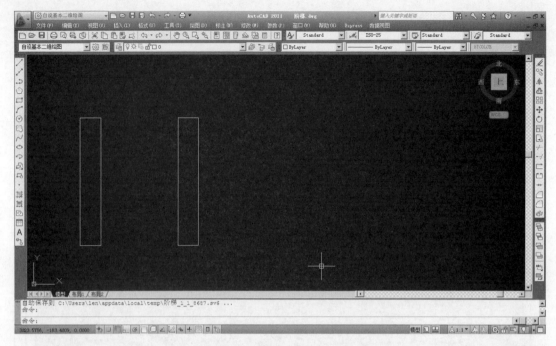

图 2.23

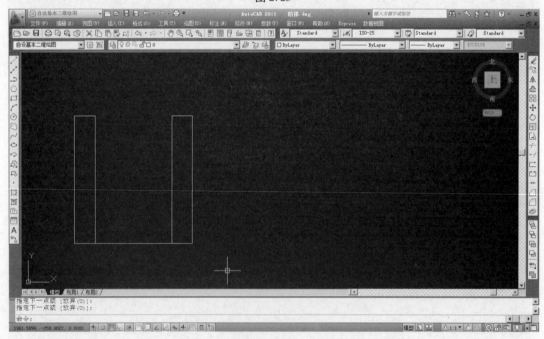

图 2.24

指定偏移距离或 [通过(T)/删除(E)/图层(L)] <250.0000>：

从键盘输入"300"并回车。当命令提示框提示选择物体时选择刚才移动过的水平直线,回车结束选择过程,然后在水平直线上方点一下,把水平直线向上方 300 mm 的位置偏移一条。把刚刚偏移出来的直线再向上 300 mm 的位置偏移一条,然后再执行"偏移"命令一次,把最后的直线再向上偏移 1 条,最后的图形如图 2.26 所示。

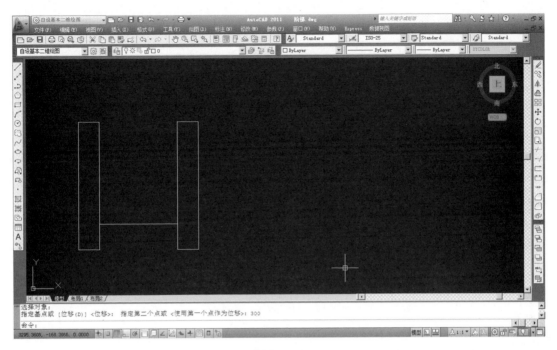

图 2.25

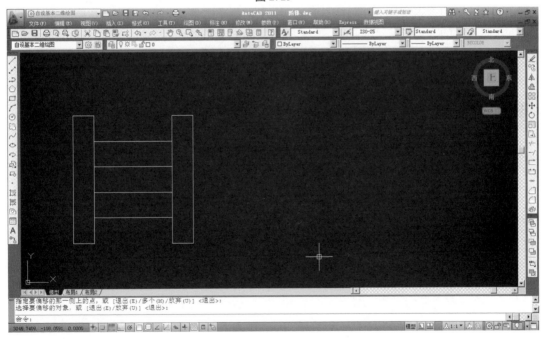

图 2.26

上面的练习使用了一系列不同性质的命令,总结如下。

一个文件操作命令:保存(Save);

一个绘图命令:画直线(Line);

三个编辑命令:偏移(Offset)、复制(Copy)、移动(Move);

两个屏幕操作命令:屏幕缩放(Zoom)、平移(Pan);

两个绘图辅助工具：自动捕捉（Osnap）、正交模式（Ortho）。

◎提示

"移动"（Move）和"平移"（Pan）命令看起来好像都是在移动对象，但它们有本质上的区别，"移动"（Move）命令是移动了物体，也就是说改变了物体的坐标位置，而"平移"（Pan）命令只是移动了屏幕，对物体并没有任何影响，"平移"（Pan）命令就像我们在一个桌子上把图纸移动位置，对图纸内容没有任何改变。

绘制上述简单的一个图形，用到了多个命令和工具，初次练习因为生疏可能会觉得有不少困难，多上机操作是尽快熟练起来的关键！请读者认真按以上操作步骤进行一次练习（仅仅满足于把书上的作图过程"看懂"了，而没有真正动手做过，这会给后面的学习带来困难）。

◎提示

在上面的作图过程中输入命令并不是输入命令的完整形式，而是输入命令的简写形式，例如画直线的命令，其完整形式为 Line，但只从键盘输入了"L"。AutoCAD 2011 为很多常用命令设定了这种简写形式，而且也允许用户自己设定命令的简写形式，在后面的章节里面将会详细加以介绍。

练习题

1. 对照教材的内容了解 AutoCAD 2011 中文版的菜单内容。
2. 对照教材的内容了解 AutoCAD 2011 中文版的工具条的内容。
3. 把本章第五节（2.5）中的绘图过程练习两遍，记住所用到的操作命令。

3 AutoCAD 2011 基本绘图

本章导读 本章我们将学习以下内容：①绘图单位设定；②屏幕视图显示控制及透明命令的应用；③二维绘图命令；④绘图辅助工具的设置和应用（尤其是"正交模式开关"及"对象捕捉"）。

3.1 基本文件操作

文件操作是指新建、打开、保存和关闭绘图文件。AutoCAD 2011 中文版和其他的 Windows 应用程序（例如 Word）在文件操作方面基本上是一样的，如果读者用过其他的 Windows 应用程序，本节的内容就很容易理解。

3.1.1 新建绘图文件

在绪论里已经介绍了 AutoCAD 2011 中文版的工作界面设置，以后每次启动软件时，会自动建立一个文件名为"Drawing1.dwg"的绘图文件，我们在这个绘图文件里开始绘图，并把这个文件换名保存。启动软件时建立的绘图文件完全符合我们在上一章里的设置。

如果在绘图状态下需要新建绘图文件，可以采用下列之一：

✖ 点选菜单项：文件→新建

▤ 按组合键 Ctrl + N

▤ 键入：NEW①

✖ 单击"标准"工具条上的按钮▢

不管采用上面的哪种方式，都将打开"选择样板"窗口，如果有合适的样板文件，可以直接选择一个样板文件，然后单击"打开"按钮。如果没有合适的样板文件，则单击"打开"按钮旁边的小黑三角，在弹出的菜单里选择"无样板打开 – 公制（M）"，如图 3.1 所示。

初学 AutoCAD 2011 的时候一般都不会有合适的样板文件，"选择样板"窗口里列出的一大

---

① 注意：从键盘输入命令后，按空格键或回车键以"确认输入"，通常用空格键确认更为便捷。

串样板文件并不一定适合中国用户的需要。在应用一段时间 AutoCAD 2011 后,可以按照我国国家标准及作图的需要,保存自己的样板文件,这样可以节省每次作图都要进行相关设置的时间。

图 3.1

3.1.2　打开绘图文件

要打开一个已经存在的绘图文件,可以选择下列方法之一:

📎 点选菜单项:文件→打开

🖳 按组合键 Ctrl + O

🖳 键入:OPEN

📎 单击工具条上的按钮 📂

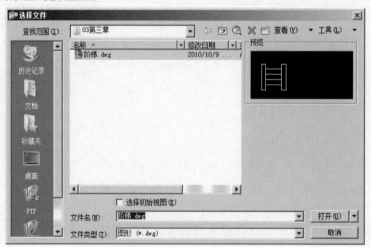

图 3.2

输入打开文件的命令后,将出现选择文件对话框,如图 3.2 所示。可以通过单击对话框左边区域上的按钮或单击"搜索"右边的小窗口定位于要打开文件的位置,在中间的列表中找到要打开的文件并选中它后,点击右下角的打开按钮即可打开绘图文件。

3.1.3 保存绘图文件

建议在绘图过程中养成每隔一定时间就保存文件的习惯,以保证绘图数据的安全。保存文件,可以采用下列方法之一:

🐾 点选菜单项:文件→保存

⌨ 按组合键 Ctrl + S

⌨ 键入:SAVE

🐾 单击工具条上的"保存"按钮 💾

◎提示

如果是第一次保存文件,将打开"图形另存为"窗口,要求用户选择保存文件的位置,选定保存位置后单击"保存"按钮即可,在这里如果有需要还可以在最下面的"文件类型"右边列选窗口中选择把文件保存成其他格式,默认情况下保存为 AutoCAD 2011 图形(*. dwg)。

为了保证在其他地方能够顺利打开文件,建议把文件保存为低版本的格式(例如 AutoCAD 2004 的文件格式),如果不是第一次保存文件,则直接保存到原来文件。

如果要把绘图文件用别的名字保存或保存到别的目录下,可以用以下方法:

🐾 点选菜单项:文件→另存为

⌨ 键入:SAVE

指定不同的保存位置或输入另外的文件名就可以保存成另一个绘图文件。

◎提示

AutoCAD 的命令不能包含空格,在输入命令时空格键相当于回车键(Enter)。

3.1.4 关闭绘图文件

关闭绘图文件,可以采用下列方法之一:

🐾 点选菜单项:文件→关闭

🐾 点击绘图文件窗口右上角的"✕"按钮(注意不要错按了程序窗口右上角的"✕"按钮)

⌨ 键入:CLOSE

◎提示

如果在关闭绘图文件之前没有保存过,则程序会弹出一个对话框询问要不要在关闭前保存文件。认真看一看是否需要保存绘图文件。

3.2 图形设置

正式作图之前一般要进行一些必要的图形设置,例如设定绘图单位、绘图界限、绘图辅助工

具的状态、对象捕捉模式等。事先设定好相关的参数,在正式作图的过程中可以获得更高的效率,减少错误的发生。上面说的几个设置内容,绘图界限、绘图辅助工具的状态和对象捕捉模式,可以在绘图过程中重新设置,也可以随时改变设置的状态。但绘图单位(特别是长度单位)如果开始设定得不合适,会给后面带来诸多麻烦,所以要慎重。这一节里先介绍绘图单位、绘图界限的设置,辅助工具的状态和对象捕捉模式则放到稍后再介绍。

3.2.1　绘图单位设定

在正式绘制图形之前,都应该设置好绘图单位。绘图单位设置包括长度单位、角度类型、角度方向、精度设置四个方面。

1)设置长度和角度单位

要设置长度和角度单位,可以用以下方法之一:

🖱 点选菜单项:格式→单位…

⌨ 键入:UN

UN 是 Units 的快捷方式,输入命令后会打开图 3.3 所示的"图形单位(Drawing Units)"对话框。

先设置长度(Length)。单击"类型"(Type)下的列框,会弹出以下选项:"分数"(Fractional),"工程"(Engineering),"建筑"(Architectural),"科学"(Scientific),"小数"(Decimal)。

按照我国的标准,长度单位的类型应该选择"小数"(Decimal)。

长度单位"类型"下面是"精度"(Precision)选项,有 0 到 0.00000000 共 9 种选择,这可以根据所绘制的图形的精度要求来定。我国的建筑工程设计和园林设计,一般情况下要求精确到毫米,所以如果绘图时用米作为长度单位,则应把精度设为"0.000";如果绘图长度单位是毫米,则应该把精度设为"0"。

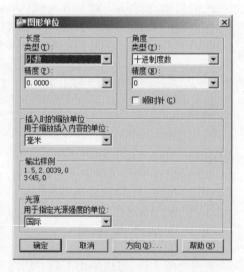

图 3.3

现在设置"角度"(Angle),"类型"下的列选窗包含以下选项:"百分度"(Grads),"度/分/秒"(Deg/Min/Sec),"弧度"(Radians),"勘测单位"(Surveyor's Units),"十进制度数"(Decimal Degrees)。

一般情况下应选择"度/分/秒"(Deg/Min/Sec)。勾选"顺时针"(Clockwise)复选框,则角度的正方向为顺时针方向,系统默认的角度正方向为逆时针方向。一般情况下应使用逆时针方向为正方向,也就是不勾选"顺时针"(Clockwise)复选框。角度精度根据角度单位类型的不同而不同,如果用度/分/秒为单位,可以选择精度为"0d00′00″",也可以按实际需要选择。

"插入比例"(Insertion Scale)下面的列选框,有多项长度单位可以选择,如果以毫米为单位作图,选择"毫米"(Millimeters);如果以米为作图单位,则选择"米"(Meters)。

◎提示

绘图长度单位究竟应该选则"米"还是"毫米"?可以按照所做的图类型来判定,一般来说,做园林设计的总平面图之类的面积比较大的图,选用"米"为单位比较合理;局部的或单体的图,例如园林建筑单体或局部工程做法等,则应该选用"毫米"为单位。

光源强度单位的设置可采用默认的"国际"。

2)更改角度方向

在图3.3所示的"图形单位"(Drawing Units)对话框中,单击"方向…"(Direction…)按钮,会打开如图3.4所示的"方向控制"(Direction Control)窗口。

图3.4

角度方向的设置会影响 AutoCAD 测量角度的起点和测量方向。默认的设置是坐标轴东(East)为0°,逆时针方向为正方向。若选择北(North),则是以正北为0°,逆时针方向为正方向;以此类推。若选择"其他"(Other),则可以在"角度"(Anagle)文本框中输入一个角度作为0°的起点,或单击 按钮在屏幕上用鼠标指定零角度的起点和方向。

3.2.2 绘图界限设置

设置绘图界限就是指定绘图的区域大小,使得用户只能在定义好的区域内绘图。设定了绘图界限并且打开了绘图界限检查后,如果绘制的图形超出了界限,AutoCAD 将发出警告信息,并且不予绘制。用户也可以关闭绘图界限检查,使得绘图不受界限的限制。

要设置绘图界限,可以用以下方法之一:

✎ 点选菜单项:格式→图形界限

⌨ 键入:LIMITS

输入命令后命令提示框显示:

　　命令:limits

　　重新设置模型空间界限:

　　指定左下角点或[开(ON)/关(OFF)] <0.0000,0.0000>:

提示输入绘图区域(矩形区域)左下角点的坐标,一般情况下可以采用默认的坐标值(0.0000,0.0000),即直接回车,然后命令提示框显示:

　　指定右上角点 <420.0000,297.0000>:

提示输入绘图区域右上角点的坐标,系统默认的是"420.0000,297.0000"。可以直接回车采用系统默认的值,也可以按照自己的需要输入坐标值。

要打开绘图界限检查,键入"LIMITS",在提示窗显示"指定左下角点或[开(ON)/关(OFF)] <0.0000,0.0000>:"时,键入"ON",要关闭界限检查则键入"OFF"。系统默认为关闭绘图界限检查。

绘图界限的设置应该根据所绘制的图形大小及比例确定,例如我们要最后打印一张420 mm长,297 mm 宽的图纸,打印的比例为1:50,则绘图界限应该设定为左下角点坐标 X = 0.0000,

Y = 0.000 0,右上角点坐标乘以相应的比例,即 X = 420 × 50 = 21 000.000 0,Y = 297 × 50 = 14 850.000 0。

其实绘图界限在园林设计的实际工作中用处并不大,一般情况下不必设定绘图界限,只要使绘图界限检查处于关闭状态即可。关于最后出图(打印),在后面有专门的章节讲述。

3.3 屏幕视图显示控制

用 AutoCAD 绘图,一般都按 1:1 的比例绘制图形,最后再按照一定的比例输出图纸。目前计算机上普遍使用 17 ~ 19 英寸显示器,其屏幕显示范围不足 A3 幅面图纸的大小,而我们绘制的图形其实际大小往往超出屏幕的大小几十上百倍,所以在绘图过程中需要不断地改变图形显示的比例和显示的范围。本节介绍的命令就是用来控制屏幕视图显示的,有了这组工具,就可以随心所欲地控制图形显示的比例和位置。

3.3.1 缩放视图(Zoom)

要执行缩放视图(Zoom)命令,可以采用下列方法之一:

✿ 点选菜单项:视图(View)→缩放(Zoom)

⌨ 键盘命令:Z

✿ 单击"标准"工具条上的相应按钮: 中的第 3 个按钮。该按钮又包含下列的一组按钮: 。

"Zoom"命令下都包含如上述按钮所对应的若干个选项,下面分别加以说明。

1)实时缩放(Zoom Real Time)

输入命令的方法有三种:

✿ 菜单项:视图(View)→缩放(Zoom)→实时(Realtime)

⌨ 键盘命令:Z[1]

✿ 单击"标准"工具条按钮

输入命令后光标会变成一个带有"＋"和"－"的形状,这时按住鼠标左键从上往下拖动光标,视图显示的图形被缩小,从下往上拖动则被放大。回车则结束命令。请读者用第 2 章 2.5 节里做的绘图文件,练习一下实时缩放命令。

◎提示

在任何时候如果要退出一个命令,返回到输入命令提示状态,可以按键盘上的 Esc 键。

2)上一个(Previous)

该命令的效果是把屏幕恢复到上次的视图(缩放或平移前的视图)。输入命令之一种:

---

① 注意:从键盘输入"Z"后,回车两次,则选择系统默认的"实时缩放"。

菜单项:视图(View)→缩放(Zoom)→上一个(Previous)

键盘命令:Z

从键盘输入命令后,命令提示框显示下列信息:

命令:Z

ZOOM

指定窗口的角点,输入比例因子 (nX 或 nXP),或者

[全部(A)/中心(C)/动态(D)/范围(E)/上一个(P)/比例(S)/窗口(W)/对象(O)] <实时>:

可以看到其中有个选项是"上一个"(P),括号里面的"P"就是选择该项时要输入的参数。即这时候输入"P",就显示上一个视图。

单击"标准"工具条按钮

3)窗口缩放(Window)

有三种输入命令的方法:

菜单项:视图(View)→缩放(Zoom)→窗口(Window)

键盘命令:Z

输入命令后,命令提示框显示以下信息:

命令:Z

ZOOM

指定窗口的角点,输入比例因子 (nX 或 nXP),或者

[全部(A)/中心(C)/动态(D)/范围(E)/上一个(P)/比例(S)/窗口(W)/对象(O)] <实时>:

在屏幕上绘图区域内单击要放大的区域的一个角点后,命令提示框又显示以下信息:

指定对角点:

拖动鼠标选择合适的范围后再单击一下鼠标,所选择的范围被放大到充满屏幕上的绘图区域,同时命令自动结束。

单击"标准"工具条按钮

4)动态缩放(Dynamic)

有三种输入命令的方法:

菜单项:视图(View)→缩放(Zoom)→动态(Dynamic)

键盘命令:Z

显示以下提示时:

指定窗口的角点,输入比例因子 (nX 或 nXP),或者

[全部(A)/中心(C)/动态(D)/范围(E)/上一个(P)/比例(S)/窗口(W)/对象(O)] <实时>:

键入"D"。

单击工具条按钮

动态缩放命令的使用相对比较复杂,下面用第 2 章里绘制的那个阶梯文件演示一下这个命令的使用方法。图 3.5 是绘图文件"阶梯"当前的屏幕显示状态,要想放大阶梯平面图的右下角来观察,可用动态缩放命令来实现。

输入动态缩放命令后,屏幕上出现一个中间带有"×"符号的矩形定位框,屏幕视图变化如图 3.6 所示。

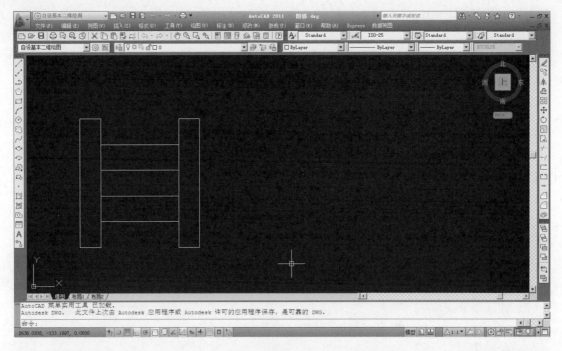

图 3.5

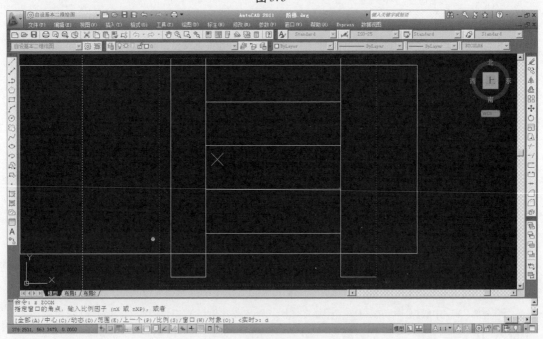

图 3.6

单击鼠标左键,矩形定位框中间的"×"消失,右边线上出现一个向右的小箭头,移动鼠标会发现矩形的大小跟着变化(向左矩形缩小,向右则放大)。现在向左移动鼠标,使矩形缩小,如图 3.7 所示。

矩形定位框的大小适当时(这个矩形框定的范围就是将被缩放的范围),再次单击鼠标左键,矩形右边线上的小箭头消失,中间又出现一个"×",把矩形移动到阶梯平面图的右下角要放大的位置,如图 3.8 所示,然后单击鼠标右键,就完成了阶梯右下角的放大,如图 3.9。定位框框选的范围被放大到充满屏幕绘图区域,同时命令自动结束。这个命令在初次使用的时候会觉得操作太复杂,不好控制,但熟练后是一个非常有用的缩放命令,建议读者多练习,做到应用自如。

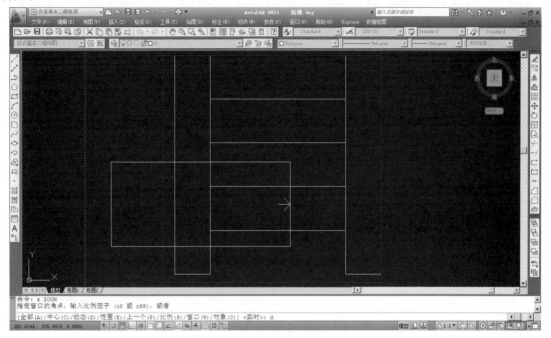

图 3.7

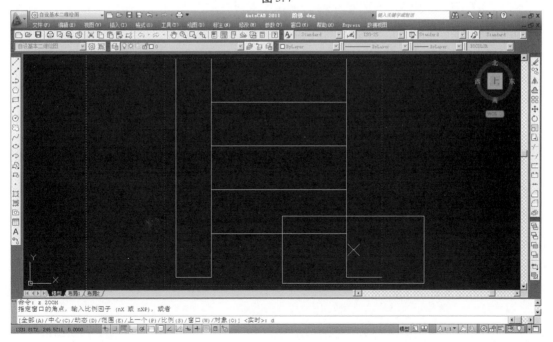

图 3.8

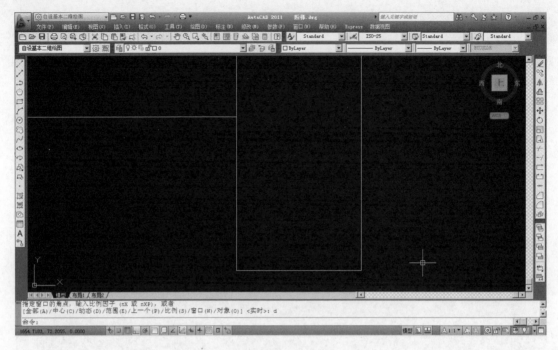

图 3.9

5）比例缩放（Scale）

输入命令的方法有三种：

🔖 菜单项：视图（View）→缩放（Zoom）→比例（Scale）

⌨ 键盘命令：Z

输入命令后，命令提示框显示：

命令：Z

ZOOM

指定窗口的角点，输入比例因子（nNX 或 nXP），或者

［全部（A）/中心（C）/动态（D）/范围（E）/上一个（P）/比例（S）/窗口（W）/对象（O）］＜实时＞：

这时键入"S"。

🔖 单击"缩放"工具条按钮🔍

用上面三种方法中的任意一种输入命令后，命令提示框显示以下信息：

输入比例因子（nX 或 nXP）：

从键盘输入缩放的倍数值就可以实现按指定比例缩放视图，例如键入"0.5"就把视口缩小为原来大小的 1/2 显示。这里请注意一个问题，在键入数值时有三种选择，一种是直接键入数值并回车，如"0.5"，或键入的数值后面加上 X，如"0.5X"，这两种方法结果一样，表示相对于模型空间绘图窗口缩放。还有一种是在键入的数值后面加上 XP，如"0.5XP"，表示相对于图纸空间缩放。

6）中心缩放（Center）

输入命令的方法有三种：

菜单项:视图(Vivew)→缩放(Zoom)→中心点(Center)

键盘命令:Z

命令:Z

ZOOM

指定窗口的角点,输入比例因子（nX 或 nXP),或者

[全部(A)/中心(C)/动态(D)/范围(E)/上一个(P)/比例(S)/窗口(W)/对象(O)] <实时>:

显示上列的信息时键入"C"。

单击工具条按钮

输入命令后命令提示框显示以下信息:

指定中心点:

提示输入中心点,在要放大的区域中心拾取一点,命令提示框又显示以下信息:

输入比例或高度 <148.5000>:

提示输入比例或高度,如果这时输入一个数值 n 并在后面加 X,如"2X",则以所拾取的点为基准缩放 n 倍;如果仅输入一个数据 n,不在其后加 X,则以 n 为窗口高度,以拾取点为中心缩放视图。也可以不输入数值,而在屏幕上再拾取一个点,则命令提示框显示以下信息:

指定第二点:

此时再在屏幕上拾取一个点,则以拾取的中心点为中心,以两点之间的连线长度为窗口高度缩放视图。

7) 缩放对象(Object)

该命令的功能是把选中的单个或多个图形对象缩放到满屏显示。命令输入方法有如下三种:

菜单项:视图(View)→缩放(Zoom)→对象(Object)

键盘命令:Z

当命令提示框显示以下信息时

命令:Z

ZOOM

指定窗口的角点,输入比例因子（nX 或 nXP),或者

[全部(A)/中心(C)/动态(D)/范围(E)/上一个(P)/比例(S)/窗口(W)/对象(O)] <实时>:

键入"O"。

单击缩放工具条按钮

当输入命令后,命令提示框显示:

选择对象:

这时候通过在屏幕上选择物体并回车,即可实现按对象缩放屏幕显示。

8) 放大(In)

该命令的功能是把屏幕显示放大一倍。输入命令的方法如下:

菜单项:视图(View)→缩放(Zoom)→放大(In)

单击工具条按钮

该命令执行的结果是窗口以中心为基准放大一倍,相当于 Scale(比例缩放)中输入"2X"。

9)缩小(Oout)

该命令的功能是把屏幕显示缩小 1/2。输入命令的方法如下:

🐾 菜单项:视图(View)→缩放(Zoom)→缩小(Out)

🐾 单击工具条按钮 ᠍

该命令执行的结果是窗口以中心为基准缩小 1/2,相当于 Scale(比例缩放)中输入"0.5X"。

10)全部(All)

输入命令的方法有:

🐾 菜单项:视图(View)→缩放(Zoom)→全部(All)

⌨ 键盘命令:Z

命令:Z

ZOOM

指定窗口的角点,输入比例因子 (nX 或 nXP),或者

[全部(A)/中心(C)/动态(D)/范围(E)/上一个(P)/比例(S)/窗口(W)/对象(O)] <实时>:

命令提示框显示以上信息时,键入"A"。

🐾 单击工具条按钮 ᠍

该命令有两种情况,一是如果所绘制的图形没有超出图形界限(Drawing Limits),则图形界限的范围显示在整个窗口;二是如果所绘制的图形超出了图形界限,则图形和图形界限一起显示在整个窗口。

11)范围(Extents)

输入命令的方法:

🐾 菜单项:视图(View)→缩放(Zoom)→范围(Extents)

⌨ 键盘命令:Z

命令:z ZOOM

指定窗口的角点,输入比例因子 (nX 或 nXP),或者

[全部(A)/中心(C)/动态(D)/范围(E)/上一个(P)/比例(S)/窗口(W)/对象(O)] <实时>:

🐾 单击工具条按钮 ᠍

执行该命令的结果是把整个图形显示在整个绘图区域,而不管它是不是超出了图形界限。

3.3.2 平移(Pan)

Pan 命令如果从菜单选取,则包含以下的选项:"实时"(Realtime)、"定点"(Point)、"左"(Left)、"右"(Right)、"上"(Up)、"下"(Down)。而如果单击工具条按钮或者是从键盘输入命令,都只有一种选择,即"实时"(Realtime),实际上作图中使用最多的也是"实时平移"(Pan Realtime)。

输入命令的方法：

🖰 菜单项：视图（View）→平移（Pan）

⌨ 键盘命令：P

🖰 单击"标准"工具条按钮🖐

输入命令后光标变为一只小手，按住鼠标左键移动，可以改变窗口显示的位置范围。要结束该命令可以回车或按 Esc 键。

菜单项中"实时"（Realtime）以外的选项在绘图中很少用到，因为实时平移已经包含了其他选项的功能。所以读者只要掌握键盘命令和工具条按钮的使用就可以了。

3.3.3　鸟瞰视图（Aerial View）

该命令在绘制大范围的图形时（例如区域地图、城市住宅小区规划图等）很有用，它能显示出我们目前工作的位置并可以快速切换到另外一个位置。输入命令的方法是：

🖰 菜单项：视图（View）→鸟瞰视图（Aerial View）

输入该命令后，在绘图窗口右下角会打开一个"鸟瞰视图"（Aerial View）窗口，在这个窗口显示图形的全貌，并有一个粗线矩形框表示当前工作窗口的位置，如图 3.10 所示。

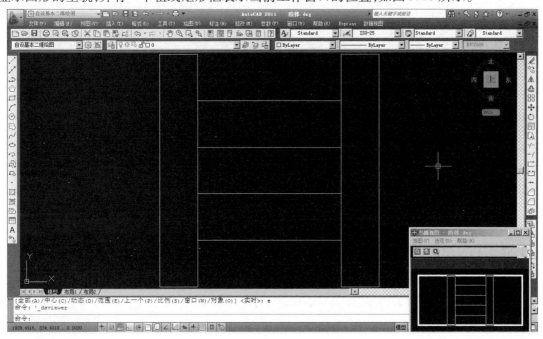

图 3.10

"鸟瞰视图"（Aerial View）窗口的操作类似于"动态缩放"（Dynamic）的操作，把光标移动到鸟瞰视图窗口上面单击，会出现一个中心位置有"×"的矩形，再单击鼠标，矩形中心的"×"消失，右边线上出现一个向右的箭头，这时通过左右移动鼠标可以改变矩形的大小，当觉得矩形大小合适后，再单击鼠标，矩形变回中心位置有"×"的状态，如图 3.11 所示，移动矩形到需要观察的图形位置，并单击鼠标右键，这时候绘图区域里面就显示出在鸟瞰视图窗口中标定的区域，如图 3.12 所示。

要关闭"鸟瞰视图"窗口,单击该窗口右上角的红底白"×"符号。

◎提示

要从"绘图"窗口切换到"鸟瞰视图"窗口,只需移动光标到"鸟瞰视图"窗口上单击即可,同样,要从"鸟瞰视图"窗口回到"绘图"窗口,也只要把光标移动到"绘图"窗口的任意位置单击即可。

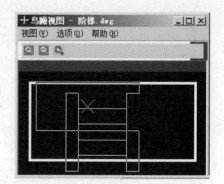

图 3.11

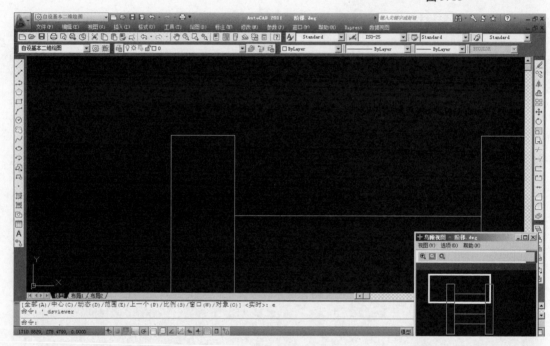

图 3.12

3.3.4　右键快捷菜单(Zoom Realtime/Pan Realtime)

在执行"实时缩放"(Zoom Realtime)或"实时平移"(Pan Realtime)命令的过程中,如果单击鼠标右键,会弹出一个快捷菜单,如图 3.13 所示,通过该快捷菜单可以快速切换到其他缩放命令。

菜单的选项功能如下:

● 平移(Pan):切换到实时平移。

● 缩放(Zoom):切换到实时缩放,如图 3.13 所示,"缩放(Zoom)"前面有一个勾选,表示刚才在执行的是缩放(Zoom)命令。

图 3.13

● 三维动态观察器(3D Orbit):切换到三维动态观察器。这是三维作图时使用的观察器,在二维绘图中一般不使用。

● 窗口缩放(Zoom Window):切换到窗口缩放。

● 缩放为原窗口(Zoom Original)：切换到原始视图。如果已经连续使用缩放或平移命令操作过视口，该命令可以还原到开始时的视口。

● 范围缩放(Zoom Extents)：切换到范围缩放。

这组右键快捷菜单能有效提高绘图效率，建议读者多加练习。

3.3.5　透明命令的概念

透明命令是 AutoCAD 的一个重要概念，其含义为：当我们正在执行一个命令的时候再去执行另外一个命令，后执行的命令就是透明命令，而先执行的命令并不中断，当执行完透明命令后可以返回原来正在执行的命令。视图显示的控制命令是典型的透明命令。例如当我们执行"Line"(画直线)命令时已经拾取了一个点，却发现下一个点处于屏幕显示的范围之外，这时就可以键入"'P"执行"实时平移"命令，把下一个点的位置移入屏幕中央来，然后退出"实时平移"命令，再接着拾取 Line 命令的下一个点。

透明命令的输入有三种方法：

✿ 在当前命令下直接点选菜单项

⌨ 在当前命令下键入透明命令(必须在透明命令前加上"'"，即输入法处于西文状态时的单引号，例如"'P")

✿ 在当前命令下单击透明命令工具条按钮

执行透明命令的过程中也可以使用右键快捷菜单，这无疑使作图更加方便。结束透明命令的方法则和通常情况下的方法是一样的。

3.4　二维绘图命令

二维绘图命令大部分位于"绘图"(Draw)菜单下或"绘图"(Draw)工具条中，有个别绘图命令则只能从键盘输入。

3.4.1　直线(Line)命令

直线(Line)命令用来绘制直线线段。可用下列任意一种方法输入命令：

✿ 菜单项：绘图(Draw)→直线(Line)

⌨ 输入键盘命令：L

✿ 单击"绘图"(Draw)工具条按钮

输入命令后，命令提示框显示：

命令：l

LINE 指定第一点：

输入第一个点后，命令提示框又显示：

指定下一点或 ［放弃(U)］：

指定第二个点后，仍然提示指定下一个点，可以连续画多个线段。回车(或单击鼠标右键，或按空格键)结束命令,或键入"C",闭合线段,形成一个多边形(至少连续指定三个不在同一直线上的点才能闭合线段)。如果键入"U",则取消上一个指定的点,可以连续取消多个已经指定的点。

◎提示

在执行直线(Line)命令,当提示指定点时,可以直接从键盘输入点的坐标值,例如提示指定第一个点时,键入 100,50,则直线的第一个端点被定位在坐标为 X = 100,Y = 50 的位置(注意坐标数值之间用逗号分开)。当提示指定下一个点时,可以输入坐标增量值来完成下一个点的定位,例如当提示指定下个点时,键入@40,30,则下个点定位于在上一点的基础上 X 坐标增加 40,Y 坐标增加 30 的点上,即下一个点的坐标值为 X = 140,Y = 80。当提示指定下一个点时,把光标移动到要画线的方向上,直接从键盘输入直线的长度数值,也可以完成画线。很多时候这种方法使用得更多,因为这样可以直接画出准确长度的直线,省去后面编辑直线长度的工作。如果要绘制平行于坐标轴的直线,则可以按 F8 键打开 Ortho(正交)模式。

【例3.1】 按要求绘制线段:①绘制一条任意线段;②绘制一条线段,起点坐标为 X = 15,Y = 25,终点坐标为 X = 125,Y = 180;③绘制一条长度为 200 mm 的任意线段;(4)绘制一条与 X 轴平行,起点为 X = 20,Y = 40,长度为 150 mm 的线段。

操作步骤如下:

启动 AutoCAD 2011 中文版,点选菜单项"文件"→"新建",打开"选择样板"窗口,单击窗口右下角"打开"按钮旁边的小黑三角,在弹出的选项中选择"无样板打开 – 公制(M)",新建一个绘图文件。

(1)绘制一条任意线段的步骤

从键盘输入命令:"L",命令提示框显示:

命令: L

LINE 指定第一点:

在绘图区域(屏幕黑色部分)左上方的任意位置单击鼠标,指定线段的第一个端点。移动鼠标,十字光标与点之间出现一条牵引线,如图 3.14 所示。

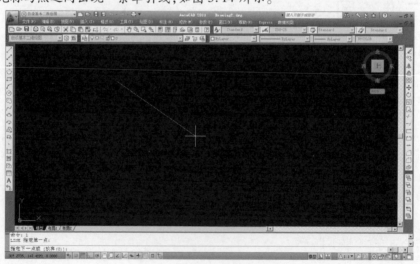

图 3.14

命令提示框显示:

指定下一点或[放弃(U)]:

把光标向右下方移动,在任意一个位置单击鼠标,就指定了直线段的第二个端点,这时我们

看到十字光标和第二个端点之间仍然有牵引线,如图 3.15 所示。

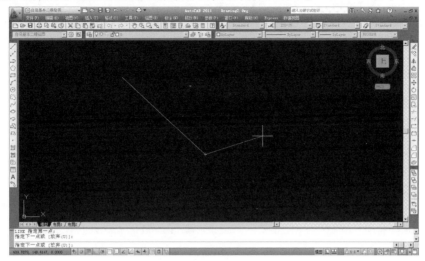

图 3.15

回车一次(或按下空格键一次,或单击鼠标右键),结束命令,得到的结果如图 3.16 所示。

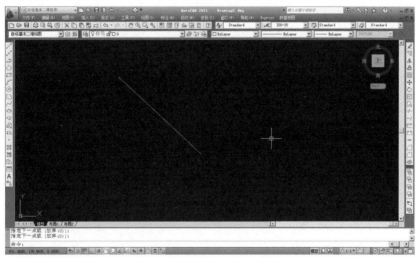

图 3.16

(2)绘制一条指定起点,终点线的步骤。

点选菜单项"菜单项"→"绘图"(Draw)→"直线"(Line),命令提示框显示:

命令:_line 指定第一点:

键入:"15,25"[①],命令提示框显示:

指定下一点或 [放弃(U)]:

键入:"125,180",再回车键一次,结束命令,结果如图 3.17 所示。

(3)绘制一条长 200 mm 任意线段的步骤。

单击"绘图"(Draw)工具条按钮 ,命令提示框显示:

① 注意:两个坐标值之间用西文的逗号隔开!

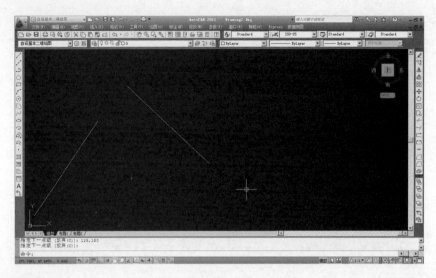

图 3.17

命令：_line 指定第一点：

在绘图区域右上角随便一个位置单击鼠标拾取第一个端点，这时命令提示框显示：

指定下一点或［放弃(U)］：

向左下方稍微移动光标，然后键入"200"，得到如图 3.18 所示的结果。

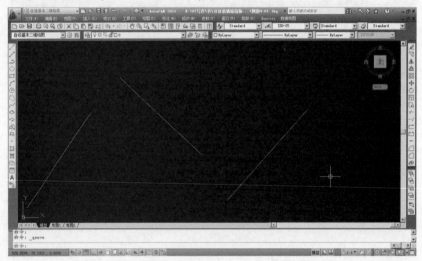

图 3.18

(4)绘制一条与 X 轴平行，起点固定，长 150 mm 线段的步骤。

这个小题稍微麻烦一些，可用坐标增量值的方法来完成。首先分析一下要求，要求线段的起点为 X = 20，Y = 40，线段长度 150 mm，且与 X 轴平行，则相当于线段的终点坐标与起点比较在 X 轴方向增加了 150 mm，在 Y 轴方向没有增加（即增加 0 mm）。

从键盘输入命令："L"，命令提示框显示：

命令：l

LINE 指定第一点：

键入一点的坐标："20,40"，命令提示框显示：

指定下一点或［放弃(U)］：

从键入:"@150,0"①,回车结束命令,得到如图3.19所示的结果。

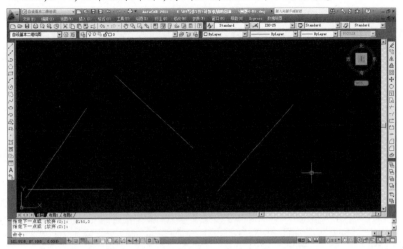

图 3.19

◎**提示**

从键盘输入命令的时候,命令字母不区分大小写! AutoCAD 在执行命令的过程中,多数情况下按回车键、单击鼠标右键以及按空格键的作用是一样的,都相当于回车键。但有些情况下,例如执行命令过程中要输入数值,这种时候空格键不能代替回车键。

上例示范了用不同的方法绘制线段,作图的时候可以根据实际情况灵活选用最方便的方法。

3.4.2　射线(Ray)命令

"射线"(Ray)命令用来绘制从一个点出发的射线(即另外一端无限长),命令输入方法可以选用下面的任意一种:

　　菜单项:绘图(Draw)→射线(Ray)

　　键盘命令:Ray

【例3.2】　绘制一条射线,其起点为 X = 50,Y = 35,方向为水平向右。在同一起点再绘制一条射线,方向为向右上方倾斜30°。

新建一个绘图文件,选择"无样板打开 – 公制(M)"。

先绘制第一条射线。

从键盘输入命令:"RAY",命令提示框显示:

　　命令: ray 指定起点:

键入:"50,35",命令提示框显示:

　　指定通过点:

---

①　注:"@"的输入方法为按住键盘的"上档"(shift)键的同时按下主键盘上数字键"2";第一个数字为 X 增量,第二个数字为 Y 增量,坐标增量值之间用逗号隔开。

绘制水平向右的射线,则只要在起点的正右方任意指定一个点作为射线的通过点,即可以确定射线,这里我们用坐标增量方式指定这个通过点,例如 X 值增加 100,Y 值增加 0。

键入:"@100,0",就完成了第一条射线的绘制。

可以紧接着绘制第二条射线,这时候光标和第一个起点之间的牵引线还在,同时命令提示框显示:

指定通过点:

第二条射线要求向右上方向与 X 轴成 30°角,仍使用坐标增量的方法指定通过点。

键入:"@100<30",绘制出第二条射线,结果如图 3.20 所示。再回车结束命令。

该例题中的字符串"@100<30"的含义是长度增量为 100,角度为正 30°。如果角度是负的 30°,则字符串改写为"@100<-30"。关于角度方向设置的问题请复习上一节的内容。

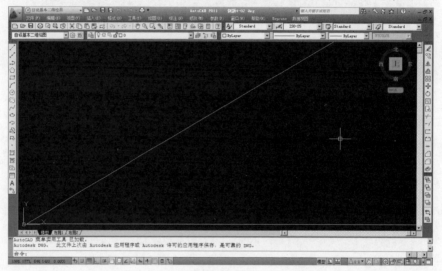

图 3.20

3.4.3 构造线(Construction Line)命令

"构造线"(Construction Line),实际上是两端无限长的直线,常用来作为创建其他对象的参照,所以有些教材也称之为参照线。要输入绘制构造线命令可以用下列方法中的任一种:

◈ 菜单项:绘图(Draw)→构造线(Construction Line)

▦ 键盘命令:XL

◈ 工具条按钮

【例 3.3】 绘制一条竖直方向的构造线,并使其经过点:X = 80,Y = 60。再绘制一条构造线,使之与前一条构造线成 45°夹角。

新建一个绘图文件,选择"无样板打开 - 公制(M)"。

先绘制第一条构造线。从键盘输入:"XL",命令提示框显示:

命令:xl

XLINE 指定点或 [水平(H)/垂直(V)/角度(A)/二等分(B)/偏移(O)]:

键入点的坐标:"80,60",命令提示框显示:

指定通过点：

在第一个点正上方指定一个点，我们还是使用坐标增量的方法，键入："@0,100"
完成了第一条构造线，紧接着绘制第二条构造线。现在命令提示框信息：

指定通过点：

从键盘输入："@100<45"，第二条构造线也完成了，如图 3.21 所示。

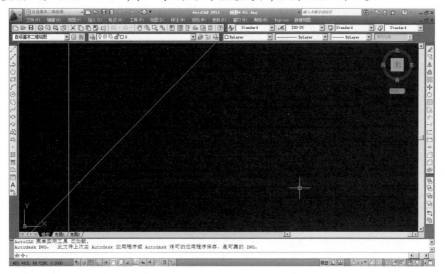

图 3.21

3.4.4　多线(Multilne)命令

"多线"(Multiline)命令是创建一组可包含 1~16 条直线的平行线，这些平行线称为元素。
通过指定距多线初始位置的偏移量，可以确定元素的位置。用户可以创建和保存多线样式，或
者使用具有两个元素的默认样式，还可以设置每个元素的颜色、线型，并且显示或隐藏多线的连
接。连接就是那些出现在多线元素每个顶点处的线条。有多种类型的封口可用于多线，例如直
线、弧线。多线命令在园林绘图中似乎应用并不广，不过，多线命令还是可以给我们带来一些便
利。例如在园林平面图中经常要绘制矩形的花坛或树池，一般做法都是先画好内缘的矩形，再
使用偏移命令绘出外缘线。但多线命令提供了另外一种更加便捷的画法，只要事先按照花坛围
边的宽度设置好多线的样式，即可一步绘出花坛。我们将结合例题说明这个问题。

多线命令输入的方法有：

🕸 菜单项：绘图(Draw)→多线(Multiline)

⌨ 键盘命令：ML

【例 3.4】　用多线命令绘制一个长 5 000 mm，宽 1 500 mm 的矩形花坛平面图，花坛边的宽
度为 150 mm。

新建一个绘图文件，选择"无样板打开－公制(M)"。

为了能够一次绘出花坛的两条边线，先设置一种符合要求的多线样式。

点选菜单项："格式"(Format)→"多线样式"(Multiline Style…)，打开"多线样式"(Multiline
Style)对话框，如图 3.22 所示。

单击"新建"（New）按钮,弹出"创建新的多线样式"（Create New Multilint Style）对话框,在"新样式名"（New Style Name）后面的输入窗中输入"ht01"作为样式名,如图 3.23 所示。

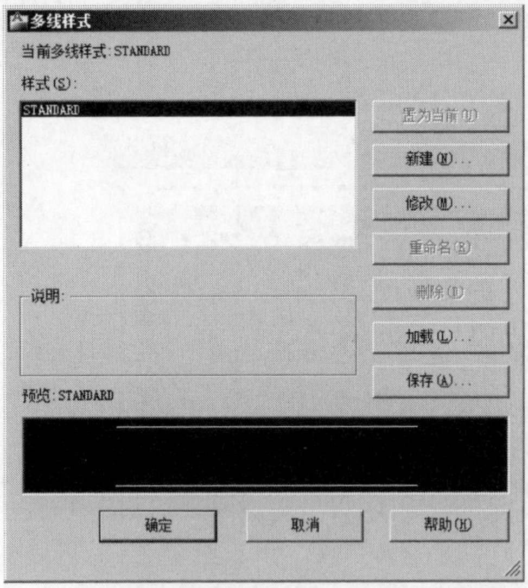

图 3.22

图 3.23

单击"继续"（Continue）按钮,弹出"设置"框。在"图元"的设置选项中选中第一行,然后在下面的"偏移"对应的数据中输入"0";再选中第二行,在"偏移"的数据栏中输入"-150"。最后在"说明"右边的数据栏中输入"用于绘制围边为 150 mm 宽的花坛",如图 3.24 所示。

其他各项保持默认设置不变,单击"确定",回到"多线样式"窗口。这时可以看到样式列表中增加了刚才设置的"HT01"这个多线样式,同时下面有样式的预览。选中"HT01",单击"置为当前"按钮,使刚设置的多线样式成为当前样式,单击"确定"关闭对话框,回到绘图界面。

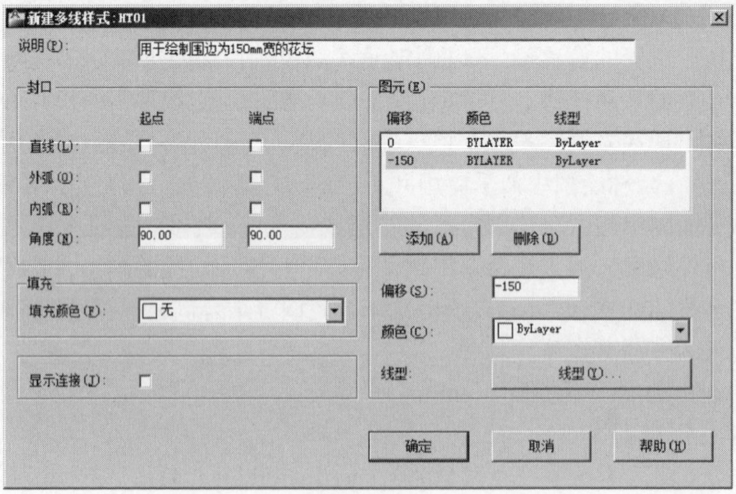

图 3.24

从键盘输入 ML,命令提示框显示:

命令: ml

MLINE

当前设置:对正 = 上,比例 = 20.00,样式 = HT01

指定起点或［对正(J)/比例(S)/样式(ST)］:

因为系统默认的比例是 20,这不符合此图的要求,所以要修改,键入:"S",命令提示框显示:

输入多线比例 <20.00>:

键入:"1",即完成了比例的修改,命令提示框显示:

当前设置:对正 = 上,比例 = 1.00,样式 = HT01

指定起点或［对正(J)/比例(S)/样式(ST)］:

把光标移到绘图区域的左下角靠近坐标符号的位置单击鼠标,拾取第一个点。命令提示框显示:

指定下一点:

用坐标增量的方式指定花坛第二个角点,从键盘输入:"@5000,0",输入第二点后,命令提示框显示:

指定下一点或［放弃(U)］:

仍用坐标增量的方法输入第三个点,键入:"@0,1500",命令提示框显示:

指定下一点或［闭合(C)/放弃(U)］:

用坐标增量方法指定第四个点,键入:"@ -5000,0",这样花坛的四个顶点都输入了,命令提示框显示:

指定下一点或［闭合(C)/放弃(U)］:

键入:"C",将它闭合,就完成了花坛的绘制。完成命令后,读者会发现,绘图区域里面显示的只是花坛的一小部分,键入"Z","E"(范围缩放的命令,请参阅上一节的内容)命令,即可看见整个花坛。

满屏显示花坛后,可以再用实时缩放命令适当缩小花坛的显示,以便观察,绘制结果如图 3.25 所示。

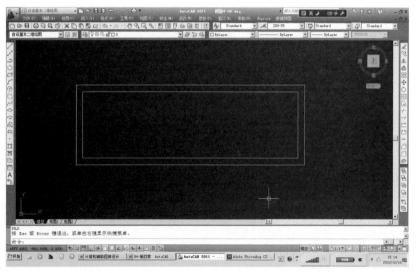

图 3.25

◎提示

请回顾一下这个例题中指定花坛四个顶点的过程:首先是指定了左下角的顶点,这是用鼠标随意拾取的。然后是第二个顶点,因为题目要求花坛长 5 000 mm,所以相当于在第一个顶点的基础上,X 坐标值增加 5 000,

而 Y 坐标值不变(即增量为 0)。第三个顶点与第二点比较则是 Y 坐标增加 1 500,而 X 坐标不变。第四个顶点与第三个点比较,则是 X 坐标增加 –1500,而 Y 坐标不变。当然也可以不用坐标增量值的方法绘制这个花坛的平面图,请读者自己尝试一下。

当指定花坛的顶点时,实际上是沿逆时针方向依次指定的,这样绘制的结果是花坛的内边缘等于输入的长度(即花坛内边缘为 5 000 mm × 1 500 mm),如果用顺时针方向绘制,则花坛的外边缘等于输入的长度。所以在设定了多线样式用来绘图时,要注意是该用逆时针方向还是顺时针方向绘图。这与设定的多线样式有关。在上例中,设置多线样式时,线的偏移时用了 0 和 –150 两个数值,读者可以尝试将其改为 0 和 150 或 75、–75,观察绘图有什么区别。

3.4.5　多段线(Polyline)命令

多段线(Polyline),也称为多义线,可以由直线段和弧线段连接组成。多段线和普通线段组成的图形不同,多段线由直线段或弧线段组成,但它们是一个整体,还可以编辑线的宽度,而普通线段组成的图形,各个线段之间是相互独立的,也无法直接编辑其线宽度。绘制多段线的命令输入方法有如下三种:

　　❀ 菜单项:绘图(Draw)→多段线(Polyline)

　　▥ 键盘命令:PL

　　● "绘图"工具条按钮⏜

输入命令后命令提示框提示:

　　　命令: pl

　　　PLINE

　　　指定起点:

在绘图区域拾取一个起点,命令提示框又提示:

　　　当前线宽为 0.0000

指定下一个点或［圆弧(A)/半宽(H)/长度(L)/放弃(U)/宽度(W)］:

第一行说明当前的线宽为 0.0000,第二行提示输入下一个点,拾取第二个点后又提示:

　　　指定下一点或［圆弧(A)/闭合(C)/半宽(H)/长度(L)/放弃(U)/宽度(W)］:

可以连续拾取多个点来绘制多段线或回车结束命令。下面解释方括号里各个选项的含义:

　　● 圆弧(Arc):选择此项将接着绘制圆弧线。如果当前处于绘制弧线状态,则会出现"直线(Line)"选项。绘制圆弧线的时候会与先前的直线或圆弧线相切连接。

　　● 闭合(Close):将终点和起点连接起来封闭图形。这个选项只有在拾取第三个点之后才会出现。

　　● 半宽(Halfwidth):选择此项设定半线宽值。例如要绘制线宽为 5 的线,则此项应该设为 2.5。

　　● 长度(Length):通过从键盘输入线长度值绘制下一线段。

　　● 放弃(Undo):取消上一个拾取的点。

　　● 宽度(Width):设定绘制下一段线时的宽度。

◎提示

在执行命令的过程中要选择方括号内的选项,只需输入选项后面小括号内的英文字母即可。

下面通过例题说明多段线命令的应用方法。

【例3.5】　绘制一条由三段直线段组成的多段线。

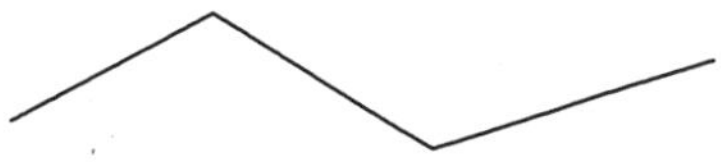

点选菜单项"文件"(File)→"新建"(New),选择"无样板打开－公制(M)",新建一个绘图文件。

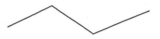

图3.26

从键盘输入:"PL",命令提示框显示:

　　命令: pl

　　PLINE

　　指定起点:

在绘图区域左边任意位置单击鼠标拾取一个点作为多段线起点,命令提示框显示:

　　当前线宽为 0.0000

　　指定下一个点或[圆弧(A)/半宽(H)/长度(L)/放弃(U)/宽度(W)]:

该提示第一行说明多段线当前的宽度为0。

在第一个点右侧的适当位置再单击鼠标拾取一个点,就绘出了多段线的第一段线段。命令提示框显示:

　　指定下一点或[圆弧(A)/闭合(C)/半宽(H)/长度(L)/放弃(U)/宽度(W)]:

接着拾取第三个点和第四个点,最后回车或单击鼠标右键结束命令。绘制结果如图3.26所示。

【例3.6】　绘制一条包含三段直线段的多段线,使其宽度为6 mm

新建一个绘图文件,选择"无样板打开－公制(M)"。

图3.27

在待命状态下键入:PL,当命令提示框显示下列信息时:

　　命令: pl

　　PLINE

　　指定起点:

在绘图区域左边任意位置单击鼠标拾取一个点作为起点,命令提示框显示:

　　当前线宽为 0.0000

　　指定下一个点或[圆弧(A)/半宽(H)/长度(L)/放弃(U)/宽度(W)]:

键入W,命令提示框显示:

　　指定起点宽度 <0.0000>:

键入6,命令提示框显示:

　　指定端点宽度 <6.0000>:

若希望多段线是等宽的,即起点和端点的宽度相同,则直接回车采用默认值,命令提示框显示:

　　指定下一个点或[圆弧(A)/半宽(H)/长度(L)/放弃(U)/宽度(W)]:

在右边适当位置拾取第二个点,接着拾取第三和第四个点,最后单击鼠标右键结束命令。绘制结果如图3.27所示。

可以看出,例题3.5和例题3.6绘制的多段线的主要区别就是,前者的线没有宽度,而后者的线有宽度。

【例3.7】　绘制一条宽度为0,由直线段＋圆弧线＋圆弧线＋直线段组成的多段线。

新建一个绘图文件,选择"无样板打开－公制(M)",键入命令:"PL",命令显示:

命令:pl

PLINE

指定起点:

在绘图区域左边随便一个位置单击拾取一个点,命令

提示:

图3.28

当前线宽为 0.0000

指定下一个点或[圆弧(A)/半宽(H)/长度(L)/放弃(U)/宽度(W)]:

在起点右侧适当位置拾取第二点,命令提示:

指定下一点或[圆弧(A)/闭合(C)/半宽(H)/长度(L)/放弃(U)/宽度(W)]:

键入"A",命令提示:

指定圆弧的端点或

[角度(A)/圆心(CE)/闭合(CL)/方向(D)/半宽(H)/直线(L)/半径(R)/第二个点(S)/放弃(U)/宽度(W)]:

这时,可以看到跟随光标变化的圆弧线,把光标再向右移动到适当位置拾取第三个点。命令提示:

指定圆弧的端点或

[角度(A)/圆心(CE)/闭合(CL)/方向(D)/半宽(H)/直线(L)/半径(R)/第二个点(S)/放弃(U)/宽度(W)]:

把光标再向右移动到适当位置拾取第四个点,命令提示:

指定圆弧的端点或

[角度(A)/圆心(CE)/闭合(CL)/方向(D)/半宽(H)/直线(L)/半径(R)/第二个点(S)/放弃(U)/宽度(W)]:l

键入"L",恢复成绘制直线段状态,命令提示:

指定下一点或[圆弧(A)/闭合(C)/半宽(H)/长度(L)/放弃(U)/宽度(W)]:

在右边拾取一个点,然后回车结束命令,结果如图3.28所示。

【例3.8】 用多段线命令绘制一个实心箭头。

多段线可以设定宽度,而且可以在绘制图线的过程中改变宽度,利用这个特点可以绘制在工程图中经常要用到的实心箭头。

图3.29

新建一个绘图文件,选择"无样板打开－公制(M)"。

在待命状态下键入命令:PL,命令提示框显示:

命令:pl

PLINE

指定起点:

在屏幕上单击拾取一个点,命令提示框显示:

当前线宽为 0.0000

指定下一个点或[圆弧(A)/半宽(H)/长度(L)/放弃(U)/宽度(W)]:

改变线宽,键入:"W",命令提示框显示:

指定起点宽度 <0.0000>:

箭头的起点宽度应该是0,所以直接回车,命令提示框显示:

指定端点宽度 <0.0000>:

把箭头最宽的地方设为 1 mm,所以键入:"1",命令提示框显示:

指定下一个点或［圆弧(A)/半宽(H)/长度(L)/放弃(U)/宽度(W)］:

把光标稍向右移动,可以看到起点和光标之间出现一条向右逐渐变粗的实线,命令提示框显示:

指定下一点或［圆弧(A)/闭合(C)/半宽(H)/长度(L)/放弃(U)/宽度(W)］:

为了保证箭头的三角形部分和箭头的尾部直线在同一条直线上,按下键盘上的 F8 键,打开正交模式,强迫绘制的直线只能是与坐标轴平行。向右移动光标到稍微离开起点的地方,并拾取第二个点,这时就画出了一条外形呈三角形的"线段",这就是箭头的"头部"。下面接着画出箭头的尾部,此时命令提示框还显示:

指定下一点或［圆弧(A)/闭合(C)/半宽(H)/长度(L)/放弃(U)/宽度(W)］:

从键盘输入:"W",命令提示框显示:

指定起点宽度 <1.0000>:

箭头尾端线宽度应为 0。键入:"0",命令提示框显示:

指定端点宽度 <0.0000>:

直接回车接受端点宽度为 0,并移动光标到右边适当的位置,再拾取一个点,并单击鼠标右键结束命令。绘出的箭头如图 3.29 所示。绘制完成后可以使用 3.3 节介绍的屏幕缩放及平移命令调整箭头的显示大小以便于观察。

上面用四个例子说明了绘制多段线的一般方法。其中有些选项还没有涉及到,读者可以自己试试。

3.4.6 正多边形(Polygon)命令

执行该命令将生成一个指定边数的正多边形。输入命令的方法有如下三种:

🗷 菜单项:绘图(Draw)→正多边形(Polygon)

▤ 键盘命令:POL

🗷 单击绘图工具条按钮⬠

【例 3.9】 绘制一个外接圆半径为 100 mm 的正五边形。

新建一个绘图文件,选择"无样板打开 - 公制(M)",键入命令:"POL",命令提示框显示:

命令: pol

POLYGON

输入边的数目 <4>:

键入"5",命令提示框显示:

指定正多边形的中心点或［边(E)］:

在绘图区域中央位置单击鼠标拾取一个点,命令提示框显示:

输入选项［内接于圆(I)/外切于圆(C)］ <I>:

直接回车确定以内接于圆的方式绘制五边形,命令提示框显示:

指定圆的半径:

键入"100",便完成了正五边形的绘制,结果如图 3.30 所示。

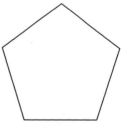

图 3.30

◎提示

半径值可以直接键入数值,也可以在屏幕上拾取两个点确定半径的长度。

【例3.10】 以在屏幕上指定边长的方式绘制一个正六边形。

新建一个绘图文件,选择"无样板打开－公制(M)",键入命令:"POL",命令提示框显示:

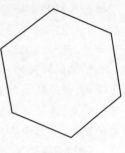

> 命令:pol
>
> POLYGON 输入边的数目 <4>:

键入"6",命令提示框显示:

> 指定正多边形的中心点或[边(E)]:

键入"E",命令提示框显示:

> 指定边的第一个端点:

在绘图区域拾取一个点,命令提示框显示:

> 定边的第二个端点:

图3.31

移动鼠标,拾取第二点,完成正六边形的绘制,如图3.31所示。

◎提示

用指定边长方式绘制正多边形时,如果在提示指定边的第二个端点时,用输入极坐标增量的方法输入精确的边长值,则可以绘制出具有准确边长的正多边形。请读者试绘制一个边长为100 mm的正五边形。

3.4.7 矩形(Rectangle)命令

输入命令的方法有三种:

✎ 菜单项:绘图(Draw)→矩形(Rectangle)

⌨ 键盘命令:REC

✎ 单击"绘图"工具条上的按钮▢

【例3.11】 绘制一个 200 mm×100 mm 的矩形

新建一个绘图文件,选择"无样板打开－公制(M)"。

键入:"REC",命令提示框显示下列信息:

> 命令:rec RECTANG
>
> 指定第一个角点或[倒角(C)/标高(E)/圆角(F)/厚度(T)/宽度(W)]:

图3.32

在绘图区域稍靠左下的位置单击拾取一个点,命令提示框显示:

> 指定另一个角点或[面积(A)/尺寸(D)/旋转(R)]:

键入:"@200,100",完成矩形的绘制,如图3.32所示。

◎提示

在提示输入另外一个角点时,如果在屏幕上再拾取另外一个点,则会以两个点之间的距离为对角线长度创建矩形。

在提示输入第一个角点时,命令提示框方括号内有5个选项:

● 倒角(Chamfer):使绘制出来的矩形有倒角。

● 标高(Elevation):指定标高值。通过指定标高值,可以使绘制出来的矩形离开 XY 平面

一定高度(指定的标高值实际上就是 Z 轴的坐标值)。

● 圆角(Fillet):使绘制出来的矩形有圆角。

● 厚度(Thickness):使绘制出来的矩形有厚度。具有厚度的矩形在三维视图(例如轴测图)中看起来像一个"盒子"。

● 宽度(Width):指定线的宽度。矩形实际上是一条特殊的多段线,它可以指定线宽度。

在提示输入第二个角点时,命令提示框方括号内有三个选项:

● 面积(Area):通过指定矩形的面积及一条边的长度,绘制一个矩形。

● 尺寸(Dimensions):通过指定矩形的两个边长绘制矩形,同时通过光标的位置指定绘制矩形的方向。这个方法和用坐标增量法绘制矩形(即例题 3.11 用的方法)很类似。

● 旋转(Rotation):一般情况下执行矩形命令时只能绘制平行于坐标轴的矩形,但通过这个选项可以绘制以任意角度倾斜的矩形,角度可以从键盘输入精确值,也可以根据感觉在屏幕上指定。

下面用几个例子说明上列这些选项的用途。

【例 3.12】 绘制一个 150 mm × 100 mm 的矩形,使其角上有 20 mm 的对称倒角。

图 3.33

新建一个绘图文件,选择"无样板打开 – 公制(M)"。

键入命令:"REC",命令提示框显示:

　　命令: rec RECTANG

　　指定第一个角点或 [倒角(C)/标高(E)/圆角(F)/厚度(T)/宽度(W)]:

选择倒角,即键入:"C",命令提示框显示:

　　指定矩形的第一个倒角距离 < 0.0000 >:

键入"20",命令提示框显示:

　　指定矩形的第二个倒角距离 < 20.0000 >:

因为题目要求是对称倒角,所以第二个倒角距离也应该是 20 mm,即直接回车,命令提示框显示:

　　指定第一个角点或 [倒角(C)/标高(E)/圆角(F)/厚度(T)/宽度(W)]:

在屏幕上单击鼠标拾取第一个点,命令提示框显示:

　　指定另一个角点或 [面积(A)/尺寸(D)/旋转(R)]:

仍用坐标增量的方法指定第二个角点,即键入:"@150,100"。这就完成了倒角矩形的绘制,如图 3.33 所示。

◎提示

倒角距离是指矩形两条垂直边的交点到斜切线与矩形边线交点的距离。

【例 3.13】 绘制一个 300 mm × 150 mm 的矩形,使其角上有半径为 50 mm 的倒圆角。

新建一个绘图文件,选择"无样板打开 – 公制(M)"。

键入命令:"REC",命令提示框显示:

　　命令: rec RECTANG

　　指定第一个角点或 [倒角(C)/标高(E)/圆角(F)/厚度(T)/宽度(W)]:

键入"F",命令提示框显示:

图 3.34

指定矩形的圆角半径 <0.0000>：

键入圆角的半径："50"，命令提示框显示：

  指定第一个角点或［倒角(C)/标高(E)/圆角(F)/厚度(T)/宽度(W)］：

在屏幕上拾取第一个点，命令提示框显示：

  指定另一个角点或［面积(A)/尺寸(D)/旋转(R)］：

键入："@300,150"，结果如图 3.34 所示。

【例 3.14】 先绘制一个 200 mm × 100 mm 的矩形，再错开一点点绘制一个 200 mm × 100 mm 的矩形，使其标高 50 mm。

新建一个绘图文件，选择"无样板打开 – 公制(M)"。键入命令："REC"，命令提示框显示：

图 3.35

  命令：rec RECTANG

  指定第一个角点或［倒角(C)/标高(E)/圆角(F)/厚度(T)/宽度(W)］：

在屏幕上拾取第一个角点，命令提示框显示：

  指定另一个角点或［面积(A)/尺寸(D)/旋转(R)］：

键入："@200,100"，完成第一个矩形。再键入："REC"，命令提示框显示：

  命令：rec RECTANG

  指定第一个角点或［倒角(C)/标高(E)/圆角(F)/厚度(T)/宽度(W)］：

键入："E"，命令提示框显示：

  指定矩形的标高 <0.0000>：

键入"50"，命令提示框显示：

  指定第一个角点或［倒角(C)/标高(E)/圆角(F)/厚度(T)/宽度(W)］：

在第一个矩形左下角点稍微靠右上一点的位置拾取第一个角点，命令提示框显示：

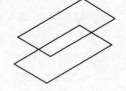

  指定另一个角点或［面积(A)/尺寸(D)/旋转(R)］：

键入："@200,100"，完成第二个矩形，结果如图 3.35 所示。

图 3.36

从平面图上是看不出矩形的标高的，所以切换成轴测图进行观察。点选菜单项"视图"(View)→"三维视图"(3D Views)→"西南等轴测"(SW Isometric)，屏幕显示如图 3.36 所示。可以看到第二个矩形位于第一个矩形的上方。

◎提示

当指定了矩形的标高后，在同一个绘图文件里下次绘制矩形会默认使用上次设定的标高，但是在平面图上看不出来。一般平面图并不需要矩形有标高，有时这甚至会带来编辑上的麻烦，所以在下次绘制矩形时要注意它的标高值，如果不需要它有标高，应该将标高值重设为0。

【例 3.15】 绘制一个 200 mm × 100 mm 的矩形，使其厚度为 80 mm。

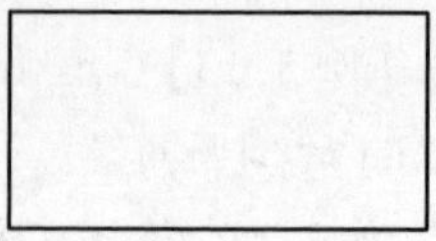

新建一个绘图文件，选择"无样板打开 – 公制(M)"。

键入命令："REC"，命令提示框显示：

  命令：rec RECTANG

图 3.37

  指定第一个角点或［倒角(C)/标高(E)/圆角(F)/厚度(T)/宽度(W)］：

键入："T"，命令提示框显示：

  指定矩形的厚度 <0.0000>：

键入:"80",命令提示框显示:

指定第一个角点或[倒角(C)/标高(E)/圆角(F)/厚度(T)/宽度(W)]:

在屏幕上拾取第一个角点,命令提示框显示:

指定另一个角点或[面积(A)/尺寸(D)/旋转(R)]:

键入:"@200,100",完成矩形绘制,如图3.37所示。

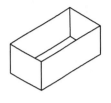

在平面图上也看不出其厚度,所以按照例3.14的方法把视图改为西南等轴测,并键入命令:"HI",结果如图3.38所示。

图3.38

◎提示

HI是"隐藏(Hide)"命令,即菜单项中的"视图(View)→消隐(Hide)",该命令用来在三维视图中隐藏本来被遮挡的图线。

上面五个例子说明了矩形命令的使用方法,另外还有几个选项(提示指定第二个角点时的选项)请读者自己试一下其效果。

◎提示

在上面的例题中涉及了一些三维绘图的方法,在学习二维绘图的时候,不必在这上面花很多功夫,在后面三维绘图的章节里有详细的内容。

3.4.8 圆弧(Arc)命令

Arc(圆弧)命令执行结果是绘制一段圆弧线,输入命令的方法有如下三种:

📐 菜单项:绘图(Draw)→圆弧(Arc)

⌨ 键盘命令:A

📐 单击绘图工具条上的按钮

该命令从菜单执行和从键盘输入命令或单击工具条按钮有一些区别,我们在例题中加以说明。

【例3.16】 通过在屏幕上拾取三个点绘制一段圆弧。

新建一个绘图文件,选择"无样板打开-公制(M)"。

键入命令:"A",命令提示框显示:

命令:a ARC 指定圆弧的起点或[圆心(C)]:

在绘图区域单击鼠标拾取一个点作为圆弧的起点,命令提示框显示:

图3.39

指定圆弧的第二个点或[圆心(C)/端点(E)]:

稍稍移动光标,再拾取一个点,命令提示框显示:

指定圆弧的端点:

移动鼠标,再拾取一个点,完成圆弧绘制。结果如图3.39所示。

读者可能注意到在输入命令后,有另外一个选项"圆心(C)",下面通过一个例子说明其用途。

【例3.17】 通过指定圆心(X=50,Y=60)、起点(X=250,Y=60)和角度(45°)绘制一段圆弧。

新建一个绘图文件,选择"无样板打开 - 公制(M)"。

键入命令:"A",命令提示框显示:

　　ARC 指定圆弧的起点或 [圆心(C)]:

键入"C",命令提示框显示:

　　指定圆弧的圆心:

键入:"50,60",命令提示框显示:

　　指定圆弧的起点:

键入:"250,60",命令提示框显示:

　　指定圆弧的端点或 [角度(A)/弦长(L)]:

键入:"A",命令提示框显示:

　　指定包含角:

键入:"45",即完成圆弧绘制,结果如图 3.40 所示。

图 3.40

在指定圆弧起点后还有一个选择是输入"弦长(L)",读者可以自己试一试。

◎提示

输入的角度值为正值时,按逆时针方向绘制圆弧,输入角度值为负值时,按照顺时针方向绘制圆弧。

用单击工具条按钮的方式执行命令,过程完全一样,就不再举例。

使用菜单项执行圆弧命令,有 11 个选项之多,各选项的含义如下:

* 三点(3Points):通过三个点绘制弧线。这和例题 3.16 中的方法一样。
* 起点(Start),圆心(Center),端点(End):通过输入弧线起点、圆心和终点绘制弧线。
* 起点(Start),圆心(Center),角度(Angle):通过输入弧线起点、圆心和角度绘制弧线。
* 起点(STtart),圆心(Center),长度(Length):通过输入弧线起点、圆心和弦长绘制弧线。
* 起点(Start),端点(End),角度(Angle):通过输入弧线起点、终点和角度绘制弧线。
* 起点(Start),端点(End),方向(Diretion):通过输入弧线起点、终点和切线方向绘制弧线。
* 起点(Start),端点(End),半径(Radius):通过输入弧线起点、终点和半径绘制弧线。
* 圆心(Center),起点(Start),端点(End):通过输入弧线圆心点、起点和终点绘制弧线。
* 圆心(Center),起点(Start),角度(Angle):通过输入弧线圆心、起点和角度绘制弧线。
* 圆心(Center),起点(Start),长度(Length):通过输入弧线圆心、起点和弦长绘制弧线。
* 继续(Cnotinue):紧接着上一个点绘制弧线。

【例 3.18】　用指定起点(Start),端点(End)和半径(Radius)的方式绘制圆弧,起点坐标为 X = 150,Y = 250,端点坐标为 X = 260,Y = 280,半径为 200 mm。

图 3.41

新建一个绘图文件,选择"无样板打开 - 公制(M)",点选菜单项"起点(Start),端点(End),半径(Radius)",命令提示框显示:

　　指定圆弧的起点或 [圆心(C)]:

键入:"150,250",命令提示框显示:

　　指定圆弧的端点:

键入:"260,280",命令提示框显示:

　　指定圆弧的半径:

键入:"200",完成弧线绘制,结果如图 3.41 所示。

用这种方法绘制弧线,如果半径值不合理(太小),就无法形成弧线,这时候系统会提示半径值"无效"。在实际的园林设计绘图中极少会用到上述所有选项,但读者可以自己试一试。

3.4.9　圆(Circle)命令

绘制圆的命令输入方法有下面三种:

✤ 菜单项:绘图(Draw)→圆(Circle)

▦ 键盘命令:C

✤ "绘图"工具条上的按钮 ⊙

该命令和"圆弧"(Arc)命令一样,也是键盘命令和工具条按钮的执行与菜单项有区别,下面分别举例说明。

【例 3.19】　用键盘命令绘制一个半径为 100 mm 的圆。

新建一个绘图文件,选择"无样板打开 – 公制(M)"。

键入命令:"C",命令提示框显示:

　　命令:C CIRCLE 指定圆的圆心或 [三点(3P)/两点(2P)/相切、相切、半径(T)]:

在绘图区域的中央位置拾取一个点作为圆心,命令提示框显示:

　　指定圆的半径或 [直径(D)]:

键入:"100",即完成圆的绘制,如图 3.42 所示。

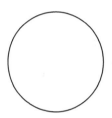

图 3.42

◎ 提示

在提示输入半径的时候,也可以键入 D,然后输入直径的数值。还可以直接在屏幕上拖出合适大小的圆再单击鼠标绘制圆,当然这种方法绘制的就不是精确半径的圆。

【例 3.20】　通过点 A(X=80,Y=80)、B(X=120,Y=150)、C(X=180,Y=100)绘制圆。

新建一个绘图文件,选择"无样板打开 – 公制(M)"。

键入命令:"C",命令提示框显示:

　　命令:c CIRCLE 指定圆的圆心或 [三点(3P)/两点(2P)/相切、相切、半径(T)]:

键入:"3P",命令提示框显示:

　　指定圆上的第一个点:

键入:"80,80",命令提示框显示:

　　指定圆上的第二个点:

键入:"120,150",命令提示框显示:

　　指定圆上的第三个点:

键入:"180,100",完成绘制。

输入圆命令后,还有一个选项是"两点(2P)",实际上是以指定的两个点之间的长度为直径绘制圆,读者可以自己试试。

【例 3.21】　设有如图 3.43 所示的两条直线,用"相切、相切、半径(T)"的方式绘制一个圆,使圆的半径等于 20 mm 并分别与两条已有直线相切。

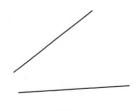

图 3.43

键入命令："c",命令提示框显示：

　　命令：c CIRCLE 指定圆的圆心或 ［三点(3P)/两点(2P)/相切、相切、半径(T)］：

键入："T",命令提示框显示：

　　指定对象与圆的第一个切点：

这时把光标移动到任意一条直线上,会出现一个捕捉切点的标记,单击鼠标左键,命令提示框显示：

　　指定对象与圆的第二个切点：

把光标移动到另外一条直线上,也会出现捕捉切点的标记,单击鼠标左键,命令提示框显示：

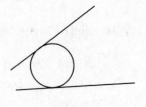

　　指定圆的半径：

图3.44

键入："20",完成圆的绘制,结果如图3.44所示。

◎提示

在例题3.21中,是让绘制的圆与两条直线相切,实际上切线也可以是弧线,但这时候对圆的半径有不同的要求,读者可以自己试一试。

菜单项中绘制圆的命令有6个选项：

- 圆心(Center)、半径(Radius)：指定圆心和半径绘制圆,例题3.19所示的方式。
- 圆心(Center)、直径(Diameter)：指定圆心和直径绘制圆。
- 两点(2P)：以指定的两个点之间的长度为直径绘制圆。
- 三点(3P)：通过三个点绘制一个圆,这三个点不能在一条直线上。
- 相切(Tan)、相切(Tan)、半径(Radius)：绘制一个指定半径并与两条线相切的圆。
- 相切(Tan)、相切(Tan)、相切(Tan)：绘制一个与三条线相切的圆。

读者可以自己试一试菜单里面的这些方法。

3.4.10　圆环(Donut)命令

使用该命令可以绘制有面积的实心圆点或圆环。输入命令的方法如下(该命令没有工具条按钮)：

　菜单项：绘图(Draw)→圆环(Donut)

　键盘命令：DO

【例3.22】　绘制三个直径为10 mm的实心圆点,再绘制三个内径为10 mm,外径为20 mm圆环。

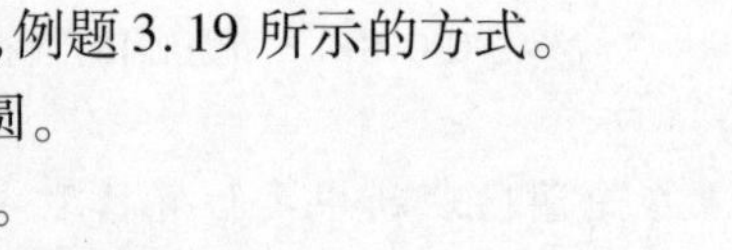

新建一个绘图文件,选择"无样板打开－公制(M)"。

键入命令："DO",命令提示框显示：

图3.45

　　指定圆环的内径 ＜10.0000＞：

系统默认的圆环内径为10 mm,这不符合题目的要求,键入："0",命令提示框显示：

　　指定圆环的外径 ＜20.0000＞：

这也不符合题目的要求,键入："10",命令提示框显示：

　　指定圆环的中心点或 ＜退出＞：

在绘图区域拾取一个点,绘制出题目要求的实心圆点;再连续绘制两个点,单击鼠标右键结

束命令。

绘制另外的圆环,键入:"DO",命令提示框显示:

　　指定圆环的内径 <0.0000>:

键入:"10",命令提示框显示:

　　指定圆环的外径 <10.0000>:

键入"20",命令提示框显示:

　　指定圆环的中心点或 <退出>:

在绘图区域连续单击鼠标绘制三个圆环,最后单击鼠标右键结束命令,结果如图 3.45
所示。

3.4.11　样条曲线(Spline)命令

样条曲线是通过一系列给定点的光滑曲线。AutoCAD 使用的是一种称为非均匀有理 B 样
条曲线(NURBS)的特殊曲线。用 Spline 命令绘制光滑的曲线在园林设计中使用很频繁,自然
光滑的园林道路、铺装装饰线、花坛的种植纹样、等高线等都经常要用到样条曲线。输入命令的
方法有如下三种:

❖ 菜单项:绘图(Draw)→样条曲线(Spline)

▥ 键盘命令:SPL

❖ 工具条按钮∿

【例 3.23】　绘制一条光滑的曲线。

新建一个绘图文件,选择"无样板打开 – 公制(M)"。

键入命令:"SPL",命令提示框显示:

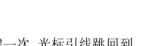

图 3.46

　　SPLINE

　　指定第一个点或 [对象(O)]:

在绘图区域靠左边的位置单击鼠标拾取一个点,命令提示框显示:

　　指定下一点或 [闭合(C)/拟合公差(F)] <起点切向>:

适当移动鼠标拾取第二个点,接着连续拾取 4 个点,最后单击鼠标右键,结束命令,结果如
图 3.46 所示。

◎提示

读者在练习这个例题时注意,根据拾取的点的不同,绘制出来的样条曲线形状及长短不一定相同。

在执行命令的过程中,在屏幕上拾取第二个点后,命令提示框显示:

　　指定下一点或 [闭合(C)/拟合公差(F)] <起点切向>:

提示输入下一个点或选择闭合/拟合公差。这时如果单击鼠标右键一次,光标引线跳回到
第一个点,可以调整起点处的切线方向,再单击鼠标右键一次则光标引线又回到终点,可以接着
调整终点处的切线方向,第三次单击鼠标右键结束命令。如果要闭合曲线,在上述命令提示状
态下键入"C",则命令提示框显示:

　　指定切向:

移动光标调整切线方向(这会影响曲线的形状),"确定"后回车结束命令。

3.4.12 椭圆(Ellipse)命令

绘制椭圆的命令输入方法有如下三种：

🔖 菜单项：绘图(Draw)→椭圆(Ellipse)

⌨ 键盘命令：EL

🔖 工具条按钮⬭

该命令点选菜单项与输入键盘命令及单击工具条按钮有些区别，下面举例说明其用法。

【例3.24】 绘制一个长轴为200 mm(平行于X轴)，短轴为100 mm的椭圆。

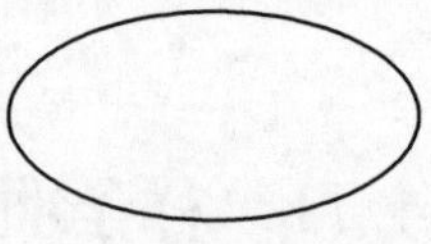

新建一个绘图文件，选择"无样板打开–公制(M)"。

键入命令："EL"，命令提示框显示：

> 命令：el ELLIPSE
> 指定椭圆的轴端点或［圆弧(A)/中心点(C)］：

在绘图区域靠左边的位置拾取一个点，命令提示框显示：

> 指定轴的另一个端点：

因为题目要求长轴长为200 mm，且平行于X轴，所以采用坐标增量的方法指定另一个端点。键入："@200,0"，命令提示框显示：

> 指定另一条半轴长度或［旋转(R)］：

题目要求短轴长度为100 mm，即半轴长为50 mm。键入："50"，成了椭圆的绘制，结果如图3.47所示。

图3.47

◎提示

绘制椭圆的时候也可以使用鼠标直接在屏幕上点取长轴和短轴的长度。

请读者自己试一试"指定椭圆的轴端点或［圆弧(A)/中心点(C)］"中"圆弧(A)/中心点(C)"两个选项。

如果使用点选菜单项的方式执行命令，则有三个选项：

● 中心点(Center)：先指定椭圆中心点，再指定长轴和短轴来绘制椭圆。

● 轴(Axis)和端点(End)：绘制椭圆时先指定一条椭圆轴的两个端点，再指定另外一条轴的长度。

● 弧(Arc)：绘制椭圆弧。

3.4.13 点(Point)命令

1)设定点样式

几何上的点是没有形状和大小的，在AutoCAD里因制图需要，给"点"定义了外观形状和大小。

AutoCAD 2011里包含了20种点的样式。在绘制点对象之前要先指定点样式。指定方法：

点选菜单项"格式"（Format）→"点样式"（Point Style），打开"点样式"对话框，如图3.48所示。

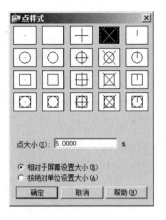

点样式窗口中列出了20种点样式，高亮显示的点样式（图3.48中黑色底的样式）为当前点样式。"点大小"（Point Size）下面有两个选项，"相对于屏幕设置大小"（Set Size Relative to Screen）的意思是基于屏幕设置点的大小，"按绝对单位设置大小"（Set Size in Absolute Units）的意思是用绝对单位设置点的大小。

图3.48中选择的是"相对于屏幕设置大小"（Set Size Relative to Screen），"点大小"（Point Size）右边的输入框右侧显示的是一个百分比符号，输入框中的数字由用户输入，例如5%表示绘制

图 3.48

的点大小占绘图区域的5%。若选择的是"按绝对单位设置大小"（Set Size in Absolute Units），则输入框右侧显示的是"单位"（Units），这时在输入框中输入的数字是绘制点的实际尺寸，例如6单位（Units）表示绘制的点的大小为6个绘图单位。在我国，绘图单位采用公制单位，当以mm为长度单位时，则6单位（Units）就是6 mm。

在实际的绘图工作中，把点样式设置为相对于屏幕大小的5%比较适用。

◎提示

图3.48列出的点样式中，第一行一行左起的第一和第二两种样式，是没有形状和大小的，如果选择了这两种样式，指定"点大小"则没有意义。

2）创建点

"Point"（点）命令可以生成点对象，并且可以设定点的样式。执行该命令时点选菜单项、输入键盘命令和单击工具条都有差别，下面分别加以说明。

▦ 键盘命令："po"

输入命令后，命令提示框显示：

命令：po

POINT

当前点模式：　PDMODE = 0　PDSIZE = 0.0000

指定点：

提示指定一个点来创建点对象，此时在屏幕上拾取一个点即生成点对象，并自动结束命令。命令提示行中的"当前点模式"（Current point modes:）说明当前的点样式（PDMODE）及点的尺寸（PDSIZE），默认的点样式即"PDMODE = 0""PDSIZE = 0.0000"，生成的点在屏幕上显示为一个小白点，而且这个小白点是没有面积、体积的，是几何意义上的点。

用键盘输入命令，一次只生成一个点。

※ 工具条按钮：单击"绘图"（Draw）工具条里的按钮·

命令提示框提示输入一个点，这时每单击鼠标左键一次就生成一个点，可以连续生成若干个点。要结束命令只能按键盘上的 Esc 按钮，在这里按空格键、回车键或单击鼠标右键都不能结束命令。

🔊 菜单项:点选菜单项"绘图"(Draw)→"点"(Point)后,有以下四个选项。

● 单点(Single Point):绘制单个点。这个选项相当于键盘命令"PO"。

● 多点(Multiple Point):绘制多个点。这个选项相当于单击工具条按钮 ·。

● 定数等分(Divide):定数等分对象。该命令可以用点把线对象(直线、多段线、样条曲线、圆、多边形等)等分为指定的份数。该选项的键盘快捷命令为"DIV",下面举一例说明。

● 定距等分(Measure):定距等分对象。该命令可以用点把线对象(直线、多段线、样条曲线、圆、多边形等)按指定的长度等分。请注意该选项和"定数等分(Divide)"的区别,"定数等分(Divide)"是先指定等分的段数,"定距等分(Measure)"则是指定等分的长度,段数会跟着长度变化,而且等分后可能有尾数。定距等分(Measure)的键盘快捷命令是"ME"。

单点和多点的绘制很简单,读者可以自己试一试。下面用两个实例说明定数等分和定距等分的用法。

【例3.25】 绘制一个直径为100 mm的圆,再用点把圆5等分。

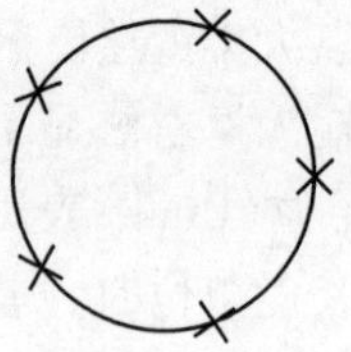

新建绘一个图文件,选择"无样板打开 – 公制(M)"。

第一步,先绘制圆。

键入命令:"C",命令提示框显示:

命令:C CIRCLE 指定圆的圆心或 [三点(3P)/两点(2P)/相切、相切、半径 (T)]:

图3.49

在绘图区域中央位置拾取一个点作为圆心,命令提示框显示:

指定圆的半径或 [直径(D)] <25.0000 >:

键入:"D",命令提示框显示:

指定圆的直径:

键入:"100",完成圆的绘制。

第二步,设定点样式。

点选菜单项"格式"(Format)→"点样式"(Point Style)打开点样式窗口,并选择第一行左起第四个为点样式。

第三步,等分圆周。

键入命令:"DIV",命令提示框显示:

DIVIDE

选择要定数等分的对象:

这时光标变成一个小方框,点击刚才绘制的圆,光标变回为十字线,同时命令提示框显示:

输入线段数目或 [块(B)]:

键入:"5",完成圆周的等分,结果如图3.49所示。

【例3.26】 绘制一长度为250 mm的直线段,然后用60 mm定距等分它。

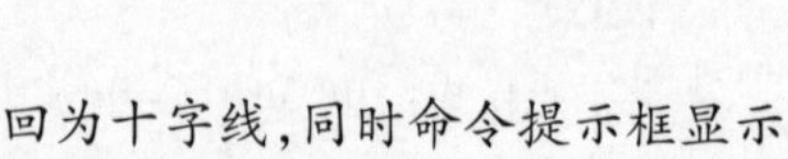

新建一个绘图文件,选择"无样板打开 – 公制 (M)"。

图3.50

先绘制一段长度为250 mm 直线段(绘制方法参见前面的"直线"命令及例题)。

键入命令:"ME",命令提示框显示:

命令:me

MEASURE

选择要定距等分的对象：

点选刚才绘制的直线段，命令提示框显示：

指定线段长度或［块(B)］：

键入："60"，完成定距等分，结果如图 3.50 所示。

从图 3.50 中可以看出，直线段被定距等分后，有一小段"尾数"，这是因为用 60 去除 250，有 10 mm 的余数。"尾数"段在哪一头取决于点选等分对象的时候偏向哪一头，"尾数"段出现在离点选位置较远的那一头。

◎ 提示

在上述的提示行中，方括号内有一个"块(Block)"选项，这个选项的作用是以图块来等分对象。这个选项在绘制园林设计图时很有用，例如我们要在圆形的水池里面等距离分布若干个喷头，可以事先把喷头的图形定义成块，然后再用定距等分命令把喷头图块等距离分布在圆周上。用这种方法显然要比用几何方法一个个绘制重复图形要高效得多，在后面章节里我们还要专门讨论这个问题。

3.4.14 修订云线(Revision Cloud)命令

修订云线命令的名称表明，它的主要用途是作为对文档修订时的标注工具。修订云线是由连续圆弧组成的多段线，用于在检查阶段提醒用户注意图形的某个部分。这就像在纸面上用红笔圈出某个位置以引起注意。不过在绘制园林设计图时，它有更特别的用途，可以用来绘制成片栽植的灌木或乔木，是灌木片还是树林，只需设置不同大小的圆弧大小即可区分出来。

该命令的输入方法有如下三种：

✍ 菜单项：绘图(Draw)→修订云线(Revision Cloud)

▦ 键盘命令：REVCLOUD

✍ "绘图"工具条上的按钮 ▩

◎ 提示

前面介绍的二维绘图命令，从键盘输入命令时，输入的都是命令的简写形式。例如绘制圆的命令，其原型为 Circle，而只输入 C 就可以了，这是 AutoCAD 2011 预先设定的"快捷命令"。但修订云线命令却没有预先设定这种快捷方式，只能输入命令的原型 Revcloud。不过 AutoCAD 允许用户自己定义命令的快捷方式，可解决使用过长的命令名称在后面的章节里会作专题介绍。

【例 3.27】 绘制一条封闭的修订云线。

新建一个绘图文件，选择"无样板打开 – 公制(M)"。

键入命令：REVCLOUD，(可用菜单或工具条按钮)，命令提示框

显示：

命令：Revcloud

最小弧长：20   最大弧长：20   样式：普通

指定起点或［弧长(A)/对象(O)/样式(S)］＜对象＞：

图 3.51

系统默认的最小弧长和最大弧长都是 20，我们将它改为 25，键入："A"，命令提示框显示：

指定最小弧长 ＜20＞：

键入："25"，命令提示框显示：

指定最大弧长 ＜25＞：

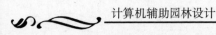

直接回车,确认最大弧长也是25,命令提示框显示:

　　指定起点或［弧长(A)/对象(O)/样式(S)］＜对象＞:

在绘图区域单击鼠标左键拾取起点,命令提示框显示:

　　沿云线路径引导十字光标…

　　按照设想的路线移动光标,会依次绘制出一连串首尾相连的弧线,把光标移回起点附近,修订云线会自动闭合,命令也就自动结束。图3.51是绘制出的一种修订云线。由于移动光标的过程虽然有大致的路线,但总体上是随意的,所以每次所做的修订云线不可能完全一样。图3.51所示的"云线"就很适合用于表现一片树林。

　　绘制云线提示指定起点时,还有"对象"和"样式"两个选项,"对象"的作用是选择已经存在的图线,使之变成修订云线;"样式"的作用则是选择云线的样式。读者可以自己试一试。

3.4.15　徒手画(Sketch)命令

　　徒手画命令在园林设计绘图中常会用到。但AutoCAD的各个版本,在"绘图"菜单和"绘图"工具条中都没有该命令。下面介绍这个命令的用法。

　　命令的调用方法是:

　　⌨ 键盘命令:SKETCH

　　输入命令后,命令提示框显示:

　　命令: Sketch

　　记录增量 ＜1.0000＞:

　　在园林绘图中多把记录增量设为0,键入:"0",命令提示框显示:

　　徒手画. 画笔(P)/退出(X)/结束(Q)/记录(R)/删除(E)/连接(C)。

　　在屏幕上单击鼠标,命令提示框显示"＜笔 落＞",移动光标,屏幕上就出现一条沿着光标移动轨迹的图线,再单击鼠标,命令提示框显示"＜笔 提＞",图线绘制暂停。若再在屏幕上单击,命令提示框显示"＜笔 落＞",又开始绘制图线。可以通过单击鼠标反复实现提笔和落笔,从而灵活绘制图线。如果要结束徒手画命令,直接回车,或键入"X"就可以了。

　　徒手画的线实际上是一连串的小线段组成的线,而且这些小线段是各自独立的,徒手画的线不能简单的被选择,必须同时选择所有组成的小线段。这不利于提高绘图的速度。在园林绘图中,徒手画命令常用来绘制自然式驳岸的水线、成片栽植的灌木、绿篱等,如果它不能被一点就选中,在以后的编辑会非常不方便。可以通过设置它的一个参数改变这种情况,设置方法如下:

　　键入"参数设置"命令:"SKPOLY",命令提示框显示:

　　输入 SKPOLY 的新值 ＜0＞:

　　键入新值:"1",就改变了设置。之后再使用徒手画命令画出的线就是一条整体的线,它实际上是一条由很多非常短的小线段组成的多段线。

　　SKPOLY的参数值只有0和1两个,0表示线为非多段线,1表示线为多段线。

　　以上介绍了基本的二维绘图命令,通过这些命令可以绘制出一般的几何图形,对这些基本图形进行组合、编辑,就可以绘制出任何复杂的二维图形。在介绍绘图命令的时候我们列出了三种输入命令的方法:从键盘输入命令、点选菜单项、单击工具条按钮。开始学习的时候因为对

快捷命令不熟悉,可能觉得从键盘输入命令反而不方便,但等到逐渐记住了命令的快捷方式,读者会发现这是一种最为高效和便捷的输入命令的方式。

将常用二维绘图工具的快捷命令及视图显示控制工具的快捷命令归纳成表3.1,便于查阅及记忆。

表 3.1　视图显示工具及绘图工具快捷命令一览表

命令		作用	快捷方式	对应的工具条按钮
ZOOM	Realtime	实时缩放	Z　R	
	Previous	上一视图	Z　P	
	Window	窗口缩放	Z　W	
	Dynamic	动态缩放	Z　D	
	Scale	比例缩放	Z　S	
	Center	中心点缩放	Z　C	
	All	完全显示	Z　A	
	Extents	范围显示	Z　E	
PAN	Realtime	实时平移	P	
	Point	点平移	_P	
Line		直线	L	
Ray		射线	RAY	
Xline		构造线	XL	
Multiline		多线	ML	
Polyline		多段线	PL	
Polygon		正多边形	POL	
Rectangle		矩形	REC	
Arc		圆弧线	A	
Circle		圆	C	
Donut		圆环	DO	
Spline		样条曲线	SPL	
Ellipse		椭圆	EL	
Point		点	PO	
Revcloud		修订云线	REVCLOUD	

注:表中如"ZD"这样的写法表示先键入 Z,然后键入 D。

3.5 绘图辅助工具的设置和应用

绘图辅助工具帮助我们在绘图时快速精确定位一些特殊点。最常用的辅助工具有正交模式、栅格、捕捉等,这些工具类似于用手工绘图时使用的丁字尺、方格纸等。AutoCAD 2011 中文版的绘图辅助工具栏在命令提示框的下面,如图 3.52 所示。

398.4574, 82.2005 , 0.0000   模型

图 3.52

图 3.52 中,最左边的三个数字显示的是光标当前位置的坐标,从左到右依次是 X、Y、Z 值,这些坐标值是跟着光标改变的。中间的一排按钮是常用的绘图辅助工具,从左到右分别是:推断约束、捕捉模式、栅格显示、正交模式、极轴追踪、对象捕捉、三维对象捕捉、对象捕捉追踪、允许/禁止动态 UCS、动态输入、显示/隐藏线宽、显示/隐藏透明度、快捷特性、选择循环。右侧按钮,分别是:模型或图纸空间、快速查看布局、快速查看图形、注释比例、注释可见性、切换工作空间、工具栏/窗口位置锁定或解锁、硬件加速开关、隔离对象、全屏显示开关。每个按钮都有特定的功能,下面分别说明。

3.5.1 推断约束(Infer Constraints)

绘图辅助工具栏上坐标数字左边的第一个按钮,是"推断约束",其作用是在创建和编辑几何对象时自动应用几何约束。与 AUTOCONSTRAIN 命令相似,约束也只在对象符合约束条件时才会应用。推断约束后不会重新定位对象。打开"推断约束"时,用户在创建几何图形时指定的对象捕捉将用于推断几何约束。但是,不支持下列对象捕捉:交点、外观交点、延长线和象限点。开启或关闭"推断约束"的方法有 2 种:

    单击"绘图辅助"工具栏上的"推断约束"按钮

    点选菜单项"参数"→"约束设置",在打开的约束设置对话框上取消勾选"推断几何约束"

"几何约束"和"标注约束"是 AutoCAD 中的新功能,从 2010 版后才出现。它使得在二维绘图中参数化作图成为可能。而"推断约束"的意思是当作图或编辑图形时,如果操作符合某些捕捉或约束的条件,AutoCAD 就推断我们应该使用相关的约束,并应用到图形上,带有智能化作图的概念。例如,打开了"推断约束"按钮(使按钮亮显)后,当绘制两条首尾相连的直线段,AutoCAD 就自动应用"重合"约束,使两条直线段的连接点始终处于连接状态,以后对其中一条直线段进行某些编辑(例如移动),会影响与之相连的那条直线段。图 3.53 中的 a 图是在打开"推断约束"的情况下绘制的两条一般直线段,AutoCAD

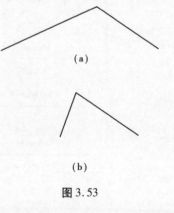

(a)

(b)

图 3.53

为两条直线的连接点自动应用了"重合"约束(两条线的连接点上会出现一个蓝色小方块标志)。用"移动(Move)"命令把右边的线段向左移动一段距离时,左边的线段因重合点约束的关

系变短且变得倾角加大,而右边的线段除了位置改变,其他并没有任何变化,如图 3.53(b)所示。

又例如,在打开"推断约束"的情况下绘制如图 3.54(a)所示的梯形,绘图时还打开了正交模式,因此梯形的上下边是水平的,右边是竖直的,AutoCAD 就自动应用了水平约束、垂直约束和重合约束。b 图是将梯形的右边竖线向左平移,可以看到由于几何约束的存在,梯形的上边线和下边线自动缩短了。

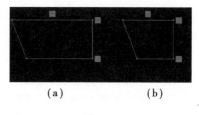

图 3.54

3.5.2 捕捉模式(Snap Mode)

绘图辅助工具栏上坐标数字左边的第二个按钮▦,就是"捕捉模式"按钮。这个按钮的作用是打开或关闭栅格捕捉的功能。当打开栅格捕捉时,AutoCAD 将强制使光标只能落在栅格点上,如图 3.55 所示,在打开了栅格捕捉的情况下绘制矩形,因为光标不论怎么移动都只能落在栅格点上,所以矩形的四个顶点也必然地落在栅格点上。栅格显示或关闭参看下一节的内容。

图 3.55

下面介绍如何设置栅格捕捉。

栅格显示提供了绘制图形的参考背景,栅格捕捉(SNAP)则是约束鼠标移动的工具。当栅格捕捉模式打开时,移动鼠标,状态栏上的坐标值显示会有规律地变化,而光标就像有磁性一样,会自动吸附在栅格点上。换句话说,在栅格捕捉模式下,光标的移动只能是栅格距离的整数倍。

栅格捕捉可以设置成在 X 轴和 Y 轴方向以不同的间距捕捉。例如可以把 X 轴方向的捕捉间距设为 20,而把 Y 轴方向的捕捉间距设为 10。设置捕捉间距的方法如下:

输入键盘命令:"SNAP",输入命令后,命令提示框显示:

指定捕捉间距或［开(ON)/关(OFF)/纵横向间距(A)/旋转(R)/样式(S)/类型(T)］<10.0000>:

键入"A",命令提示框又显示:

<10.0000>:a

指定水平间距 <10.0000>:

在这里键入需要的水平方向(X 轴方向)捕捉数值,例如"20",此时命令提示框又显示:

指定垂直间距 <20.0000>:

在这里键入需要的竖直方向(Y 轴方向)的捕捉数值,例如"40",这样就完成了栅格捕捉的间距。

还有一种更加直观的设置栅格捕捉的方法是直接在如图 3.56 所示对话框的左边区域进行设置。

设置完栅格捕捉间距后,可以按实际需要打开或关闭栅格"捕捉模式",方法有如下三种:

🔖 单击状态栏上的"捕捉模式"按钮▦

🔖 按下键盘上的 F9 键切换打开或关闭捕捉

输入键盘命令:SNAP

命令提示框显示下列内容时:

  指定捕捉间距或［开(ON)/关(OFF)/纵横向间距(A)/旋转(R)/样式(S)/类型(T)］＜10.0000＞:

键入"ON",打开捕捉,键入"OFF",则关闭捕捉。

在键入"SNAP"后,命令提示框显示的信息中有"旋转(Rotate)/样式(Style)/类型(Type)"三项,其中"旋转"(Rotate)选项要求用户指定一个基点并输入旋转的角度,是根据图形和显示屏幕设置捕捉栅格的旋转角。旋转角可指定在 −90°～90°。设置了旋转角后,光标将显示为成角度的形式,配合使用正交模式,我们可以方便地绘制成一定角度的图线。

3.5.3 栅格显示(Grid Display)

GRID(栅格)类似于手工绘图时采用方格坐标纸制图,栅格只显示在绘图界限内,从外观上看是成行列的点,不过这些点只是在屏幕上显示,实际打印图纸时并不会出现在图纸上。可以把光标设置为"自动捕捉到栅格点上",则绘图时,不论怎样移动鼠标,光标都会定位到栅格网点上(参考 3.4.1 节的内容)。

(1)显示栅格

栅格可以关闭,也可以打开,在默认状态下,栅格是关闭的。要打开或关闭栅格,可以采用下列方法中的一种。

  按下键盘上的 F7 键,可以切换打开或关闭栅格

  单击状态栏上的按钮▨

  使用组合键 CTRL + G

  命令:GRID(ON 则打开,OFF 则关闭)

如果图形界限过大,窗口中的栅格过密,则栅格会自动关闭,且无法打开。命令提示框会显示"栅格太密,无法显示(Grid too dense to display)",这时要改变栅格的大小才能打开。

(2)设置栅格大小

设置栅格大小的方法有三种:

  命令:GRID

输入命令后命令提示框显示:

指定栅格间距 (X) 或［开(ON)/关(OFF)/捕捉(S)/纵横向间距(A)］＜10.0000＞:

在提示后面输入需要的栅格大小数值即可。

  点选菜单项:"工具"(Tools)→"草图设置…"(Drafting Settings…),打开"草图设置(Drafting Settings)"对话框(图 3.56),点选"捕捉和栅格"选项卡进行设置。

默认的栅格间距是 X 轴方向间距 10 个绘图单位,Y 轴方向间距 10 个绘图单位。这里不仅可以更改栅格的间距值,还可以使栅格间距在 X 轴方向和 Y 轴方向不同,例如使 X 方向的间距为 20 个绘图单位,而使 Y 方向的间距为 30 个绘图单位。

  右键单击"辅助工具"按钮▨,在弹出的菜单中选择"设置",在弹出的如图 3.56 所示的对话框中进行相应的设置。

◎提示

上文所说的是"10个绘图单位",也就是说这里输入20时,它不一定是20 mm。具体长度跟开始设定的绘图长度单位有关。例如设定的绘图长度单位是米,则这里的20个绘图单位就是20 m,如果设定的绘图长度单位是mm,则这里的20个绘图单位就是20 mm。

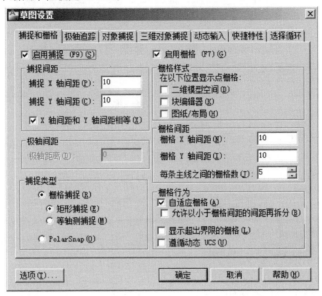

图3.56

3.5.4 正交模式(Ortho Mode)

在绘图时,经常要绘制平行或垂直于坐标轴的线,有时候则是要沿着平行于坐标轴的方向移动或复制图形对象,这种情况下打开"正交模式"就可以强迫光标只能沿着平行于坐标轴的方向移动。类似于我们在图纸上绘图时使用丁字尺和三角板,但比在图板上使用丁字尺和三角板更加灵活,"正交模式"不仅可以绘制"水平"和"竖直"的图线,通过旋转坐标系,还可以绘制不是"水平"或"竖直"、但平行或垂直于坐标轴的图线。打开或关闭"正交模式"的方法有2种:

✎ 单击"绘图辅助"工具栏(图3.52)中的"正交模式"按钮

⌨ 按键盘上的F8键(按一次打开"正交模式",再按一次关闭"正交模式")

3.5.5 极轴追踪(Polar Tracking)

"极轴追踪"也是一个很有用的绘图辅助工具,当绘图或编辑过程中需要指定下一个点时,"极轴追踪"模式可以使光标自动捕捉到预先设定的角度方向上。打开或关闭极轴追踪模式的方法有如下2种:

✎ 单击"绘图辅助"工具栏(图3.52)中的"极轴追踪"按钮

⌨ 按键盘上的F10键(按一次打开,再按一次关闭)

使用"极轴追踪"模式绘图之前,首先要按需要对追踪角度进行适当的设置。设置方法为:

点选菜单项"工具"(Tools)→"草图设置"(Drafting Settings),打开"草图设置"对话框,如图3.57所示,进行设置。

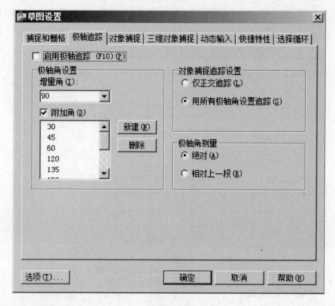

图3.57

在"极轴角设置"区域里"增量角"下面有一个列选框,可以从90、45、30、22.5、18、15、10、5等数字中选择一项。这个角度值的意思是使光标每隔一个角度值就捕捉,例如选择的是90,则光标处于0°、90°、180°、270°的时候就捕捉。可以在"附加角"前面勾选,然后在下面点击"新建"按钮增加光标追踪捕捉的角度值。在图3.57中已设定了30°、45°、60°、120°、135°、150°、210°、300°、315°、330°等角度。当绘图过程中需要指定下一个点时,光标处于这些角度附近就会自动捕捉。

"对象捕捉追踪设置"应该选"用所有极轴角设置追踪"。"极轴角测量"则应该选择"绝对",设置完成后单击"确定"按钮关闭对话框。下面用一个实例说明"极轴追踪"的应用方法。

【例3.28】 绘制一条多段线,多段线由两条直线段组成,第一段直线段与X轴成30°角,第二段直线段与X轴平行,直线段的长度在屏幕上任意确定。要求用"极轴追踪"的方式绘制。

新建一个绘图文件,选择"无样板打开－公制(M)"。先按照上面的介绍设置和"极轴追踪"的有关选项及角度值并确认"极轴追踪"模式打开,然后键入命令:"PL",命令提示框显示:

命令: pl PLINE

指定起点:

在屏幕上随意拾取一个点,命令提示框显示:

当前线宽为 0.0000

指定下一个点或 [圆弧(A)/半宽(H)/长度(L)/放弃(U)/宽度(W)]:

这时移动光标,使光标与第一个点之间的引线靠近30°角附近,可以看到十字光标旁边会出现一个浅蓝色的小窗口,小窗口上显示一行文字,大致是"极轴:463.4081<30°",同时有一条虚线延长线出现,如图3.58所示。尖括号前面的数字是第一点于光标所处位置之间的距离,尖括号后面就是角度。

保持捕捉角度,调整好线的长度后单击鼠标拾取第二个点,就绘出了第一段直线段。这时

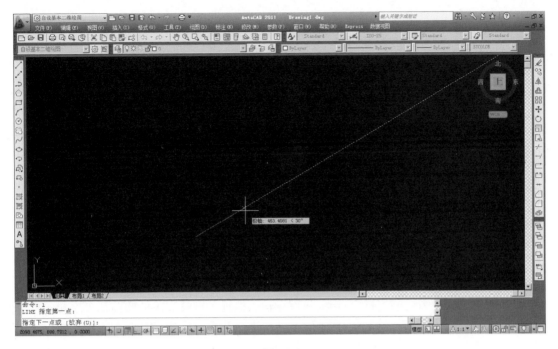

图 3.58

候命令提示框显示:

指定下一点或［圆弧(A)/闭合(C)/半宽(H)/长度(L)/放弃(U)/宽度(W)］：

移动光标使第二点与光标间的引线处于水平位置附近,当出现相应的 0° 捕捉时单击鼠标确定第三个点,就完成了第二段直线段,结果如图 3.59 所示。

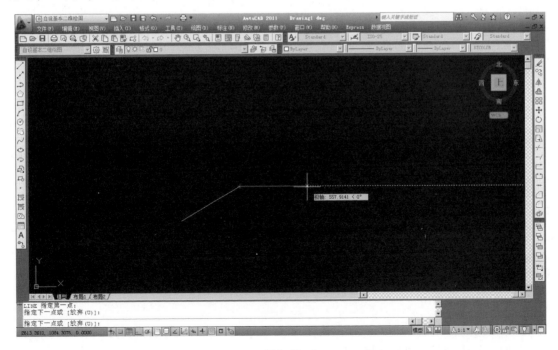

图 3.59

3.5.6 对象捕捉(Object Snap)

"对象捕捉"是非常有用的绘图辅助工具,可以说,如果没有"对象捕捉"的功能,在用 Auto-CAD 绘图时将寸步难行。在使用 AutoCAD 绘图时,常常需要把光标准确定位于一些图形中的特征点上,例如线段的端点、中点、交点等。使用"对象捕捉"方式可以方便地捕捉图形上的这些特征点。

1)临时对象捕捉方式

临时对象捕捉即在绘图过程中只有需要的时候才使光标产生捕捉功能,有三种实现方法:

当需要定位于图形上的特征点时,单击"对象捕捉"(Object Snap)工具条上的按钮,实现相应的捕捉功能。(请参看第 2 章介绍工具条的内容)

当绘图过程中需要捕捉特定点时,从键盘输入捕捉类型英文单词的前三个字母,例如要从已有的一条线段的中点开始画线,在键入"L"后,当命令提示框提示指定起点时,键入"MID"(Midpoint 的前三个字母)并回车,把光标移动到已有线段中点附近,光标就会自动捕捉到已有线段的中点上。表3.2 列出了捕捉类型的英文名称、含义及需要在捕捉时键入的字母。

表3.2 捕捉类型名称及命令

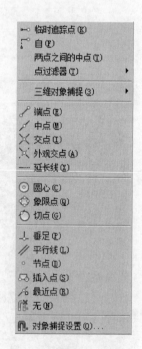

捕捉类型中文名	捕捉类型英文名	需要输入的命令
端点	Endpoint	END
中点	Midpoint	MID
交点	Intersection	INT
外观交点	Apparent Intersect	APP
延长线	Extension	EXT
圆心(包括椭圆心)	Center	CEN
象限点	Quadrant	QUA
切点	Tangent	TAN
垂足	Perpendicular	PER
平行线	Parallel	PAR
节点	Node	NOD
插入点	Insert	INS
最近点	Nearest	NEA

图 3.60

当绘图过程中需要捕捉点时,在按住 Shift 键的同时单击鼠标右键,弹出如图 3.60 所示的右键菜单,从中选择需要的捕捉类型即可。

临时捕捉只能使用一次,当下次需要捕捉时要重新按上面的方法进行操作。

2) 自动对象捕捉方式

设置为自动对象捕捉方式后,在绘图过程中将一直保持着对象捕捉的状态,直到将它关闭为止。

用户可以设定自动捕捉的类型,在命令输入提示状态下键入 OS 或单击对象捕捉(Object Snap)工具条按钮 ,将打开如图 3.61 所示的"草图设置"对话框并选择"对象捕捉"选项卡,在需要自动捕捉的点类型前的小方框内打上钩,按确定按钮退出即可。在设定好自动捕捉类型后,可以用以下三种方法开关"自动捕捉"功能:

按键盘上的 F3 按钮

单击状态栏上"对象捕捉"(OSNAP)按钮(按钮凹下表示打开,凸起表示关闭)

键入"OS",打开草图设置(Drafting Settings)对话框(图 3.61),取消勾选"启用对象捕捉(F3)"

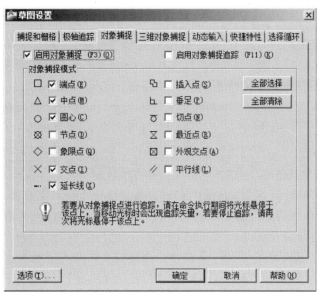

图 3.61

3) 对象捕捉类型

AutoCAD 共有 13 种对象捕捉类型,但其中有些捕捉类型并不常用,下面介绍常用的几种捕捉类型的用法。

① 端点(Endpoint) 绘图时常常需要从一条线段(直线、弧线、样条曲线等任何一种线段)的端点出发绘制图线,或者绘制图线时最后结束于线段端点,这时候就可以使用端点捕捉来精确定位。当需要定位于线段端点时,用上文介绍的任何一种方法开启端点捕捉功能,把光标移动到需要捕捉的端点附近,光标会自动吸附到离得最近的端点上,同时出现一个黄色的小方框,单击鼠标左键即可定位于端点上。

② 中点(Midpoint) 中点捕捉可以捕捉到线段的中点上,用上文介绍的任何一种方法开启中点捕捉功能,把光标移动到需要捕捉的中点附近,光标会自动吸附到离得最近的中点上,同时

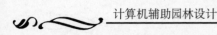

出现一个黄色的小三角形,单击鼠标左键即可定位于中点上。

③ 交点(Intersection) 捕捉到任何两条图线的交叉点上,但有时候两条样条曲线或样条曲线与其他类型的图线的交点会出现捕捉不到的情况,如果出现这种情况,可以对样条曲线稍加编辑或采用其他方法定位。

◎提示

若在已有的绘图文件基础上作图,进行交点捕捉时可能出现捕捉不到的情况,这有可能是因为在平面图上看起来是交点的位置空间上并非交点。这种情况下需到三维视图中检查一下。

④ 圆心(Center) 可以捕捉到圆或椭圆的圆心,也可以捕捉到圆弧或椭圆弧的圆心。当需要定位于圆心时,采用上文介绍的方法开启圆心捕捉功能,把光标移动到圆周上或移动到圆心附近,当圆心点上出现黄色小圆圈时单击鼠标左键即可精确定位于圆心点上。这里有一种特殊情况,当椭圆被执行过偏移命令(Offset)后,偏移出来的新椭圆无法实现对其圆心的捕捉。关于Offset命令在后面的章节介绍。

◎提示

如果打开了自动捕捉模式,并且设定了多种捕捉类型,在捕捉圆弧线或椭圆弧线的圆心时,由于系统默认优先捕捉端点和中点,将无法自动捕捉到圆心点上,这时可以采用上文介绍的临时对象捕捉方式,直接打开圆心捕捉功能(例如键入CEN)实现优先捕捉圆心点。

⑤ 象限点(Quadrant) 象限点是指圆周上的0°、90°、180°、270°点(即原点位于圆心的坐标轴与圆周的四个交点)。对于椭圆则是指椭圆长轴和短轴与椭圆的交点。当需要定位于象限点时,采用上文介绍的任何一种方法打开象限点捕捉功能,把光标移动到圆或椭圆上,离光标最近的象限点上出现一个黄色的小菱形,单击鼠标左键即可精确定位于象限点上。

⑥ 垂足(Perpendicular) 可以捕捉到从一个点出发到任何图线的垂足点上。一般从另外一个位置向一条图线作垂线比较容易理解,但实际上AutoCAD允许先捕捉垂足点,再向外作垂线。对于弧线或圆,等于是作法线。

⑦ 节点(Node) 节点是指用点(Point)命令绘制的点对象或是用等分(Divide)命令和定距等分(Measure)命令生成的点对象。当需要定位于节点时,采用上文介绍的任何一种方法开启节点捕捉功能,把光标移动到节点附近,当屏幕上出现黄色标记时,单击鼠标左键即可精确定位于节点上。

⑧ 切点(Tangent) 可以捕捉到从一个点出发到圆或圆弧(也可以是椭圆或椭圆弧)的切点上,和垂足点类似,可以从某个点出发向圆或圆弧作切线,也可以先捕捉切点再向外作切线。当需要定位于切点时,采用上文介绍的任何一种方法开启切点捕捉功能,把光标移动到对象图线上,当屏幕上出现黄色捕捉标记时单击鼠标左键即可精确定位于切点上。

⑨ 最近点(Nearest) 使用该捕捉类型可以捕捉到对象上最近的符合捕捉条件的任意点上,捕捉对象可以是任何图线或点对象。当我们只需要从某个图形对象出发或定位于某个图形对象的任意点上,而不是必须定位于图形对象上的特征点(如端点、中点这类型的点为特征点),就可以使用捕捉最近点的方法。

4) 点过滤器(Point Filters)

点过滤可以过滤出某一个点的 X 坐标,另外一个点的 Y 坐标和第三个点的 Z 坐标,组成一个新的点。在二维绘图中,追踪可以代替点过滤。在三维绘图中,点过滤非常有用,先过滤出 XOY 平面上的一点,然后给出一个 Z 坐标,即可以定义三维空间中的一点。点过滤可以用以下方法打开:当需要确定点时,按下 Shift 键的同时单击右键,打开快捷菜单并选择"点过滤器 Point Filters",如图 3.62 所示,然后分别选择 .X、.Y、.Z 三项并捕捉相应的点。

下面通过一个实例进一步说明点过滤的用法。

【例 3.29】　设有如图 3.63 所示的一个矩形和一个圆,用点过滤的方法把圆移动到矩形的中心点上。

新建绘图文件并绘制矩形和圆。按要求移动圆的命令序列如下:

键入命令:"M"(这是一个编辑命令,在后面章节有详细的说明),命令提示框显示:

选择对象:

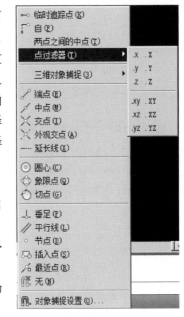

图 3.62

同时光标变成一个小方形的选择框。点选圆,然后单击鼠标右键结束选择过程,命令提示框显示:

找到 1 个

指定基点或［位移(D)］＜位移＞:

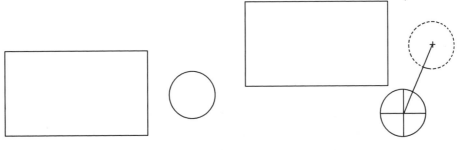

图 3.63　　　　　　　　　　　　　　图 3.64

先指定移动圆时的基点,因为要求把圆移往矩形的中心点,所以基点应该是圆心,也就是首先要捕捉圆心。键入:"CEN",或按住 Shift 键的同时单击鼠标右键,在弹出的菜单里选择"圆心",然后把光标移到圆心附近或圆周上,可以看到圆心上出现黄色的捕捉标记,单击鼠标左键,就指定了移动的基点(即圆心),移动光标,圆会跟着光标移动,如图 3.64 所示。这时命令提示框显示:

指定第二个点或 ＜使用第一个点作为位移＞:

使用点过滤命令,在按住 Shift 键的同时,单击鼠标右键,在快捷菜单中选择"点过滤器"→".X",命令提示框显示:

.X 于

键入"MID",或按住 Shift 键并单击鼠标右键,在快捷菜单中选择"中点",把光标移到矩形的下边线上,当出现中点捕捉标记时,单击鼠标左键,可以发现再移动光标时,圆只能垂直上下移动,而不能有横向的移动了,如图 3.65 所示,命令提示框显示:

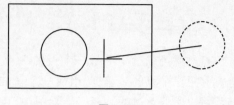
图 3.65

（需要 YZ）：

按住 Shift 键并单击鼠标右键,在快捷菜单中选择"点过滤器"→".Y",命令提示框显示：

.Y 于

键入"MID",或按住 Shift 键并单击鼠标右键,在快捷菜单中选择"中点",把光标移到矩形的右边线上,当出现中点捕捉标记时,单击鼠标左键。现在再移动鼠标,可以看到矩形已经被"固定"在矩形的中心位置不动了,如图 3.66 所示。但是命令还没有完,还必须"过滤"出 Z 坐标值。这时候命令提示框显示：

（需要 Z）：

按住 Shift 键并单击鼠标右键,在快捷菜单里选择"点过滤器"→".Z",命令提示框显示：

.Z 于

键入"END",或按住 Shift 键并单击鼠标右键,在快捷菜单中选择"端点",把光标移到矩形的右边线上,当出现短点捕捉标记时,单击鼠标左键。

至此移动过程全部完成,并自动结束。结果如图 3.67 所示。

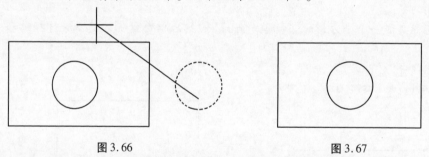

图 3.66　　　　　　　　　　　　图 3.67

在最后确定 Z 坐标的时候捕捉的是矩形的端点,这是因为我们实际上做的是二维图形,图上每一个点的 Z 坐标都是一样的(都为 0),所以通过哪个点获取 Z 坐标值,结果都相同。

点过滤器的命令在二维绘图中作用并不是很大,因为有很多其他代用的方法,例如上面这个例题中,也可以先绘出矩形的对角线,然后以捕捉对角线中点的方式确定矩形的中心点,最后再删除对角线。这种方法对初学者还更容易理解和掌握。但在三维绘图中点过滤命令就很有用。

5）两点之间的中点（Mid Between 2 Points）

这是一种特殊的点捕捉方式,一般情况下我们在绘图时要捕捉一个点,这个点必须处于图线上,但该命令可以捕捉两个没有相连的点之间"空白处"的"中点"。例如图 3.68 中两条直线段,现在我们要从它们的端点 A 和 B 之间连线的中点位置出发绘制一条直线,就可以使用"两点之间的中点"这个捕捉命令。

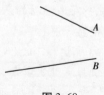
图 3.68

执行绘制直线的命令:"L",命令提示框显示:

　　LINE 指定第一点:

按住 Shift 键同时单击鼠标右键,在弹出的菜单中选择"两点之间的中点",命令提示框显示:

　　_m2p 中点的第一点:

打开对象捕捉(参看上一节的内容),捕捉 A 点,命令提示框显示:

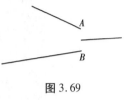

图 3.69

　　中点的第二点:

再捕捉 B 点,要绘制的直线的起点就被固定在 A 和 B 连线的中点处了,再随意指定一个点完成直线绘制,结果如图 3.69 所示。

用"两点之间的中点"捕捉命令省去了先绘制连接 A、B 两点的辅助线的步骤。

6) 自(From)

这个命令的作用是使定位点离开某个特征点一个由我们指定的距离。例如图 3.70 中的矩形,现在要在其右边绘制一条直线,要求直线起点的位置离开矩形右上角点一个精确的距离(比如说 100 mm),先启动绘制直线的命令,当提示指定第一个点时,按住 shift 键单击鼠标右键,在弹出的菜单中选择"自",命令提示框显示:

　　_from 基点:

捕捉矩形的右上角点,命令提示框显示:

　　<偏移>:

输入距离值:"100"。移动鼠标到需要的方向上单击左键,就指定了直线的起点,再指定一个点完成直线绘制,如图 3.71 所示。得到的图形中矩形右上角点到直线左端点的距离就是 100 mm。

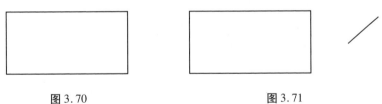

图 3.70　　　　　　　　　　图 3.71

7) 临时追踪点(Temporary Tracking Point)

临时指定优先追踪的点。例如假设有一个如图 3.72 所示的矩形,现在要在矩形下方绘制一个圆,要求圆心处于矩形水平边线中点的正下方。

图 3.72

在没有临时追踪点的功能时,一般做法是通过捕捉矩形水平边线的中点绘制一条竖直线作为辅助线,然后捕捉辅助线上的点作为圆心绘制圆,最后删除辅助线。但现在有临时追踪点的功能,就可以用更方便的方法:

执行绘制圆的命令:"C",当提示指定圆心时,按抓 Shift 键同时单击鼠标右键,在弹出的菜单中选择"临时追踪点",命令提示框显示:

　　_tt 指定临时对象追踪点:

捕捉矩形下边线的中点并下移光标,就会发现出现了一条虚线追踪线,如图 3.73 所示。在下边合适的位置单击鼠标选择一个点作为圆心,再指定圆的半径,完成圆的绘制,如图 3.74 所示。

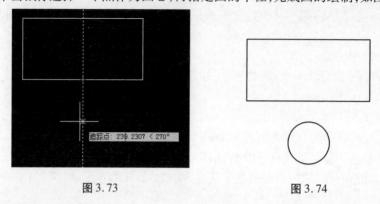

图 3.73 　　　　　　　　　　　　　　图 3.74

3.5.7　三维对象捕捉(3D Object Snap)

"三维对象捕捉"也是 AutoCAD 中的新功能,它提供了对三维对象某些特征点的精确定位,例如面的中心点、三维形体的边线的顶点和中点、垂足、最靠近面等。这对三维建模是非常有用的。因"三维对象捕捉"学习需要具备三维绘图的知识,这里只讲解如何启动和关闭"三维对象捕捉",不说明详细功能及应用,相关内容放到后面的章节中讲解。

开启或关闭三维对象捕捉的方式有三种:

✎ 单击"绘图辅助"工具栏上的"三维对象捕捉"按钮▯

⌨ 按下键盘上功能键 F4

⌨ 键入"OS",打开"草图设置"对话框,单击"三维对象捕捉"选项卡(图 3.75),取消勾选"三维对象捕捉开(F4)"

要设置自动三维捕捉的点,勾选图 3.75 的"中点"。

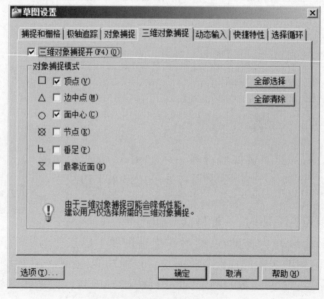

图 3.75

3.5.8 对象捕捉追踪(Object Snap Tracking)

开启"对象追踪"(Object Snap Tracking),可以让用户沿指定方向(称为对齐路径)按指定角度或与其他对象的指定关系绘制对象。例题3.29中把圆移动到矩形中心位置的要求就可以用对象捕捉追踪的方法实现。开启或关闭"对象捕捉追踪"的方法有如下三种:

✎ 单击"绘图辅助"工具栏中的"对象捕捉追踪"按钮

⌨ 按键盘上的 F11 键

⌨ 键入"OS",打开"草图设置"(Drafting Settings)对话框,单击"对象捕捉"选项卡(图3.76),取消勾选"启用对象捕捉追踪"(F11)

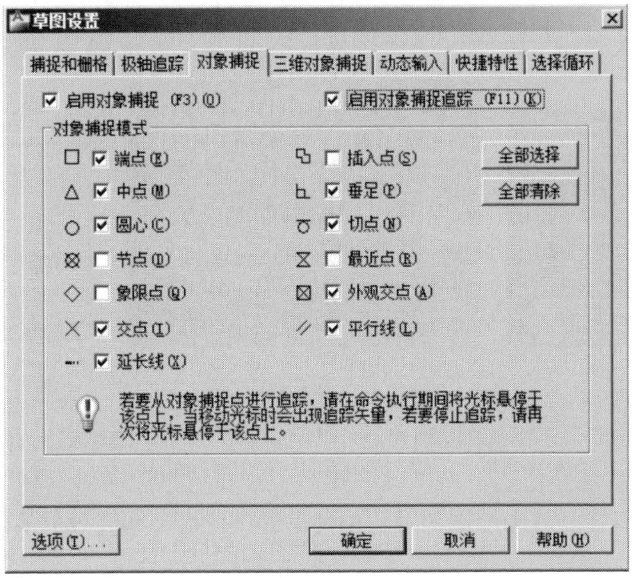

图 3.76

【例3.30】 设有边长为300 mm×200 mm的矩形,如图3.77所示,请绘制一个直径为80 mm的圆,使圆心位于矩形的形心上。

分析题目:绘制矩形和圆都是基本的二维绘图命令,没有什么困难,关键是如何在不借助辅助线也不使用点过滤的情况下,在指定圆心点时使光标定位于矩形的形心(即矩形对角线交点)。矩形对角线的交点就是矩形四条边的中点连线的交点,也就是过相邻两条边

图 3.77

的中点作这两条边的垂线时的交点,所以如果定位圆心时能保证从光标位置向矩形边作通过其中点的垂线时,从这个位置向另外一条相邻的矩形边作垂线,也通过其中点。用对象追踪就可以很容易实现。

新建一个绘图文件,选择"无样板打开−公制(M)"。先在屏幕上绘制一个300 mm×200 mm的矩形。然后进行对象捕捉设置。键入命令"OS",打开"草图设置"对话框,在"对象捕捉"选项卡上确保勾选了"中点"和"启用对象捕捉"。设置好后单击"确定"退出。确认已经开启了"对象捕捉追踪"模式,如果没有开启,请按键盘上的 F11 键打开它。

接下来要绘制圆,键入命令:"C",命令提示框显示:

命令:c CIRCLE 指定圆的圆心或[三点(3P)/两点(2P)/相切、相切、半径(T)]:

指定圆心,这是关键的一步。把光标移动到矩形左边的边线上中点附近,会出现中点捕捉标记,然后把光标向右作大致水平的移动,可以看到中点捕捉标记仍在,而且屏幕上出现一条通过矩形左边线与 X 轴平行的虚线,光标十字位置附近有一个小小的"×"。

此时不要点击任何鼠标键,而是把光标移动到矩形下边线中点附近,这时候会出现对下边线中点捕捉的黄色三角形标记,同时,左边线上的中点捕捉标记仍在,只不过变成了一个小黄色十字。垂直向上稍稍移动光标,可以看到下边线上的中点捕捉标记仍在,并且也出现一条通过下边线与 X 轴垂直的虚线。如图 3.78 所示。沿着垂直于 X 轴的虚线向上小心移动光标,到达与 X 轴平行的虚线附近时,会出现矩形的下边线和左边线上同时显示黄色三角形捕捉标记,这时候就已经定位在矩形的形心上了,如图 3.79 所示。单击鼠标左键,确定圆心位置,然后按照命令提示框提示,输入圆的直径,即完成了圆的绘制,结果如图 3.80 所示。

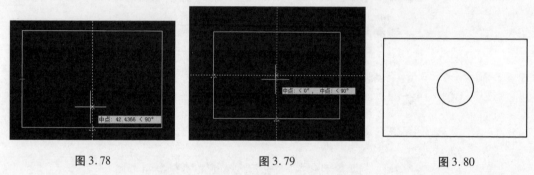

图 3.78　　　　　　　　　　　图 3.79　　　　　　　　　　　图 3.80

把"对象追踪"与前面介绍的"极轴追踪"相结合,可以很方便地进行作图,而无须频频打开和关闭"对象捕捉"及"正交模式",绘图效率提高了。在这里无法对这种组合应用的每一种可能性都加以例举,读者在学习和绘图的过程中可以尝试挖掘一些高效的绘图方法。

3.5.9　允许/禁止动态 UCS(Allow/Disallow Dynamic UCS)

在三维建模中,有时候需要在不与三维坐标面(XOY 平面、XOZ 平面、YOZ 平面)平行的空间面上定点并绘制其他图形,动态 UCS 的概念是使绘图过程中坐标系(UCS)按需要临时改变为对齐空间面,从而方便在空间面上定位及作图。此功能涉及三维建模的知识,这里先不做详细说明,开启和关闭动态 UCS 的方法有:

　　单击"绘图辅助"工具栏上的"允许/禁止动态 UCS"按钮

　　按键盘上的功能键 F6

3.5.10　动态输入(Dynamic Input)

绘图时启用"动态输入"模式,系统在光标附近提供了一个命令界面,使用户绘图时无须频繁地低头去看命令提示窗以检查输入的数据是否正确,从而帮助用户专注于绘图区域。启用"动态输入"时,工具栏提示将在光标附近显示信息,该信息会随着光标移动而动态更新。当某

条命令为活动时,工具栏提示将为用户提供输入的位置。启动或关闭动态输入的方法有三种:

🔧 单击"绘图辅助"工具栏上的"允许/禁止动态 UCS"按钮

⌨ 按键盘上的功能键 F12

⌨ 键入 OS,打开"草图设置"对话框,单击"动态输入"选项卡(图 3.81),取消勾选"启用指针输入"

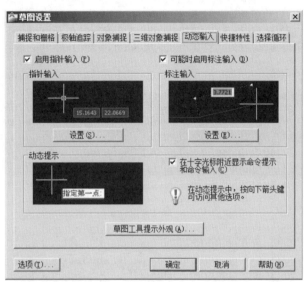

图 3.81

动态输入不会取代命令窗口,用户可以隐藏命令窗口以增加绘图屏幕区域。按 F2 键可根据需要隐藏和显示命令提示和错误消息。另外,也可以浮动命令窗口,并使用"自动隐藏"功能来展开或卷起该窗口。

在进一步介绍动态输入的应用之前,先处理一下命令提示框(图 1.4)。一般情况下,命令提示框处于绘图区域的下边,正常显示三行。现在请把光标移动到命令提示框最左边显示为灰色区域上,按住鼠标左键拖动到屏幕靠中央的位置松开,命令提示框就变成了一个浮动窗口。把光标移动到窗口上边缘或下边缘上,光标会变成上下双箭头,这时按住鼠标左键拖动,可以调整窗口的上下高度。按住窗口左边灰色区域,可以拖动整个窗口,如图 3.82。

把命令提示框移动到你认为合适的位置后,单击蓝色竖带上的"自动隐藏"按钮,则当光标处于命令提示框上面时,命令提示框展开,可以查看里面的信息;当光标离开命令提示框时,命令提示框就自动隐藏起来,变成很小的一块区域,如图 3.83 所示。通过这样设置可以获得较大面积的绘图区域。当然这种设置的形式主要取决于用户在绘图时候的习惯,如果不喜欢这种模式,也可以保留系统默认的命令提示框位于绘图区域下方的形式。

◎提示

不仅是命令提示框可以设为自动隐藏的浮动窗口模式,其他很多窗口也可以设置为这种形式,读者可以根据自己的需要灵活进行设置。

当开启动态输入模式后,执行任何命令时,光标旁边会出现一个小窗口,输入命令时窗口显示为白底黑字,里面显示的是用户键入的字符。当命令输入完毕(即键入命令字符后已经回车),处于下一步操作的等待状态时,窗口显示为蓝底白字,其中有提示的文字和数据信息,白

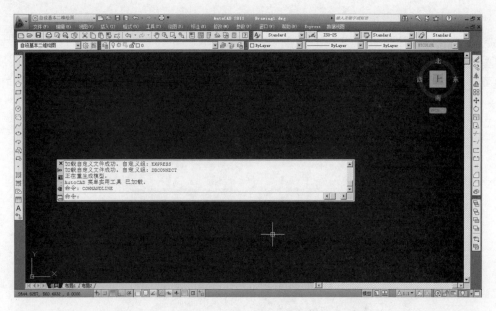

图 3.82

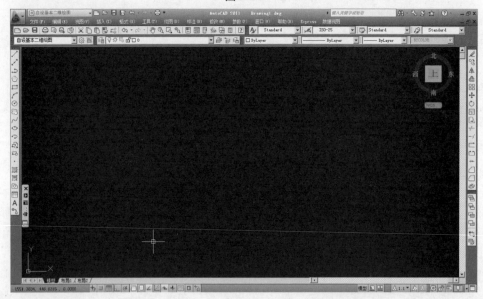

图 3.83

色区域内的数字表示可以从键盘输入准确数字代替,如图 3.84 所示。

【例 3.31】 应用动态输入模式绘制一个直径为 220 mm 的圆,圆心为 X = 150,Y = 190。

图 3.84

新建一个绘图文件,选择"无样板打开 – 公制(M)"。

确认开启了动态输入模式,若动态输入模式处于关闭状态,请按 F12 键打开它。

键入命令:"C",这时光标变成没有小方框的十字形,同时光标右下方出现一个长矩形窗口,如图 3.85 所示。窗口左半部分显示的是命令提示,右半部分是两个坐标值,这两个坐标值会随着光标移动而改变。

题目要求圆心坐标为 X＝150，Y＝190，所以先键入"150"，两个坐标值之间仍用西文的逗号分隔，输入逗号后，X 坐标旁边会出现一个黄色的小锁，表示 X 值输入完成，同时窗口白色区域移到了右边，如图 3.86 所示。

图 3.85　　　　　　　　　　　　　　　图 3.86

接着输入 Y 坐标，键入"190"，圆心点被确定，光标旁边的动态输入窗口也发生变化，如图 3.87 所示。

这时圆心和光标之间的引线上方出现一条虚线，上面有一个小窗口，其中显示出半径的数据，这个数据会跟着光标移动而改变。键入："D"，这时光标旁边的小窗口变成如图 3.88 所示形式。

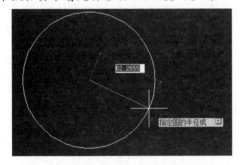

图 3.87　　　　　　　　　　　　　　　图 3.88

虚线上的窗口内显示的数据变成了是直径值，键入题目要求的直径值"220"，就完成了圆的绘制。

◎提示

绘制圆的过程中，也可直接输入半径值，例题中键入 D 后输入直径值，主要是为了更加清楚地说明动态输入的情况。若已知直径值数值较大且有尾数，则用心算换算半径容易出错，这种情况适用输入直径。

【例 3.32】　应用动态输入模式绘制一个 200 mm × 150 mm 的矩形，矩形左下角点坐标为 X＝50，Y＝40。

新建一个绘图文件，选择"无样板打开－公制（M）"。键入命令："REC"，光标和动态输入窗口如图 3.89 所示。

输入左下角点坐标"50,40"，注意两个数值之间用西文逗号隔开。输入坐标后光标及输入窗口如图 3.90 所示。

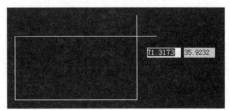

图 3.89　　　　　　　　　　　　　　　图 3.90

键入边长 200 和 150，两个数值之间用西文的逗号分隔。然后回车，完成矩形绘制。

注意:以上是用输入坐标增量值的方式指定了矩形的右上角点,直接输入"200,150",而不是输入"@200,150",这是动态输入和命令提示框输入的区别,当然在动态输入模式下按照"@200,150"的方式输入也是可以的。另外在动态输入模式下如果想输入绝对坐标值来指定右上角点(本例中右上角点的坐标为 X = 250, Y = 190),则要在坐标值前加上"#",本例中提示指定第二个角点时,即可输入"#250,190",结果是一样的。

◎提示

用动态输入模式输入坐标值或坐标增量值等几个数据时,如果输入完前面的数据,已经切换到输入下一个数据的情况下,发现前面的数据需要修改,可以按键盘上的 Tab 键切换回前面数据上重新输入。

在例 3.31 中,动态半径(或直径)值显示在一条指示半径(或直径)的虚线上,类似制图中的尺寸标注,这种方式叫"标注输入"。

把光标移动到绘图辅助工具栏"动态输入"按钮上右键单击,在弹出的菜单中选择"设置",将打开如图 3.82 所示的动态输入设置窗口,里面提供了对"启用指针输入""可能时启用标注输入""在十字光标附近显示命令提示和命令输入"三项可选内容,读者可尝试选择和不选择这些项目,看看绘图时有什么差别。

3.5.11 显示/隐藏线宽(Show/Hide Lineweight)

AutoCAD 2011 允许用户直接指定图线的宽度,指定的线宽可以在屏幕上显示出来,也可以不显示。绘图辅助工具栏上的"显示/隐藏线宽"按钮就是用来控制显示或不显示线宽的。开启或关闭线宽显示的方法:

✎ 单击绘图辅助工具栏中的"线宽(Show/Hide Lineweight))"按钮╋

▦ 键入"LW",在弹出的"线宽设置"窗口中勾选"显示线宽"(图 3.91)

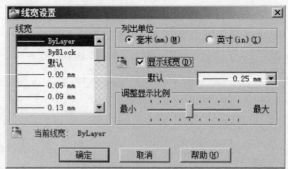

图 3.91

指定图线线宽的方法在后面介绍。

按照制图标准,不同的图线可能需要用不同线宽的线来绘制,例如剖面图中被剖切到的结构部分(如混凝土或钢筋混凝土块)的轮廓线就须绘制成粗线。在 AutoCAD 2011 中给图线指定线宽基本上有两种不同的方法:第一种方法是直接给图线指定线宽;第二种方法是把需要绘制成不同线宽的线用不同的颜色绘制,然后在输出的时候把颜色与线宽关联,例如用黄色表示粗线(0.6 mm),用绿色表示细线(0.15 mm)等。按照经验,第二种方法更合理也更好用。用第一种方法指定的线宽,当图形的输出比例变化时,线宽也会变化,而在模型空间绘图时,往往不能确定将来是用什么比例打印图形。

3.5.12   显示/隐藏透明度(Show/Hide Transparency)

AutoCAD 2011 支持为图层或特定的图形对象指定透明度,透明度允许设置的范围为 0～90,透明度为 0 时,表示图形完全不透明,透明度为 90 时,为最透明。设置透明度的目的是为了在有些情况下能更好地突出显示特定的图层或图形内容。绘图辅助工具栏上的显示/隐藏透明度按钮是控制显示或不显示透明度,而不是设置透明度的值。启动或关闭透明度显示的方法:

※ 单击绘图辅助工具栏中的"显示/隐藏透明度"按钮▒

3.5.13   快捷特性(Quick Properties)

快捷特性按钮的作用是启用或禁用快捷特性窗口。所谓快捷特性窗口是会出现在被选择的对象旁边的小窗口,里面包含了对象的一些基本信息,通过该窗口还可以实现对图形对象的编辑,如图 3.92 所示。

图 3.92

启用或禁用快捷特性的方法有三种:

※ 单击绘图辅助工具栏中的"快捷特性"按钮▣

⌨ 按下组合键 Ctrl + Shift + P

⌨ 输入"OS",在弹出的"草图设置"窗口中选择"快捷特性"选项卡,取消勾选"启用快捷特性选项板(Ctrl + Shift + P)(Q)"(图 3.93)

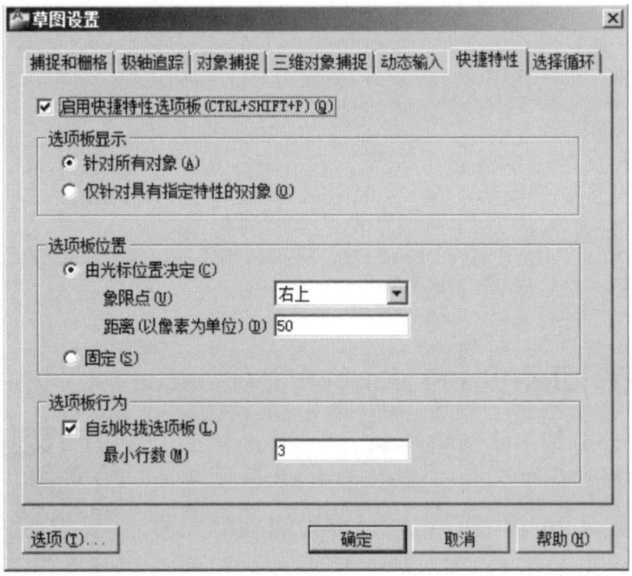

图 3.93

该选项卡上还有一些设置的选项,可以自定义快捷特性窗口的显示方式。

3.5.14 选择循环(Selection Cycling)

在绘图中有时候不可避免地会出现图线完全重合的情况,这时候要直接选择其中特定的图线可能会有困难,选择循环的功能就是为解决这个问题而设的。开启了选择循环的功能后,当点选重合图形时,会弹出一个"选择集"小窗口,其中列出了所有重合的图形对象,可以通过这个列表很方便地选择想要选择的对象,如图 3.94 所示。

图 3.94

启用或禁用选择循环功能的方法:

单击绘图辅助工具栏中的"选择循环"按钮

输入"OS",在弹出的"草图设置"窗口(图 3.95)中选择"循环"选项卡,取消勾选"允许选择循环"

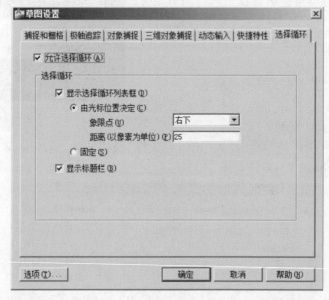

图 3.95

3.5.15 模型或图纸空间(Model or Paper Space)

在状态栏的右边部分第一个按钮是 ,这个绘图辅助工具的作用是在模型空间或图纸空间之间互相切换。如果当前为模型空间,则按钮显示为"模型",用鼠标单击它后就变为"图纸",同时工作界面变成图纸空间。请注意,在正常模型空间切换到图纸空间后,再次单击这个按钮切换成模型空间时,并不能回到正常的模型空间状态,此时切换进入的是一种叫"图纸空间中的模型空间"的状态,如果要返回正常的模型空

图 3.96

间状态,只能单击绘图区域左下角的"模型、布局1、布局2"三个选项卡中的"模型"选项卡。见图3.96所示。

AutoCAD中的图纸空间是用来安排图纸输出的,在实际工作中非常重要,但其概念对初学者较难理解,后面还要专章介绍。

3.5.16　快速查看布局(Quick View Layouts)

在"模型或图纸空间"按钮的右侧是"快速查看布局"按钮▣,其作用是以预览小窗口的形式同时显示布局窗口,以方便快速浏览、打印或发布。

图3.97是一个园林设计平面图文件,其中有两个布局窗口,当按下"快速查看布局"按钮后,在绘图区域下方就出现了三个缩小显示的小窗口,分别是模型、布局1和布局2窗口,把光标移动到其中一个窗口上面,这个窗口就成为当前操作窗口,通过上面的两个按钮可以实现打印或发布——左边的按钮为打印,右边的按钮为发布。该功能真正的意义并非打印和发布图形,而是在于简单快捷的浏览,因为通过点击预览小图可以切换进入相应的模型和图纸空间,这比仅仅点击空间的名称更能准确地找到要进入的窗口。

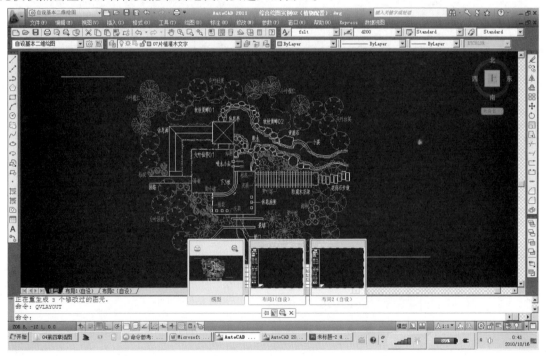

图3.97

3.5.17　快速查看图形(Quick View Drawings)

"快速查看布局"按钮的右侧是"快速查看图形"按钮▦,单击该按钮将以预览小图的方式显示目前打开的绘图文件,通过预览小图不仅可以快速浏览已打开的文件,而且可以快速切换

进入需要的文件,并且可选择进入模型空间还是图纸空间,同时还可以打开或关闭某个文件。如图 3.98 所示。

图 3.98 中显示的预览小窗口有三个,表示目前打开的绘图文件有三个,当把光标移动到其中一个预览窗口上的时候,会在小窗口的上方出现"保存"和"关闭"两个按钮,可以无需切换整个绘图文件而直接保存或关闭文件。预览小窗口下方还有一排按钮"⟱ ▭ ▷ ✕",从左到右分别是"固定快速查看图形""新建""打开""关闭"。"固定快速查看图形"的作用是使预览小窗口固定显示,不会因为鼠标移动到他处后自动关闭。"新建"的作用是新创建一个绘图文件,和"文件"菜单中的"新建"选项一样。"打开"的作用是打开一个绘图文件,和"文件"菜单中的"打开"选项相同。但"关闭"的作用是关闭快速查看图形的预览小窗口,不是关闭绘图文件。

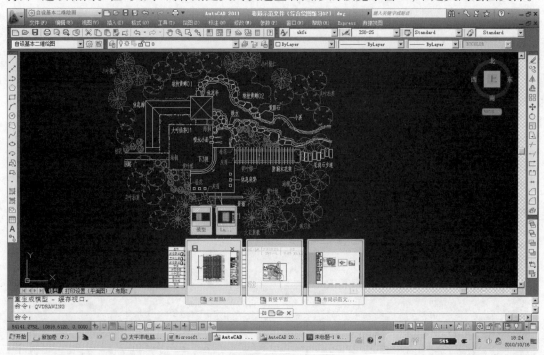

图 3.98

3.5.18 注释比例(Annotation Scale)

在"快速查看图形"按钮的右侧依次是"注释比例"选择按钮 △1:1▼,里面列出了一系列默认的注释比例,可以进行快速选择,注释可见性按钮 ⌂,更改注释比例时自动将比例添加到注释性对象的按钮 ⅄,以及工作空间切换按钮 ⚙(其作用是切换或保存工作空间,和前面介绍的菜单项及"工作空间"工具条按钮的功能完全一样)。

注释比例是指注释性对象(例如尺寸标注)在图形中显示的换算比例,例如尺寸标注的文字假设我们原先按照 1∶1 的比例设定了高度是 10 mm,通过注释比例切换成 1∶2 后,实际显示的文字高度将是 20 mm,前提是此前已经把相应的注释比例添加给注释性对象。

3.5.19　工具栏/窗口位置锁定或解锁(Toolbar/Window Position Unlocked)

　　在工作空间切换按钮的右侧是锁定或解锁工具栏及窗口(各种功能面板)的按钮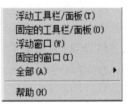，单击该按钮会弹出一个如图 3.99 所示的菜单，可以选择锁定或解锁菜单中列出的工具栏或各种面板和窗口，也可以通过"全部"选项锁定或解锁所有 AutoCAD 界面上现有的工具栏和面板。锁定工具栏或面板后，它们将不能被拖动。

图 3.99

3.5.20　硬件加速开(Hardware Acceleration On)

　　锁定或解锁工具栏及窗口按钮右侧是"硬件加速开"按钮，单击它将弹出一个菜单，包括"自适应降级""硬件加速开"和"性能调节器"三个选项，用来调节计算机硬件性能。该功能主要针对显示和渲染，需要计算机硬件支持。

　　再往右侧是隔离对象按钮，点击该按钮可以暂时隔离或隐藏选择的对象，其作用和"工具"菜单中的选项"隔离"完全一样。

3.5.21　应用程序状态栏菜单(Application Status Bar Menu)

　　隔离对象按钮右侧有一个向下的小黑三角，点击它将弹出如图 3.100 所示的菜单，用以设置在状态栏上显示或不显示的内容，打钩的就是在状态栏上显示的内容。

练习题

　　1. 在计算机硬盘(如 E 盘)中建立自己的目录，以后尽量把练习文件都保存在该目录下。

　　2. 新建一个绘图文件，以"练习 01"的文件名保存到上面新建的目录下。设置 AutoCAD 2011 中文版的工作界面，使十字光标满屏显示

图 3.100

(当原来的光标非满屏显示时)或使十字光标显示为屏幕的 5%(当原来的光标非 5% 显示时)。

　　3. 设置 AutoCAD 2011 的工作环境，使其长度单位为 mm，精度为 0，同时使每次保存文件都自动存为 AutoCAD 2000/LT2000(＊.dwg)的格式。

　　4. 新建一个绘图文件，选择"无样板打开-公制(M)"，设置绘图文件的绘图界限为 A0 图幅的尺寸(1 189 mm×841 mm)，尝试打开、关闭绘图界限检查。

　　5. 用 2 章(2.5)中学习的命令绘制一个简单图形，然后练习使用屏幕视图显示控制命令(缩放视图、平移视图)。

6. 练习使用右键快捷菜单调用屏幕视图显示控制命令。

7. 什么是透明命令？如何应用？

8. 绘制一线段,起点坐标为 X = 1 520,Y = 480,终点坐标为 X = 2 930,Y = 2 500。

9. 绘制一线段,起点为 X = 200,Y = 450,线长 2 500 mm,方向斜向右上方30°。

10. 绘制一段水平线段,长度为 8 000 mm,然后以该线段的中点为起点绘制另一线段,长度为 7 000 mm,方向斜向左下方45°。

11. 绘制一条水平方向的射线,起点坐标为 X = 0,Y = 0。

12. 任意绘制一条水平直线段,然后通过该直线段的右端点绘制另一条竖直方向的参照线。

13. 绘制一条如下图所示的多段线(注意不是样条曲线)。

14. 绘制一条如下图所示的多段线,线宽为 1 mm。

15. 用多段线绘制一个如下图所示的箭头,箭头最宽处为 1 mm。

16. 用 2 mm 的宽度任意绘制一条多段线,然后编辑其宽度,使之成为 0。

17. 绘制一条如下图中左图所示的多段线,然后编辑它,使之成为如右图所示的样条曲线。

18. 绘制如下图所示的亭子平面图(不需要标注尺寸),注意所用时间。

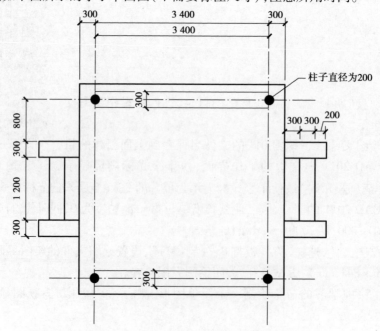

19. 绘制三个不在同一直线上的点,并修改点样式使之在屏幕上可见,然后通过这三个点绘制一段圆弧线。

20. 绘制一个圆,使其圆心坐标为 X = 200,Y = 250,半径 R = 750 mm。

21. 绘制一个 250 mm × 500 mm 的矩形,然后绘制一个圆,使圆心与矩形的形心重合,圆的直径 D = 2 500 mm。

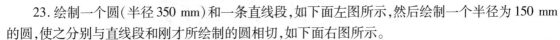

22. 绘制两条不平行的直线段,然后绘制一个半径为 150 mm 的圆,使圆与两条直线相切,如右图所示。

23. 绘制一个圆(半径 350 mm)和一条直线段,如下面左图所示,然后绘制一个半径为 150 mm 的圆,使之分别与直线段和刚才所绘制的圆相切,如下面右图所示。

24. 绘制一个圆环,使其内径为 30 mm,外径为 50 mm。

25. 用圆环命令绘制一个详图索引符号(内径 13.4 mm,外径 14 mm)。

26. 用样条曲线绘制如下图所示的园路,路宽为 1 200 mm。

27. 绘制一个椭圆,使其长轴为 1 500 mm,短轴为 800 mm。

28. 绘制一条任意直线段,然后分别通过其两个端点及中点绘制直线段,要求采用对象自动捕捉的方式完成绘制。

29. 绘制一个直径为 500 mm 的圆,然后通过其上面和左边的象限点绘制直线段,要求用对象自动捕捉的方式完成绘制。

30. 绘制一个半径为 1 500 mm 的圆,然后通过其圆心绘制一条直线段,要求采用对象自动捕捉的方式完成绘制。

31. 绘制一个直径等于 2 500 mm 的圆,在圆外面任意位置绘制一个点(point),然后通过点向圆作一条切线,要求用对象自动捕捉的方式完成绘制。

32. 任意绘制一条倾斜直线段,然后在直线的一侧绘制一个点(point),通过点向直线段作一条垂线,要求用右键快捷菜单捕捉的方式完成绘制。

33. 绘制一段任意圆弧,在圆弧外侧绘制一个点(point),然后通过点向圆弧作垂线,要求用右键快捷菜单捕捉的方式完成绘制。

34. 绘制两条相交的直线段,然后以交点为圆心作一个直径为 1 500 mm 的圆,要求采用直接输入键盘命令捕捉的方式完成绘制。

4 图层和特性

本章导读 在这章将学习以下内容:①图层的生成与管理;②图层工具;③设置全局特性;④对象的特性及修改。

4.1 图层的生成和管理

4.1.1 了解图层

图层(Layer):图层就好比几块透明薄板叠在一起,建几个图层就有几块透明薄板,可在任何一块板上画图,从最上面一层都可以看到,在其中一块板上修改对象,别的板则不会受影响,如图4.1所示。

图层特性(Properties)是指图层或对象的颜色、线型、线宽等属性,制图规范规定图形必须有不同的线型(例如实线、虚线、点划线等)和不同的粗细(线宽),这些都需要用定义特性来实现。

图层(Layer)、特性(Properties)是 AutoCAD 里一个非常重要的概念。简洁、明了的图层(Layer),可以使园林图纸绘制工作更有条理、效率更高,并且便于以后的修改。另外对于图纸的打印,以图层的方式定义色彩、线型、线宽是最方便的方式。在绘制园林图时我们可以设定若干个图层,然后把不同类型的图形对象放置在不同的图层里面以方便组织和编辑;还可以控制图层使它显示或不显示,锁定或不锁定。

例如,在一个园林绘图文件里,可将园林建筑、道路、场地、铺装、绿化、小品、水体、文字标注、尺寸标注、

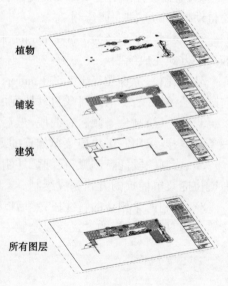

图4.1

轴线等分别放到不同的层里,根据工作步骤开关相应的层。对于图纸输出打印,可以把不必要的图层(例如道路轴线、尺寸标注)关闭或设置成非打印,设置图层色彩或线宽来控制打印的线宽(根据打印时使用色彩定义线宽还是对象线宽),设置图层线型控制打印线型,使完成的图纸打印出标准的工程图。在修改设计图时,可以通过开关图层针对性的修改相应内容。还可以通过控制图层来实现将一个图打印输出成为几张图,比如将一张详细的总平面图分别打印输出成竖向设计图、定位放线图、总物料图、绿化设计图等,让这些图共用一个总图,从而使经过多次修改的设计保持统一、完整,避免疏漏。

AutoCAD 每个图形均包含一个名为 0 的缺省图层。无法删除或重命名图层 0。该图层有两种用途:

- 确保每个图形至少包括一个图层;
- 提供与块中的控制颜色相关的特殊图层。

用户可以定义新图层,可以对图层进行管理,可以给图层设定颜色和线型。

在绘图之前就定义好图层及其特性,画图过程中只需要把相应的对象放在相应的图层上。定义图层一般根据习惯可以按设计内容分和打印线型分,例如,按设计内容可以分成:园林建筑、道路、场地、铺装、水体、小品、乔木、灌木、地被、景石、文字标注、尺寸标注、轴线、底图等图层,也可以根据线形、线宽分成粗实线、中实线、细实线、中虚线、细虚线、粗点划线、文字标注、尺寸标注、底图等图层。

◎提示

对园林图预置图层模板可以使绘图更快、更熟悉,是园林设计者必须的工作。

建议新建一个名为 Defpoints 的非打印层管理非打印的图层,如将视口轮廓线放在 Defpoints 层。该层一旦新建,内置自动设置为非打印层,同时无法被删除。

定义的图层最好用不同的色彩来区分,色彩的定义可以按天正建筑这个软件的图层色彩来设置,比如建筑红色(1 号色)、道路蓝色(5 号色)、水体青色(4 号色)、植物绿色(3 号色),做到制图规范统一。

在实际工作中,绘制园林图一般不是在新建的文件中绘制,往往都是在建筑规划、城市规划图的基础上绘制,所以原来图层比较多。可以整理简化原图的图层到底图这一层,也可以把园林设计的图层前面加个 0 或符号,这样图层排序就会把他们排在前面。

一般不宜直接在默认的 0 层上作图,若已开始绘制,也应马上改变对象到相应的图层。定义块时,将所有图元均设置为 0 层(特殊需要除外)后再定义,这样,将块插入哪个层,块就是那个层了,方便管理。

4.1.2　图层特性管理器(Layer Properties Manager)

关于图层的基本操作都在图层特性管理器(Layer Properties Manager)里进行。在该窗口中可以生成新图层、设定当前层、设置图层状态(打开/关闭、冻结/解冻、锁定/解锁、改名、删除等),给图层设定颜色和线型等。

①图层管理的几种方式

CLASSICLAYER:打开传统图层特性管理器。

LAYER:管理图层和图层特性。

LAYERPALETTE:打开无模式图层特性管理器。

②图层的系统变量

LAYERDLGMODE:设置图层特性管理器的附加功能,该功能针对 LAYER 命令的使用进行定义,变量默认 1,变量 0 映射 LAYER 命令以使用模式图层特性管理器;变量 1 映射 LAYER 命令以使用无模式图层特性管理器。

SHOWLAYERUSAGE:在图层特性管理器中显示图标以指示图层是否处于使用状态。变量默认 0,变量 0 关闭;变量 1 打开。

打开"图层特性管理器"(Layer Properties Manager),可以采用以下三种方法中的一种:

🎴 菜单项:格式(Format)→图层(Layer)

🎹 键盘命令:LAYER(或别名 LA)

🎴 单击图层工具条上的按钮🎝

"图层特性管理器"(Layer Properties Manager)窗口如图 4.1 所示。从图中我们可以看到系统默认生成的 0 层,其他层则是新建的。新建的图层是园林景观设计中常用的图层。下面详细说明"图层特性管理器"的使用,如图 4.2 所示。

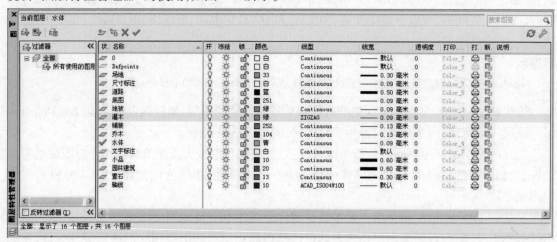

图 4.2

在 AutoCAD 2011 中,几个关键的功能按钮完全变成了图标式的按钮,可以移动光标到该图标上,等待 1 秒钟会有图标的名字和注解,方便自学。

1)新建图层

可以为在设计概念上相关的每个编组(例如道路或绿化)创建和命名新图层,并为每个图层指定统一的特性。通过将对象组织到图层中,可以分别控制大量对象的可见性和对象特性,并进行快速更改。

◎提示

可以在图形中创建的图层数以及可以在每个图层中创建的对象数实际上没有限制。

新建图层的方法:

🎴 打开"图层特性管理器"(Layer Properties Manager)(图 4.2)后,单击"新建图层"(New

Layer) 按钮

打开"图层特性管理器"后,按键盘组合键 Alt + N。

执行命令后,图层特性管理器下部的层列表里面将增加一个新层,新增加的图层系统自动按图层 1(Layer1)、图层 2(Layer2)、图层 3(Layer3)……的名字命名,要改变层名,先选中图层,然后过 1 秒钟左右,再在层名上单击鼠标,或在选中要修改名字的层的情况下按下键盘上的 F2 键,层名就变为可编辑状态,输入新的层名即可。层名可以是中文名。建议用户在给层名命名的时候最好使用中文名,而且层名应该一看就知道其内容,这样将来在编辑管理的时候会更加一目了然。例如,可以使用"园林建筑""园林工程""园林绿化""文字""尺寸标注""路中线""地形图"等这样的层名。图层名最多可以包含 255 个字符(双字节字符或由字母和数字组成的字符):字母、数字、空格和几种特殊字符。图层名不能包含以下字符: < > / \ " : ; ? * | = ' 。

图层特性管理器按名称的字母顺序排列图层。如果组织自己的图层方案,请仔细选择图层名。使用共同的前缀命名有相关图形部件的图层,可以在需要快速查找此类图层时在图层名过滤器中使用通配符。

2)删除图层

如果图层是空的(即没有任何图形对象在图层中),而且没有被关闭、没有被冻结、没有被锁定,则该图层可以被删除(在图层特性管理器中操作)。删除图层的方法有三种:

先选中要删除的图层,然后单击"图层特性管理器"上的"删除图层"按钮

按键盘组合键 Alt + D

如果图层不符合删除的条件,会弹出一个警告窗口,说明图层不能被删除的原因。系统默认生成的 0 层及 Defpoints 层在任何情况下都无法被删除。

菜单项:格式→图层工具→图层删除

执行该菜单项可以通过选择图形对象删除其所在图层,在删除图层之前会提示用户确认删除(输入 Y)或不删除(输入 N)。

3)使图层成为当前图层

所谓当前图层就是目前活动的图层,用户绘制的图形、输入的文字都在当前图层里面。为了把不同的图形内容绘制到相应的图层里面,需要经常改变当前图层。把一个图层设为当前图层,有以下 6 种方法:

在"图层特性管理器"(Layer Properties Manager)中双击该图层名;

在"图层特性管理器"中选中图层,然后单击"置为当前"按钮;

在"图层特性管理器"的图层名上右键单击,在弹出的右键菜单中选择"置为当前"(Make Current)选项;

在"图层特性管理器"未打开并且命令提示窗处于待命状态时,在"图层"(Layer)工具条上的图层列表框上单击,在弹出的"图层列表"中点选要设为当前层的图层,即可把它设为当前图层;

在绘图区域中选中一个图形对象,接着单击"图层"工具条按钮,将会使该图形对象所在的图层成为当前层;

✿ 菜单项:格式→图层工具→将对象的图层置为当前。

◎提示

当前图层不能被冻结,但可以被关闭和打开,也可以锁定和解锁。

4)设置图层状态

在"图层特性管理器"(Layer Properties Manager)中可以设定各个图层的状态,图层状态图标从左到右分别是"开/关""冻结/解冻""锁定/解锁",这些图标都是开关图标,每单击一次就成为相反的状态。每个图标都有两种外观,代表两种状态,表4.1列出了图层状态图标的含义。

表 4.1　图层状态图标的含义

图　标	♀	♀	☼	✿	🔓	🔒
代表状态	图层可见	图层不可见	解冻	冻结	解锁	锁定

被设为不可见的图层及被冻结的图层都不能在屏幕上显示出来,也不能被输出(打印)。从表面上看关闭图层和冻结图层似乎有同样的结果,但实际上是有差别的。被关闭的图层在屏幕上重新生成图形时,尽管不可见,但也一起被重新生成,而被冻结的图层不会跟着被重新生成。所以关闭图层而不冻结图层,可以避免每次解冻图层时的重新生成。当图形文件大而复杂时,重新生成会花较多时间。

锁定以后的图层,其内容不能进行任何编辑,可保护图层内的图形不被误编辑。绘图过程中有时候希望有些图形内容可见,但不会被编辑,就可以把这些图形内容放在一个单独的层里,再锁定这个层。在现状地形图上作规划图是最典型的一个例子:作规划时我们总是要看地形图的等高线等内容,但是现状地形图是不允许被编辑的,而地形图往往图线众多,在编辑其他图线时很容易被误选到,如果锁定了地形图的图层,就可解决这个问题了。

图层状态设定有以下三种方法:

✿ 打开"图层特性管理器"(Layer Properties Manager)窗口进行设置;

✿ 在"图层"(Layer)工具条上的"图层列表"框中设定:单击"图层列表"框,将弹出所有图层的列表,在列表中单击相应的状态按钮即可改变图层状态;

✿ 通过菜单项进行设置:格式→图层工具。

布局窗口中图层管理器和模型窗口有微小的变化,增加了视口的冻结和颜色,透明度,视口线形,视口打印样式的功能,用以控制在不同视口下同一模型显示、打印出不同的图,是非常方便和高效的控制,如图4.3所示。

图 4.3

5）设置图层的颜色

颜色可以帮助用户直观地对对象进行编组。可以随图层将颜色指定给对象，也可以单独执行此操作。颜色同时也是线宽打印设置的一个方式，用颜色设置线宽，输出时不容易出错（图层的线宽有时会打不出来）。

设置图层颜色的方法是：

在图层特性管理器中设置图层的颜色（图4.2）。要设定图层的颜色，只需单击相应图层的颜色栏的色块，会弹出如图4.4所示的"选择颜色"对话框。

在"索引颜色"（Indes Color）选项卡选择一种合适的颜色，然后单击"确定"即可设定图层的颜色。索引颜色中包含255种颜色，每种颜色都有编号，当选定了一种颜色后，对话框下部的"颜色"（Color）对应的框内会显示颜色的名称或编号（第1到第7号色显示名称，其余显示编号），右下角小方框内则显示颜色样本。用户也可以直接在显示颜色编号的框内输入所需要的颜色的编号来设定颜色。

AutoCAD 2011支持使用真彩色，不过对于一般的工程制图而言，这没有多大意义，因为真彩色没有固定的编号，这对于颜色相关的输出（打印）极为不方便。

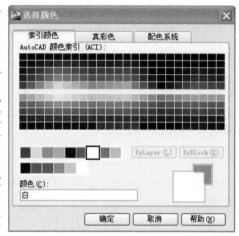

图4.4

建议对象颜色尽量使用"随层"，不建议对对象单独定义颜色。对象颜色随层可以很方便地在图层特性管理器中改变所在层的颜色，而无需找到该层的对象；后一种方式需要找到该对象改变颜色，这在复杂的设计图中是很困难的。

6）指定图层的线型

工程制图对线型有固定的要求，应按国家制图标准选择线型。

线型实际上是一种特殊的图案。简单的线型由点、短横线、空格按一定规律重复构成，复杂线型则还可能包含符号或字符。AutoCAD 2011已经自带了很多线型，一般情况下，这些线型已

图4.5

经足够使用了。要指定图层的线型，单击"图层特性管理器"窗口（图4.2）"线型"（Linetype）栏的线型名称（默认的线型一般为Continuous，这是一直连续的线型）将会打开如图4.5所示的"选择线型"对话框。

对话框内列出了已经加载的线型，默认情况下只有一种线型，即连续实线（Continuous）。线型列表从左到右分别是"线型名称""线型外观"和"线型说明"。选择要指定的线型然后单击"确定"即可。如果线型列表中没有希望要的线型，单

击"加载"（Load）按钮，打开如图 4.6 所示的"加载或重载"（Load or Reload Linetypes）对话框。

在"加载或重载线型"对话框中选择想要的线型，然后单击"确定"，即可把线型加载到当前绘图文件中。用户可以一次选择一种或数种线型加载。加载线型后要重新执行指定给图层的操作。

在图 4.6 对话框左上角有一个"文件"按钮，单击它会弹出一个新框，用来选定线型定义文件。线型定义文件为 acad.lin 和 acadiso.lin，分别对应英制测量系统和公制测量系统。

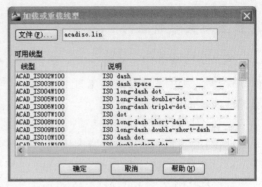

图 4.6

◎提示

不应将这些线型与某些绘图仪提供的硬件线型混为一谈。这两种类型的虚线产生的效果相似。不要同时使用这两种类型，否则，可能会产生不可预料的结果。

7) 设置图层的线宽

线宽是指定给图形对象以及某些类型的文字的宽度值。使用线宽，可以用粗线和细线清楚地表达工程图纸。例如，通过为不同的图层指定不同的线宽，可以轻松区分新建构造、现有构造和被破坏的构造。除非选择了状态栏上的"显示/隐藏线宽"按钮，否则将不显示线宽。打印输出图纸时选择对象线宽，可以图层线宽打印。

Truetype 字体、光栅图像、点和实体填充（二维实体）无法显示线宽。多段线设置了宽度时，设置线宽不起作用。在模型空间中，线宽以像素为单位显示，并且在缩放时不发生变化。因此，在模型空间中精确表示对象的宽度时不应该使用线宽。图层线宽只代表打印时所用的线条粗细，类似绘图的针管笔粗细。例如，如果要绘制一个实际宽度为 0.3 mm 的对象，不能使用线宽，而应用设置多段线的宽度为 0.3 mm。

图层线宽设置的方法：单击"图层特性管理器"（图 4.2）中"线宽"（Lineweighit）栏的线宽值，打开如图 4.7 所示的"线宽"（Lineweight）对话框，在列表中选择一个合适的线宽，单击"确定"。在没有改变过图层的线宽时，显示的是"默认"，即没有线宽。

图 4.7

◎提示

要使设定的线宽在绘图时直接显示在屏幕上，需要按下绘图辅助工具栏上的"线宽"（Lineweight）按钮。

"图层特性管理器"（Layer Properties Manager）窗口（图 4.2）中，图层相关信息中还有"打印样式""打印""说明"三项内容，前两项与输出有关，可以不作改动，"说明"那里可以输入一些文字，对图层附加一些注释，例如说明该图层用来放置什么类型的图形等。笔者建议，在给图层命名的时候，应该尽量使图层名字与要放置的图形内容相关联，从名字上能够一目了然，仅依赖"说明"并不方便。

8)设置图层透明度

可以为图层设置透明度,然后配合绘图辅助工具中的显示/隐藏透明度工具开启或关闭透明度。在比较复杂的绘图文件中,为不处于当前编辑状态但又需要看到的图层设置透明度,可以使当前编辑的图形内容突出显示。例如,在地形图上绘制园林设计的图形内容,可将地形图的图层设置一定透明度,以便在可以看见地形图的同时,又不影响其他图层作图。

在图层特性管理器中“透明度”一栏下面相应的位置单击鼠标,会弹出一个透明度设置的小窗口,在其中输入需要的透明度值即可。AutoCAD 默认的图层透明度是 0,即完全不透明。用户可以自己指定的透明度值为 0～90。之所以把透明度的上限值限制在 90 以内,是保证图层不能完全透明,如果图层完全透明,它就不可见,等于把图层关闭了。

4.2 图层工具

使用图层工具可以减少开、关“图层特性管理器”窗口的停顿,使工作更流畅,在实际工作中图层工具更常用一些,使用图层工具可以减少打开、关闭“图层特性管理器”窗口,像绘图命令和编辑修改命令一样执行,实现命令盲打,图层控制对象也更有直观,熟练掌握图层工具,可以最高提高 20% 绘图效率。

图层工具的执行都有一个共同的特点,就是通过操作对象来操作对象的图层,这一点比“图层特性管理器”更方便,可以在不知道对象图层名的情况下操作图层,使图层的操作变得类似对象的操作。

4.2.1 将对象的图层置为当前

可以通过选择当前图层上的对象来更改该图层为当前图层。这比进入图层管理器设置当前图层要更加便捷,操作方法有三种:

✺ 菜单项:格式→图层工具→将对象的图层置为当前

⌨ 键盘命令:“Laymcur”或“Ai_molc”

✺ “图层”工具条上的按钮

4.2.2 上一个图层

该命令用于放弃对图层设置的上一个或上一组更改,操作方法有三种:

✺ 菜单项:格式→图层工具→上一个图层

⌨ 键盘命令:LayerP

✺ “图层”工具上的按钮

放弃已对图层设置(例如颜色或线型)做的更改。如果恢复设置,程序将显示“已恢复上一个图层状态”消息。

使用"上一个图层"时,可以放弃使用"图层"控件或"图层特性管理器"所做的最新更改。用户对图层设置所做的每个更改都将被追踪,并且可以通过"上一个图层"放弃操作。以下是不能放弃更改的情况:

①重命名的图层:如果重命名图层并更改其特性,"上一个图层"将恢复原特性,但不恢复原名称。

②删除的图层:如果对图层进行了删除或清理操作,则使用"上一个图层"将无法恢复该图层。

③添加的图层:如果将新图层添加到图形中,则使用"上一个图层"不能删除该图层。

4.2.3　图层漫游

"图层漫游"的作用是显示选定图层上的对象并隐藏所有其他图层上的对象,进入"图层漫游"的方法有三种:

  ❀ 菜单项:格式→图层工具→图层漫游

  ⌨ 键盘命令:Laywalk

  ❀ "图层Ⅱ"工具条上的按钮

显示包含图形中所有图层的列表的对话框。对于包含大量图层的图形,用户可以过滤显示在对话框中的图层列表。使用此命令可以检查每个图层上的对象和清理未参照的图层。

默认情况下,效果是暂时性的,关闭对话框后图层将恢复。

4.2.4　打开所有图层

作用是打开图形中的所有图层,使他们全部正常显示,进入"打开所有图层"的方法有:

  ❀ 菜单项:格式→图层工具→打开所有图层

  ⌨ 键盘命令:Layon

当然可以使用"图层特性管理器"或图层工具条上的下拉图层列表,逐层打开被关闭的图层,但这个命令提供了一种更高效快捷的方式打开所有图层。

4.2.5　图层冻结

图层冻结的作用是冻结选定对象所在的图层,进入图层冻结的方法有三种:

  ❀ 菜单项:格式→图层工具→图层冻结

  ⌨ 键盘命令:Layfrz

  ❀ "图层Ⅱ"工具条上的按钮

冻结图层上的对象不可见。在大型图形中,冻结不需要的图层将加快显示和重生成的操作速度。在布局中,可以冻结各个布局视口中的图层。可以通过冻结块所在的层冻结嵌套在块下的所有图层。

4.2.6 解冻所有图层

用来解冻图形中的所有被冻结图层,解冻所有被冻结图层的方法有:

菜单项:格式→图层工具→解冻所有图层

键盘命令:Laythw

执行该命令后,之前所有冻结的图层都将解冻。在这些图层上创建的对象将变得可见。但该命令不能在视口中解冻图层,只能使用 VPLAYER 命令在视口中解冻图层,而且必须逐个图层地解冻在各个布局视口中冻结的图层。有关视口的知识在后面的章节中有进一步的介绍。

4.2.7 图层锁定

在前面介绍"图层特性管理器"时已经讲过,有些情况下锁定某些图层可以防止误操作编辑。通过"图层特性管理器"可以锁定每一个图层,这里介绍另外一种锁定图层的方法,即锁定选定对象所在的图层,方法有三种:

菜单项:格式(Format)→图层工具(Layer)→图层工具(Layer)→图层锁定

键盘命令:Laylck

"图层Ⅱ"工具条上的按钮

输入命令后会提示选择要锁定的图层上的对象,点选对象后,其所在图层即被锁定,命令也自动结束。此时当把光标悬停于处于该层的对象上,光标右上会出现锁形图案。

4.2.8 图层解锁

该命令功能与上一个正好相反,用以解锁选定对象所在的图层,调用方法有三种:

菜单项:格式→图层工具→图层解锁

键盘命令:Layulk

"图层Ⅱ"工具条上的按钮

输入命令后会提示选择要解锁的图层中的对象,点选对象,图层即被解锁,命令也自动结束。

4.2.9 图层隔离

"图层隔离"的作用是隐藏或锁定除选定对象所在图层外的所有图层,在复杂图形中编辑或绘制时很有用,进行图层隔离的方法有三种:

菜单项:格式→图层工具→图层隔离

键盘命令:Layiso

"图层Ⅱ"工具条上的按钮

输入命令后,命令提示框会显示:

命令:_Layiso

当前设置：锁定图层，Fade＝50

选择要隔离的图层上的对象或［设置(S)］:

在绘图区域选择对象,命令提示框显示:

找到 1 个

选择要隔离的图层上的对象或［设置(S)］:

可以连续选择多个对象以实现多图层隔离,选择结束后回车,就完成了图层隔离。图层隔离实际上可以有两种执行结果,即关闭所选对象所在的图层之外的所有图层,或锁定所选对象所在的图层之外的所有图层。默认是后一种。在提示选择对象时,不选择对象,而选择"设置",即键入"S"命令提示框显示:

输入未隔离图层的设置［关闭(O)/锁定和淡入(L)］＜锁定和淡入(L)＞:

此时键入"O",则执行隔离的结果是关闭,键入"L",则结果是"锁定"和"淡入"。"淡入"即以一定的透明度显示,透明度值可以指定,默认是"50"。

4.2.10 取消图层隔离

该命令和上一个命令相反,恢复用 Laylso 命令隐藏或锁定的所有图层,取消图层隔离有三种方法:

✎ 菜单项:格式→图层工具→取消图层隔离

⌨ 键盘命令:Layuniso

✎ "图层Ⅱ"工具条上的按钮

该命令执行的结果是反转之前的 Layiso 命令的效果。Layuniso 将图层恢复为输入 Layiso 命令之前的状态。输入 Layuniso 命令时,将保留使用 Layiso 后对图层设置的更改。如果未使用 Layiso,Layuniso 将不恢复任何图层。

◎提示

只要未更改图层设置,也可以通过使用"图层"工具栏上的"上一个图层"按钮(或在命令提示下输入"LAYERP")将图层恢复为上一个图层状态。

4.2.11 图层隔离到当前视口

该命令的作用是当布局中有两个或两个以上的视口时,可以通过在一个视口中选择对象的方式使其他视口中该对象所在图层关闭。因为该工具的应用涉及到图纸空间和视口的知识,这里暂不进行深入介绍,只说明命令输入的两种方法:

✎ 菜单项:格式→图层工具→图层隔离到当前视口

⌨ 键盘命令:Layvpi

4.2.12 图层匹配

该命令的作用是把选定的对象移动到目标对象所在的图层,方法有如下三种:

菜单项:格式→图层工具→图层匹配

键盘命令:Laymch

"图层Ⅱ"工具条上的按钮

输入命令后命令提示框会显示:

> 选择要更改的对象:
>
> 选择要移动的对象,选择完后单击鼠标右键结束选择过程,这时命令提示框显示:
>
> 选择目标图层上的对象或［名称(N)］:

点选要移入的图层里的任意对象,命令结束。

4.2.13 更改为当前图层

该命令的作用是将选定对象移动到当前图层,调用该命令的方法有三种:

菜单项:格式→图层工具→更改为当前图层

键盘命令: Laycur

"图层Ⅱ"工具条上的按钮

4.2.14 将对象复制到新图层

该命令的作用是把某个对象从一个图层复制到另外一个图层,调用该命令的方法有:

菜单项:格式→图层工具→将对象复制到新图层

键盘命令:Copytolayer

"图层Ⅱ"工具条上的按钮

4.2.15 图层合并

该命令将选定图层合并到目标图层中,并将以前的图层从图形中删除,调用方法有:

菜单项:格式→图层工具→图层合并

键盘命令:Laymrg

可以通过合并图层来减少图形中的图层数。将所合并图层上的对象移动到目标图层,并从图形中清理原始图层。在命令执行的最后阶段会询问用户是否继续,如果回答否(N),将取消该命令,回答是(Y)才最后完成该命令。默认设置是否(N),这样设置的目的是为了防止误删除图层。

4.2.16 图层删除

该命令用于删除图层上的所有对象并清理该图层,调用方法有:

菜单项:格式→图层工具→图层删除

键盘命令:Laydel

该命令还可以更改使用要删除的图层的块定义,还会将该图层上的对象从所有块定义中删除并重新定义受影响的块。该命令执行的最后也会询问是否继续,回答否(N),将取消该命令,回答是(Y)才最后完成该命令。默认设置是否(N),目的是为了防止不小心误删除图层。

4.3 设置全局特性

以上介绍了创建图层和给图层设定特性的方法,绘图时,通常将以当前图层的特性绘制图形(如果我们不改变具体图形对象的特性,则每一个图层里面的图形对象,其特性都是一样的)。也可以指定某些特性使之与图层设置的特性不同,例如图层的颜色本来是红色,但可以指定当前颜色为绿色。而全局特性是指预先设置好的特性,绘图时将以这些特性赋予新绘制的对象。

可以设置全局特性的项目有:颜色、线型、线宽、透明度、点样式、多线样式、厚度。

4.3.1 颜色

设置当前颜色,以后绘制的对象都将是该颜色,设置的颜色可以与图层颜色不同。3 种设置方法分别如下:

   菜单项:格式→颜色

   键盘命令:Color

   单击"特性"(Qbject Properties)工具条上的"颜色控制"列表框,在弹出的颜色列表中选择"选择颜色"项

输入命令后将打开如图 4.4 所示的"选择颜色"(Select Color)对话框,单击选择一种颜色,或在下方的输入框中直接输入颜色的编号,再单击"确定",就指定了当前颜色。如果希望把当前颜色改回图层本身的颜色,单击"Bylayer"即可。

4.3.2 线型

设置当前线型,以后绘制的对象都将采用该线型,设置的颜色可以与图层线型不同,设置方法如下:

   菜单项:格式→线型

   键盘命令:Linetyper

   单击"特性"(Qbject Properties)工具条上的"线型"列表框,在弹出的线型列表中选择"其他"项

输入命令后将打开如图 4.8 所示的线型管理器,在列表中选择一种线型,然后"确定"即可。如果列表中没有需要的线型,则单击"加载"按钮加载需要的线型。

要把当前线型改回到和图层本身的线型一致,单击"特性"(Qbject Properties)工具条上的"线型"列表框,在弹出的线型列表中选择"Bylayer"项。

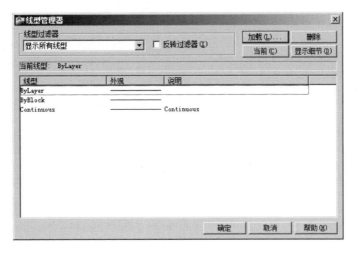

图 4.8

4.3.3 线宽

设置当前线宽,指定线宽后绘制的图线都将采用该线宽。需要注意线宽在屏幕上的显示需要打开绘图辅助工具栏上的"显示/隐藏线宽"开关。设置线宽的方法有三种:

✎ 菜单项:格式→线宽

⌨ 键盘命令:Lweight

✎ 单击"特性"(Qbject Properties)工具条上的"线宽"列表框,在弹出的线型列表中选择需要的线宽值

前两种方法输入命令后将打开如图 4.9 所示的线宽设置面板,在左边的线宽列表中选择需要的线宽然后"确定"。该面板上同时有开启或关闭线宽显示的选项。

如果要把当前线宽改回和图层线宽一致,重新执行命令,选择"Bylayer"即可。

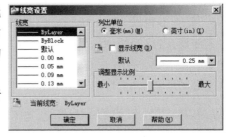

图 4.9

4.3.4 透明度

设置当前透明度,以后绘制的图形都将采用该透明度值,设置方法有三种:

✎ 菜单项:格式→透明度

⌨ 键盘命令:CETRANSPARENCY

执行命令后会提示输入透明度值,输入新值后回车即可。注意透明度值只能选择 0~90。

4.4 对象的特性及修改

很多时候同一个图层里面的图形对象需要设置不同的特性。例如,在绘制园林设计平面图时,假定设置了一个叫"园林工程"的图层,把与园林工程相关的图形对象都置于其中,但相关的图形对象通常不可能具有完全相同的特性,如可能用白色表示园路的图线,而用绿色或其他颜色表示步石,这时候就需要为具体的图形对象设定具体的特性。

4.4.1 改变对象颜色

从易用性的角度而言,一般是先用图层默认的特性绘制对象,然后再修改它的特性。经常要修改的图形对象的特性主要是颜色和线型,至于线宽一般都是用系统默认的值,输出(打印)图纸时再根据不同的颜色设定打印的线宽。

修改图形对象的颜色,最方便的方法是使用"特性"(Qbject Properties)工具条。在工具条上的左边第一个下拉列表框为"颜色控制"(Color Control)列表框,先选定图形对象,然后单击"颜色控制"(Color Comtrol)列表框,将弹出如图4.10所示的颜色列表。

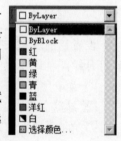

图4.10

表中列出了常用的颜色,单击需要的颜色,刚才被选择的对象就被赋予了该颜色。颜色列表中还有三项需要进一步说明,最上面的 Bylayer 选项的意思是使对象的颜色保持与图层颜色相同,Byblock 的意思是使对象的颜色与图块相同。如果单击"选择颜色"(Other)选项将打开如图4.4所示的"选择颜色"(Select Color)窗口,从中选择一种需要的颜色,再单击"确定"即可。

注意:白色的颜色块显示为一半白一半黑,这是表示白色和黑色等价。当把绘图区域设置为黑色背景时,选择白色就显示为白色,当把绘图区域背景设置为白色时,选择白色就显示为黑色。而图纸输出后,打印在图纸上的都是黑色。

总共有255种颜色可供选择,在绘图时不要随意指定太多的颜色给图形,不然会给后期的编辑和输出带来不便。

如果不事先选择图形对象,直接单击"颜色控制"(Color Control)列表框选择颜色,则被选择的颜色将成为当前的颜色,以后绘制的图线都是这种颜色,而且不管当前层改为哪一层都将是这种颜色,除非把颜色改为"随层"(Bylayer)。

4.4.2 改变对象线型

在"特性"(Qbject Properties)工具条上左起第二个列表框为"线型控制"(Linetype Control),在这里可以方便地改变对象的线型。具体操作方法和改变颜色很类似,这里不再赘述。如果不事先选择对象,则改变的也是当前线型。如果线型列表中没有需要的线型,先打开线型管理器加载需要的线型,再指定给对象。打开线型管理器的方法参见第4.3.2节。

4.4.3　改变线型比例

有时候会发现给对象指定了一种线型(如虚线或点画线),但屏幕上显示出来的却不是想要的线型(如看起来是连续的实线),这是线型比例不适当造成的。可以通过选择菜单项"修改"(Modify)→"特性"(Properties),或按组合键"Ctrl+1",或单击标准工具条上的按钮 打开"特性"(Properties)对话框(图4.11),通过该对话框修改。

先选定要修改线型比例的图形对象,然后找到"特性"对话框中的"线型比例"项,在右侧的输入框内修改线型比例的数值,最后回车,就改变了对象的线型比例。

选择的线型比例有可能偏大或偏小,有可能要多次尝试输入不同的数值,直到显示合适为止。当园林设计图以米为单位时,不容易出现线型比例不当,但以毫米为单位往往造成线形设置过小,不妨设置成100,再根据情况调整。

通过"特性"对话框可以进行很多编辑,这是从 AutoCAD 2000 后新增加的功能,实际工作中这个控制面板非常有用,在后面章节有专门介绍。

图4.11

【例4.1】　建立一个绘图文件,新增加两个图层,一个图层命名为"矩形",设定其层颜色为洋红色;另外一个图层命名为"圆",设定其层颜色为红色。其余采用默认设置。在"矩形"层绘制一个 300 mm×200 mm 的矩形,在"圆"层绘制一个半径为 80 mm 的圆。最后把矩形的线型设置为虚线,把圆的线型设置为点划线。

新建一个绘图文件,选择"无样板打开 – 公制"(M)。键入命令:"LAYER",在弹出的"图层特性管理器"窗口中单击"新建图层"按钮 (或按组合键"Alt+N"),新建一个图层,把图层的名字改为"矩形",单击其颜色小方框,在弹出的颜色选择窗口中选择洋红色(6号色),并单击"确定",返回"图层特性管理器"。在用同样的方法创建另外一个层,命名为"圆",设颜色为红色(1号色,即颜色选择窗口中灰色系列上面那排常用颜色中的第一种)。

创建图层结束后,选中"矩形"图层,并单击"置为当前"按钮 (或按组合键"Alt+C"),把该层设为当前图层(默认情况下当前图层为 0 层)。如图4.12所示。最后单击"确定"返回绘图窗口。

这时可以看到"图层"工具条上显示的当前图层为"矩形"。

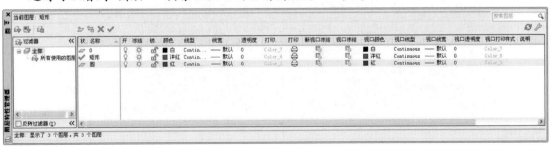

图4.12

绘制一个 300 mm × 200 mm 的矩形，并用"实时缩放"命令把屏幕显示适当缩小。绘制矩形的方法及使用实时缩放命令的方法请参见有关内容，这里不再详述，如图 4.13 所示。

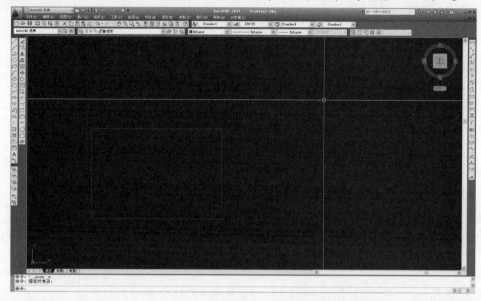

图 4.13

单击"图层"工具条上的图层列表框，在弹出的列表中选择"圆"层，如图 4.14 所示，把当前图层切换为"圆"层。

图 4.14

在矩形右侧绘制一个半径为 80 mm 的圆。可以看到矩形显示为洋红色，而圆显示为红色，如图 4.15 所示。

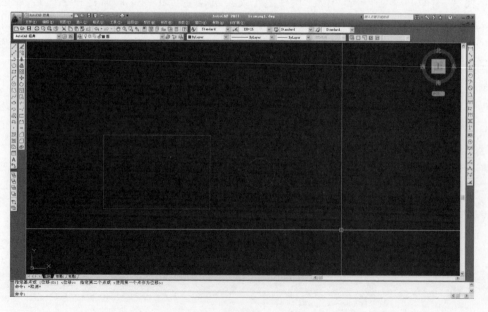

图 4.15

修改图形的线型：在待命状态下单击矩形选中它，可以看到被选中的矩形显示为虚线，同时矩形四个角点出现四个蓝色小方块。然后单击"对象特性"工具条上的线型控制列选框，在弹出的选项中选择"其他"，如图4.16所示，打开"线型管理器"对话框，如图4.17所示。

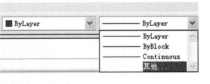

图4.16

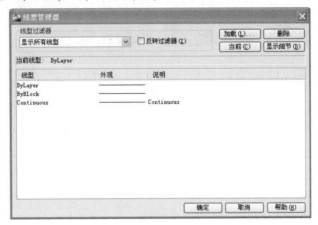

图4.17

现在"线型管理器"对话框中只有三个选项，这三个选项中并没有虚线，所以单击"加载"按钮，打开"加载或重载线型"对话框，如图4.18所示。

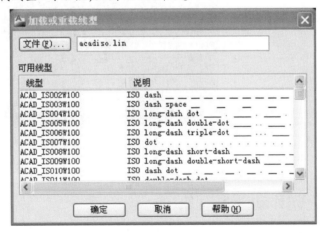

图4.18

"加载或重载线型"对话框中列出了AutoCAD 2011自带的所有线型，列表中第一项就是虚线，选中它，然后单击"确定"返回"线型管理器"，这时候可以看到"线型管理器"中增加了虚线线型。

单击"线型管理器"中的"确定"，返回绘图界面，这时候，虚线线型实际上并没有指定给矩形，上面的一系列操作仅仅是载入了线型。

再次选中矩形，然后单击"对象特性"工具条上的线型控制列选框，可以看到弹出的列表中多了我们刚刚加载的虚线线型，选择它，就把虚线线型指定给了矩形，如图4.19所示。

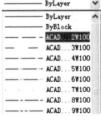

图4.19

给矩形指定线型返回到绘图界面后,按一次键盘上的 ESC 键取消矩形的选择状态,就可以看到矩形显示为虚线了,如图 4.20 所示。

图 4.20

图 4.21

用和设定矩形线型的方法相同的方法给圆指定点画线(线型名称为 ACAD_ISOO4W100),结果如图 4.21 所示。

修改线型比例:选中矩形,并打开"特性"浮动窗口(按键盘上的组合键 Ctrl +1),在表中找到"线型比例"并单击它,在右侧的输入框中输入 3,并回车,如图 4.22 所示,就把矩形的线型比例改成了 3。回到绘图界面并按 Esc 键取消选择,结果如图 4.23 所示。

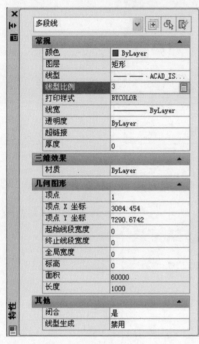

图 4.22

对照一下图 4.21 和图 4.23 中矩形虚线的区别,并请读者尝试修改圆的线型比例。

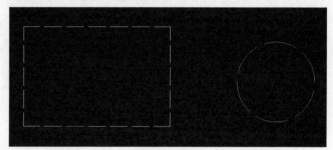

图 4.23

4.4.4　在图层之间移动图形对象

例 4.1 中绘制矩形和圆,是事先把需要的图层设置为当前层后绘制的,但实际作图过程中很难保证每当绘制一个新图形对象都记得切换图层,从而会出差错。便捷的解决办法是把图形对象从一个图层移动到另外一个图层:先选中要移动图层的图形对象,然后单击"图层"工具条上的图层列表框,在弹出的列表中选择要移往的目标图层,回到绘图界面按 Esc 键取消对象的选择状态即可。请读者在例 4.1 的基础上练习,把圆移动到"矩形"图层,可以看到,由于绘制圆的时候颜色选择的是默认的"Bylayer",所以把圆移入"矩形"图层后,圆的颜色变成了和矩形一样的洋红色。

练习题

1. 新建一个绘图文件,设置其长度单位为 mm,精度为 0。设置其角度单位为度/分/秒,精度为 0d00'00"。然后按照下表要求建立新图层,最后把"园林工程"图层设置为当前图层,然后以"练习 02"的文件名存盘。

图层名称	颜　色	线　型
园林工程	白色	Continuous
填充	8 号色	Continuous
文字	140 号色	Continuous
绿化文字	240 号色	Continuous
乔木	绿色(3 号色)	Continuous
单株灌木	84 号色	Continuous
片植灌木	10 号色	Continuous

2. 在第 1 题练习的基础上绘制一个任意大小的椭圆(处于"园林工程"图层中),然后把椭圆移入"乔木"图层中,观察其颜色变化。

3. 绘制一条任意直线段,然后将线型改为虚线,并调整其线型比例,使之在屏幕上正常显示出线型。

4. 绘制一个直径为 5 000 mm 的圆,然后修改其线型为点划线,再调整其线型比例使之合适,并将其颜色改为另外一种颜色。

5 图形对象的基本编辑方法

本章导读 在使用 AutoCAD 制图的过程中,最主要的工作就是"绘图"和"编辑(即修改图形)",而且往往编辑工作量要大于绘图工作量。编辑的过程大体就是选择对象,然后以特定命令修改对象,因此本章的核心内容包括两个方面:①如何选择对象(构造选择集);②图形对象的基本编辑命令。

图形对象的编辑是指对已有图形元素进行移动、旋转、缩放、复制、删除、参数修改及其他修改操作,所以有时候也直接称为修改。在实际绘图中,编辑图形对象的工作量往往远远大于绘制图形的工作量,编辑图形是绘制园林设计图非常重要的一个部分,在本章将介绍基本的编辑工具及其用法。

5.1 选择编辑对象

编辑操作一般分两步进行,第一步,选择要编辑的图形对象即构造选择集,第二步,对选定的对象进行编辑。一般情况下也可以先执行编辑命令,再按命令提示选择要编辑的对象。但有些编辑方法只能是先选择,再编辑。

5.1.1 选择对象的方法

AutoCAD 提供多种选择对象的方法,下面列举常用的方法:

①直接拾取对象:把光标移动到对象上直接单击选择。默认情况下可以连续选择多个对象。被选择的对象将亮显(即显示为虚线并出现蓝色的控制点)。要取消选择状态,按 Esc 键即可。

图 5.1、图 5.2 和图 5.3 分别显示的是图形处于未被选择、光标置于对象上(但未选择)、被选择三种状态。

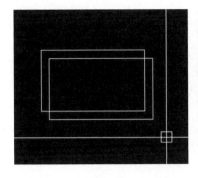

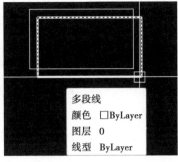

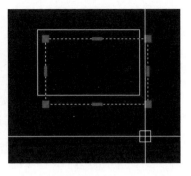

图 5.1　　　　　　　　　　　　　　图 5.2　　　　　　　　　　　　　　图 5.3

图5.1是选择正方形前的状态,因为这时没有输入任何编辑命令,系统处于待命状态,所以光标是正常的十字光标。图5.2是光标置于待选图形对象上时的情况,从图上可以看出与光标的选择框(交叉点上的小方框)相接触的正方形处于同时显示为加粗和虚线的"亮显"状态,并且显示图形的基本属性。把光标移开时,这种状态就消失。当要选择的对象跟众多的其他图线混在一起的时候,通过这种亮显状态可以准确判断光标选择框与哪个图形对象处于接触状态,从而减少误选的机会。若不习惯这种"亮显"模式,也可以通过设置取消它,具体方法如下:

点选菜单项"工具"(Tools)→"选项"(Options)或直接键入"Options",打开"选项"(Options)对话框,点选"选择集"(Selction)选项卡,单击该选项卡中的"视觉效果设置"按钮,在弹出的窗口中可以进行相关设置,如图5.4所示。

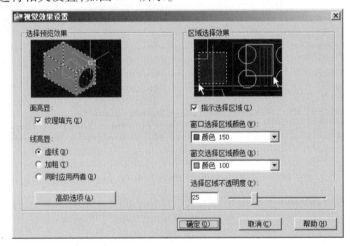

图 5.4

在"视觉效果设置"对话框中的左边"选择预览效果"下面有三个选项,选择"虚线"(Dash)则当光标的选择框与图形对象接触时,图形对象显示为虚线状态;选择"加粗"(Thicken)则当光标选择框与图形对象接触时,图形显示为加粗状态;选择"同时应用两者"(Both)则当光标选择框与图形接触时,图形同时显示为加粗和虚线状态,如图5.2所示。系统默认选择"同时应用两者"(Both)。

单击"视觉效果设置"对话框中的"高级选项"(Advanced Options)按钮,将弹出"高级预览选项"对话框,如图5.5所示,可以进行更多的设置。

在"选项"(Options)对话框中"选择集"(Selection)选项卡上还可以通过拖动"拾取框大小"

下面的滑块调整光标上选择框（即十字光标中间的小方框）的大小，如图5.6所示。选择框大一点便于点选对象，但较多图线在一起时不利于精细选择；选择框小一点便于精细选择，但不便于点选单个图形对象，可习惯调整合适的大小。

有时会遇到这种情况：直接用光标拾取框点选对象时，选取第二个后，系统会自动取消第一个的选择，即每次只能选中一个对象。这可能是不小心修改了系统的。这时请检查图5.6所示的"选项"对话框中，"选择模式"，其下有一个选项是"用Shift键添加到选择集"。默认情况下，这个选项是未被勾选的，如勾选则会导致以上情况。

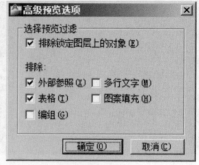

图5.5

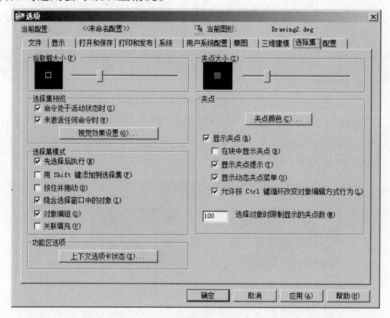

图5.6

②窗口（Window）选择：把光标移动到要选择的对象的左上角或左下角单击鼠标，再向右边拖动鼠标拉出一个半透明的蓝色矩形区域（蓝色区域外围有一个实线矩形框），使要选择的对象完全处于矩形框内，再单击鼠标，完全处于矩形框内的对象将被选中。

图5.7显示的是正向窗选（即从左向右拉出选择区域）的情形，图5.8显示的是选择结果，可以看到，只有完全被选择区域覆盖的图形（3个圆）才被选中，而没有完全被选择区域覆盖的图形均没有被选中。

在图5.4所示的"视觉效果设置"对话框中还可以对区域选择效果进行设置，系统默认是选中"指示选择区域"，也就是窗选对象时，正向窗选的选择区域会显示为半透明的蓝色，而反向窗选的选择区域会显示为半透明的绿色。如果取消勾选"指示选择区域"，则恢复为传统的模式，即窗选时不显示选择区域的颜色。在图5.4所示的"视觉效果设置"对话框中还可以改变选择区域显示的颜色和不透明度。

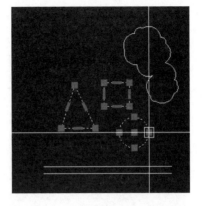

图5.7 　　　　　　　　　　　　　　　　　　　图5.8

③窗口交叉(Crossing)选择:把光标移动到要选择的对象的右上角或右下角单击鼠标,再向左边拖动鼠标拉出一个半透明的绿色矩形区域(外围有虚线矩形框),凡是被虚线矩形框包围和与虚线矩形框相交的对象都将被选择。图5.9和图5.10显示了窗口交叉(也可称之为反向窗选)选择的情形和选择的结果。可以看出在拉出选择窗时,凡是与选择窗接触的图形均被选择(包含于选择区域内的图形也会被选择)。

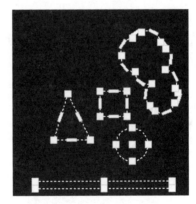

图5.9 　　　　　　　　　　　　　　　　　　　图5.10

◎提示

不论是窗口选择还是交叉选择,在指定矩形选择区域的时候,默认情况下都是要分别单击矩形区域的两个对角点才能完成选择过程。用户可以把它改为无须单击第二个角点就完成选择区域的指定,即只需拖出矩形区域即可。修改方法:键入"PICKDRAG　",提示输入参数时键入"1　"。要回复默认的点击两次指定选择区域的状态,在键入"PICKDRAG　"之后,键入"0　"即可。

④点选菜单项"编辑"(Edit)→"全部选择"(Select All)或按组合键"Ctrl + A",所有冻结和锁定图层以外的对象将被选择。

以上的第1到第3种方法,可适用于先输入编辑命令和后输入编辑命令两种情况。第4种方法等于选择整个绘图文件的可见内容,这种情况应用不常见。以下的方法则适用于先输入编辑命令的情况。

⑤L(Last):在输入了编辑命令后命令提示窗提示选择物体时,键入"L",将选择刚才作图过程中最后生成的对象。如图5.11中左上角的椭圆是最后绘制的,假设要编辑这个椭圆,如移动它,键入:"M"。系统提示选择对象,这时键入:"L",将选中这个椭圆,如图5.12所示。要结

束选择过程,单击鼠标右键即可。这种选择方式的好处是在图形绘完毕后无论执行任何其他命令,总是可选中最后绘制的这个图形。

图 5.11

图 5.12

⑥P(Previous):在输入了编辑命令后命令提示窗提示选择物体时,键入"P",将选择刚才作图过程中最后被选择过的对象。

假设作了如图 5.13 所示的一个矩形和一个圆,然后把圆从原来的位置移动到了矩形的左下角点上,如图 5.14 所示。接着又绘制了两直线,如图 5.15 所示,这时想把该圆移往右下角点,则键入命令:"M",当提示选择对象时,键入"P",则圆被选中,如图 5.16 所示,单击鼠标右键结束选择过程,接着就可以移动这个圆了。

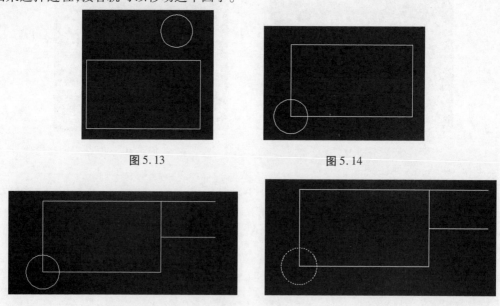

图 5.13   图 5.14

图 5.15   图 5.16

这种选择方式很有用,特别是当花费了很多时间构造选择集并编辑过选择集中的对象,接着绘制了其他图线,然后需要重新编辑之前的对象组时,只需一个指令就可以重新选择该对象,而不必重新构造选择集。

⑦WP(WPolygon):在输入了编辑命令后命令提示窗提示选择物体时,键入"WP",可以围着要选择的对象画一个多边形并回车,被多边形包围的对象将被选择。

例如,有一个如图5.17所示的图形,现在需要把其中的细线那部分移开,在输入了移动命令后提示选择对象时,键入"WP",用多边形窗选的方式选择对象。选择过程和选择结果如图5.18~5.21所示(当确认所绘制的多边形选择区域已经完全覆盖目标对象时,单击鼠标右键就可以完成选择过程)。选择过程实际上是绘制一个适应于选择范围的不规则多边形,以避开不能选择的对象。

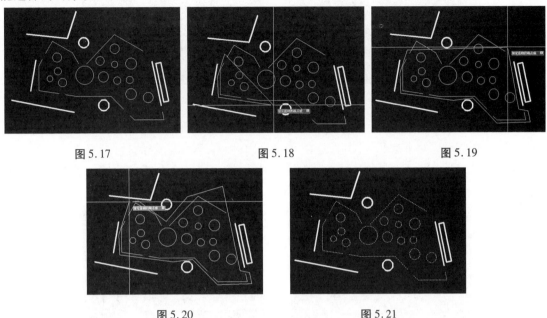

图5.17　　　　　　　　图5.18　　　　　　　　图5.19

图5.20　　　　　　　　　　　图5.21

⑧CP(Cpolygon):在输入了编辑命令后命令提示窗提示选择物体时,键入"CP",可以围着要选择的对象画一个多边形并回车,被多边形包围的对象以及与多边形相交的对象将被选择。这种选择方法和上一种方法类似,区别在于不仅是被包含在多边形选择区域内的对象被选择,连和多边形的边接触的对象也被选择。

⑨栏选(Fenc):在输入了编辑命令后命令提示窗提示选择物体时,键入"F",可以画一条折线并回车,与折线相交的对象将被选择。

现在需要编辑(如移动)图5.22所示的图形,在输入编辑命令并提示选择对象时,键入"F",绘制一条折线使之与所有需要选择的图形相交,最后单击鼠标右键,就可以实线较快捷的选择,选择过程和结果如图5.23~图5.24所示。

灵活运用⑦、⑧、⑨三种选择方法,可以有效提高绘图效率。

⑩R(Remove):在输入了编辑命令后并已经选择了若干个对象时,键入"R",用上面的任何一种选择方法选择对象,被选择的对象将从选择集中被删除,完成后回车或单击鼠标右键结束选择操作。

图5.22

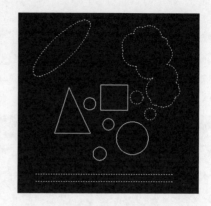

图 5.23 图 5.24

要编辑(例如移动)图 5.25 中的椭圆、林冠、最右边两个圆形以及下面的两条直线,并已经在输入编辑命令后选择了这几个图形,选择完后(没有回车或单击鼠标右键结束选择过程),发现需要把最右边两个圆从选择集中去除,则键入"R",然后用前面介绍的任何一种方法选择右边这两个圆,即可完成,如图 5.26 所示。

图 5.25 图 5.26

⑪A(Add):在执行上面介绍的 Rmove 命令的过程中,键入"A",将恢复到添加选择对象的状态。

⑫U(Undo):在选择对象的过程中,每键入一次"U",取消一次最后的选择操作。

5.1.2 构造选择集

进行编辑操作时可以先输入编辑命令,再选择要编辑的对象,也可以先选择要编辑的对象,再输入编辑命令。使用后一种方法必须先点选菜单项"工具"(Tools)→"选项"(Options)打开"选项"(Options)窗口,在"选择集"(Selection)选项卡中确保选中"先选择后执行"(Noun/Verb Selection)复选框(默认情况下该选项是被选中的)。用户可以在执行编辑之前同时选择多个图形对象,这些同时处于选中状态的图形对象就是"选择集"。构造选择集就是建立选择群组。要用好 AutoCAD,熟练掌握选择方法是非常重要的一环。

5.2　删除(Erase)和恢复(Oops)命令

5.2.1　删除(Erase)命令

在绘图过程中,总是会有一些图形或文字等,对最后的绘图结果是没有用的,或者是错误操作形成的,我们可以用 Erase 命令将其删除。命令的调用方法有三种:

　　菜单项:修改(Modify)→删除(Erase)

　　键盘命令:E

　　单击"修改"工具条上的按钮

有两种删除对象的操作方法,第一种方法是先输入 Erase 命令,当命令提示窗提示选择对象时,再按照上一节介绍的选择对象的方法选择要删除的对象,选择完毕后回车或单击鼠标右键确定即可。第二种方法是先选择要删除的对象,选择完毕后再输入 Erase 命令,最后回车确定。

　　注意:使用第二种方法时,有些选择对象的方法无效,详情请参见上一节的内容。

◎**提示**

使用键盘上的 Delete 键也可以删除对象,方法是先选择好要删除的对象,最后按键盘上 Delete 键。

5.2.2　恢复(Oops)命令

该命令的作用是恢复上一次用 Erase 命令删除的对象。命令调用方法是:

　　键盘命令:OOPS。

"恢复"命令只对"删除"命令有效,例如如果执行了"Erase"(删除)"Line"(直线)"Arc"(圆弧)等一系列命令后,执行 Oops 命令,结果只是恢复 Erase 命令最后删除的对象,而不会影响"Line""Arc"命令的结果。

5.3　放弃(Undo)和重做(Redo)、多步重做(Mredo)命令

绘图过程中难免会执行错误操作,AutoCAD 为用户提供了放弃操作的命令,而且可以连续放弃很多步操作,直到退回到用户认为正确的地方。AutoCAD 还提供了重做命令,用以恢复已经放弃的操作。

5.3.1　放弃操作(Undo)命令

在用户退出 AutoCAD 之前,所有执行的操作都被保存在缓冲区中,用户可以使用放弃操作

（Undo）命令来逐步取消之前被执行的操作，直到回到初始状态。该命令的调用方法有：

✍ 菜单项：编辑（Edit）→放弃（Undo）

⌨ 键盘命令：U

⌨ 在键盘上按组合键 Ctrl + Z

✍ 单击"标准"工具条上的按钮 ⟲

每执行一次该命令，放弃一步操作，如果要放弃多步操作，只需连续执行该命令即可。这里要注意，当前绘图文件的外部操作命令（例如存盘或打印）是无法放弃的。如果单击工具条按钮 ⟲ 上的下拉箭头，则可以选择放弃多步操作，如图 5.27 所示。

图 5.27

注意：虽然键入"U"和"Undo"都是执行放弃命令，但两者之间有差别，键入"U"就是直接执行一次放弃操作，而键入"Undo"后命令提示框将显示以下信息：

命令：undo

当前设置：自动 = 开，控制 = 全部，合并 = 是

输入要放弃的操作数目或［自动（A）/控制（C）/开始（BE）/结束（E）/标记（M）/后退（B）］< 1 >：

直接输入数字，将放弃与输入数字相等步数的操作，例如键入"3"，即为放弃前面三步操作，效果与连续多次键入"U"相同。

自动（Auto）：选择该项后，命令提示框提示"输入 UNDO 自动模式［开（ON）/关（OFF）］< 开 >："，输入"ON"或"OFF"，或按 Enter 键；输入"ON"将单个命令的操作编组，从而可以使用单个"U"命令放弃这些操作。如果"自动"选项设置为开，则启动一个命令将对所有操作进行编组，直到退出该命令。可以将操作组当作一个操作放弃。

控制（Control）：该选项允许用户决定保留多少信息。

开始（Begin）：该选项和 End 选项联合使用，用户可以通过这一命令把一系列命令定义为一个组，由"Undo"命令统一处理。

结束（End）：参见"开始"（Begin）项。

标记（Mark）：该选项和"后退"（Back）选项联合使用，用于在编辑过程中设置标记，以后可以使用 Undo 命令返回这一标记处。

后退（Back）：参见"标记"（Mark）选项。

◎提示

介绍了键入"Undo"后各个选项的作用，但在实际应用中这些选项使用并不是很普遍，因为连续多次使用多步放弃更容易理解和记忆，在操作上也很简单，只需第一次键入"U"，以后连续多次按回车键即可。

5.3.2　重做（Redo）和多步重做（Mredo）命令

该命令的作用刚好和"放弃"（Undo）相反，用来重做刚被放弃的操作。命令的调用方法有 5 种：

✍ 点选菜单项：编辑（Edit）→重做（Redo）

⌨ 键盘命令：Redo

按组合键:Ctrl + Y

单击"标准"工具条上的按钮

键盘命令:Mredo

注意: 如果执行了多次"Undo"命令,键盘命令"Redo"和"Ctrl + Y"只能恢复最近的一次放弃操作。单击工具条按钮 旁的下拉箭头则可以选择一次重做若干步。键入"Mredo"也可以实现一次重做多步。

5.4　复制(Copy)和镜像(Mirror)命令

5.4.1　复制(Copy)命令

绘图时经常会碰到同一个图形元素多次出现的情况,例如绘制植物平面图,同一植物图例多次重复,"复制"(Copy)命令可以成倍节约时间,"Copy"是机器代替手工提高工作效率最为明显的地方,所以应尽量多用"复制"(Copy)的方法。

"复制"(Copy)可以从原对象以指定的角度和方向创建对象的副本。使用坐标、栅格捕捉、对象捕捉和其他工具可以精确复制对象。调用命令的方法有以下三种:

菜单项:修改(Modify)→复制(Copy)

键盘命令:CO 或 CP

单击:"修改"工具条上的按钮

"(复制)"Copy 命令允许先选择要复制的对象,也可以先输入命令。

【例5.1】　先绘制一个长3 000 m,宽2 000 m 的长方形,然后把它向正 X 轴方向复制一个,距离6 000 m,然后向60°方向复制一个,距离为6 000 m,再向45°方向复制一个,距离为10 000 m。

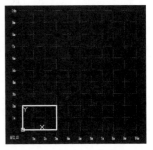

新建一个绘图文件,选择"图形样板 – acad. dwt"。先在屏幕靠下的区域绘制一个长3 000 m,宽2 000 m 的长方形,如图5.28所示。

键入复制命令:CO,命令提示框显示:

命令: co

COPY

选择对象:

图5.28

选择长方形,并单击鼠标右键结束选择状态,命令提示框显示:

指定基点或[位移(D)]<位移>:

在长方形的右边随意一个位置(不要离开太远!)拾取一个点,命令提示框显示:

指定第二个点或 <使用第一个点作为位移>:

这时把光标水平向右稍稍移动,键入"@6000<0",并回车,就完成了第一个长方形的复制,如图5.29所示。

此时复制命令并没有终止,再在命令行输入"@6000<60"并回车,就复制了第二个长方形,如图5.30所示。

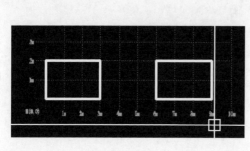

图5.29   图5.30

接着在命令行输入"@10000<45",回车复制第三个长方形。复制完第三个长方形后,系统仍处于准备继续复制的状态,单击鼠标右键即可结束命令,结果如图5.31所示。

◎ 提示

1. AutoCAD 2011 的复制命令默认是可以连续复制。

2. 确定复制方向除了通过输入极坐标增量值的方式例如"@3000<45",也可以通过极轴追踪的方式确定。但是当方向角不是整数(例如93.05°)时,只能用输入极坐标增量值的方法完成。

3. 另外还有一种特殊的复制方法,即在选定了要复制的对象后按下组合键"Ctrl + C",然后再按下组合键"Ctrl + V"。此操作实际上是先把对象复制到系统的剪贴板上,再由剪贴板粘贴到绘图文件中,因此该操作可以跨文件操作,即可以把对象从这个绘图文件复制到另一个绘图文件中去。

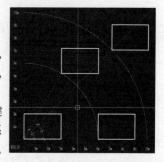

图5.31

5.4.2 镜像(Mirror)命令

该命令的执行结果也是复制对象,但复制出来的对象与原来的对象是镜像对称的。实际绘图中镜像对称的图形很常见,如亭子立面或剖面图就是以其中心线为轴镜像对称的。还有如门口两侧对称布置的花盆、对称的装饰图案等等。利用该命令可以快速地绘制半个对象,然后将其镜像,而不必绘制整个对象。

可以通过指定两个点指定临时镜像线。可以选择是删除原对象还是保留原对象。调用该命令的方法有如下三种:

✍ 菜单项:修改(Modify)→镜像(Mirror)

▤ 键盘命令:MI

✍ 单击"修改"工具条上的按钮⚠

下面通过例子说明该命令的用法。

【例5.2】 如图5.32所示的直角三角形,两直角边长分别为3 000 m、4 000 m,斜边长5 000 m,用镜像命令复制出如图5.33所示图案。

新建一个绘图文件,选择"图形样板 - acad. dwt",同时确认极轴追踪和动态输入处于开启状态。三角形可以用"直线"(Line)命令或"多段线"(Pline)命令绘制,为了选择三角形的时候方便,这里我们用

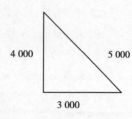

图5.32

"多段线"（Pline）命令绘制，如图 5.34 所示。

先用绘制直线的命令（L）绘制三条交于一点的直线作为辅助线（镜像轴线），分别为 X 轴方向（黄色、虚线），Y 轴方向（蓝色、虚线）以及斜向 45°方向（红色、虚线）各一条。注意绘制镜像轴线时使其交点位于三角形左上角的位置，如图 5.35 所示。

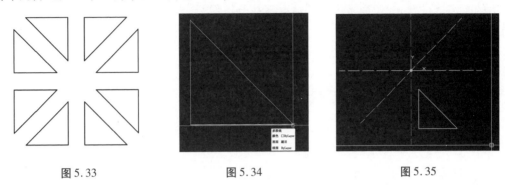

图 5.33　　　　　　　　　　图 5.34　　　　　　　　　　图 5.35

接下来进行镜像复制。输入命令："MI"，当提示选择对象时，选中整个三角形（选择方法参见 5.1.2），完成选择后单击鼠标右键结束选择过程。当提示指定镜像线的第一点时，确认打开对象捕捉模式，选择蓝色镜像线的一个端点，接着再选择其另一端点如图 5.36 所示。指定了镜像线的第二个点后，系统会询问要不要删除源对象，默认的回答是"N"，直接单击鼠标右键采用默认回答，镜像命令就完成了。如果想删除源对象，键入"Y"即可。

用同样的方法，以 X 轴方向的直线为镜像轴线，对已经存在的两个三角形进行镜像复制，如图 5.37 所示。

再用相同方法，以 45°倾斜直线为镜像轴线，同时选中已经存在的四个三角形进行镜像复制，如图 5.38 所示。

最后把三条作为镜像轴线的辅助线删除，就得到如图 5.33 所示的结果。

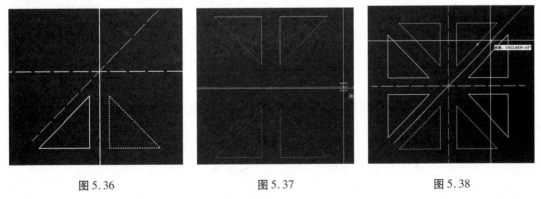

图 5.36　　　　　　　　　　图 5.37　　　　　　　　　　图 5.38

◎提示

例题中演示的是以特殊角度的线作为镜像轴线镜像对象，按需要实际上可以采用任意方向的直线作为镜像轴线。

文字对象也可以用镜像命令复制，AutoCAD 2011 在镜像文字时默认只是镜像文字的位置，文字本身不会被镜像成左右或上下颠倒，如果需要使字形本身也要镜像，需要事先把系统变量 Mirrtext 的值修改为 1。设置该变量的方法如下：

键盘命令：Mirrtext，输入命令后，命令提示框显示：

命令：mirrtext

输入 MIRRTEXT 的新值 <0>：

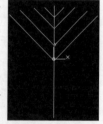

图 5.39

键入新值"1"即可。如图 5.39 所示，左边和上边的文字是在 Mirrtext 变量为 1 的情况下执行镜像命令的结果，右边和下边的文字是在 Mirrtext 变量为 0 的情况下执行镜像命令的结果。

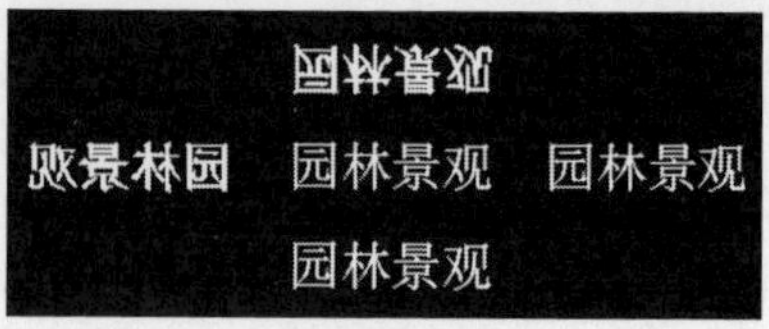

5.5 阵列(Array)和偏移(Offset)命令

5.5.1 阵列(Array)命令

阵列命令用于复制出规则分布的对象，例如我们要成排成行的种植一种树，绘图时就可以方便地用阵列命令实现行列树的绘制。调用命令的方法有如下三种：

✍ 菜单项：修改(Modify)→阵列(Array)

⌨ 键盘命令：AR

✍ 单击"修改"工具条上的按钮 ⊞

阵列分为"矩形阵列"和"环形阵列"两种。

【例 5.3】 绘制一段树枝，使其主枝长为 1 500 mm，然后绕着树枝的一个端点进行环形阵列，阵列数为 8 个。

新建一个绘图文件，选择"图像样板 – acad. dwt"。首先绘制一个树枝，使其主枝长 1 500 mm，如图 5.40 所示。两边的小枝条可以先绘制一边，然后用镜像命令复制另一边。小枝条尽量间距相等并且平行，从中部向外略微缩短。

键入阵列命令："AR"，弹出"阵列"窗口，选中"环形阵列"，如图 5.41 所示。

图 5.40

在这个对话框中可以进行各相关的设置。先把"项目总数"后面的数字改为 8，然后单击左上角的"选择对象"按钮，系统将暂时关闭"阵列"窗口，回到绘图窗口让用户选择要阵列的对象。选中全部树枝线条，单击鼠标右键结束选择过程，会返回到"阵列"窗口。

单击"中心点"右边 Y 坐标值右侧的按钮，系统再次暂时关闭"阵列"窗口返回绘图界面让用户指定阵列的中心点。用端点捕捉的方式拾取树枝的下端点，系统会自动回到"阵列"窗口，如图 5.42 所示。

可以单击"预览"按钮预览阵列后的效果，确认后，在弹出的小窗口中单击"接受"按钮，即完成了阵列命令，如果对阵列效果不满意，可以单击按 Esc 键返回"阵列"窗口修改设置。也可以直接在"阵列"窗口中单击"确定"按钮完成阵列，结果如图 5.43 所示。

这个例题演示了环形阵列的做法，同时绘制了一个可以在园林设计图中代表一棵乔木的图案，这棵乔木的冠幅为 3 000 mm。请保存这个图案以备后面使用。

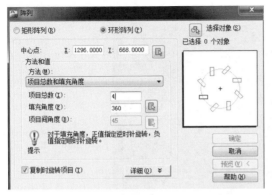

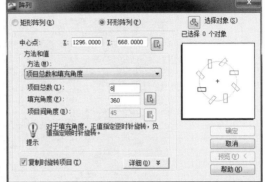

图 5.41   图 5.42

【例 5.4】 利用例题 5.3 中绘制的树木图案进行 4 行 5 列的矩形阵列,行距和列距均定为 5 000 mm。

打开例题 5.3 中绘制的乔木图案绘图文件,选中整个图案,并按下组合键 Ctrl + C,把图案复制到 Windows 的剪贴板上。

图 5.43

新建一个绘图文件,选择"图形样板 - acad. dwt"。在待命状态下按下组合键"Ctrl + V",当提示指定插入点时,在屏幕上随便拾取一个点,把图案粘贴到新建的绘图文件中。粘贴完成后,在屏幕上看不见图案,这是因为新建的绘图文件当前显示的屏幕区域实际上很小(只有 420 mm×297 mm),而图案尺寸比较大(直径有 3 000 mm),只需执行缩放命令:"Z A",就可以见到图案,如图 5.44 所示。

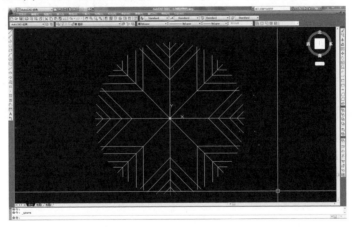

图 5.44

用实时缩放或其他缩放命令把屏幕显示进一步缩小为如图 5.45 所示的样子。

接下来执行阵列命令。键入命令:"AR",在弹出的"阵列"窗口中选择"矩形阵列",设置好相应参数。然后单击"选择对象"按钮,回到绘图界面选中整个图案,单击鼠标右键完成选择后,回到"阵列"窗口进行如图 5.46 所示的设置,请注意窗口中靠下面区域的提示文字。

单击"确定",完成阵列,屏幕上没有全部显示出 4 行 5 列的图案。请执行缩放命令"Z A",使所有图案显示出来,如图 5.47 所示。

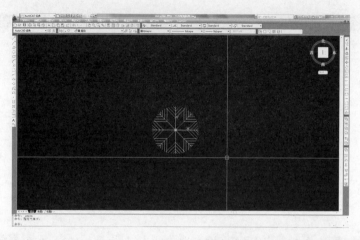

图 5.45

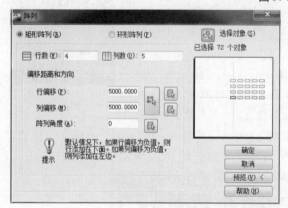

图 5.46

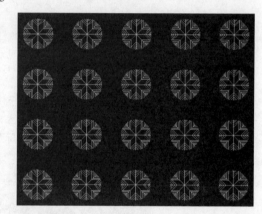

图 5.47

5.5.2　偏移(Offset)命令

该命令的功能是把线对象(直线、弧线、圆、椭圆、多边形、多段线、样条曲线等)向选定的一侧复制一个相似形。在实际绘图中这个命令使用很频繁。命令的调用方法有如下三种:

　　🕸 菜单项:修改(Modify)→偏移(Offset)

　　🕸 键盘命令:O

　　🕸 单击"修改"工具条上的按钮🕮

【例5.5】　绘制一条约5 000 mm长的样条曲线,将其向上方偏移400 mm。

新建一个绘图文件,选择"无样板打开－公制(M)"。先绘制一条6 000 mm长的水平直线段,然后把屏幕缩放到可以完全看见直线段。在直线下方绘制一条样条曲线,如图5.48所示。

先删除直线段,然后键入偏移命令:"O",命令提示框显示:

　　命令:o

　　OFFSET

　　当前设置:删除源 = 否 图层 = 源 OFFSETGAPTYPE = 0

　　指定偏移距离或［通过(T)/删除(E)/图层(L)］＜1.0000＞:

键入偏移距离:"400",命令提示框显示:

　　选择要偏移的对象,或［退出(E)/放弃(U)］＜退出＞:

这时光标变成一个小方框(拾取框),选择屏幕上的样条曲线,命令提示窗显示:

指定要偏移的那一侧上的点,或［退出(E)/多个(M)/放弃(U)］＜退出＞:

在这条曲线上方任意一个位置单击鼠标,就完成了偏移命令,结果如图5.49所示。

图5.48　　　　　　　　　　　　　　　　　　图5.49

例5.5演示的方法在园林设计图中常用来绘制弯曲的园路。

在输入偏移命令后,提示指定偏移距离的时候,还有"通过"(Through)"删除"(Erase)"图层"(Layer)三个选项。

●通过(Through):选择此项则偏移的时候使偏移出来的图线通过指定的点。

●删除(Erase):选择此项将询问用户"要在偏移后删除源对象吗?［是(Y)/否(N)］＜否＞:",键入"Y"则以后执行偏移时都会删除原来的对象,系统默认是"否",即不删除。

●图层(Layer):选择此项后会有两种情况供选择,即"当前"和"源",让用户确定将偏移对象创建在当前图层上还是源对象所在的图层上。选择"当前"则不论源对象在什么图层,偏移出来的图形都将在当前图层中;若选择"源"则偏移出来的图形仍在源对象所在的图层中。

【例5.6】　绘制一个长轴为500 mm,短轴为300 mm的椭圆,再在椭圆内侧和外侧各绘制一个点(距离自定,但不要离开椭圆太远),然后使用偏移命令偏移椭圆两次,使偏移出来的椭圆分别通过两个点。

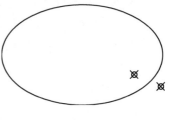

图5.50

新建一个绘图文件,选择"无样板打开－公制(M)"。先点选菜单项"格式→点样式",把点样式设为外观容易识别的形式。然后按照题目的要求绘制椭圆和点,如图5.50所示。

键入偏移命令:O,命令提示框显示:

　　命令: o

　　OFFSET

　　当前设置: 删除源 = 否 图层 = 源 OFFSETGAPTYPE = 0

　　指定偏移距离或［通过(T)/删除(E)/图层(L)］＜1.0000＞:

键入:"T",命令提示框显示:

　　选择要偏移的对象,或［退出(E)/放弃(U)］＜退出＞:

在屏幕上选择椭圆,命令提示框显示:

指定通过点或［退出(E)/多个(M)/放弃(U)］＜退出＞:

用节点捕捉的方式捕捉椭圆内侧的点,完成第一个椭圆偏移。接着再选择椭圆,并捕捉椭圆外侧的点,就完成了两个椭圆的偏移,单击鼠标右键结束命令,结果如图5.51所示。

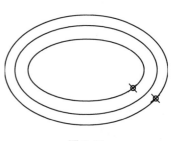

图5.51

5.6 移动(Move)和旋转(Rotate)命令

5.6.1 移动(Move)命令

绘图时如果有些图形对象位置不当,可以使用"Move"命令移动,如果要精确移动对象,可以配合坐标、栅格捕捉、对象捕捉和其他工具,也可以用直接输入距离的方法移动对象。在前面曾几次用这个命令举例,现在详细了解它的用法。调用"移动"(Move)命令的方法有三种:

✎ 菜单项:修改(Modify)→移动(Move)
⌨ 键盘命令:M
✎ 单击"修改"工具条上的按钮✛

执行移动命令可以先输入命令再按照提示选择对象,也可以先选择对象再输入命令。输入命令并选择了对象后,首先会要求指定一个移动的"基点",然后再以基点为基础确定移动的方向和距离。下面请看例题。

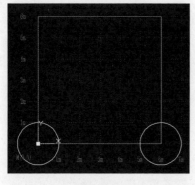

图 5.52

【例5.7】 绘制一个边长为 6 000 mm 的正方形,再分别以正方形左右两个下角点为圆心绘制两个半径为 1 000 mm 的圆,然后将左下角的圆移动到正方形的左上角点,将右下角点的圆移动到相对于它 X 轴 3 000 mm,Y 轴 4 000 mm 的地方。

新建一个绘图文件,选择"图形样板 - acad. dwt"。绘制出如图 5.52 所示图形。

键入移动命令:M,命令提示框显示:

命令:m
MOVE

选择对象:

选择左侧的圆,并单击鼠标右键结束选择过程,命令提示框显示:

指定基点或［位移(D)］<位移>:

捕捉圆心点,命令提示框显示:

指定第二个点或 <使用第一个点作为位移>:

捕捉正方形左上角点,就完成了第一个圆的移动,如图5.53 所示。

接下来移动右侧的圆。键入移动命令:M,命令提示框显示:

命令:m
MOVE

选择对象:

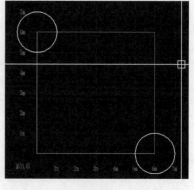

图 5.53

选择右侧的圆,并单击鼠标右键结束选择过程,命令提示框显示:

指定基点或〔位移(D)〕<位移>:

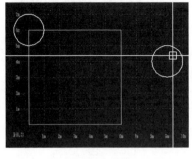

图5.54

在圆附近随便拾取一个点作为基点,命令提示框显示:

指定第二个点或<使用第一个点作为位移>:

键入:"@3000,4000",就完成了图形的移动,结果如图5.54所示。

◎提示

在向上移动图形的时候也可以用极坐标增量的方式,即键入"@6000<90",或者打开正交模式,强迫光标只能在垂直方向移动,再输入移动距离"6 000"。在AutoCAD中实现同一个目的常有多种方法,读者可以选择自己喜欢的方法。

5.6.2　旋转(Rotate)命令

该命令可以使被选择的对象绕着一个指定的点转动。调用命令的方法有三种:

菜单项:修改(Modify)→旋转(Rotate)

键盘命令:RO

单击"修改"工具条上的按钮

【例5.8】　绘制一个直角梯形(上底3 000 mm,下底6 000 mm,直角腰9 000 mm),再绘制一个边长6 000 mm的正方形作为参照物备用。以正方形右下角点为参照,分别执行正向旋转60°、正向复制旋转60°,以正方形一边为参照旋转、以正方形一边为参照复制旋转。

新建一个绘图文件,选择"图形样板—acad.dwt",按要求绘制直角梯形和正方形参照物,如图5.55。

现在执行正向60°旋转命令。键入旋转命令:"RO",命令提示框显示:

图5.55

命令: ro

ROTATE

UCS 当前的正角方向: ANGDIR = 逆时针 ANGBASE = 0

选择对象:

选择直角梯形,单击鼠标右键结束选择过程,命令提示框显示:

指定基点:

用对象捕捉方式捕捉梯形左上角点,命令提示框显示:

指定旋转角度,或〔复制(C)/参照(R)〕<0>:

键入"60",就完成了第一个旋转命令,结果如图5.56所示。

执行正向复制旋转60°时,前面三个步骤与上面是相同的,当命令提示框显示:

指定旋转角度,或〔复制(C)/参照(R)〕<0>:

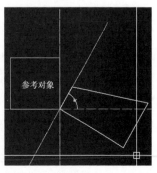

图5.56

键入"C"：

指定旋转角度，或〔复制(C)/参照(R)〕<0>：

键入"60"，即可完成正向复制旋转60°的命令，结果如图5.57所示。

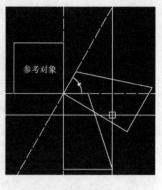

图5.57

在提示指定旋转角度时根据极轴追踪的方式定位60°角，结果是一样的。但用直接输入角度值的方式可以使图形旋转任意角度，例如16.89°这样不规则的角度。

执行以正方形一边为参照旋转时，前面三个步骤与上面是相同的。

当命令提示框显示：

指定旋转角度，或〔复制(C)/参照(R)〕<0>：

键入"R"，

指定参照角<0>：

用对象捕捉方式依次捕捉梯形左上角点、右上角点，并以点选正方形参照右侧边上一点结束，结果如图5.58所示。

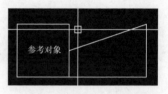

图5.58

当命令提示框显示：

指定旋转角度，或〔复制(C)/参照(R)〕<0>：

键入"C"，再执行以上操作时即得以正方形一边为参照复制旋转结果，如图5.59所示。

例5.8中，在提示指定旋转角度的时候还有两个选项："复制"和"参照"。"复制"选项的作用是在旋转对象的同时复制对象，原来的对象仍停留在原来的位置，图5.57和图5.59显示的就是选择了"复制"选项后旋转的结果。使用"参照"选项，可以旋转对象，使其与绝对角度对齐，如图5.58所示图形。

图5.59

5.7　缩放(Scale)和对齐(Align)命令

缩放(Scale)命令提供按比例缩放图形对象的功能，而对齐(Align)命令则可以把一个图形对象与另一个图形对象精确对齐，还可以选择在对齐的同时缩放对象。

5.7.1　缩放(Scale)命令

该命令的作用是将对象按统一比例放大或缩小。要缩放对象时，要求指定基点和比例因子。根据当前图形单位，还可以指定要用作比例因子的某个长度(例如可以量取一根图线的长度作为放大的比例)。调用命令的方法有如下三种：

✍ 菜单项：修改(Modify)→缩放(Scale)

⌨ 键盘命令：SC

🔊 单击"修改"工具条按钮🔲

输入命令后命令提示框显示

　　命令：sc

　　SCALE

　　选择对象：

选择要缩放的对象，并单击鼠标右键或回车结束选择过程，命令提示框显示：

　　指定基点：

在屏幕上拾取一个点(一般不要离开对象太远，也可是在对象本身上的点)作为缩放的基点，命令提示框显示：

　　指定比例因子或［复制(C)/参照(R)］＜1.0000＞：

要求输入缩放的比例。这时可以移动光标，对象会跟着光标的移动变大，觉得合适再单击鼠标左键即可。但用移动光标的方法不能精确确定放大比例。所以一般是用输入比例值的方法缩放。具体方法是在"指定比例因子或［复制(C)/参照(R)］＜1.0000＞："提示下键入比例值，比例值可以是小数或分数，例如若键入"0.5"(或"1/2")则把对象缩小为原来的一半，若键入"3.5"则是把对象放大到原来的3.5倍。

【例5.9】　绘制一个直角边分别为3 000 mm、4 000 mm的直角三角形以及一个圆心位于三角形直角顶点上，半径为4 000 mm的参照圆，然后用缩放命令将三角形分别缩放为原来的3/5、2倍以及以圆半径为参照长度缩放三角形短边，以达到整体缩放。

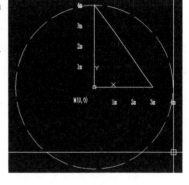

图5.60

新建一个绘图文件，选择"图形样板－acad. dwt"，先绘制出题目所给三角形以及作为参照的圆，如图5.60所示。

键入缩放命令："SC"，命令提示框显示：

　　命令：sc

　　SCALE

　　选择对象：

选择三角形，单击鼠标右键结束选择过程，命令提示框显示：

　　指定基点：

用对象捕捉模式捕捉三角形的直角顶点，如图5.61所示。指定缩放的基点后，命令提示框显示：

　　指定比例因子或［复制(C)/参照(R)］＜1.0000＞：

键入："3/5"，这就达到了三角形缩放为原来的3/5的目的。

在提示指定比例因子的时候，还有两个选项："复制"和"参照"。选择"复制"则在缩放对象的同时执行复制，使原来的图形仍然按原样保留，如图5.62所示，选择"参照"则是在图形上指定某两个点，然后再指定一个长度绝对值，缩放时将把指定的两个点之间的距离缩放为指定的长度值，如图5.63所示。

同理，当命令提示框显示：

　　指定比例因子或［复制(C)/参照(R)］＜1.0000＞：

键入："C"，

　　指定比例因子或［复制(C)/参照(R)］＜1.0000＞：

键入:"2",就将三角形复制缩放为原来的 2 倍,如图 5.63 所示。

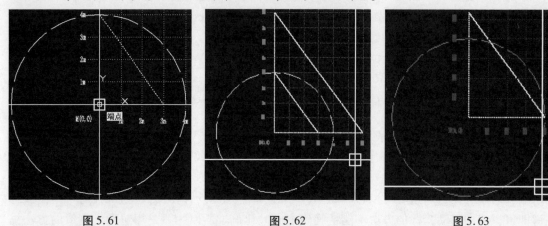

| 图 5.61 | 图 5.62 | 图 5.63 |

当命令提示框显示:

指定比例因子或［复制(C)/参照(R)］<1.0000>:

键入:"R"

指定参照长度 <1.0000>:指定第二点:

点选三角形短边

指定新长度或［点(p)］<1.0000>:

移动鼠标,点选圆周上任一点,完成以圆半径为参照长度缩放三角形短边,达到整体缩放的目的,结果如图 5.63 所示。

◎提示

在输入缩放比例的时候,可以直接输入分数,而不必换算成小数,这样可以简化作图。

5.7.2 对齐(Align)命令

对齐命令的作用是把一个图形对象和另外一个图形对象精确对齐,在对齐的同时还可以选择按对齐的目标缩放对象。调用命令的方法有:

✎ 菜单项:修改(Modify)→三维操作(3D Operation)→对齐(Align)

⌨ 键盘命令:AL

该命令没有工具条按钮。

【例 5.10】 绘制一个直角边分别为 3 000 mm、4 000 mm 的直角三角形,再绘制一个边长为 6 000 mm 的等边三角形作为参照对象,然后用对齐命令将直角三角形的斜边对齐到等边三角形靠右一侧的边上,分别运用缩放和不缩放两种方式将直角三角形的斜边与等边三角形对齐。

新建一个绘图文件,选择"图形样板 - acad. dwt"。先按要求绘制直角三角形和等边三角形,如图 5.64 所示。

输入对齐命令:"AL",命令提示框显示:

命令:al

ALIGN

选择对象：

选择直角三角形，单击鼠标右键结束选择过程，命令提示框显示：

指定第一个源点：

捕捉直角三角形的上顶点，命令提示框显示：

指定第一个目标点：

捕捉等边三角形的右下角点，命令提示框显示：

指定第二个源点：

捕捉直角三角形最靠右的顶点，命令提示框显示：

指定第二个目标点：

捕捉等边三角形的上角点，这时屏幕显示如图 5.65 所示，两对源点和目标点之间有引线相连，命令提示框显示：

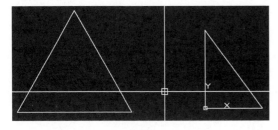

图 5.64   图 5.65

指定第三个源点或 <继续>：

因为现在是进行二维绘图，没有必要指定第三个源点和第三个目标点，所以直接回车即可，回车(或单击鼠标右键)后，命令提示框显示：

是否基于对齐点缩放对象？[是(Y)/否(N)] <否>：

键入："Y"，如果开启了动态输入模式，则在屏幕上的菜单中选择"是"也可以，就完成了命令，结果如图 5.66 所示。

因为参考对象等边三角形边长为 6 000 mm，所以现在直角三角形的斜边长已经变成6 000 mm，其余两边也等比例变化。用这种方法可以把本来长度值零碎的图形转变为具有整数长度的图形，或者把不符合尺寸要求的图形转变成符合尺寸要求的图形。

如果在提示"是否基于对齐点缩放对象？[是(Y)/否(N)] <否>："时，回答"N"，则六边形只是方向和矩形对齐，大小不会改变，结果如图 5.67 所示。

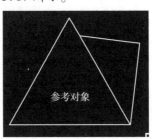

图 5.66   图 5.67

5.8 延伸(Extend)和拉伸(Stretch)命令

在实际绘图中有时候需要使图线扩展到某个固定位置或边界,这时候就可以使用 Extend(延伸)或 Stretch(拉伸)命令。

5.8.1 延伸(Extend)命令

命令调用的方法有三种:

❧ 菜单项:修改(Modify)→延伸(Extend)

⌨ 键盘命令:EX

❧ 单击"修改"工具条上的按钮--/

【例 5.11】 绘制一条任意的倾斜直线段,再绘制一条与之成锐角但不相交的直线段和一条圆弧线,然后把后面绘制的直线段和圆弧线延伸至开始绘制的直线段。

新建一个绘图文件,选择"无样板打开 – 公制(M)"。先绘制任意倾斜直线段,然后绘制另外的直线段和圆弧线,如图 5.68 所示。

图 5.68

键入延伸命令:EX,命令提示框显示:

命令: ex

EXTEND

当前设置:投影 = UCS,边 = 延伸

选择边界的边...

选择对象或 <全部选择>:

选择最下面那条直线段,并单击鼠标右键结束选择过程,命令提示框显示:

选择要延伸的对象,或按住 Shift 键选择要修剪的对象,或

[栏选(F)/窗交(C)/投影(P)/边(E)/放弃(U)]:

分别点选另外一条直线段和弧线的下端(即靠近延伸边界的一端),可以看到两条线都被延伸到第一条直线段上,如图 5.69 所示,最后单击鼠标右键结束命令。

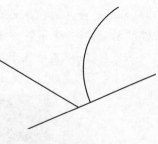

图 5.69

◎提示

例 5.11 中的圆弧线,其圆心与延伸边界直线段之间的距离不能超过圆弧线的半径,否则无法延伸。

【例 5.12】 绘制如图 5.70 所示的水平直线段及倾斜直线段,然后把倾斜直线段延伸到水平直线段。

先按要求绘制两条直线段,然后键入延伸命令:"EX",命令提示框显示:

命令: ex

EXTEND

当前设置:投影 = UCS,边 = 延伸

选择边界的边…

选择对象或 ＜全部选择＞:

选择水平直线段,然后单击鼠标右键结束选择,命令提示框显示:

选择要延伸的对象,或按住 Shift 键选择要修剪的对象,或

［栏选(F)/窗交(C)/投影(P)/边(E)/放弃(U)］:

点击倾斜直线段的下半部分,然后单击鼠标右键结束命令,结果如图 5.71 所示。

图 5.70　　　　　　　　　　　　　　　　图 5.71

例 5.12 说明在执行延伸命令时,延伸边界实际上也可以是某条线的延长线。但如果"当前设置:投影 = UCS,边 = 延伸"中的"边 = 延伸"被修改,则当延伸边界为图线的延长线时,延伸就不能执行。设置的方法:当出现提示"选择要延伸的对象,或按住 Shift 键选择要修剪的对象,或［栏选(F)/窗交(C)/投影(P)/边(E)/放弃(U)］:"时,键入"E",将出现提示"输入隐含边延伸模式［延伸(E)/不延伸("N")］ ＜不延伸＞:",键入"N",则以后延伸时不能以延长线作为边界,键入"Y"则可以以延长线作为延伸边界(这是系统默认的模式)。

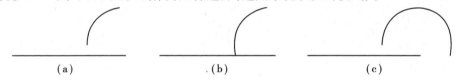

(a)　　　　　　　　　　(b)　　　　　　　　　　(c)

图 5.72

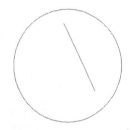

上面两个例题中,选择要延伸的对象,特别强调要点选靠近延伸边界的那一端,是因为:延伸对象是直线段,点选远离延伸边界的一端,则延伸无法执行;延伸对象是弧线,点选远离延伸边界的一端,会导致反向延伸,如图 5.72(a)左边的直线和圆弧线,以直线段为延伸边界,选择延伸对象时,点选弧线的下端,结果如图 5.72(b)所示;点选弧线上端,结果如图 5.72(c)所示。

图 5.73

又如图 5.73 所示,如果以圆作为延伸边界延伸直线段,点选直线段的上端和下端,结果也不相同。

5.8.2　拉伸(Stretch)命令

拉伸(Stretch)命令可以通过拉伸图形对象的顶点或节点来改变对象的形状和大小。调用命令的方法有三种:

🔧 菜单项:修改(Modify)→拉伸(Stretch)

⌨ 键盘命令:S

 单击"修改"工具条上的按钮。

【例5.13】 绘制如图5.74所示的竖向直线段、矩形、圆形以及六边形,然后分别对矩形、圆以及六边形进行选中图形两点、选中图形一点以及选中图形全部点的拉伸操作。

新建一个绘图文件,选择"图形样板 – acad. dwt"。绘制如图5.74所示的图形。

先执行选中图形两点的拉伸操作。键入拉伸命令:"S",命令提示框显示:

命令: s

STRETCH

以交叉窗口或交叉多边形选择要拉伸的对象...

选择对象:

用交叉窗口的方式选择图形左边两个顶点,如图5.75所示,单击鼠标右键结束选择,命令提示框显示:

指定基点或 [位移(D)] <位移>:

用对象捕捉在上面矩形内左上角点拾取一个点作为拉伸基点,如图5.76所示。

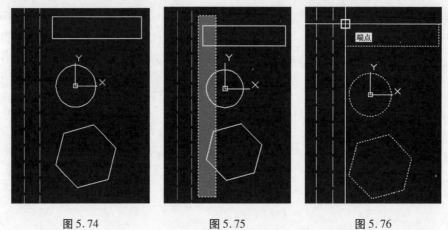

图5.74   图5.75   图5.76

水平向左移动光标(可以采用正交模式或极轴追踪模式保证光标为水平移动),使矩形的左边线与左侧竖向直线段对齐,然后单击鼠标,完成拉伸,如图5.77所示。

选中图形一点以及选中图形全部点的拉伸的结果分别如图5.78和图5.79所示。

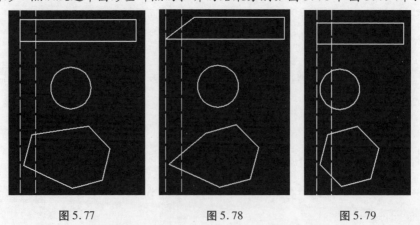

图5.77   图5.78   图5.79

由例5.13可以看出,圆形不能被拉伸,当圆心被选择时,则变成了移动。在选择拉伸对象的时候注意一定要用交叉窗口(或称为反向窗选)的方式选择,而且必须同时选择图形需要拉伸的顶点,否则结果只拉伸第一次选择的顶点。如果拉伸时,一次选择整个图形的所有顶点,则拉伸结果变成移动。

在 AutoCAD 2011 中也可以直接通过夹点进行单个图形的拉伸,即在系统处于待命状态时(不输入任何命令),选中图形,在图形上出现的蓝色小方块(控制点)上单击鼠标左键,小方块变成红色(夹点),然后拖动鼠标即可实现拉伸,如图 5.80 和图 5.81 所示。

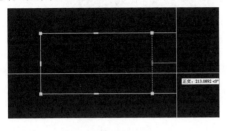
图 5.80

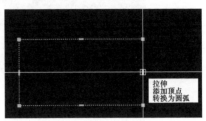
图 5.81

5.9   修剪(Trim)、打断(Break)和拉长(Lengthen)命令

5.9.1   修剪(Trim)命令

该命令可以实现用指定的边界线精确切断图线,这是很常用的编辑命令。调用命令的方法有三种:

✎ 菜单项:修改(Modify)→修剪(Trim)

⌨ 键盘命令:TR

✎ 单击"修改"工具条上的按钮 ⊬

【例5.14】   绘制如图 5.82 所示三条竖向直线段及横向的圆弧段、直线段、多段线和样条曲线,然后以竖向直线段为边界把其余横向线段剪断。

新建一个绘图文件,选择"图形样板 – acad. dwt",绘制如图 5.82 线段。

键入修剪命令:"TR",命令提示框显示:

命令:tr

TRIM

当前设置:投影 = UCS,边 = 无

选择剪切边…

选择对象或 <全部选择>:

选择竖向中间一条直线段,单击鼠标右键结束选择过程,命令提示框显示:

选择要修剪的对象,或按住 Shift 键选择要延伸的对象,或

[栏选(F)/窗交(C)/投影(P)/边(E)/删除(R)/放弃(U)]:

分别点选几条横向线段靠左端的部分,就完成修剪,单击鼠标右键结束命令,结果如图5.83所示。

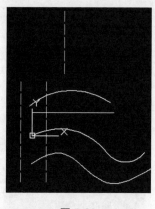

图 5.82　　　　　　　　　　　　　图 5.83

　　与延伸时一样,在执行修剪命令的时候修剪边界实际上也可以是某条线的延长线,与延伸不同的是,此命令对样条曲线同样适用。以右侧不与要修剪的几条线相交的竖向直线段为修剪边界,所有横向线段为修剪对象,则修剪结果,如图 5.84 所示。

　　如果在执行修剪命令过程中需要延伸某些线时可不退出"Trim"命令,在选择延伸对象时同时按下"shift"键即可完成修剪与延伸的转换。以左侧竖向直线段为剪切边,选择所有横向线段为延伸对象同时按下"shift"键。由于此时已经转换为延伸命令,所以对样条曲线不起作用。结果如图 5.85 所示。

　　同一个对象可以同时作为修剪边界及修剪对象。在输入"修剪"(Trim)命令后,可以同时选择所有的对象,然后依次点击要剪去的部分。请读者自己试一试。

　　输入"修剪(Trim)"命令时,命令提示框提示:

　　　　当前设置:投影 = UCS,边 = 无

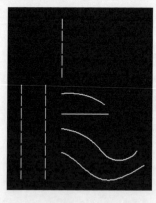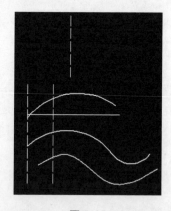

图 5.84　　　　　　　　　　　　　图 5.85

　　其中"边 = 无"的意思是不允许修剪到隐含的边界,即指定边界后,如果被修剪的对象与边界不相交将不能修剪。很多情况下我们希望修剪到隐含的边界,则在执行命令的过程中,当命令提示框显示下列信息时:

　　　　选择要修剪的对象,或按住 Shift 键选择要延伸的对象,或

　　　　[栏选(F)/窗交(C)/投影(P)/边(E)/删除(R)/放弃(U)]:

　　键入"E",命令提示窗提示:

　　　　输入隐含边延伸模式 [延伸(E)/不延伸(N)] <不延伸>:

键入"E",就选择了修剪到隐含的边界。

◎**提示**

在"选择要修剪的对象,或按住 Shift 键选择要延伸的对象,或[栏选(F)/窗交(C)/投影(P)/边(E)/删除(R)/放弃(U)]:"提示下按下 Shift 键的同时点选对象则修剪操作变为延伸操作。要选择包含块的剪切边或边界边,只能选择"窗交""栏选""全部选择"选项中的一个。

5.9.2 打断(Break)命令

通过"打断"(Break)命令可以删除图线的一部分。该命令可以打断直线、圆、圆弧、多段线、椭圆、样条曲线、构造线和射线等。如果配合捕捉命令,也可以实现精确位置打断。命令调用的方法有三种:

    ❧ 菜单项:修改(Modify)→打断(Break)

    ⌨ 键盘命令:BR

    ❧ 单击工具条按钮□

【例5.15】 绘制如图5.86所示的一条直线段及一个圆,然后把圆的下半部分打开一个缺口,把直线段在中点打断为两部分(不删除图线)。

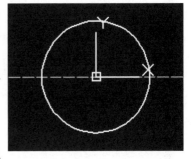

新建一个绘图文件,选择"图形样板 – acad. dwt"。绘制直线段和椭圆。然后键入打断命令:"BR",命令提示框显示:

    命令: br

    BREAK 选择对象:

在圆形下半部分靠左一些的位置上点选圆形,命令提示框
显示:

图5.86

    指定第二个打断点 或 [第一点(F)]:

在靠右一点的位置再选择一个点,就把圆形打开了一个缺口。如图5.87所示。若先点选靠右一边再点选靠左边的位置,结果如图5.88所示。这与圆弧逆时针方向为正方向有关。

也可以在命令提示框显示下面信息时:

    指定第二个打断点 或 [第一点(F)]:

键入 F,用对象捕捉的方式精确捕捉圆和直线的交点作为打断点,结果如图5.89所示。

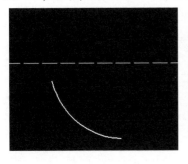

图5.87

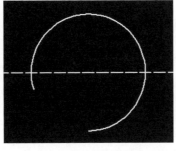

图5.88

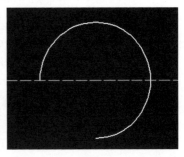

图5.89

接下来打断直线段。键入命令："BR"，命令提示框显示：

 命令：br

 BREAK 选择对象：

用中点捕捉的方式捕捉直线段的中点同时选择直线段,命令提示框显示：

 _mid 于

 指定第二个打断点 或 [第一点(F)]：

这时键入："@",然后直接回车,就完成了直线的打断。直线被打断后因为没有删除任何一部分图线,所以从外观上看不出来,当我们把光标移动到直线上半部分,可以看出来直线段确实已经成为两部分,如图 5.90 所示。

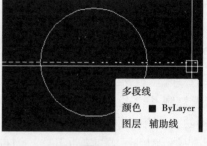

图 5.90

在"指定第二个打断点 或 [第一点(F)]："中有一个选项"第一点",选择此项的作用是替换第一个点。输入"打断"命令后,选择要打断的对象时,系统把选择对象时点击的那个点默认为第一个打断点,但有时候这个点可能并非所希望的第一个打断点,这时可以用这个选项替换它。

◎提示

例 5.15 中用来打断直线段的这种方式有一个专门的工具条按钮,即"修改"工具条上的"打断于点"：[ ]。

可以在大多数几何对象上创建打断,但不包括以下对象：块;标注;多线;面域。

5.9.3　拉长(Lengthen)命令

该命令用于改变非封闭对象的长度或角度。命令调用的方法有如下 2 种：

 菜单项：修改(Modify)→延长(Lengthen)

 键盘命令：LEN

在 AutoCAD 2011 中该命令没有工具条按钮,实际上这个命令用得不多。

【例 5.16】　绘制如图 5.91 所示的一组直线段,竖直线之间的间距都是 100 mm,水平线长度为 100 mm,并且使水平线的起点和端点对齐左边两条竖直线。然后用拉长命令延长水平直线段(画一组竖直线的目的是可以直观地观察命令执行的结果)。

图 5.91

新建一个绘图文件,选择"无样板打开-公制"(M),先按照题目要求绘制直线。

键入延长命令："LEN",命令提示框显示：

 命令：len

 LENGTHEN

 选择对象或 [增量(DE)/百分数(P)/全部(T)/动态(DY)]：

先选择"增量",即键入："DE",命令提示框显示：

 输入长度增量或 [角度(A)] <0.0000>：

键入增量值："50",命令提示框显示：

 选择要修改的对象或 [放弃(U)]：

点击水平直线段的右半部分两次,可以看到水平线刚好延长到了左起第三条竖直线下,即每次延长 50 mm。单击鼠标右键结束命令,结果如图 5.92 所示。

图 5.92

再次键入延长命令:"LEN",命令提示框显示:

命令: len

LENGTHEN

选择对象或［增量(DE)/百分数(P)/全部(T)/动态(DY)］:

选择"百分数",即键入:"P",命令提示框显示:

输入长度百分数 <100.0000 >:

键入:"150",命令提示框显示:

选择要修改的对象或［放弃(U)］:

图 5.93

点击水平线右端一次,然后单击鼠标右键结束命令,结果如图 5.93 所示。

输入"150",等于把线延长为原来长度的 150%,因为是在上一步的基础上进行延长,所以延长后的水平线长度是 150 mm。这里请注意,指定的百分数 150% 不是把线延长 150%,而是把线延长到原来的 150%。所以如果指定的百分数是 50%,则线被缩短为 100 mm(即原来的 50%)。

再次键入命令:"LEN",命令提示框显示:

命令: len

LENGTHEN

选择对象或［增量(DE)/百分数(P)/全部(T)/动态(DY)］:

键入:"T",命令提示框显示:

指定总长度或［角度(A)］<1.0000) >:

把直线的总长度指定为 400 mm,即键入:"400",命令提示框显示:

选择要修改的对象或［放弃(U)］:

点击水平直线的右端,单击鼠标右键结束命令,这步的结果如图 5.94 所示。

图 5.94

再次键入延长命令:"LEN",命令提示框显示:

命令: len

LENGTHEN

选择对象或［增量(DE)/百分数(P)/全部(T)/动态(DY)］:

选择"动态",即键入:"DY",命令提示框显示:

选择要修改的对象或［放弃(U)］:

点击水平直线段的右端,直线段的右端点和光标之间出现一条引线且直线段随着光标的移动会被拉长或缩短,如图 5.95 所示,同时命令提示框显示:

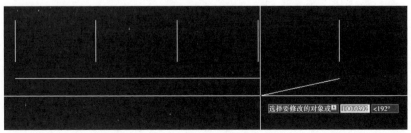

图 5.95

指定新端点:

把直线段向右边拉长一个距离后单击鼠标,最后单击鼠标右键结束命令,结果如图 5.96 所示。

图 5.96

在第一个选项中用户可以输入长度值或角度值(长度值适用于直线,角度值适用于弧线),增量将从离拾取点最近的对象端点开始量取,正值表示使对象加长,负值表示缩短。

5.10 圆角(Fillet)和倒角(Chamfer)命令

圆角(Fillet)命令可以用一段指定半径的圆弧线把两条非平行的图线(可以是直线、弧线、多段线或样条曲线)连接起来,并且圆弧与原来的两条线相切。如果两条图线平行,则圆角的结果是用一个直径等于两条线间距离的半圆把两条图线连接起来。而倒角(Chamfer)命令则是用一条线段连接两条非平行的图线。

5.10.1 圆角(Fillet)命令

这个命令很常用。例如在绘制交叉的道路时,在交点处总是要按需要给定转弯半径,利用该命令就可以很方便的绘制。该命令的另外一种用途是把两条交叉的直线修剪成一个交角。命令调用的方法有如下三种:

❀ 菜单项:修改(Modify)→圆角(Fillet)

▦ 键盘命令:F

❀ 单击"修改"工具条上的按钮⬜

【例 5.17】 绘制如图 5.97 的两条斜交小园路,水平方向的园路宽 1 200 mm,图中长度大约 13 000 mm,稍窄一点的园路宽 800 mm,与另外一条园路成 60°斜交。请先用修剪命令把水平园路的下边线与斜的交叉口剪断,然后用圆角命令把路口的转弯半径设定为 1 000 mm。

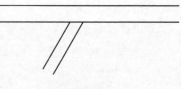

图 5.97

新建一个绘图文件,选择"无样板打开 – 公制(M)"。先按照题目要求绘制图 5.97 所示的两条园路。园路可以用"直线(Line)"命令绘制,然后用"偏移(Offset)"命令偏移出宽度。用极轴追踪或坐标增量的方式控制水平和倾角。再用"延伸"命令把斜路对齐水平园路。(绘制这两条园路的命令前面已经全部学过。)

现在先执行修剪命令,键入:"TR",命令提示框显示:

命令: tr

TRIM

当前设置:投影 = UCS,边 = 延伸

选择剪切边…

选择对象或 <全部选择>:

同时选中斜路的两条线,单击鼠标右键完成选择过程,命令提示框显示:

选择要修剪的对象,或按住 Shift 键选择要延伸的对象,或

[栏选(F)/窗交(C)/投影(P)/边(E)/删除(R)/放弃(U)]:

点选水平园路下边线上需要剪去的那段线,然后单击鼠标右键完成修剪命令,结果如图5.98所示。

输入圆角命令:"F",命令提示框显示:

命令:f

FILLET

当前设置:模式 = 修剪,半径 = 0.0000

选择第一个对象或[放弃(U)/多段线(P)/半径(R)/修剪(T)/多个(M)]:

图 5.98

系统当前默认的圆角半径为 0,这不符合题目要求,要重新设置,键入:"R",命令提示框显示:

指定圆角半径 <0.0000>:

键入半径值:"1000",命令提示框显示:

选择第一个对象或[放弃(U)/多段线(P)/半径(R)/修剪(T)/多个(M)]:

点选水平园路的左边那一段,命令提示框显示:

选择第二个对象,或按住 Shift 键选择要应用角点的对象:

再点选斜路的左边线,就完成了左边角点的圆角,结果如图 5.99 所示。

用同样的方法(但这次无须重新设定圆角半径),把右边角点也执行圆角,最后结果如图 5.100所示。

图 5.99

图 5.100

下面用更多图例说明圆角的应用。

如图 5.101 所示,把圆角半径设为 0,左边两条线被修剪成右图的样子,所以该命令还可以实现快速修剪。

图 5.101

如图 5.102、图 5.103 所示,直线和弧线也可以执行圆角命令。

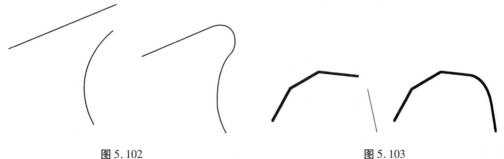

图 5.102   图 5.103

如图 5.104 所示,多段线和直线段执行圆角命令后,直线段及连接圆弧都成为多段线的一部分,而且多段线的特性也被赋予它们。

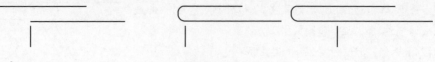

图 5.104

如图 5.105 所示,两条平行线执行圆角的结果是用半圆连接起来,半圆的位置取决于执行命令过程中先选哪条线,中间图是先选下面的直线。

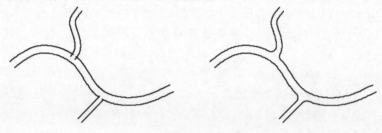

图 5.105

样条曲线之间以及样条曲线和其他图线之间也可以执行圆角命令,这给做弯曲的园路带来很多方便。

5.10.2 倒角(Chamfer)命令

命令调用的方法有如下三种:

✍ 菜单项:修改(Modify)→倒角(Chamfer)

⌨ 键盘命令:CHA

✍ 单击"修改"工具条按钮🗀

【例 5.18】 绘制如图 5.106 规划草图,道路宽 6 000 mm,转弯半径 9 000 mm。给直角倒角,要求水平线的倒角点离两直线交点 6 000 mm,竖直线的倒角点离两直线交点 6 000 mm。

新建一个绘图文件,选择"图形样板 – acad. dwt"。按题目要求绘制好如图 5.106 所示规划草图。

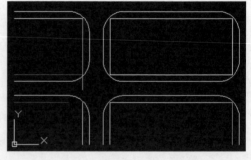

图 5.106

键入倒角命令:"CHA",命令提示框显示:

命令:cha

CHAMFER

("修剪"模式) 当前倒角距离 1 = 0.0000,距离 2 = 0.0000

选择第一条直线或 [放弃(U)/多段线(P)/距离(D)/角度(A)/修剪(T)/方式(E)/多个(M)]:

当前的倒角距离不符合要求,需要修改,键入:"D",命令提示框显示:

指定第一个倒角距离 < 0.0000 >:

键入第一个倒角距离:"6000",命令提示框显示:

指定第二个倒角距离 ＜6000.0000＞：

键入第二个倒角距离："6000"，命令提示框显示：

选择第一条直线或［放弃(U)／多段线(P)／距离(D)／角度(A)／修剪(T)／方式(E)／多个(M)］：

键入"P"，

选择第一条直线或［放弃(U)／多段线(P)／距离(D)／角度(A)／修剪(T)／方式(E)／多个(M)］：

点选右上角长方形，完成长方形倒角。

重复以上步骤，当命令提示框显示：

选择第一条直线或［放弃(U)／多段线(P)／距离(D)／角度(A)／修剪(T)／方式(E)／多个(M)］：

键入"P"，

选择第一条直线或［放弃(U)／多段线(P)／距离(D)／角度(A)／修剪(T)／方式(E)／多个(M)］：

先点选右下角白色多段线，命令提示框显示：

选择第二条直线，或按住 Shift 键选择要应用角点的直线：

再点选右下角青色多段线，完成倒角，结果如图 5.107 所示。

键入倒角命令："CHA"，

命令：cha

CHAMFER

("修剪"模式) 当前倒角距离 1 ＝6000，距离 2 ＝6000

选择第一条直线或［放弃(U)／多段线(P)／距离(D)／角度(A)／修剪(T)／方式(E)／多个(M)］：

点选左下角黄色直线，选择第二条直线，或按住 Shift 键选择要应用角点的直线：

再点选左下角红色直线，完成倒角。同样的办法对左上角直线进行倒角，结果如图 5.108 所示。

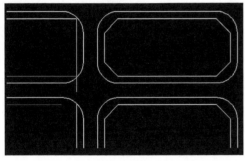　　　　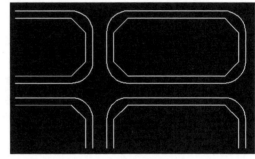

图 5.107　　　　　　　　　　　　　　　　图 5.108

在"选择第一条直线或［放弃(U)／多段线(P)／距离(D)／角度(A)／修剪(T)／方式(E)／多个(M)］："中还有几个选项，下面作简要介绍。

● 多段线(Polyline)：对整个二维多段线作倒角处理，系统将对多段线每个顶点处的相交直线段作倒角，倒角生成的线段将成为多段线的一部分。如图 5.107 所示右上角的矩形就是通过这种方式倒角生成的。

● 角度(Angle)：通过指定第一条线的倒角距离和第二条线的倒角角度来执行倒角命令。

● 修剪(Trim)：作用是控制 AutoCAD 是否将选定直线修剪到倒角线的端点，有"修剪(T)"和"不修剪(N)"两种选择，前者将相交直线修剪到倒角线的端点，如果选定的直线不相交则会被延长或修剪使其相交。"不修剪"选项创建倒角而不修剪或延长所选定的直线。

● 方式(Method)：让用户选择是使用两个倒角距离还是一个倒角距离一个角度来创建倒角。

5.11　多段线编辑(Pedit)命令

对多段线的编辑包括修改线宽,曲线拟合,多段线合并和顶点编辑等。命令调用的方法有如下三种:

🔷 菜单项:修改(Modify)→对象(Object)→多段线(Polyline)

⌨ 键盘命令:PE

🔷 单击"修改Ⅱ"工具条上的按钮

输入命令后命令提示窗显示下列信息:

命令: pe

PEDIT 选择多段线或[多条(M)]:

提示选择多段线(或多线),当选择了对象后,命令提示框显示下列信息:

输入选项

[闭合(C)/合并(J)/宽度(W)/编辑顶点(E)/拟合(F)/样条曲线(S)/非曲线化(D)/线型生成(L)/放弃(U)]:

要求用户选择一项内容进行操作。

● 闭合(Close)或打开(Open):如果选中的多段线是不封闭的,则出现"封闭"(Close)选项,选择该项(键入"C")会使这条多段线按照最后一个线段的规则完成封闭。如果选中的多段线是封闭的,则出现的是"打开"选项,选择该项(键入"O")会删除这条多段线最后绘制的一段线。

● 合并(Join):以所选择的多段线为主体,合并其他直线段、圆弧段和多段线成为一条多段线,能合并的条件是各段线首尾相连且有共同特点。选择该项(键入"J")后命令提示框显示:"选择对象:",在提示下选择要合并的对象,最后回车结束。

● 宽度(Width):修改整条多段线的宽度。选择该项(键入"W")后命令提示框提示:"指定所有线段的新宽度:",在提示下键入新的宽度值并回车即可。

● 编辑顶点(Edit vertex):选择该项(键入"E")后,多段线起点处出现一个交叉标记,表示该点处于待编辑状态,同时命令提示框显示:

输入顶点编辑选项

[下一个(N)/上一个(P)/打断(B)/插入(I)/移动(M)/重生成(R)/拉直(S)/切向(T)/宽度(W)/退出(X)]<N>:

● 下一个(Next):编辑下一个顶点。默认是编辑起点。

● 上一个(Previous):编辑前一个点。

● 打断(Break):以当前顶点为第一断开点,并出现提示"输入选项[下一个(N)/上一个(P)/执行(G)/退出(X)]<N>:"在选择了另外一个断开点为第二个断开点后,键入"G",则两个顶点间的多段线被删除,若选择"eXit"(键入"X")则退出断开操作。

● 插入(Insert):插入顶点。选择该项(键入"I")后,命令提示框显示"指定新顶点的位置:",在适当位置(可以配合捕捉命令精确定位)单击鼠标左键,即可增加顶点。也可以通过点击多段线的夹点,如图5.109所示,选择添加顶点,结果如图5.110所示。

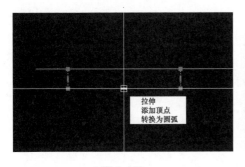

图 5.109

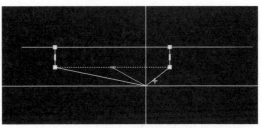

图 5.110

● 移动(Move):移动当前顶点到另外的位置,也可直接拖拽夹点到另外的位置(图5.111)。

● 重生成(Regen):对多段线重新生成。该项仅影响多段线的屏幕显示。

● 拉直(Straighten):选择该项(键入"S")后,以当前顶点为第一点,同时命令提示窗提示"输入选项［下一个(N)/上一个(P)/执行(G)/退出(X)］＜N＞:",待选择好另外一个顶点作为第二点后,键入"G",则两个顶点间的所有线段被取消,代之以一个直线段。

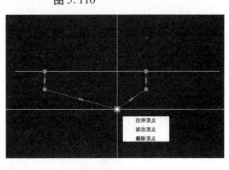

图 5.111

● 切线(Tangent):修改当前顶点在圆弧拟合曲线时的切线方向,修改后的切线方向用于以后的圆弧拟合操作。选择该项(键入"T")后,在当前顶点处显示一个箭头,表示当前切线方向,并出现提示"指定顶点切向:",可以指定一个点或输入角度值来确定新方向。

● 宽度(Width):修改从当前顶点开始的那一段的线宽。

● 退出(eXit):选择该项(键入"X")将退出顶点编辑,返回到多段线编辑状态。

● 拟合(Fit):生成圆弧拟合曲线,该曲线由圆弧段光滑连接(相切)组成。图 5.112 中的左边的多段线执行该选项后,变成右边的图形。每对顶点间自动生成两段圆弧,整条曲线经过多段线的各顶点。并且,可以通过调整顶点处的切线方向(见"编辑顶点"(Edit vertex)选项),在通过相同顶点的条件下控制圆弧拟合曲线的形状。

图 5.112

● 样条曲线(Spline):生成样条曲线后,多段线的各个顶点成为样条曲线的控制点(及控制框架)。对不封闭的多段线,样条曲线的起点、终点和多段线的起点、终点重合;对于封闭的多段线,样条曲线成为光滑封闭曲线。

用"多段线编辑"(Pedit)命令的"样条曲线"(Spline)选项生成的曲线并非精确的样条曲线,而是样条拟合多段线。它与真正的样条曲线有着不同的特性,如样条曲线无法指定宽度,但这种曲线就可以指定宽度,这也给绘图带来了更多的便利,如绘制具有宽度的光滑曲线,就可以用这种方法。例如,图 5.113(a)是样条曲线,我们无法为它指定宽度,图 5.113(c)、(d)是由多段线经拟合产生的,可以为它指定实际宽度(宽度的指定方法参见"宽度(Width)"选项)。另外,在 AutoCAD 2011 中增加了一项新功能,双击样条曲线(或键入"PE"),根据命令提示可将样条曲线转化为多段线。

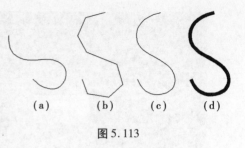

图 5.113

• 非曲线化(Decurve):取消多段线中的曲线段并以直线代替,对于选用"拟合"(Fit)或"样条曲线"(Spline)选项后生成的圆弧拟合曲线或样条曲线,则删去生成曲线时新插入的顶点,恢复成有直线段组成的多段线。

• 线型生成(Ltype gen):控制多段线的线型生成方式的开关。当使用虚线、点划线等线型时,若把该项设为"开"(ON),则系统将按多段线全线的起点与终点分配线型中各线段,若设为"关"(OFF),则系统将按多段线中各个线段来分配线型。绘制园林规划图的时候常会用到多段线绘制用地红线,并将线型设为点划线,若该选项为"关"(系统默认设置),有些地方由于多段线的线段连续几段都比较短,看起来好像成了实线,这时候就应该把该选项设为"开"。图5.114中左图与右图分别为该选项设为"关"与"开"的情况。

图 5.114

• 放弃(Undo):放弃上一个编辑选择的操作,但不退出"多段线编辑"(Pedit)命令。

5.12 分解(Explode)命令

该命令的作用是把组合对象例如多段线、图块、用户设定的组等分解为其下一级组成成员。命令调用的方法如下有三种:

菜单项:修改(Modify)→分解(Explode)

键盘命令:X

单击"修改"工具条上的按钮

该命令的用法很简单,输入命令后,命令提示框显示:

选择对象:

选择要分解的对象(可以选择多个对象一起分解)后单击鼠标右键或回车即可。

在执行"分解"命令之前要慎重考虑清楚,因为有些组合对象一旦被分解,会变成数十个甚至数百个对象,这不仅会使绘图文件变大,而且若再想以整体编辑对象就不可能了。

5.13 用夹点编辑

5.13.1 对象夹点(Object grips)

"图形对象夹点"(Object grips)提供了另一种图形编辑方法的基础,在夹点功能有效时(系统默认状态下是有效的),不用启动 AutoCAD 的编辑命令,只要用光标拾取对象,该对象就进入选择集,同时显示对象的夹点。所谓夹点实际上就是对象的一些几何特征点(往往是控制点)。图 5.115 显示了一些常见几何图形的夹点。图中各个对象处于被选择的状态,所以图形线成了虚线。蓝色小方框表示的就是夹点。

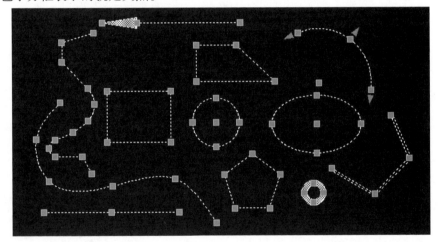

图 5.115

夹点编辑是很方便的编辑方法。对图形对象的某些操作也只能用夹点编辑的方法完成,例如在园林设计中,常要绘制各种自由曲线,这些自由曲线多数情况下是用样条曲线绘制的,如果对画出来的样条曲线不满意,要调整它的形状,就只能靠夹点编辑。

5.13.2 Ddgrips 命令

该命令的作用是启动选择设置窗口,用于对夹点功能开关进行设置。命令调用的方法有:

⟡ 菜单项:工具(Tools)→选项(Options)→选择(Selection)选项卡

⌨ 键盘命令:DDGRIPS

输入命令后将打开如图 5.116 所示的窗口。

在右边区域内"显示夹点"(Enable Grips)前的小方框内打上钩,表示夹点功能有效。若去掉钩则表示夹点功能无效。当设为夹点功能无效时,选择图形对象不会显示夹点。"在块中启用夹点(Enable grips within blocks)"选项前若打上钩,则在图块内的图形对象夹点也有效(默认状态下该选项没有被选择)。点击"夹点颜色"按钮用于给用户设定没有被选择的夹点颜色及被选择的夹点颜色。系统默认没有被选择的夹点显示为蓝色,而被选择的夹点(又称为热点)显示为红色。

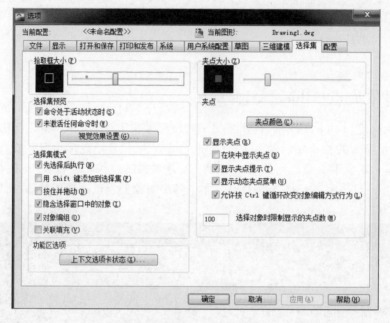

图 5.116

5.13.3 夹点编辑操作

(1)夹点编辑操作过程

①拾取对象,对象高亮显示(一般显示为虚线),表示已经进入当前选择集,同时对象夹点被显示。

②把光标准确移动到一个夹点上单击鼠标左键,夹点显示为红色,表示夹点成为"热点"(hot grips),即当前选择集就进入夹点编辑状态,它可以完成"拉伸"(Stretch)、"移动"(Move)、"旋转"(Rotate)、"比例缩放"(Scale)、"镜像"(Mirror)等操作。

③要生成多个热点,则在单击夹点的时候按住 Shift 键。

④生成热点后系统默认执行"拉伸"(Stretch)命令。此时拖动鼠标即可完成拉伸操作。若在热点上单击鼠标右键将弹出如图 5.117 所示的右键菜单,菜单中列出了可以进行的操作,选择其中一项即可进行相关的编辑操作。

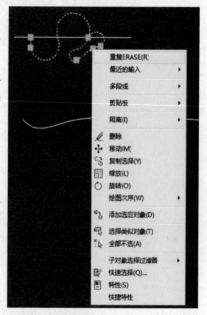

图 5.117

(2)夹点编辑操作说明

①选中的热点,在默认状态下,是拉伸点、移动基准点、旋转中心点、比例缩放的中心点或镜像线的第一点,可以在拖动中快速完成编辑操作。

②在生成热点后命令提示窗将显示下列信息:

指定拉伸点或［基点(B)/复制(C)/放弃(U)/退出(X)］：

如果有必要可以通过键入"B"，来指定另外的基点来执行操作。

③像"旋转"(Rotate)、"比例缩放"(Scale)命令一样,在旋转与比例缩放模式中也可以采用"参照"(Reference)选项,用来间接确定旋转角或比例因子。

④通过"复制"(Copy)选项,可以进入复制方式下的多重拉伸,多重移动,多重变比等状态。

⑤不同的几何图形,夹点编辑会有差异。下面简要说明一些常见几何图形采用夹点编辑在默认状态下的执行结果：

● 圆：如果选择的热点为圆心点,则默认为移动圆。如果热点在四个象限点之中的任何一个点,则默认执行拉伸操作,结果将改变圆的半径。

● 椭圆：和圆的情况类似,不过在热点为象限点时,拖动的结果是改变椭圆的长轴或短轴长度(另外一条轴不会跟着变化)。

● 直线段：直线段的夹点有三个,即两个端点和中点。如果热点在中点则拖动的结果为移动(Move),如果热点在端点,则拖动结果为拉伸线段。

● 多段线：多段线的夹点均为顶点,拖动的结果也都是拉伸。

● 样条曲线：拖动任何一个热点均将改变样条曲线的形状。在园林设计绘图中经常要用样条曲线绘制图形,例如绘制自由弯曲的园路、自然式水池的岸线、地形等高线、一些装饰图案线等都会用到样条曲线。如果觉得曲线画得不满意,用夹点编辑的方法细调曲线的形状是最方便的编辑方法。如图5.118中左图的曲线绘制得不是很圆顺,通过夹点编辑的方法调整后,很容易就调成了图5.118右图的样子。

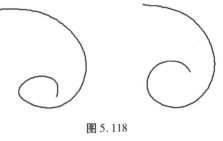

图5.118

● 圆弧：圆弧的夹点也是三个,即两个端点和中点。以任何一个夹点为热点拖动,都将改变圆弧的半径和长度。

5.14　合并(Join)命令

"合并"(Join)命令的作用是把几个图形对象合并以形成一个完整的对象,例如把处于同一延长线上的几条直线段合并成一条直线段,或把多段线和直线段合并成一条多段线,把处于同一圆周上的圆弧线合并成一个圆弧线,等等。把图形对象合并有一定的条件限制,但不同的图形对象合并的条件不相同,下面分别加以介绍。

合并命令的调用方法有如下三种：

✍ 菜单项：修改(Modify)→合并(Join)

⌨ 键盘命令：J

✍ 单击"修改"工具条上的按钮 ►◄

5.14.1　直线段

直线对象必须共线(位于同一无限长的直线上),但是它们之间可以有间隙。如果直线段

有不同的特性,例如颜色不同、线型不同,或图层不同,则合并之后的直线段以最先选择的直线段为准。如图 5.119 所示最上面的三段直线分别是虚线、点画线和实线,合并时先选择虚线则生成虚线(从上向下数的第二条),先选择点画线则生成的是点画线,先选择实线则生成实线。

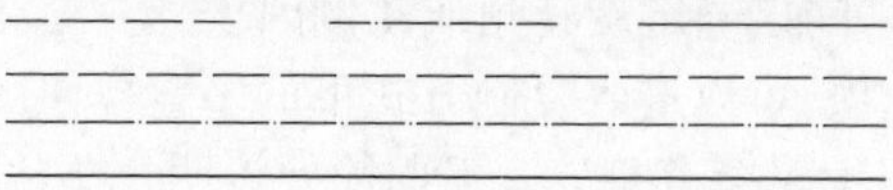

图 5.119

5.14.2 多段线

对象可以是直线、多段线或圆弧。对象之间不能有间隙(首尾相连),并且必须位于与 UCS 的 XY 平面平行的同一平面上。同时,对象中至少有一个是多段线,而且选择的时候必须首先选择多段线,否则不能完成合并,例如三条不处于同一延长线上的直线段,尽管它们首尾相连,但也不能合并。

5.14.3 圆弧

圆弧对象必须位于同一假想的圆上,但是它们之间可以有间隙。"闭合"选项可将源圆弧转换成圆。合并两条或多条圆弧时,将从源对象开始按逆时针方向合并圆弧。

5.14.4 椭圆弧

椭圆弧必须位于同一椭圆上,但是它们之间可以有间隙。"闭合"选项可将源椭圆弧闭合成完整的椭圆。合并两条或多条椭圆弧时,将从源对象开始按逆时针方向合并椭圆弧。

5.14.5 样条曲线

样条曲线对象必须位于同一平面内,并且必须首尾相连(端点到端点放置)。

到目前为止我们已经全部学习了基本二维绘图的命令和一般的编辑命令,利用这些知识,读者可以绘制真正意义的图纸了。后面会通过一个综合绘图实例,加深对 CAD 命令的理解并加强应用能力。

5.15 编组(Group)命令

编组是保存的对象集,可以根据需要同时选择和编辑这些对象,也可以分别进行。编组提供了一种简便的方法来合并需要作为一个单元进行操纵的图形元素。可以使用系统默认名称快速创建编组,也可以使用编组管理器开始就自己指定一个名称。可以通过添加或删除对象来更改编组的部件。

　　编组在某些方面类似于后面章节介绍的块,它是另一种将对象编组成命名集的方法。例如,创建的编组是按任务保存的。但是,在编组中可以更容易地编辑单个对象,而在块中必须先分解才能编辑。与块不同的是,编组不能与其他图形共享,即在当前绘图文件中创建的编组不能移植到其他绘图文件中去,但块却是可以的。

　　该命令只能从键盘输入,命令快捷方式为"G"。下面用例子说明编组命令的用法。

　　【例 5.19】　按照如图 5.120 和图 5.121 所示,绘制两个图形,然后把它们分别编组,第一个图形编组命名为"建筑",第二个图形编组命名为"树阵"。

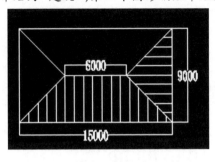

图 5.120　　　　　　　　　　　　　　　　图 5.121

　　新建一个绘图文件,选择"图形样板 – acad. dwt",先绘制好两个图形。学习到目前阶段,对于简单图形的绘制读者应该没有问题了吧? 不再详细说明绘制过程。

　　画好图形后,执行编组命令,键入:"G",屏幕上弹出"对象编组"(Object Grouping) 对话框,在"编组名"后面的输入框输入编组名"建筑",如图 5.122 所示,然后单击"新建"按钮,命令提示框显示:

　　　　选择对象:

　　这时系统会暂时关闭"对象编组"对话框,让用户选择图形对象。选择刚才绘制的图 5.120 中的所有内容,单击鼠标右键,结束选择过程,返回到"对象编组"对话框。注意确认已经勾选了"可选择的",也可以在"说明"后面的输入框输入文字说明,单击"确定",就完成了编组。

　　用同样的方法,把如图 5.121 中的图形编组为"树阵",在执行这次编组命令的时候可以看到"对象编组"对话框中列出了前面已经编组的"建筑",如图 5.123 所示。

图 5.122　　　　　　　　　　　　　　　　图 5.123

　　完成编组后,被编组的图形可以统一编辑,例如可以把它当成一个独立的图形元素复制、移动等。

5.16 综合绘图实例之一——绘制一张园林设计平面图

本节要绘制一张园林设计图,绘制完成后的效果如图 5.124 所示。在后面的章节里将给该平面图配置绿化、标注文字、填充铺地图案,最后再用它作尺寸标注。下面开始作图。

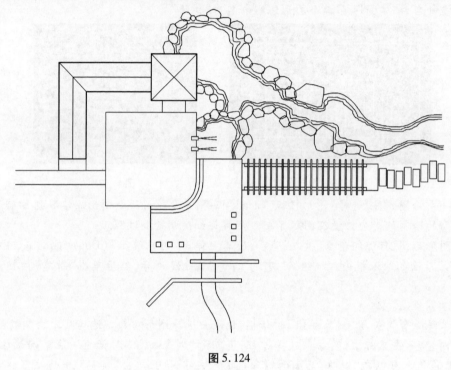

图 5.124

5.16.1 新建绘图文件并进行图层设置

启动 AutoCAD 2011 中文版,并新建以下图层:园林工程、绿化、文字、填充、尺寸标注。具体操作步骤:

①启动 AutoCAD 2011 中文版,新建一个绘图文件,选择"无样板打开 – 公制(M)",并将文件以"园林设计平面图 01"为名存盘。

②点选菜单项"格式"(Format)→"图层"(Layer),打开"图层特性管理器"(Layer Properties Manager),单击"新建图层"(New)按钮,新建一个图层,并将图层的名称改为"01 园林工程",把图层颜色设为"白色"(White),线型设为"Continuous"。用同样的方法新建以下几个图层:

00 备用:图层颜色设为白色,线型 Continuous;

02 园林建筑:图层颜色设为黄色(Yellow),线型 Continuous;

03 单株植物:图层颜色设为 104 号色,线型 Continuous;

04 片植灌木:图层颜色设为 20 号色,线型 Continuous;

05 文字:图层颜色设为 120 号色,线型 Continuous;

06 单株植物文字:图层颜色设为 124 号色,线型 Continuous;

07 片植灌木文字:图层颜色设为 21 号色,线型 Continuous;

08 填充:图层颜色设为灰色(8 号色),线型 Continuous;

09 尺寸标注:图层颜色设为青色,线型 Continuous;

10 回收站:图层颜色设为白色,线型 Continuous,并将图层冻结。

设置"00 备用"图层是方便必要的时候使用,"10 回收站"图层则是为了作辅助性或试验性的图形,最后把这些出图时不需要但将来有可能再次调用的图形移入其中。在图层名称前加"00""01""02"等数字后,这些图层总会显示在图层列表的最前面,当绘图文件的便于在众多图层中选择。

以上为绿化植物和文字设定了多个图层。对于较复杂的设计图,这样设置会带来很多方便。绿化设计通常包含乔木、大灌木和地被三个层次。在平面图上,乔木常把下面的大灌木和地被挡住了,若要输出施工平面图,就不能出现这种遮挡。可通过分层出图来解决这个问题,例如,要出地被的施工图,就把含有乔木及大灌木包括相应的文字图层冻结。因为乔木和大灌木多数情况下是以单株的形式出现的,且一般较少在乔木下面直接种植大灌木,所以可把它们统一设在"单株植物"这一图层,这种归纳,可根据实际需要来进行。

③把"01 园林工程"图层设为当前层。具体做法是先选中该层,然后单击"置为当前(Current)"按钮,如图 5.125 所示。设置完成后单击"确定"按钮退出"图层特性管理器"。

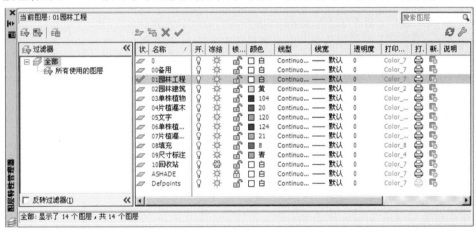

图 5.125

5.16.2　绘制由两个矩形叠合形成的广场

图 5.124 中组成广场的两个矩形原来的尺寸都是 8 000 mm × 8 000 mm。并且右下角矩形的左边线及上边线与另外一个矩形的下边线和右边线交于各自的中点。

(1)绘制矩形和复制矩形

键入绘制矩形的命令:"REC",命令提示框显示:

命令: rec

RECTANG

指定第一个角点或 [倒角(C)/标高(E)/圆角(F)/厚度(T)/宽度(W)]:

在屏幕上任意拾取一个点,命令提示框显示:

指定另一个角点或［面积(A)/尺寸(D)/旋转(R)］:

键入:"@8000,8000",完成第一个矩形。如果使用了动态输入模式,则这里也可以直接输入"8000,8000"。第一步的结果如图5.126所示。

下面把矩形复制一个。两个矩形相交于各自边线的中点上,实际上相当于右下矩形的左上角点刚好在另外一个矩形的形心上。所以可以使用对象追踪的方式直接定位复制出来的矩形。键入复制命令:"CO",命令提示框显示:

图5.126

命令:co

COPY

选择对象:

在屏幕上选择矩形,并单击鼠标右键结束选择过程,命令提示框显示:

指定基点或［位移(D)］<位移>:

用端点捕捉的方式捕捉矩形的左上角点,命令提示框显示:

指定第二个点或 <使用第一个点作为位移>:

用中点追踪的方式把第二个点准确定位于第一个矩形的形心上(具体方法可参看第3章3.5.5的内容)。这一步的结果如图5.127所示。

◎提示

复制矩形并定位其左上角点可以有多种实现方法,例如也可以把复制出来的矩形随意放在旁边的位置,然后在第一个矩形上绘制一条对角线作为辅助线,然后把复制出来的矩形的左上角点定位于对角线的中点上,最后再把对角线删除。读者在真正绘图的时候不必拘泥于某种方法,要始终记住,我们只是用 AutoCAD 作为绘图工具,所以怎么方便就怎么作图。

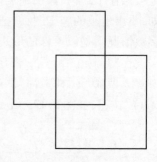

图5.127

(2)编辑矩形

从图5.124中我们看出,在平面图中两个矩形并不是完整的,而且左上的矩形还带有圆弧形的踏步,所以接下来进行必要的编辑。

修剪右下矩形的多余部分,键入修剪命令:"TR",命令提示框显示:

命令:tr

TRIM

当前设置:投影 = UCS,边 = 延伸

选择剪切边…

选择对象或 <全部选择>:

选择左上矩形作为修剪的边界,单击鼠标右键完成边界选择,命令提示框显示:

选择要修剪的对象,或按住 Shift 键选择要延伸的对象,或

［栏选(F)/窗交(C)/投影(P)/边(E)/删除(R)/放弃(U)］:

选择右下矩形的多余部分,单击鼠标右键完成修剪,结果如图5.128所示。

为了方便后面的编辑和绘图,把两个矩形分解为普通的直线段,键入分解命令:"X",命令提示框显示:

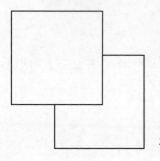

图5.128

命令：x

EXPLODE

选择对象：

同时选中两个矩形,然后单击鼠标右键,就把矩形全部分解成了直线段。

接着给右上的矩形倒圆角(圆角半径为 2 000 mm)。键入圆角命令:"F",命令提示框显示:

命令：f

FILLET

当前设置：模式 = 修剪,半径 = 0.0

选择第一个对象或［放弃(U)/多段线(P)/半径(R)/修剪(T)/多个(M)］:

键入:"R",命令提示框显示:

指定圆角半径 ＜0.0＞:

键入:"2 000",命令提示框显示:

选择第一个对象或［放弃(U)/多段线(P)/半径(R)/修剪(T)/多个(M)］:

点选矩形的下边线,命令提示框显示:

选择第二个对象,或按住 Shift 键选择要应用角点的对象:

点选矩形的右边线,就完成了圆角命令,结果如图 5.129 所示。

下面用偏移命令绘制踏步。键入偏移命令:"O",命令提示框显示:

命令：o

OFFSET

当前设置：删除源 = 否 图层 = 源 OFFSETGAPTYPE =0

指定偏移距离或［通过(T)/删除(E)/图层(L)］＜通过＞:

踏步的宽度可以选用 300 mm,所以键入:"300",命令提示框显示:

选择要偏移的对象,或［退出(E)/放弃(U)］＜退出＞:

点选矩形的右边线,命令提示框显示:

指定要偏移的那一侧上的点,或［退出(E)/多个(M)/放弃(U)］＜退出＞:

在所选择的矩形边线的右侧任意位置单击鼠标,就偏移出了一条直线,接下来把刚偏移出来的直线再向右偏移一条,间距也是 300 mm。用同样的方法偏移下边线及圆弧线,结果如图 5.130所示。

偏移出来的直线超出右下矩形的部分剪除,修剪后的结果如图 5.131 所示。

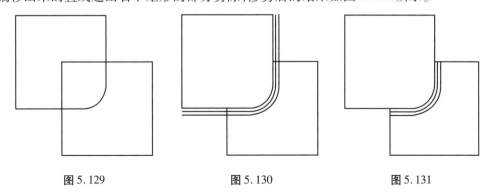

图 5.129　　　　　　　　图 5.130　　　　　　　　图 5.131

5.16.3 绘制亭子和廊

(1)绘制亭子

在上节绘制的广场旁边绘制一个 4 000 mm×4 000 mm 的正方形,并绘出正方形的两条对角线,如图 5.132 所示。

然后用"移动"(Move)命令把正方形连同两条对角线(亭子)移动到对齐广场的上边线,注意使正方形的右下角点对齐广场的右上角点,如图 5.133 所示。

接着把亭子向正上方移动 1 000 mm。移动时可以采用极轴追踪的方式,也可以采用坐标增量(键入"@0,1 000")的方式,还可以采用正交模式确保向正上方移动,请自己绘制,结果如图 5.134 所示。

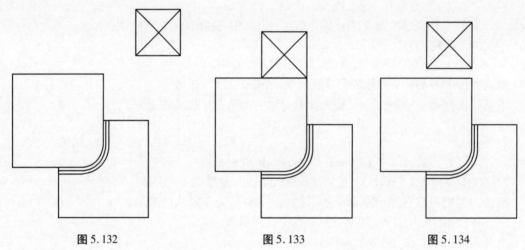

图 5.132　　　　　　　　图 5.133　　　　　　　　图 5.134

绘制连接广场和亭子的路面。键入"直线"(Line)命令:L,命令提示框显示:

命令:l

LINE 指定第一点:

捕捉亭子下边线的中点,命令提示框显示:

指定下一点或 [放弃(U)]:

捕捉广场上边线上的垂足点,然后单击鼠标右键完成命令,结果如图 5.135 所示。

把刚绘制的直线段向左和向右各偏移一条,偏移距离均为 1 000 mm。最后把中间的线段删除,结果如图 5.136 所示。

(2)绘制廊

用直线命令从亭子的左边线中点出发向左绘制一条 7 000 mm 长的水平线,不要结束命令,紧接着向下绘制一条 7 000 mm 长的直线段,如图 5.137 所示。注意要确保第一条线水平,第二条线竖直。

用"偏移"(Offset)命令把水平线向上和向下各偏移一条,偏移

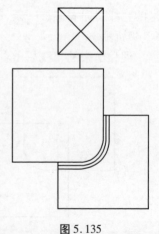

图 5.135

距离为 1 250 mm,再把竖直线向左向右各偏移一条,偏移距离也为 1 250 mm,如图 5.138 所示。

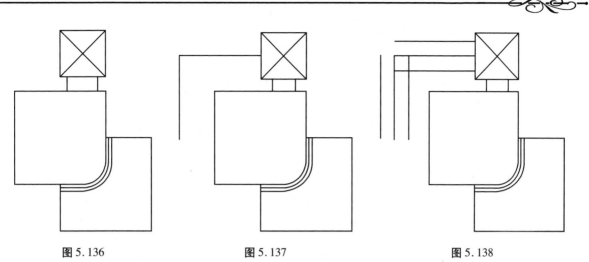

图 5.136　　　　　　　　图 5.137　　　　　　　　图 5.138

用"圆角"(Fillet)命令把廊的内边线及外边线修剪整齐,注意使用圆角命令时把半径设为0。结果如图 5.139 所示。当然这里也可以不使用圆角命令,而使用"延伸"(Extend)和"修剪"(Trim)命令完成。

绘制一条线段把廊的下端封口,如图 5.140 所示。

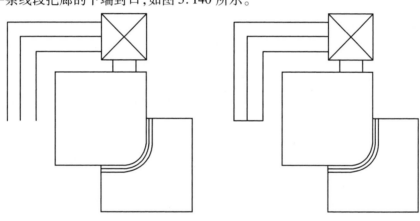

图 5.139　　　　　　　　　　　　图 5.140

把亭子和廊的所有图线移动到"02 园林建筑"图层,可以看到廊和亭的图线都变成了黄色,表示将来要打印成粗实线。但亭子的对角线及廊的脊线实际上不能打印成粗线,所以把他们改为白色(仍在"02园林建筑"层)。把图线移到图层的方法请参阅第 4章 4.2.4 的内容。

5.16.4　绘制广场左边的园路

以左上广场的左下角点为起点向左绘制一条8 000 mm长的水平直线段,如图 5.141 所示。

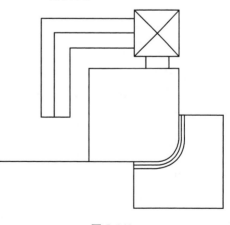

图 5.141

把水平线向正上方移动 1 800 mm,并把它向上偏移一条,偏移距离为 1 200 mm,如图5.142 所示。

最后绘出廊的下端到园路之间的路面,如图 5.143 所示。

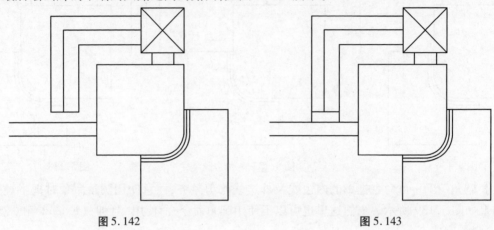

图 5.142　　　　　　　　　　　　图 5.143

5.16.5　绘制花架和步石

(1)绘制花架

在广场右边随便一个位置绘制一个 100 mm × 3 000 mm 的细长矩形,如图5.144所示。

以细长矩形的左边线中点为起点向左绘制一条长 300 mm 的水平线,如图 5.145 所示。

把水平线段垂直向上移动 875 mm,并把它再向上偏移一条,偏移距离为 250 mm。最后把两条水平直线段的左端点用一条竖直线段连接起来,如图 5.146 所示。

分别以刚才绘制的两条水平线段的右端点为起点向右绘制两条长 500 mm 的水平线,如图 5.147 所示。

把最后绘制的两条水平线段处于细长矩形内的部分剪去,如图 5.148 所示。

用"镜像"(Mirror)命令把四条水平短线段及竖直短线段镜像复制到细长矩形的下部,如图 5.149 所示。注意执行镜像命令的时候要用通过细长矩形左边线中点的水平线作为对称轴。

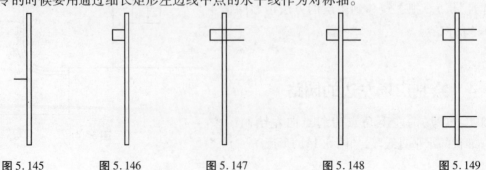

图 5.145　　　　图 5.146　　　　图 5.147　　　　图 5.148　　　　图 5.149

图 5.144

以上绘制了花架的一个基本单元,细长矩形表示花架的小横条,其他线表示了花架梁的一部分,下面用"阵列"(array)命令将多个基本单元构成完整图形。

键入阵列命令:"AR"。

在弹出的窗口中单击"选择对象"按钮,回到绘图屏幕选择花架小横条及其右边的四条水平线段(注意不能选择细长矩形左边的任何图线),单击鼠标右键结束选择过程回到"阵列"窗口,选择矩形阵列方式,行数设为1行,列数设为21列,列偏移设为500,如图5.150所示,然后单击确定按钮完成阵列,结果如图5.151所示。

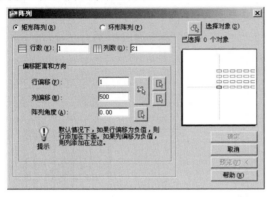
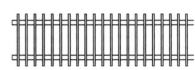

图5.150　　　　　　　　　　　　　图5.151

现在花架最右边伸出来的四条直线段的长度都是400 mm,这和左边伸出来的梁头长300 mm不符合,所以要修改一下。修改的方法有多种,这里使用"拉长"(Lengthen)命令,键入命令:"LEN",命令提示框显示:

命令:len

LENGTHEN

选择对象或［增量(DE)/百分数(P)/全部(T)/动态(DY)］:

选择"全部",即键入:"T",命令提示框显示:

指定总长度或［角度(A)］<1.0)>:

键入:"300",命令提示框显示:

选择要修改的对象或［放弃(U)］:

点选花架最右边四条水平线段中的最上面那一条,然后单击鼠标右键结束命令,结果线段被缩短为300 mm,如图5.152所示。

以被缩短的水平线段的右端点为起点向下绘制一条竖直线,使竖直线超过最下面的那条水平线段,如图5.153所示。

用修剪(Trim)命令把多余的图线剪去,完整的花架如图5.154所示。

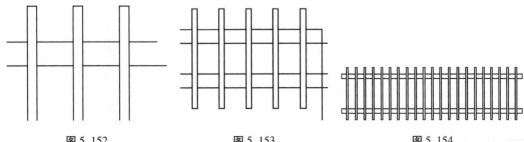

图5.152　　　　　　　　图5.153　　　　　　　　图5.154

为了便于后面的编辑,把花架图形编组。键入"编组"(Group)命令:"G"。

弹出"对象编组"窗口,在编组名后面的输入框内输入名称"花架",如图 5.155 所示,然后单击"新建"按钮,回到绘图界面,选择花架的全部图线,单击鼠标右键完成选择过程,返回"对象编组"窗口后可以看到列表中多了"花架"的组,确认选中了"可选择的"选项,然后单击"确定"按钮退出。

花架编组后,选择的时候,不论点选花架的哪个部分,花架都会作为一个整体被选中。现在请把花架移动到"02 园林建筑"图层,并将其颜色改为绿色。

以广场右上角点为起点向右绘制一条长度为 200 mm 水平线段,并把它向正下方移动 375 mm,然后把线段向下方偏移一条,偏移距离为 2 250 mm,如图 5.156 所示。

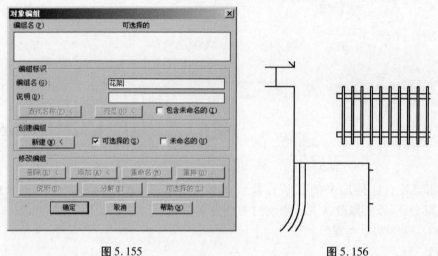

图 5.155　　　　　　　　　　　　　　　　图 5.156

"移动"(Move)花架,使花架左上梁头的左上角点对齐 200 mm 长的水平短线段的右端点,如图 5.157 所示。

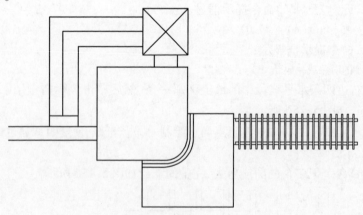

图 5.157

以花架右边梁头的右上角点为起点向右绘制一条 1 000 mm 长的水平线段,然后把它向下方偏移一条,偏移距离为 2 250 mm,再把两条水平线段的右端点用一条竖直线连接起来,如图 5.158 所示。

（2）绘制步道

在花架右侧绘制一个 600 mm×1 500 mm 的矩形,如图 5.159 所示。

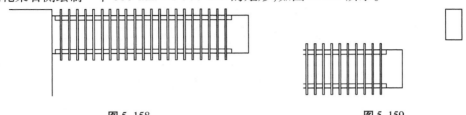

图 5.158　　　　　　　　　　　　　　　　图 5.159

移动矩形,使矩形左边线的中点对齐花架右侧的竖直线的中点,然后再把矩形向右平移 100 mm。如图 5.160 所示。

把矩形复制 7 个,并摆放成如图 5.161 所示的样子(位置不必强求和例题图一模一样,但注意不要使每块步石错开太多,也不要间距太大)。

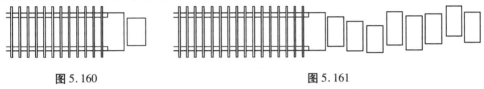

图 5.160　　　　　　　　　　　　图 5.161

5.16.6　绘制广场下边的景墙、园路和点式座凳

（1）绘制景墙

用"偏移"(OFFSET)命令把广场最下面的边线向下偏移一条直线,偏移距离为 600 mm,紧接着把刚偏移出来的线段再向下偏移一条,偏移距离为 300 mm,如图 5.162 所示。

用"直线"命令绘制一段直线把代表景墙的两条水平线的右端点连接起来,然后把三条线一起"向右拉伸"(Stretch)1 500 mm。具体方法是,绘制右端的封口线,然后输入拉伸命令:"S",命令提示框显示:

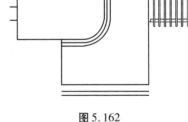

图 5.162

命令:s

STRETCH

以交叉窗口或交叉多边形选择要拉伸的对象…

选择对象:

用"窗口交叉"的方式同时选中两条水平直线段的右端点和竖直封口线段,单击鼠标右键完成选择过程,命令提示框显示:

　　指定基点或［位移(D)］＜位移＞:

在景墙下面的任意一个位置拾取一个点作为基点,命令提示框显示:

　　指定第二个点或 ＜使用第一个点作为位移＞:

向右移动光标,用极轴追踪方式或正交模式确保光标水平向右移动,然后键入:"1 500",完成拉伸,结果如图 5.163 所示。

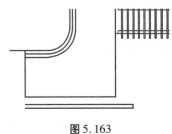

图 5.163

◎提示

把景墙右端拉伸至离开广场右边线 1 500 mm 位置的方法,实际上还有多种,例如可以直接使用"移动"(Move)命令,此处使用"拉伸"(Stretch)命令的目的只是想多演示几个命令。

接下来,使用"偏移"(Offset)命令把景墙右边线向左偏移一条,偏移距离 6 000 mm,然后以偏移出来的线为边界,剪去景墙两条水平线左边的多余部分,结果如图 5.164 所示。

把整个景墙的四条线一起向正下方复制一份,复制间距为 1 600 mm,结果如图 5.165 所示。

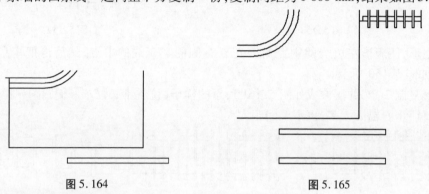

图 5.164   图 5.165

把下面的景墙整体向左平移 1 500 mm,并删除左边线,如图 5.166 所示。

以下面景墙的下边线的左端点为起点,向左下绘制一条长 3 000 mm 直线,直线与 X 轴负方向成 45°角。绘制方法:在提示制定直线的第二个点时,键入"@3000 < -135",如图 5.167 所示。

把刚绘制的斜线向左上方偏移一条,偏移距离 300 mm,然后用直线命令将其左下端封口,并使用"圆角"命令(把半径设为 0)把景墙的上面一条水平线和左上斜线修剪整齐,结果如图 5.168 所示。

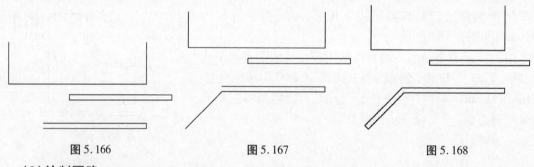

图 5.166   图 5.167   图 5.168

(2)绘制园路

园路由两部分组成,从下面的景墙向上的部分为直线型的园路,用直线命令绘制,景墙以下的园路为自由曲线,用"样条曲线"(Spline)绘制。

用"直线"命令绘制一条直线段,起点为广场的右下角点,终点为下面景墙的右下角点,如图 5.169 所示。

把刚绘制的直线段向左平移(Move)2 300 mm,然后再把它向左偏移一条,偏移距离为 1 200 mm,如图 5.170 所示。

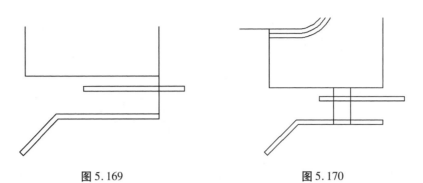

图 5.169   图 5.170

用"样条曲线"(Spline)命令绘制曲线园路部分的左边线,以直线园路左边线的下端点为起点,如图5.171。曲线只要光顺就行了,不用强求和例题一模一样。

把样条曲线向右偏移一条,偏移距离为1 200 mm,并把被景墙覆盖的园路的边线剪去,如图5.172所示。

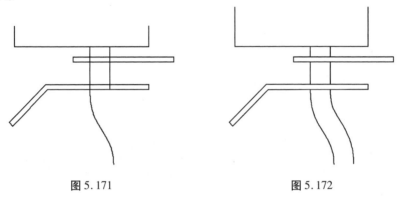

图 5.171   图 5.172

(3)绘制点状座凳

把靠近景墙的广场的左边线和下边线分别向左和向上偏移一条作为绘制座凳的辅助线,偏移距离均为500 mm,如图5.173所示。

以刚才偏移出来的两条线的交点为左下角点绘制一个400 mm×400 mm的正方形,绘制完正方形后删除辅助线,结果如图5.174所示。

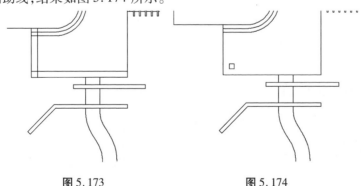

图 5.173   图 5.174

把正方形向右边复制两个,复制间距为1 000 mm,如图5.175所示。

把三个正方形复制一组随便置于广场上一个位置,然后把广场下边线向上偏移一条,偏移距离1 050 mm,再把广场右边线向左偏移一条,偏移距离500 mm,如图5.176所示。

用"对齐"(Align)命令把复制出来的那组正方形对齐广场右边线偏移出来的竖直线,使最右边正方形的右上角点对齐辅助线的交点,如图 5.177 所示。

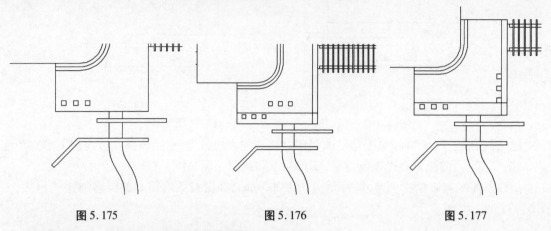

图 5.175　　　　　　　　图 5.176　　　　　　　　图 5.177

删除辅助线。绘图的阶段性成果如图 5.178 所示。

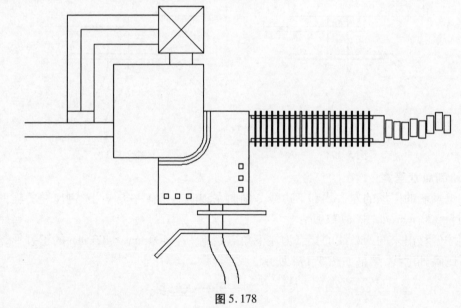

图 5.178

5.16.7　绘制水景系统

该图的水景系统主要是自然式的小溪,另外有两个在广场边上的喷水小品。

(1)绘制自然式的小溪

"自然式的小溪"里不存在可以准确定量和定位的几何线,所以绘制时对绘图的"感觉"要求高一些。

先用样条曲线(Spline)绘制几条辅助线,如图 5.179 所示。

然后用多段线命令绘制小溪边上的石头。绘制石头的时候注意大小的搭配和位置的摆布,尽量使其显得自然和错落有致,并借助辅助线安排小溪的线型。同时注意每一块石头要自行闭合,如图 5.180 所示。

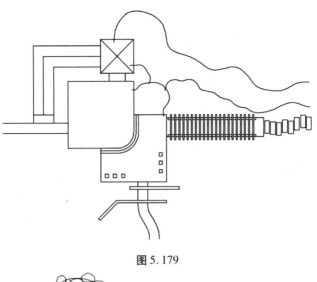

图 5.179

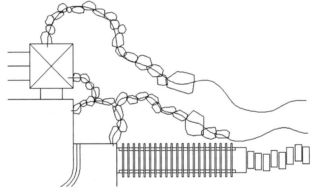

图 5.180

删除有石头的范围内的样条曲线,但保留右边没有石头的部分(使用"修剪"命令),如图5.181所示。

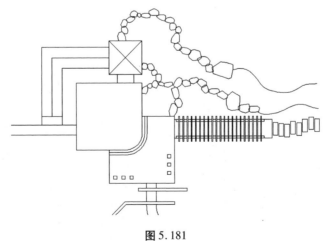

图 5.181

用"徒手画"(Sketch)命令绘制小溪水线,注意两条水线是分别绘制的,并不是用偏移或复制产生另外一条,由于屏幕大小的限制,水线往往不能一次绘制完成,可以分段绘制。另外千万注意,在使用"徒手画"(Sketch)命令之前,要把 Skpoly 的参数值改为1。完成水线后如图 5.182 所示,画完水线后将其颜色改为青色(4 号色)。

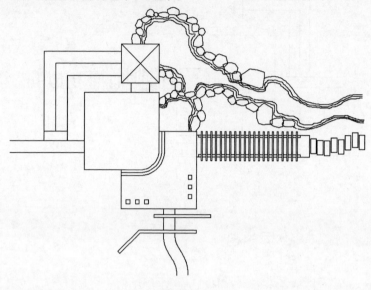

图 5.182

这个综合绘图实例中,绘制水景系统所占篇幅不多,却是最难的部分,特别是对于初学者,要得心应手地用多段线命令绘制石头,用徒手画命令绘制水线,有相当大的难度。唯有多加练习是尽快提高绘制水平的途径!且绘制这种"手感"较强的图线,鼠标的选择也很重要。

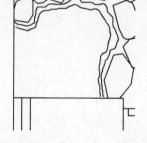

注意:徒手画命令下不支持透明命令。

(2)**绘制喷水小品**

绘制一个 600 mm×300 mm 的矩形,如图 5.183 所示。

移动矩形,使其右下角点对齐上下两部分广场边线的交点上,如图 5.184 所示。

把矩形向正上方移动 750 mm,然后向正右方向移动 150 mm,如图 5.185 所示。

图 5.183

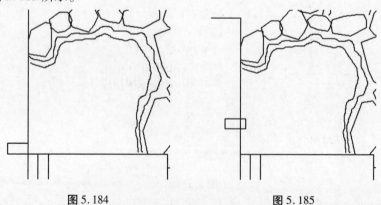

图 5.184   图 5.185

以矩形右边线中点为起点,向右绘制两条上下对称的斜线,并把线型改为虚线,颜色改为青色,用来表示喷水,如图 5.186 所示。

把矩形和虚线向上方复制一组,复制间距为 900 mm,最后把广场边线处于两个矩形内的部分剪去,如图 5.187 所示。

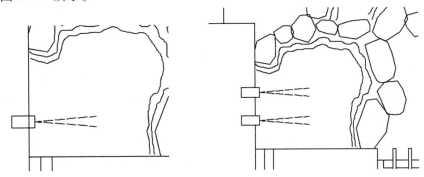

图 5.186   图 5.187

到这里已经完成了本综合练习的全部绘图任务,最后的平面图如图 5.188 所示,保存这个绘图文件,在后面的章节里将会多次使用它。

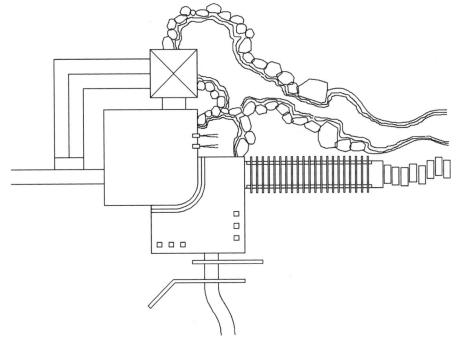

图 5.188

对照图 5.124 和图 5.188,会发现图 5.124 中建筑(亭子和廊)的外轮廓线是粗实线,但图 5.188 中却不是。前面曾讲过,打印图纸时,线粗通常是设置为和图形颜色相关的,例如把建筑的外轮廓线设为黄色,把黄色指定为打印粗线。图 5.124 是用虚拟打印的方式生成的高精度图像文件,所以图形有不同的线粗。而本章图 5.124 之后的所有图形均为屏幕显示的效果,所以无线粗区分。虚拟打印生成图像文件是后续在 Photoshop 等图像处理软件里制作彩色平面图的基础工作,在本教材的后面还有专门的介绍。

这个平面图实例用较多篇幅说明作图过程,但熟练 AutoCAD 后,只需半个多小时即可完成类似的平面图。在后面的章节里将给这个平面图添加绿化、文字标注、尺寸标注、铺地填充线等。

练习题

1. 新建一个绘图文件,在绘图文件中绘制以下图形:一个半径为 500 mm 的圆、一个半径为 800 mm 圆、一个 500 mm×800 mm 的矩形、一条长度为 1 500 mm 水平线、一条长度为 2 500 mm 的竖直线、一条长度为 2 100 mm 的任意方向直线、一条任意圆弧线、一个任意三角形、一个边长为 1 000 mm 的正六边形、一个五角星。用这些图形练习不同的选择方法:直接拾取、窗口选择、窗口交叉选择、全部选择、选择上一个(P)、选择最后绘制的图形(L)、栏选(F)。

2. 绘制一个 5 000 mm×8 000 mm 的矩形,然后绘制一条对角线作为辅助线,以对角线中点为圆心绘制一个半径为 1 000 mm 的圆(以右键快捷菜单的方式捕捉),然后把辅助线(对角线)删除,再在矩形外面任意位置绘制一个等边三角形。最后用恢复命令恢复刚才删除的对角线。

3. 请自己设计动作练习"放弃(Undo)"和"重做(Redo)"命令。

4. 绘制一个半径为 600 mm 的圆,然后把它复制 8 个。

5. 绘制一个梯形,在梯形右边绘制一条竖直线,以该竖直线为对称轴镜像复制一个梯形。

6. 绘制一个 2 000 mm×2 000 mm 的正方形,把正方形向外偏移 300 mm,然后把这两个正方形组成的图形用矩形阵列成 8 行 16 列,行距为 5 000 mm,列距为 4 000 mm。

7. 绘制一个直径为 12 m 的圆,把圆周向内偏移 300 mm,成为两个同心圆。在内圆内部以距离内圆 1 500 mm 的任意一个点为圆心绘制一个直径为 1 000 mm 的小圆,把这个小圆线型改为虚线,颜色改为青色。最后把小圆以大圆的圆心为中心,环形阵列 10 个小圆。

8. 绘制一个直径为 1 500 mm 的圆,在圆外任意位置绘制一个 300 mm×300 mm 的正方形,然后把正方形移动到圆内,使正方形的形心和圆心重合。

9. 绘制一条长度为 1 400 mm 的水平直线段,然后用"旋转"命令以直线段的左端点为基点使直线段逆时针旋转 30°。

10. 绘制一个 4 000 mm×2 000 mm 的矩形,然后把它缩小为原来的 50%,检查缩小后的矩形边长是否为 2 000 mm×1 000 mm。

11. 绘制一个直角三角形,再绘制一条任意直线段,用"对齐"命令把直角三角形的斜边对齐直线段。

12. 绘制一个直角三角形,再绘制一条长度为 1 500 mm 的水平线,用"对齐"命令把直角三角形的斜边对齐直线段,并使斜边和直线段等长。

13. 绘制如左图所示的三条直线,然后用延伸命令延伸上面的两条直线段,使之成为右图所示的样子。

14. 绘制如左图所示的三条直线,然后用延伸命令延伸上面的两条直线段,使之成为如右图所示的样子。如果操作过程发现直线段不能延伸,请调整延伸的参数,使之可以延伸。

15.绘制如左图所示的一条竖直线和一个梯形,然后用拉伸命令水平向右拉伸梯形的左边,使之成为如右图所示的样子。

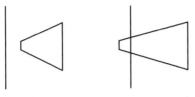

16.绘制如左图所示的四条相交直线段,然后用修剪命令把它们修剪成如右图的样子。

17.绘制两条如左图所示的直线段,然后修剪其成为右图的样子。

18.任意绘制一个圆,然后用打断命令把圆打开一个小缺口。试一试打断时选点分别用顺时针方向和逆时针方向选择,看有什么不同。

19.绘制一条长度为 5 000 mm 的竖直线,然后在竖直线上端点下方 500 mm 的位置绘制一条长度为 6 000 mm 的水平线,先用 1 500 mm 的半径给这两条直线倒圆角,然后取消倒圆角的操作,再用 0 mm 的半径给这两条直线倒圆角。

20.绘制一条长度为 1 500 mm,向右上倾斜 30°的直线段,再绘制一条接近水平的与它相交的直线段,如左图所示。然后用 150 mm 的半径给两条直线倒圆角,结果应该如右图所示。

21.任意绘制两条平行线(如下图),然后对他们执行倒圆角命令,看看先选择不同的直线段有何不同。

22.对上面 19 和 20 两个题的直线进行倒棱角。

23.绘制一条宽度为 0 的多段线,然后执行多段线编辑命令,将其宽度改为 1.3 mm。

24.绘制一条如左图所示的多段线,然后执行多段线编辑命令,使其闭合成为右图的样子。

25. 用多段线绘制一个如左图所示的封闭图形,然后用多段线编辑命令编辑它,使最后绘制的线段打开(如右图所示)。

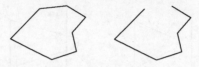

26. 绘制两条首尾相连的多段线,然后用多段线编辑命令把他们合成为一条多段线。

27. 绘制一条长度为 1 500 mm 的水平直线段,然后以其右端点为起点绘制一条长度为800 mm的竖直线,再以竖直线的上端点为起点绘制一段圆弧,如下图所示。然后用多段线编辑命令把这几条图线合成为一条多段线。

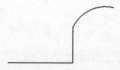

28. 绘制一条如左图所示的多段线,然后用多段线编辑命令编辑它使之成为样条曲线(如右图所示)。

29. 绘制一条如左图所示的多段线,并修改其宽度使之显示为较粗的线,然后改其线型为点划线,并调整线型比例使之合适,最后用多段线编辑命令把多段线的线型生成选项设置为开(ON),如右图所示。

30. 绘制一条样条曲线,用夹点编辑的方式调整其形状。

31. 绘制一条多段线,用夹点编辑的方式修改其形状。

32. 绘制以下图形,然后尝试用夹点编辑命令编辑它:圆、矩形、椭圆、圆弧、直线段、样条曲线、多段线、正五边形。看看选择不同的夹点有什么不同的结果。

6 文字输入和编辑

本章导读 设计意图不可能仅用图形就表达得清楚,必须辅以必要的文字标注和说明。本章主要内容:①文字样式的设置;②文字的编辑;③插入字段标示图形面积。

不论是绘制设计方案图还是工程图,文字都是不可缺少的一部分。一张完整的图纸总是由图样和文字标注组成的。图纸中常见的文字有:尺寸标注文字、图纸说明、注释、标题等。

6.1 Shx 矢量字体和 Truetype 字体

在 AutoCAD 2011 中文版中可以使用的字体有两种,即 Windows 的标准字体(Truetype 字体)和矢量字体(如 Hztxt. shx)。由于 Truetype 字体是一种具有填充区域的字体,在绘图时会增加文件量,当文字较多时还会严重影响图形的显示速度,所以一般提倡使用后一种字体。Shx 矢量字体是一种用函数描述的字体,其后缀为. shx(例如 Hztxt. shx)。安装 shx 矢量字体的方法也很简单,找到所需要的矢量字体文件后,把它直接复制到 AutoCAD 2011 中文版安装目录下的 Fonts 文件夹内即可。如果软件安装在计算机 C 盘上,则一般 AutoCAD 2011 中文版的字体目录如下:

C:\Program Files\AutoCAD 2011\Fonts

把需要的矢量字体文件复制到上述的目录后,重新启动 AutoCAD 2011 中文版,就可以使用它们了。

AutoCAD 2011 中文版自己带有一些矢量字体,但其中中文字体只有一种。通常要自己再安装一些矢量字体,如"海文"字体。"海文"字体包含了下列五个字体文件:Haiwenhz. shx,Haiwenrd. shx,Haiwenrs. shx,Haiwenrt. shx,Haiwenzw. shx。

这种字体比较美观,符号较齐全,而且跟其他矢量字体相比还有一个很大的优点:一般矢量字体,同样大小的文字样式,西文字符总是比汉字显得大一些,而海文字体就没有这个问题,使用更加方便。

Truetype 字体也完全可以 CAD 绘图,并且也有一些解决显示速度太慢的方法;对于 Windows 自带的宋体、黑体、仿宋 GB-2312、楷体 GB-2312,这些字体无需安装,避免了图纸文件在其他电脑无法显示字体的问题,避免打印或其他人看图的麻烦,也是一种很好的选择。

6.2 建立文字样式

6.2.1 文字样式

在绘图文件中输入文字,必须首先确定是采用何种字体文件、字符的高度及高度和宽度之比、字体的放置方式(例如竖排或横排)等,字体的这些参数的组合就是文字的样式。AutoCAD 2011 中文版提供了常用的一些字体文件,同时也可以直接使用 Windows 系统下的 TrueType 字体,AutoCAD 2011 中文版缺省的文字样式名为 Standard。在绘制设计图时我们经常要使用多种文字样式,用户可以根据自己的需要随时定义若干种文字样式。对已经定义好的文字样式也可以根据需要修改其参数。

6.2.2 文字样式(Style)命令

建立文字样式的命令为 Style,调用命令的方法有三种:
❀ 菜单项:格式(Format)→文字样式(Text Style)
⌨ 键盘命令:Style 或缩写 ST(或'style,用于透明使用)
❀ 单击"文字"(Text)工具条中的按钮 🄰
输入命令后将打开如图 6.1 所示的"文字样式"(Text Style)对话框。

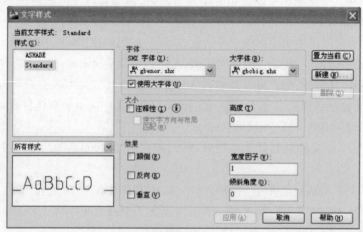

图 6.1

对话框左上角的"样式"下的选择框里列出了目前绘图文件中存在的文字样式,如果有两种或两种以上文字样式并且选择了其中的一种,这时单击"置为当前"按钮,就把选择的文字样式设为当前的文字样式,如图 6.2 所示。

图 6.2

单击"新建"按钮会打开如图 6.3 所示的"新建文字样式"（New Text Style）对话框,样式名里有一个系统自动指定的样式名,用户可以自己输入文字样式名,并单击"确定",即可建立一种新的文字样式。

"文字样式"（Text Style）对话框中"删除"按钮的作用是删除选定的文字样式。

"字体"下面的选择框里列出了可以使用的字体,这里包含了所有 Windows 系统里面的字体。如果给选择框下面的"使用大字体"（Use Big Font）前面打上钩,则可以在"SHX字体"（SHX Font）和"大字体"（Big Font）下面的选择框里选

图 6.3

择后缀为.shx 的矢量字体。前者选择的是西文字体,后者则可以选择中文字体。实际上在左边的框中选择矢量字体后,下面"使用大字体"的选项才可用。

注意:选择大字体则无法选择 Windows 系统字体,如常用的宋体、黑体、仿宋 GB-2312、楷体GB-2312,取消"大字体"（Big Font）下面的选择框里的勾选,就可以选择 Windows 系统字体了。

"高度"（Height）下面的输入框用来输入字体的高度值,该高度值为实际尺寸,字体的高度值取决于用户对字体高度的要求和打印图纸的比例。例如,我们希望字体在打印出来的图纸上的实际高度为 5 mm,而图纸打印的比例为 1∶50,则文字的高度应该设为 250(5×50)。一旦设置了字体高度为 250,以后输入单行文字时字体高度无法重设,为默认的 250。如果不输入高度而保持 0.000,则在输入单行文字时会出现文字高度设置的提示;在多行文字中默认也是 250,但是可进行修改设置。不论何种情况下确定的文字高度,输入文字后,都可使用比例缩放工具(Scale)任意缩小或放大字体。

"宽度因子"（Width Factor）是一个重要的项目,即文字的宽度和高度的比值。按照制图标准的要求,文字一般应设为仿宋字,宽度设为高度的 0.7 倍。

"倾斜角度"（Oblique Angle）下面的输入框用于输入字体倾斜角度,一般应设为 0。如果需要斜体字,可以把此处的角度设为 10°~15°。

"颠倒"（Upside Down）选项的作用是使字体上下颠倒,一般不应选择此项。

"反向"（Backwards）选项的作用是使字体左右颠倒,一般也不应选择此项。

"垂直"（Vertical）选项的作用是使文字成竖向排列,在设计图中文字竖排的情况不是很常

见,所以这里一般也不要选。

当设置好了文字样式的各个参数以后,单击"应用"(Apply)按钮接受设置,然后关闭 Text "文字样式"(Style)对话框即完成了文字样式的设置。

下面我们通过例子说明文字样式的定义及其效果。

【例6.1】 定义三种新的文字样式,把第一种文字样式名称定为 FS35,选用 Windows 系统里的仿宋字,字体高度设为 3.5 mm,宽度设为高度的 0.7;第二种文字样式的名称定为 FS50,西文及数字选用 haiwenrs.shx 字体,中文选用 Haiwenhz.shx 字体,高度设为 5 mm,宽度设为高度的 0.7;第三种文字样式名称定为 LS,选用 Windows 系统里的隶书,高度设为 6 mm,宽度设为高度 1.2 倍。

新建一个绘图文件,选择"无样板打开-公制(M)",将绘图文件存盘。

①先定义第一种文字样式。键入"ST",打开"文字样式"(Text Style)对话框,把各项参数设置为图 6.4 所示的情况,然后单击"应用"(Appty)按钮确认设置。

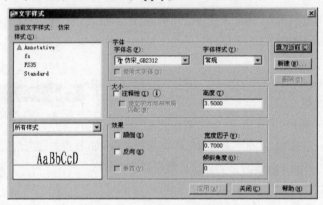

图 6.4

注意:不要勾选"使用大字体(Use Big Font)"。

图 6.5 是第一种文字样式的效果。

②定义第二种文字样式。仿照上述的方法,把文字样式(Text Style)窗口各项参数按图 6.6 所示进行设置,单击"应用"(Apply)按钮确认设置。设置时注意先勾选"使用大字体"(Use Big Font)。

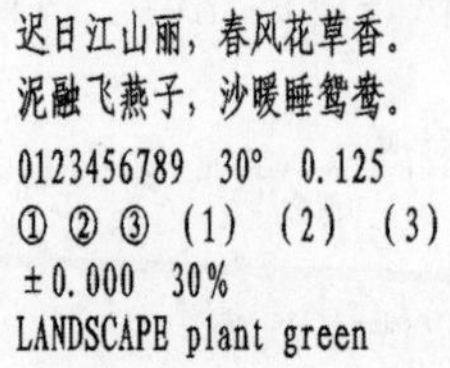

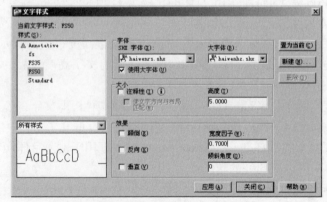

图 6.5

图 6.6

图 6.7 为第二种文字样式的效果。

③第三种文字样式。仿照上述的方法，把“文字样式”(Text Style)对话框各项参数按图 6.8 进行设置，单击“应用”(Apply)按钮确认设置。注意不要在“使用大字体”(Use Big Font)前面的小方框内打钩。

图 6.9 为第三种文字样式的效果。

仔细对照三种文字样式的示例，会发现除了外形的差异外，第一种和第三种文字样式中都没有“ϕ”这个字符，但是这个符号在工程上十分常用，在 shx 类型的矢量字体中可以使用专门的代码输入这类字符，后面再介绍。

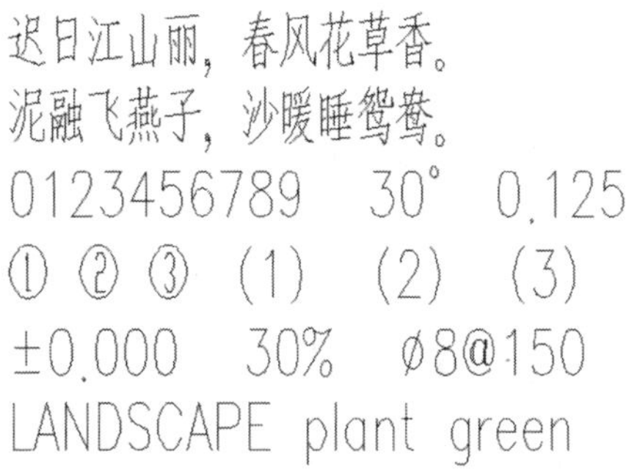
迟日江山丽，春风花草香。
泥融飞燕子，沙暖睡鸳鸯。
0123456789 30° 0.125
① ② ③ (1) (2) (3)
±0.000 30% ∅8@150
LANDSCAPE plant green

图 6.7

文字样式
当前文字样式: LS
样式(S):
Annotative
fs
FS35
FS50
LS
Standard
所有样式
AaBbCcD
字体
字体名(F):
隶书
字体样式(Y):
常规
使用大字体(U)
大小
注释性(I)
使文字方向与布局匹配(M)
高度(T)
6.0000
效果
颠倒(E)
反向(K)
垂直(V)
宽度因子(W):
1.2000
倾斜角度(O):
0
置为当前(C)
新建(N)...
删除(D)
应用(A)
关闭(C)
帮助(H)

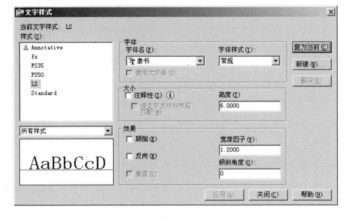

图 6.8

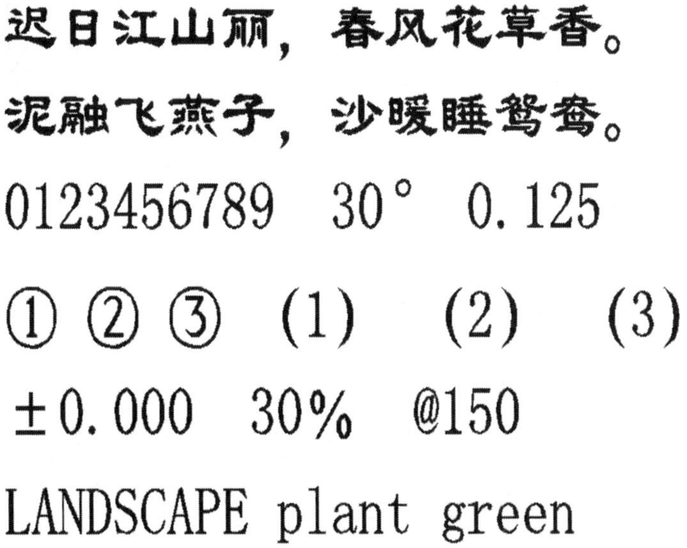
迟日江山丽，春风花草香。
泥融飞燕子，沙暖睡鸳鸯。
0123456789 30° 0.125
① ② ③ (1) (2) (3)
±0.000 30% @150
LANDSCAPE plant green

图 6.9

◎提示

当我们在设置字体的高度值的时候，如果设为 0，则是在输入文字的时候再指定文字的高度。

6.3　输入单行文字

6.3.1　单行文字(Singleline Text)命令

该命令一般用于输入比较简短的文本内容,例如绿化图中的植物名称、景点名称、图名、标题等。命令调用的方法有三种:

　　❧ 菜单项:绘图(Draw)→文字(Text)→单行文字(Single Line Text)

　　▥ 键盘命令: Text 或 DT

　　❧ 单击"文字"(Text)工具条上的按钮 **A**

【例6.2】　　在例题 6.1 的基础上使用单行文字命令输入后面的文字:"风景园林,0123456789,GARDEN design,50%, ±0.000,90°,(@1500)。"文字样式选择 FS50。

打开例 6.1 的绘图文件,然后把当前文字样式设定为 FS50(参见 6.2.2 的内容)。键入单行文字命令:"DT",命令提示框显示:

　　　　命令: dt Text

　　　　当前文字样式:　fs50　当前文字高度:　0.0000

　　　　指定文字的起点或［对正(J)/样式(S)］:

在屏幕上拾取一个点作为起点,命令提示框显示:

　　　　指定文字的旋转角度 <0>:

打开正交模式,然后向右稍稍移动光标,再单击鼠标拾取一个点,屏幕上就出现了输入字符的提示符,打开输入法输入要求的文字内容即可。输入完一行可以按回车键,则另起一行。输入完文字后有两种方法结束命令,第一种方法是连续回车两次,另外一种方法是在屏幕其他位置单击一下鼠标,结果如图 6.10 所示。

风景园林, 0123456789, GARDEN design , 50%, ±0.000, 90°, (@1500)。

图 6.10

如果第二次单击鼠标拾取的点和起点不是在一条水平线上,则文字是倾斜的,读者可以试试指定不同方向的效果。

◎提示

单行文字不能生成文本段落,在输入单行文字的过程中回车只是导致另起一行,另起的行和上一行是互相独立的。另外可以通过 TEXTED 系统变量指定显示的用于编辑单行文字的用户界面。

上面命令提示信息"指定文字的起点或［对正(J)/样式(S)］:"中的"对正(Justify)"选项用于设定文本对齐的方式,它包括以下选项:

①对齐(Align):控制文字的高度及位置,要求用户给出文字底线的起点和终点。使文字按样式设定的宽度因子均匀分布在两点之间。这时不需要输入文字的高度和角度,字高取决于字符串的长度。

②调整(Fit):要求给出文字底线的起点和终点。使文字按样式设定的高度均匀分布在两

点之间,字宽取决于字符串的长度。

③居中(Center):指定文字底线的中点,无论输入多少行文字,都与该点对齐。

④中间(Middle):指定一个点,文字的高、宽都以该点为中心。

⑤右对齐(Right):指定文字底线的终点,无论输入多少行文字,都与该点对齐。

⑥TL:左上。

⑦TC:中上。

⑧TR:右上。

⑨ML:左中。

⑩MC:正中。

⑪MR:右中。

⑫BL:左下。

⑬BC:中下。

⑭BR:右下。

提示行"指定文字的起点或［对正(J)/样式(S)］:"中的"样式"(Style)选项则是要求用户输入预先定义好的样式名实现对文字样式的选择。

◎提示

在实际工作中大部分使用 CAD 制图的人都习惯于把已有的文本拷贝到新的需要输入文字的地方,然后再把它编辑为需要的内容,而很少每次输入文字都用上面介绍的命令。此外,文字样式、对齐特性等也可以在输入完文字后再用属性命令修改,在后面我们还要介绍。

6.3.2 特殊字符的输入

在绘图中经常要用到一些特殊的字符,这些字符有时候无法从键盘直接输入,例如表示直径的符号、正负号等。AutoCAD 2011 提供了一组控制码可以解决这个问题。在 AutoCAD 中输入这些控制代码就可以实现特殊字符的输入,详见表 6.1。

表 6.1 特殊字符代码

代 码	定 义	输入实例	输出结果	说 明
%%u	文字下划线	%%u22.5	22.5	
%%d	绘制"度"符号	27.8%%d	27.8°	
%%p	绘制"正负号"	%%p0.000	±0.000	
%%c	绘制"直径符号"	%%c85	ϕ85	仅适用于矢量字体

◎提示

有些中文输入法可以很好地解决特殊字符输入的问题,表 6-1 中列出的内容除了直径符号外,像"20°""±0.000""→""←"等这样的符号均可直接从键盘输入,有兴趣的读者可以尝试一些常用的中文输入法。

6.4 输入多行文字

有时候需要在绘图文件中输入成段落的文字,用单行文字的方式就显得不太方便,Auto-CAD 2011 提供了一个处理成段落文本的命令"Mtext",专用于输入比较复杂的文本段落。"Mtext"命令打开的是一个类似于 Word 的文本编辑器,只不过其功能没有 Word 强大,但用于处理 AutoCAD 里面的文本是足够的。

6.4.1 多行文字(Mtext)命令

命令调用的方法有三种:

✎ 菜单项:绘图(Drwa)→文字(Text)→多行文字(Multiline Text)

▥ 键盘命令:MT

✎ 单击"绘图"(Draw)或"文字"(Text)工具条上的按钮**A**

【例 6.3】 在例题 6.1 的基础上使用多行文字命令输入下面的段落(文字样式选择 FS50):

设计说明:

1.亭子位置高据于紫荆桥东侧山体上,背后有树林,按现场情况亭子体量宜稍大,但若做成重檐亭,不论形式或使用都存在问题,故本方案将亭子设于一个面积较大的台基上。既解决体量问题,同时也可提供较开阔的活动空间。

2.屋面选用枣红色琉璃瓦,或改用黄色琉璃瓦。

3.圆柱外露部分以白色涂料粉刷,包砌的方柱部分以麻灰花岗石精砌,注意石块的大小匹配。若用石砌施工难度太大,也可以改用砖砌,然后表面以规格乱形石板饰面。

打开例题 6.1 的绘图文件,然后把当前文字样式设定为 FS50(参见 6.2.2 的内容),键入多行文字命令:"MT",输入命令后命令提示框显示下列信息:

命令:mt

MTEXT 当前文字样式:"fs50" 当前文字高度:5

指定第一角点:

在屏幕左上方区域内适当位置拾取一个点,命令提示框显示:

指定对角点或 [高度(H)/对正(J)/行距(L)/旋转(R)/样式(S)/宽度(W)]:

向右下方拖动光标,到适当位置后再拾取一个点,屏幕上出现一个文本编辑器输入界面,如图 6.11 所示,打开中文输入法,就可以输入段落文本了。

输入完成后单击右上角的"确定"或在输入窗口以外的绘图区域单击鼠标,就结束了多行文字命令。文本结果如图 6.12 所示。

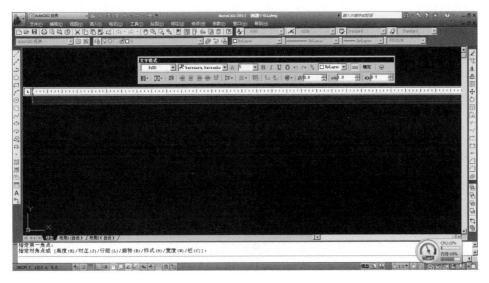

图 6.11

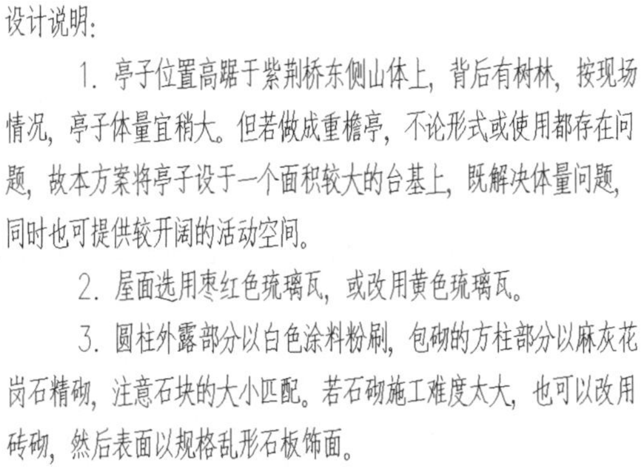

设计说明:

　　　　1. 亭子位置高踞于紫荆桥东侧山体上, 背后有树林, 按现场情况, 亭子体量宜稍大。但若做成重檐亭, 不论形式或使用都存在问题, 故本方案将亭子设于一个面积较大的台基上, 既解决体量问题, 同时也可提供较开阔的活动空间。

　　　　2. 屋面选用枣红色琉璃瓦, 或改用黄色琉璃瓦。

　　　　3. 圆柱外露部分以白色涂料粉刷, 包砌的方柱部分以麻灰花岗石精砌, 注意石块的大小匹配。若石砌施工难度太大, 也可以改用砖砌, 然后表面以规格乱形石板饰面。

图 6.12

6.4.2　多行文字编辑窗口的详细说明

从图 6.11 中可以看到输入多行文本的窗口由两个相互独立的编辑器窗格组成,其中"文字格式"窗格如图 6.13 所示。

接下来分别说明该窗格各个工具的作用。

①文字样式列选窗:切换预先设定好的文字样式。

②字体指定:指定不同的字体。如果文字样式是事先设定好的,则这里不应该随意改变。

③文字高度:指定文字的高度。和字体一样,如果文字样式是事先设定好的,则这里不应该随便修改字高。

④粗体:在文本编辑窗内选中文字后,可以用这个按钮把文字设为粗体。这个命令只对 Windows 标准 TrueType 字体有效,对 Shx 矢量字体无效。Shx 矢量字体的线粗线跟颜色相关。

⑤斜体:把文字设置为斜体。也是只对 TrueType 字体有效。

⑥下划线:给文字加上下划线,对 TrueType 字体和 Shx 字体都有效。

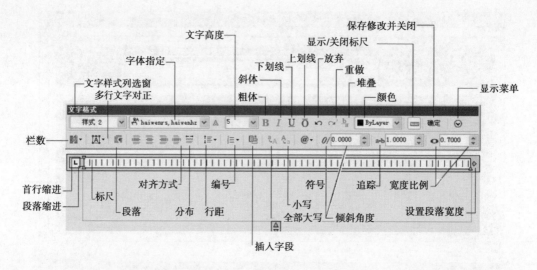

图 6.13

⑦放弃:放弃刚才的编辑操作。

⑧重做:重做刚才"放弃"的操作。

⑨堆叠:设置分数的形式。如图 6.14 所示,我们在多行文本编辑器内输入了一些数字字符,现在要把 20/100 设为标准的分数形式。先选中字符串"20/100",然后单击"堆叠"按钮即可,请看图 6.15 及图 6.16。

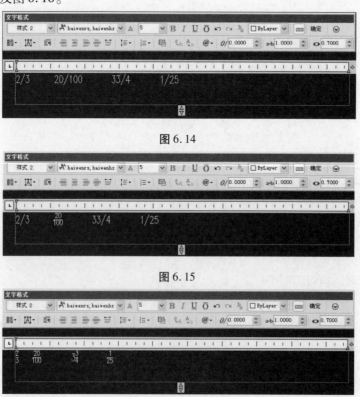

图 6.14

图 6.15

图 6.16

还可以进一步设置堆叠的形式,选中一个分数,然后单击鼠标右键,会弹出一个菜单(也可以"显示菜单"按钮弹出菜单),选择"堆叠特性",如图6.17所示,将弹出"堆叠特性"对话框,如图6.18所示。

图 6.17

图 6.18

$$2/3 \quad 2/3 \quad \frac{20}{100} \quad 3\frac{3}{4} \quad 3^3/_4 \quad 1/_{25}$$

图 6.19

用户可以对分数外观进行设置。图6.19显示了不同的分数形式。第1个是没有堆叠的一般字符串,第2个、第5个和第6个是倾斜形式。

此外使用堆叠功能还可以实现把字符设为上标,例如10^3、m^2、m^3等是很常用的上标形式,但在 AutoCAD 中无法像 Word 那样方便的输入,只能使用堆叠方式生成。具体方法:先输入数字或单位主字母,紧接其后输入需要做成上标的数字及字符"^"(该字符在主键盘数字键6上),如图6.20(a)所示,选中上标数字及符号"^",再单击"堆叠"按钮就行了,如图6.20(b)所示。

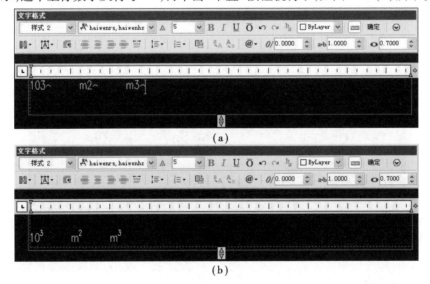

(a)

(b)

图 6.20

⑩颜色：为文字指定颜色。可以在同一段落中为不同的字符指定不同颜色。

⑪显示/关闭标尺：显示或关闭文本窗口上方的标尺。

⑫确定（OK）：保存修改并关闭多行文字编辑器,返回绘图界面。也可以在编辑器外面的绘图区域单击鼠标或按下组合键"Ctrl + Enter"实现相同的功能。如果不想保存修改的内容直接退出,按键盘"Esc"键即可。

⑬显示菜单：单击此处将弹出选项菜单。（菜单详细内容在后面说明。）

⑭对齐方式：指定段落的水平对齐方式,有"左对齐""居中""右对齐""对正""分布"五种选择。

⑮垂直对齐方式：有"上对齐""中央对齐""下对齐"三种方式。

⑯编号：自动为段落添加编号。

⑰项目编号：使用项目符号创建列表。

⑱大写字母：使用大写字母创建带有句点的列表。如果列表含有的项多于字母中含有的字母,可以使用双字母继续序列。

⑲插入字段：显示"字段"对话框,从中可以选择要插入到文字中的字段。关闭该对话框后,字段的当前值将显示在文字中。字段是包含说明的文字,这些说明用于显示可能会在图形生命周期中修改的数据。将在后面举例说明字段的应用。

⑳全部大写：把选择的英文字符全部转换为大写。

㉑小写：把选择的大写英文字符转换为小写。

㉒上划线：给选择的字符加上上划线,如果要取消上划线再执行一次即可。

㉓符号：可以在文本中插入特殊符号,包括我们在表6-1中列出的符号。单击这个按钮将弹出如图6.21所示的菜单。菜单中前三项就是我们在表6.1中列出过的。如果设定的字体中没有相应的符号,系统会自动寻找一种字体代替。

图6.21

㉔倾斜角度：设定文字倾斜的角度。

㉕追踪（Tracking）：实际上是调整字符的间距。如图6.22所示,第一排文字"追踪值"为1.000 0,第二排文字则是设了"追踪值"为2.000 0。第三排文字"追踪值"为3.000 0。

图6.22

㉖宽度比例：修改选中文字的宽度和高度比值,若把数字改小,则文字变得细长,若把数字改大,则文字变得扁宽。

㉗首行缩进：此工具只有在打开标尺的情况下才可见,拖动它可以设定段落首行缩进的幅

度。这和 Word 等字处理软件中的首行缩进是一样的。

㉘段落缩进:拖动它可以设置整个段落缩进的幅度。

㉙设置段落宽度:在执行多行文字命令后拖出来的段落宽度不一定完全符合要求,拖动这里可以调整段落的宽度。

6.4.3 多行文字编辑器选项菜单的进一步说明

单击多行文字编辑器右上角的显示菜单按钮或在编辑器文本窗内单击鼠标右键都会弹出一个功能菜单,不过二者有一些区别。图 6.23 是单击"显示菜单"按钮弹出的菜单,图 6.24 是单击鼠标右键弹出的菜单,它们的主要区别是右键菜单多了一些已经在编辑器界面上设了按钮的功能。

图 6.23

图 6.24

功能菜单的内容较多,下面择要说明。

①显示工具栏(Show Toolbar):勾选此项则多行文本编辑器显示工具栏,取消勾选则隐藏工具栏。

②显示选项(Show Options):勾选此项选择显示"选项"(即用以设置文本对齐方式等的那些工具)。

③显示标尺(Show Ruler):隐藏或显示标尺。为了便于处理文本段落,一般宜显示标尺。

④不透明背景(Opaque Background):默认情况下,在打开多行文本编辑器编辑输入或修改文本时,文本窗口是透明的,可以看见下面的图线,如图 6.25 所示。如果勾选了"不透明背景"选项,则文本窗口是不透明的,如图 6.26 所示。

图 6.25   图 6.26

⑤插入字段(Insert Field):插入字段的功能非常复杂,涉及很多其他方面的知识,这里我们只简单举一个例子说明其用法,读者有兴趣可以自己深入研究。

【例6.4】 用"修订云线"绘制一片树丛平面,再用"徒手画"命令绘制一片灌木,然后以"插入字段"命令表示两片植物的面积。

新建一个绘图文件,选择"无样板打开 – 公制(M)"。以"FS"为名设定一种文字样式,字高定为 500 mm,宽度为高度的 0.7,字体可选用 Truetype 字体中的仿宋字或 Shx 字体中的仿宋字,并把绘图单位精度设为 0.0。

用"修订云线"命令(Revcloud)绘制一片长约 12 000 mm,宽 3 000 ~ 5 000 mm 的"树丛",绘制的时候把云线弧长设为 800 mm。再用"徒手画"命令(Sketch)绘制一片长约 8 000 mm,宽约 2 500 mm 的"灌木",注意用"徒手画"命令画线时,把参数 skpoly 的值设定为 1,并把步长设为 0,如图 6.27 所示。

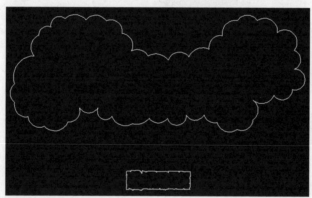

图 6.27

在"树丛"平面区域内插入说明面积的文字。输入多行文字命令:"MT",在"树丛"范围内拖出一个合适的文本窗,然后输入文字:面积 = m^2(平方米 m^2 的输入方法参见前面"堆叠"的内容)。

把光标定在等号后面,并单击"插入字段"按钮(或单击鼠标右键,在弹出的菜单中选择"插入字段"),如图 6.28 所示。

在弹出的"字段"窗口中,字段类型下面选择"全部",字段名称选择"对象",如图 6.29 所示,然后单击"对象类型"下矩形框右侧的"选择对象"按钮,系统暂时关闭"字段"窗口,在绘图界面选择代表树丛的云线,选择后会自动回到"字段"窗口。此时"字段"窗口中"特性"下面的列选窗出现很多选项,请选择"面积",如图 6.30 所示。确认格式为"小数",然后单击"字段格

式"按钮,弹出"字段格式"窗口,把"转换系数"设为 0.000 001,如图 6.31 所示,单击"确定"返回"字段"窗口,单击"字段"窗口的"确定"按钮,就完成了字段插入,单击多行文本编辑器的"确定"按钮,回到绘图界面。

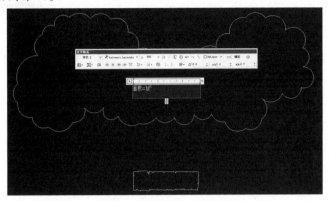

图 6.28

图 6.29

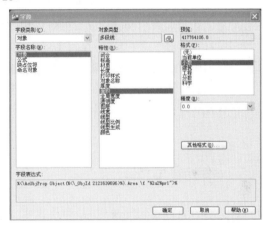

图 6.30

图 6.31

"树丛"中间显示了面积的值为 417.8 m^2,如图 6.32 所示。数值上有灰色的背景,表示这是插入的字段,这个灰色背景在打印时不会被打印出来。

图 6.32

用同样的方法标示"灌木"的面积,结果如图 6.33 所示。

注意:在"字段格式"对话框,把"转换系数"设为 0.000 001,是因为绘图时以 mm(毫米)为单位,但统计面积需以 m^2(平方米)为单位,而 $1\ m^2 = 1\ 000\ 000\ mm^2$,所以需要把系统自动算出来的面积值进行换算。如果本来绘图已经是用 m 为单位,则无需设置转换系数。

图 6.33

从例题 6.4 得知,使用 AutoCAD 2011 的"插入字段"功能实现自动统计成片种植的植物的面积。如果出图时希望统计数据不要显示在图形上,可以为统计的文字专门设定一个图层,在出图时将该图层冻结。铺装面积、水面面积等都可以按照这种方法实现自动精确计算。使用该方法还有一个好处:如果缩小或放大了图形,包括改变了形状,只要执行一下"重生成"命令(REGEN),系统会自动修正数据,这是手工计算无法比拟的。

⑥符号(Symbol):和上文介绍的符号按钮功能相同。

⑦输入文字(Import Text):该选项的功能是直接从纯文本文件(扩展名为 .txt 或 rtf 的文件)中输入文字,最大可以输入 16k 的纯文本文件。例如,已经用 Word 或别的字处理软件书写了大量文字说明,可以先将它存为 txt 文件或 rtf 文件,然后直接输入到多行文字编辑器中,会更为方便。

⑧缩进和制表位(Indents and Tabs):和前面介绍的标尺上功能按钮作用相同。

⑨项目符号和列表(Bullets and Lists):和前面介绍的相关按钮作用相同。

⑩背景遮罩(Background Mask):为多行文字设定颜色背景。

⑪对正(Justification):和前面相关的对齐按钮作用相同。

⑫查找和替换(Find and Rreplace):可以在文本中查找并替换一些特定的词语。

6.5　编辑文字

对文字的编辑有两种情形,一种是改变文字的内容,这种情况最多见;另一种是改变文本的格式,如修改文字的插入点、样式、对齐方式、字符大小、方位等。AutoCAD 2011 中文版提供了多种进入文字编辑状态的方法,最基本的方法是用编辑命令,"DDEDIT"命令用于修改文字的内容,"DDMODIFY"用于修改文本格式。

6.5.1　编辑文字(Ddedit)命令

该命令既适用于编辑单行文字,也适用于编辑多行文字。命令调用方法有以下三种:

菜单项:修改(Modify)→对象(Object)→文字(Text)→编辑(Eeit)

键盘命令:DDEDIT 或 ED

单击"文字"(Text)工具条上的按钮

输入该命令并选择要编辑的文字后,根据不同的文字对象会弹出不同的编辑器,若是单行文字,则直接使文字处于被选中状态,键入新的文字就会替换被选中的文字,当然,可以手工改变选择状态,或移动光标变成添加文字的状态,如图 6.34 所示。

若选择的是多行文字,则出现的是多行文字编辑器,即可在编辑器内进行各种编辑操作,如图 6.35 所示。

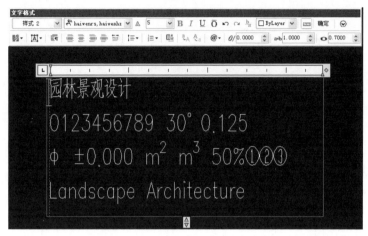

图 6.34

图 6.35

6.5.2 查找(Find)和替换命令

查找指定的文字,然后可以选择性地将其替换为其他文字,命令的调用有三种方法:

✍ 菜单项:编辑(Edit)→查找(Find)

⌨ 键盘命令:FIND

✍ 单击"文字"(Text)工具条上的按钮 ⁀

弹出查找替换对话框,如图 6.36 所示。

图 6.36

可以点击左下角的"展开隐藏选项"按钮 ⊙,展开后的面板如图 6.37 所示。

①查找内容:指定要查找的字符串。输入包含任意通配符的文字字符串,或从列表中选择最近使用过的 6 个字符串的其中之一。

②替换为:指定用于替换找到文字的字符串。输入字符串,或从列表中最近使用过的 6 个字符串中选择一个。

③查找位置:指定是搜索整个图形、当前布局还是搜索当前选定的对象。如果已选择一个对象,则默认值为"所选对象"。如果未选择对象,则默认值为"整个图形"。可以用"选择对象"按钮临时关闭该对话框,并创建或修改选择集。

④"选择对象"按钮 ▣:暂时关闭对话框,允许用户在图形中选择对象。按 Enter 键返回该

图 6.37

对话框。选择对象时,默认情况下"查找位置"将显示"所选对象"。

⑤列出结果:在显示位置(模型或图纸空间)、对象类型和文字的表格中列出结果。可以按列对生成的表格进行排序。

⑥展开查找选项按钮:显示选项,以定义要查找的对象和文字的类型。

⑦替换:用"改为"中输入的文字替换找到的文字。

⑧全部替换:查找在"查找"中输入的文字的所有实例,并用"替换为"中输入的文字替换。"查找位置"设置用于控制是在整个图形中或当前选定对象的文字中,还是在对象中查找和替换文字。

⑨缩放到亮显的结果:缩放至列表中选定的对象。双击选定对象时也可以缩放到结果。

⑩创建选择集(亮显对象):从包含结果列表中亮显的文字的对象中创建选择集。必须找到模型空间或单一布局中所有选定的对象。

⑪创建选择集(所有对象):从包含结果列表中的文字的所有对象中创建选择集。必须找到模型空间或单一布局中的所有对象。

⑫查找/下一个:查找在"查找"中输入的文字。如果没有在"查找"中输入文字,则此选项不可用。找到的文字将被缩放到或显示在"列出结果"表格中。一旦找到第一个匹配的文本,"查找"选项变为"下一个"。用"下一个"可以查找下一个匹配的文本。

下面简单说明查找选项的含义。

● 区分大小写:将"查找"中的文字的大小写包括为搜索条件的一部分。

● 全字匹配:仅查找与"查找"中的文字完全匹配的文字。例如,如果选择"全字匹配"然后搜索"Front Door",则 Find 找不到文字字符串"Front Doormat"。

● 使用通配符:可以在搜索中使用通配符。有关通配符搜索的详细信息,可以参见《用户指南》中的"查找和替换文字"。

● 搜索外部参照:在搜索结果中包括外部参照文件中的文字。

● 搜索块:在搜索结果中包括块中的文字。

● 忽略隐藏项:在搜索结果中忽略隐藏项。隐藏项包括已冻结或关闭的图层上的文字、以不可见模式创建的块属性中的文字以及动态块内处于可见性状态的文字。

● 区分变音符号:在搜索结果中区分变音符号标记或重音。

- 区分半/全角:在搜索结果中区分半角和全角字符。
- 文字类型:指定要包括在搜索中的文字对象的类型。默认情况下,选定所有选项。
- 块属性值:在搜索结果中包括块属性文字值。
- 标注/引线文字:在搜索结果中包括标注和引线对象文字。
- 单行/多行文字:在搜索结果中包括文字对象(例如单行和多行文字)。
- 表格文字:在搜索结果中包括在 AutoCAD 表格单元中找到的文字。
- 超链接说明:在搜索结果中包括在超链接说明中找到的文字。
- 超链接:在搜索结果中包括超链接"URL"。

6.5.3　比例(Scaletext)命令

该命令的作用是增大或缩小选定文字对象而不更改其位置。命令的调用方法有三种:

　　菜单项:修改(Modify)→对象(object) → 文字(text) → 比例(scaletext)

　　键盘命令:SCALETEXT

　　单击"文字"(Text)工具条上的按钮

输入命令后命令提示框将显示以下提示:

　　　选择对象:

点选要缩放的文字,命令提示框显示:

　　　输入缩放的基点选项

　　　[现有(E)/左对齐(L)/居中(C)/中间(M)/右对齐(R)/左上(TL)/中上(TC)/右上(TR)/左中(ML)/正中(MC)/右中(MR)/左下(BL)/中下(BC)/右下(BR)] <中间>:

该命令给出了多个可选项,这些选项都是用来指定缩放基点的,这也是和普通缩放命令(Scale)的关键差别,它允许用户直接指定文字缩放时基于文字本身的精确基点定位,而不是在屏幕上手工指定。当以键入命令的方式指定基点之后,命令提示:

　　　指定新模型高度或 [图纸高度(P)/匹配对象(M)/缩放比例(S)] <0.5000>:

默认状态下是"指定新模型高度",即按照需要重新输入文字的高度值,例如不论原先文字高度是多少,如果在这里选择输入新高度,则执行的结果都是把文字的高度变成新输入的值。如果选择"图纸高度",则将改变图纸的高度而不是改变文字的高度——实际打印出来的图纸中,文字的实际高度跟图纸的尺寸及打印比例有关。如果选择"匹配对象",则是把文字高度改为和选定的文字一样。如果选择"缩放比例",则是输入一个比例值来缩放文字,例如输入"0.5",则文字高度变为原先的50%。该命令在实际绘图中应用得不太多,因为文字的缩放实际上可以结合"缩放"命令(Scale)和"特性匹配"命令(MATCHPROP)更简明地实现。

6.5.4　对正(Justifytext)命令

该命令的作用是更改选定文字对象的对正点,但不更改其位置。命令调用方法也有三种:

　　菜单项:修改(Modify)→对象(object) → 文字(text) → 对正(justifytext)

　　键盘命令:Justifytext

　　单击"文字"(text)工具条上的按钮

输入命令后将显示以下提示：

选择对象：

选择要修改的文字对象(可以选择单行文字对象、多行文字对象、引线文字对象和属性对象)，命令提示框显示：

输入对正选项［左(L)/对齐(A)/调整(F)/中心(C)/中间(M)/右(R)/左上(TL)/中上(TC)/右上(TR)/左中(ML)/正中(MC)/右中(MR)/左下(BL)/中下(BC)/右下(BR)］＜当前设置＞：

指定某个位置作为新的对正点，即完成命令执行过程。

6.5.5　Ddmodify 命令

这个命令是 AutoCAD 早期版本的命令，到了 AutoCAD 2002 后此功能已整合到"特性"(properties)命令中，在这里可以实现对文字插入点、样式、对齐方式、字符大小、方位和文字内容的修改。命名调用的方法有以下四种：

❋ 菜单项：修改(Modify)→特性(Properties)

⌨ 键盘命令：DDMODIFY

❋ 单击"标准"(Standard Toolbar)工具条上的按钮🔲

⌨ 按组合键 Ctrl + 1

输入命令后将打开"特性"(Properties)窗口，若选择的是单行文字，窗口如图 6.38 所示。

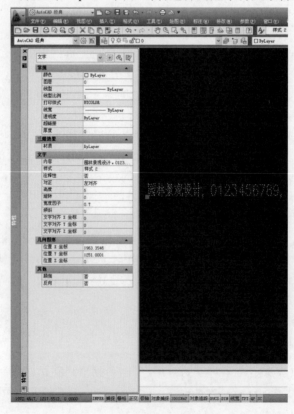

图 6.38

选择了要修改的文字对象后"特性"窗口中"文字"(Text)下面列出了一系列可以修改的选项,下面分别说明:

- 内容(Contents):这里显示文本的内容,可以在这里直接修改文字的内容。
- 样式(Style):在这里可以指定其他文字样式。
- 对正(Justify):在这里可以改变文字对齐的方式。
- 高度(Height):在这里可以修改文字的高度。
- 旋转(Rotation):在这里可以修改文字旋转的角度。
- 宽度比例(Width Factor):修改文字宽度和高度的比值。
- 倾斜(Obliquing):指定字体倾斜的角度。

若打开特性窗口时选择的是多行文字,则窗口内容有一些区别,如图6.39所示。

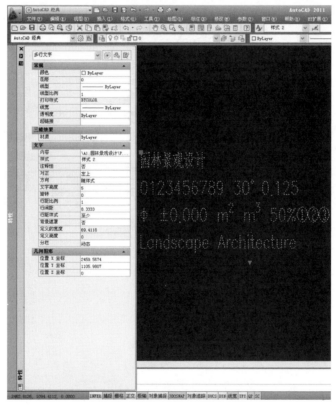

图6.39

图6.39所示的多行文字特性窗口中有几项和单行文字不同,下面做简要说明。

- 背景遮罩(Background Mask):控制文字背景遮罩的开或关。
- 行距比例(Line space factor):调整多行文字的行距比例,例如可以设为0.5倍、1倍、1.5倍、2倍行距等。
- 行间距(Line space distance):直接修改行间距的绝对值。
- 行距样式(Line space style):有"至少"(At least)和"精确"(Exactly)两种选择。

◎提示

在AutoCAD 2011中,允许直接双击文字进入编辑状态,这应该是最便捷的一种编辑方式。

6.6　给园林设计平面图加注文字

　　为第 5 章第 16 节中,综合绘图实例绘制的园林设计平面图加注文字。打开该文件,并新建一种文字样式,把文字样式的名称定为"FSLT",西文字体选用 Haiwenrs. shx,中文字体选用 Haiwenhz. shx,字体高度定为"1000",宽高比定为"0.7"。确认已经把文字样式"FSLT"设为当前文字样式,并把当前图层切换到"文字"图层。然后用输入单行文字的方式输入"休息亭",并把文字放置在亭的左上角。

　　然后复制"休息亭"三个字到休息廊旁边,再用编辑文字的命令"Ddedit"把"休息亭"修改为"休息廊"。用同样的方法完成其他文字的标注,最后结果如图 6.40 所示。

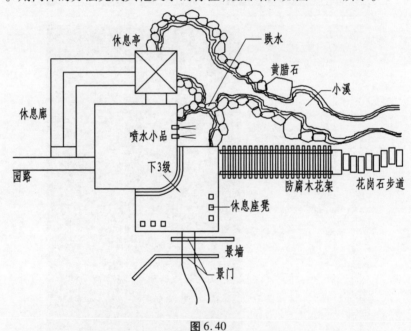

图 6.40

　　在"下 3 级"的文字旁边绘制了一个箭头,表示下的方向。箭头是用直线(Line)和多段线(Pline)绘制的,请读者试着画一个。标注文字结束后,保存文件。

6.7　在 AutoCAD 2011 中建立表格

6.7.1　创建和插入表格

　　即使在设计图上,有很多时候也需要用到表格,例如罗列材料清单、苗木表等。AutoCAD 中表格功能的使用和 Office 软件中的表格类似,但功能没有那么强大,但对于设计文件中的应用已经足够。AutoCAD 2011 中创建表格的命令调用方法有如下三种:

菜单项:绘图(Draw)→表格(table)

键盘命令:TABLE

单击"绘图"工具条中的按钮

输入命令后将打开如图 6.41 所示的"插入表格"窗口。

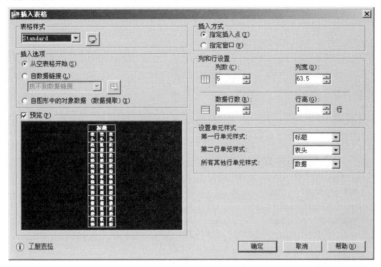

图 6.41

"插入表格"对话框中有多处需要设置,下面分别说明。

(1)表格样式

"表格样式"有一个选择框,里面会列出可使用的表格样式。如果是全新开始的绘图文件则只有一个"Standard"(标准)选项。选择框后面有一个"样式"按钮,单击该按钮(表格样式),将打开"表格样式"对话框,如图 6.42 所示。

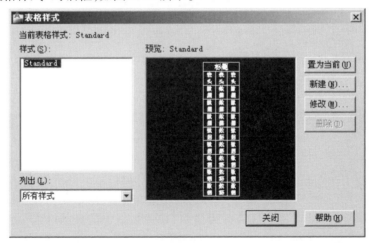

图 6.42

其中,"样式"列表框中列出了可用的表格样式;"预览"图片框中显示出表格的预览图像。右边从上到下有 4 个按钮,"置为当前"按钮的作用是将在"样式"列表框中选中的表格样式置为当前样式;"新建"按钮的作用是重新创建一种表格样式;"修改"按钮的作用是修改已有的表格样式;"删除"按钮的作用是删除选中的表格样式。

新建表格样式的基本过程：单击"表格样式"对话框中的"新建"按钮，打开"创建新的表格样式"对话框，在这里可以指定样式名称及创建新样式的基础样式。系统默认的样式名称是基础样式的副本，一般应按自己的要求指定名称，便于提示绘图文件内容，如图 6.43 所示。

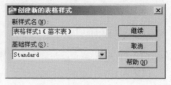

图 6.43

输入新样式名后，单击"继续"按钮，弹出"新建表格样式"对话框，如图 6.44 所示。

对话框中，左侧有起始表格、表格方向下拉列表框和预览图像框三部分。其中，起始表格用于使用户指定一个已有表格作为新建表格样式的起始表格。表格方向列表框用于确定插入表格时的表方向，有"向下"和"向上"两个选择，"向下"表示创建由上而下读取的表，即标题行和列标题行位于表的顶部，"向上"则表示将创建由下而上读取的表，即标题行和列标题行位于表的底部；图像框用于显示新创建表格样式的表格预览图像。

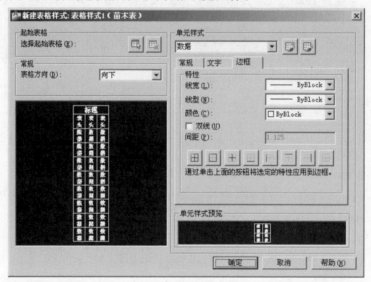

图 6.44

"新建表格样式"对话框的右侧有"单元样式"选项组等，用户可以通过对应的下拉列表确定要设置的对象，即在"数据""标题""表头"之间进行选择。选项组中，"常规""文字""边框" 3 个选项卡分别用于设置表格中的基本内容、文字和边框。在常规选项卡中有一个"类型"选项，其中可选择"数据"或"标签"，要注意如果将来单元格中要输入的是文字，应该选择"标签"项，若选了"数据"项，将来无法输入文字。

完成表格样式的设置后，单击"确定"按钮，AutoCAD 返回到"表格样式"对话框，并将新定义的样式显示在"样式"列表框中。单击该对话框中的"确定"按钮关闭对话框，完成新表格样式的定义，返回"表格样式"窗口，单击"置为当前"按钮把新建的表格样式设置为当前样式，单击"关闭"按钮返回"插入表格"窗口。

◎提示

执行"表格样式"命令的另外两种途径：①选择菜单项"格式"→"表格样式"；②输入键盘命令 TABLESTYLE。

（2）在绘图文件中插入表格

在如图 6.42 所示的"插入表格"窗口中选定了表格样式后，再确定以下内容：

①插入选项:有三种选择,即"从空表格开始""自数据链接""自图形中的对象数据(数据提取)"。第二项涉及链接数据库的问题,第三项涉及从绘图文件的图形对象属性中提取数据的问题,可暂时不理,采用默认的"从空表格开始"。

②插入方式:有"指定插入点"和"指定窗口"两种选择,一般可采用默认的"指定插入点",即在屏幕上直接指定一点插入表格。

③列和行设置:指定列数、列宽、数据行数、行高等值。

注意:"数据行数"是除去标题行和表头行之外的行数;行高的值是指文字的行数,而且只能是整数,例如,输入的值为2,则表格中行的高度将是指定的文字样式的2倍高。

④设置单元样式:就是指定表格第一行、第二行和其他行的类型,一般应采用默认的设置,第一行为标题,第二行为表头,第三行为数据。

点击确定按钮。在屏幕任意位置单击鼠标,将得到图6.45所示的一个表格。同时表格处于待输入状态,输入指针定位于第一行。可以直接输入相应的表格内容,如标题、表头文字和表格数据等。要在哪一个单元格中输入内容,可以直接双击那个单元格。

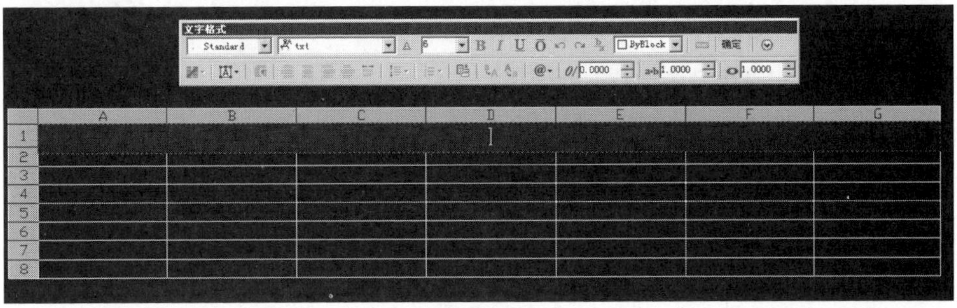

图6.45

表格的基本内容输入完成后,可以用夹点编辑的方法调整表格的列宽,也可以进一步调整单元格中文字对齐的方式。图6.46是一个用AutoCAD 2011插入和编辑的苗木表示例。

苗木表						
序号	植物名	胸径(cm)	苗高(m)	冠幅(m)	数量(株)	备注
1	大花紫薇	8.0~10.0	3.5~4.0	2.5~3.0	6	
2	高山榕	18.0~20.0	4.5~5.0	3.0~4.0	12	
3	蝴蝶果	8.0~10.0	3.6~5.0	2.5~3.0	8	
4	海桐		1.0~1.2	1.2~1.5	9	
5	紫花野牡丹	5斤袋苗	0.25~0.30	0.25~0.30	200	
6	白蝴蝶	3斤袋苗	0.20~0.25	0.20~0.25	500	

图6.46

◎**提示**

在实际工作中像苗木表这样的统计表格,可以采用属性提取的方式自动生成,而不需绘制,且苗木表还有预算、采购等作用,所以常采用的表格形式是Excel电子表格。AutoCAD支持把Excel电子表格插入到绘图文件中,也支持在自动生成统计表时直接输出为Excel电子表格。有关详细内容在后面还有专门介绍。

6.7.2　表格编辑窗口的进一步说明

一定程度上可以像操作 Excel 电子表格那样操作 AutoCAD 中插入的表格。下面对表格编辑窗口作进一步详细说明。

当单击选择表格的任何一个单元格时，就进入表格编辑状态，系统会自动打开编辑工具栏，如图 6.47 所示。

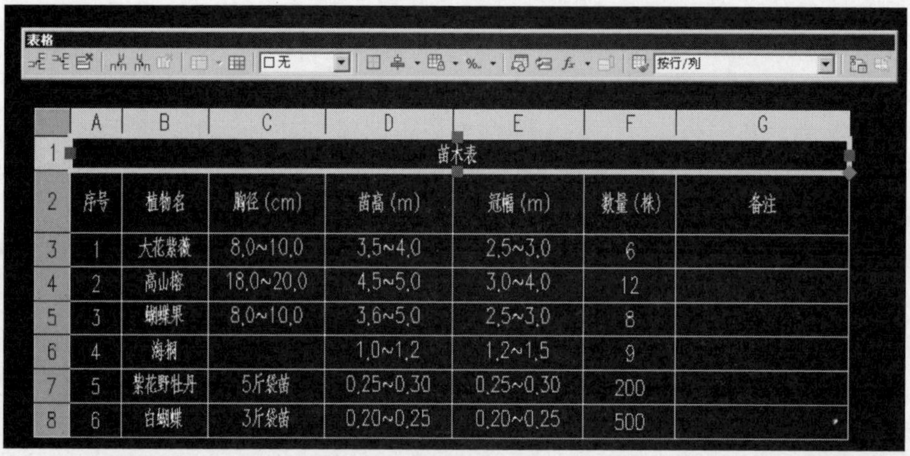

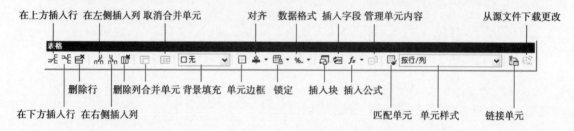

图 6.47

表格上方的文字编辑工具栏和多行文字编辑器很类似,其各个工具的作用如图 6.48 所示。

图 6.48

● 插入块:可往表格中添加已经建立好的块,内部块和外部块均可插入。例如希望在苗木表中把每种苗木在图中使用的图块列出来,即可以很方便地使用这个命令完成。

● 插入字段:和 6.4.3 中介绍的插入字段功能相同。

● 管理单元内容:当在单元格中插入了多个块以后可使用该命令对插入的块进行堆叠方式的管理。

● 匹配单元:类似于 Offic 软件中的格式刷,用以统一表格中的格式。

● 链接单元:可以链接 Excel 电子表格中的内容。

● 从源文件下载更改:更改原 Excel 表格中的内容后,点此按钮可以同步更新 AutoCAD 表格中的链接内容。

练习题

1.请说出矢量字体和 TrueType 字体的区别。在 CAD 作图的时候使用矢量字体有什么优点?

2.检查你的系统内是否装有海文(Haiwen)字体,如果没有安装,请安装。

3.在 CAD 绘图文件里新建一个文字样式,命名为 FS50,西文字体使用 Haiwenrs. shx 字体,中文字体使用 Haiwenhz. shx 字体,字体高度设计为 5 mm,宽高比设为 0.7 mm。然后在屏幕上输入一行单行文字:"风景园林专业"。

4.在 CAD 绘图文件里新建一个文字样式,命名为 FS35,西文字体使用 Haiwenrs. shx 字体,中文字体使用 Haiwenhz. shx 字体,字体高度设计为 3.5 mm,宽高比设为 0.7 mm。然后在屏幕上输入一段多行文字:"春江潮水连海平,海上明月共潮生。滟滟随波千万里,何处春江无月明。江流宛转绕芳甸,月照花林皆是霰。空里流霜不觉飞,汀上白沙看不见。"

5.新建一个文字样式,命名为 FS,取消勾选"使用大字体",字体选用 Truetype 字体里的"仿宋_GB2312",字体文字高度设为 0 mm,宽高比设为 0.7 mm。用新建的字体在屏幕上输入一行单行文字:"风景园林规划与设计"。用"对象特性面板"(命令:Ctrl + 1)检查所输入的文字的高度,并修改其高度为 7 mm。

6.设置几种特殊的文字样式,并输入一些文字观察其效果,例如隶书、黑体、行楷等。

7.设置一种使用矢量字体的文字样式(样式名自己确定),然后在绘图文件中用单行文字输入以下字符: ±0. 000;45°;φ500。

8.用 Windows 里的记事本书写一段文字(约 100 字),以"说明"文件名存盘,然后在 AutoCAD的多行文字编辑器里将它导入 CAD 绘图文件里。

9.尝试编辑已经存在于绘图文件中的单行文字和多行文字。

7 图案填充

本章导读 在工程制图中有很多材料是用特定形式的图案表示的,如最常见的混凝土和砖砌体等,此外,园路、场地等铺装或墙面的铺装等也常用到各种图案。本章主要内容:①图案填充及编辑的方法;②创建边界。

图案填充就是给封闭的区域填充指定类型的图案阴影线,便于区分不同区域的性质。在园林设计绘图中,图案填充常用于以下几个方面:

①表达地面或墙面等的铺装形式或纹理;

②绘制工程详图的时候用于表示材料的符号;

③区分相邻块面的不同特性。

图 7.1 是一个园林工程施工图的详图实例。图中碎石疏水层、钢筋混凝土和石屑垫层就是用填充的图案表示材料符号。AutoCAD 2011 中自带了很多种填充图案,基本上可以满足一般的工程绘图需要。AutoCAD 2011 也允许用户定义填充图案。在互联网的一些 CAD 资源站点,可以找到更多的预定义填充图案。

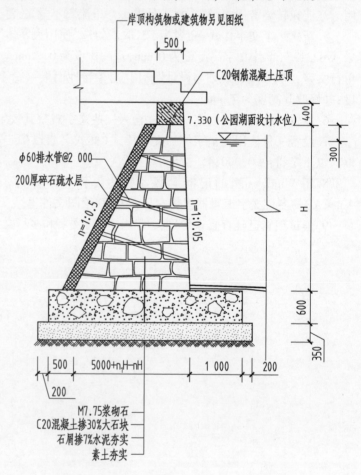

图 7.1

7.1　图案填充(Bhatch)及边界(Boundary)命令

7.1.1　图案填充(Bhatch)命令

该命令的作用就是对指定区域进行图案填充。命令调用的方法有四种:

🐾 菜单项:绘图(Draw)→图案填充(Hatch)

⌨ 键盘命令:H

⌨ 键盘命令:BH

🐾 单击"绘图"(Draw)工具条上的按钮

执行命令后,将弹出如图7.2所示的"图案填充和渐变色"(Hatch and Gradient)对话框,"图案填充"(Hatch)和"渐变色"(Gradient)是两个选项卡。如果执行填充命令则定位于"图案填充"选项卡,如果执行"渐变色"命令则定位于"渐变色"选项卡。"渐变色"的命令在下节介绍。

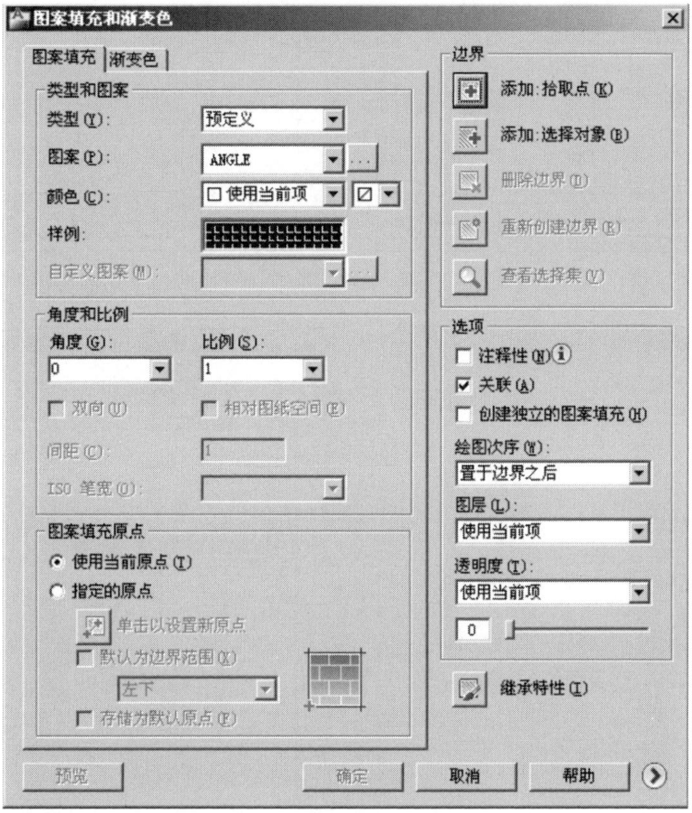

图 7.2

先对"图案填充"选项卡上的各个选项功能及特点如下。

• 类型(Type):有"预定义""用户定义""自定义"三个选项。"预定义"(Predefined),是采用系统预先定义的图案;"用户定义"(User defined),是采用用户自己定义的图案;"定制"(Custom)允许用户自定义图案。一般来说使用预定义的图案已经足够了。注意,实际在进行填充时多数情况下并不在这里选择类型。

● 图案(Pattern):这里列出了图案名称的清单,如果用户记得要使用的图案的名称,可以直接在此处选择图案类型。或者单击列选框右侧的按钮,打开"填充图案选项板"(Hatch Pattern Palette)(图 7.3),常用的系统预定义填充图案大多在"其他预定义"选项卡上。"ANSI"选项卡里的是由斜线组成的图案(图 7.4),"ISO"选项卡里的是由直线组成的图案(图 7.5)。"自定义"选项卡里则是用户自己定义的填充图案,图 7.6 中显示的是笔者收集的"自定义"图案。

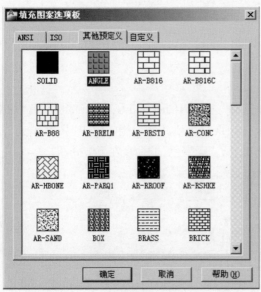

图 7.3

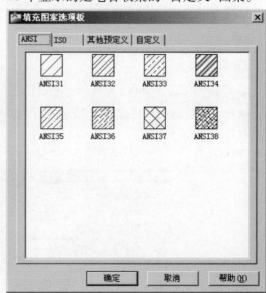

图 7.4

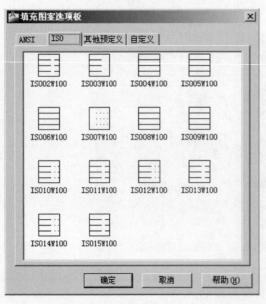

图 7.5

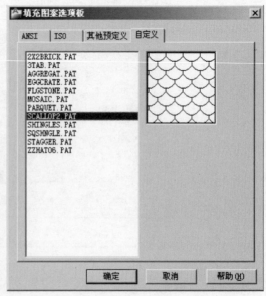

图 7.6

● 样例(Swatch)：单击样例小窗口将打开上面介绍的"填充图案选项板"。

● 角度(Angle)：设定填充图案的旋转角度。

● 比例(Scale)：指定填充图案缩放的比例。由于填充区域的绝对尺度、查看和输出比例等的差异，填充时经常需要调整图案的比例。如果选用的是"ISO"选项卡上的图案，则"ISO 笔宽"可用，可在后面指定笔宽值。

● 图案填充原点：一般应该选择"使用当前原点"。

下面说明"图案填充和渐变色(Hatch and Gradient)"对话框右侧"边界"各按钮的作用。

● 添加：拾取点(Add：Pick points)：单击该按钮后系统会暂时关闭"图案填充和渐变色"对话框，返回绘图界面让用户点选要填充的区域(在需要填充的封闭区域内任意点单击鼠标)。可以连续点选多个区域，完成选择后，按回车键或空格键就可以回到"图案填充和渐变色"对话框(若单击鼠标右键则是弹出一个菜单)继续设置。

点选填充区域的时候有一个要求，区域必须是封闭的。如果要填充的区域有缺口，则无法用点选的方式，并且会弹出一个警告窗口。

另外当要填充的区域边界过于复杂或周围有很多多段线或样条曲线的时候，系统查找边界会很慢，甚至可能查找不到有效边界。要解决这种问题只能用"多段线"命令(Pline)或"样条曲线"命令(Spline)绘制一条完整封闭的填充区域边界线，然后用下面介绍的方式选定填充区域。

● 添加：选择对象(Add：select objects)：单击该按钮也会暂时关闭"图案填充和渐变色"窗口返回绘图界面，要用户选择图形对象作为填充区域的边界。选择的对象可以是没有封闭的图形，但这样填充的结果会显得不正常。

● 删除边界(Remove Boundaries)：从边界定义中删除以前添加的任何对象。单击"删除边界"按钮时，对话框将暂时关闭，命令行将显示提示。

● 重新创建边界(Recreate Boundary)：围绕选定的图案填充或填充对象创建多段线或面域，并使其与图案填充对象相关联(可选)。单击"重新创建边界"时，对话框暂时关闭，命令行将显示提示。

● 查看选择集(View selections)：单击该按钮可以返回绘图界面查看选择的情况。

● 关联(Associative)：控制图案填充或填充的关联。关联的图案填充在用户修改其边界时将会更新。一般应该勾选此项。图 7.7 中图(a1)填充的时候勾选了关联，把边界拉伸后填充图案会跟着变化始终充满区域如图(a2)所示；图(b1)没有勾选"关联"，拉伸边界后，图案不会跟着变化如图(b2)所示。

● 创建独立的图案填充(Create separate hatch)：控制当指定了几个独立的闭合边界时，是创建单个图案填充对象，还是创建多个图案填充对象。如图 7.8 所示，图(a1)没有勾选"创建独立的图案填充"，同时点选三个矩形后填充的图案，虽然三个矩形各自独立，但填充图案是一个整体(填充完成后选择填充图案，会被一起选中)。图(a2)中勾选了"创建独立的图案填充"，尽管是一次填充操作生成的，但三个矩形中的填充图案是各自独立的。是否该勾选此项应该根据具体的编辑要求来确定。

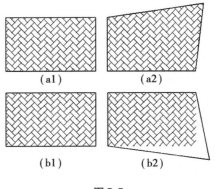

图 7.7

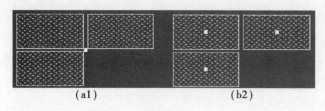

(a1)　　　　　　　　　　　　(b2)

图 7.8

• 绘图次序（Draw order）：用来指定填充图案和边界的前后次序，有"不指定""后置""前置""置于边界之后""置于边界之前"5 个选项。

• "继承特性"（Inherit properties）按钮：若希望新建的一个填充区域的填充图案及比例、角度等设置与已有的一个填充区域相同，在填充时单击此按钮，返回到绘图界面点选已有的填充图案后，新的填充区域的设置即与其完全相同。

单击"图案填充和渐变色"（Hatch and Gradient）窗口（图 7.2）右下角的按钮 ，将展开窗口右边原先被隐藏的部分，如图 7.9 所示。

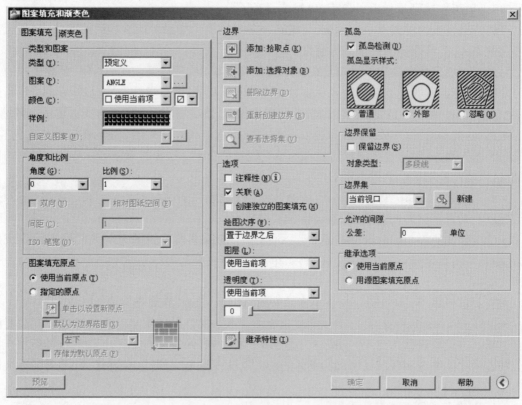

图 7.9

• 孤岛检测（Island detection）：当要填充的区域内部含有小的封闭区域或文字（即孤岛）时，指定是否检测，默认是检测孤岛，检测方式有三种选择，即"普通"（Normal）、"外部"（Outer）、"忽略"（Ignore）三种选择。图 7.10 中左图是勾选"孤岛检测"后填充矩形的效果，右图则是没有勾选"孤岛检测"的填充效果。

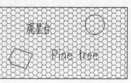

图 7.10

• 边界保留（Retain boundaries）：如果选择该项，将根据临时图案填充边界创建边界对象，并将它们添加到图形中,对象类型可以设为多段线或面域。一般情况下没有必要选择此项。

【例7.1】 绘制并填充一个如图7.11所示的图形。

先绘制用于填充的基本图形,如图7.12所示。因为我们并没有给定图形的尺寸,所以在练习的时候,不必强求和例题中的图形一样,大致类似就可以了,矩形内的曲线是用"样条曲线"(Spline)绘制的。

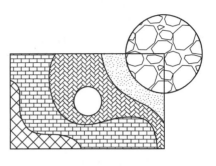

先填充左下角的区域,键入填充命令:"H",在弹出的"图案填充和渐变色"(Hatch and Gradient)窗口中单击"添加:拾取点"按钮,然后在矩形左下角那个区域内任意一点单击鼠标,系统会自动检测填充边界,如图7.13所示。

图7.11

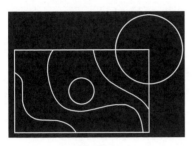

图7.12

图7.13

按一次回车键或空格键,结束选择回到"图案填充和渐变色"(Hatch and Gradient)对话框,并

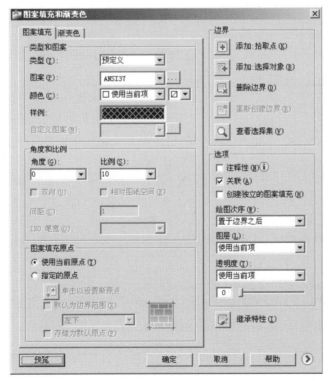

图7.14

选择填充图案"ANSI37",如图 7.14 所示。单击"预览"按钮,看看填充效果合不合适,若不合适则修改比例,直到预览觉得合适,然后单击"确定"按钮,完成第一个区域填充,如图 7.15 所示。

接下来依次填充矩形内的另外几个区域,注意填充带有圆的区域时,要打开"孤岛检测"。结果如图 7.16 所示。图中从左下向右上的填充图案分别是"预定义"选项卡里的 ANSI37、BRICK、AR-HBONE、AR-SAND。

图 7.15

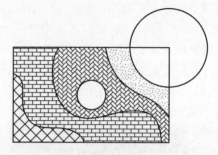

图 7.16

最后填充圆形区域。键入填充命令:"H",在弹出的"图案填充和渐变色"窗口中单击"添加:选择对象"按钮,回到绘图界面后,选择圆(注意是选择圆周线,不是在圆的范围内单击鼠标!)。按回车键或空格键回到"图案填充和渐变色"窗口,选择"预定义"选项卡下的图案"GRAVEL",用预览检查并修改适当的比例后,单击"确定"按钮完成填充,结果如图 7.11 所示。

7.1.2 边界(Boundary)命令

该命令的作用是查找一个区域的边界,并以边界生成图形对象。命令的调用方法有:

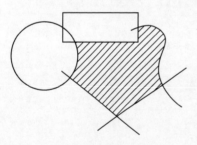

图 7.17

菜单项:绘图(Draw)→边界(Boundary)

键盘命令:BO

在默认工具条中未提供该命令的按钮。对于本身已经是一个独立图形的封闭区域,没有必要用这个命令去生成边界,这个命令主要是用于由若干个各自独立的图形围合成的封闭区域,如图 7.17 所示有斜线的区域。

【例 7.2】 绘制一个如图 7.18 所示的图形,然后用边界命令生成内部区域的多段线边界。

绘制完图形(图形类似即可)后,键入边界命令:"BO",将弹出"边界创建"(Boundary Creation)窗口,如图 7.19 所示。

单击"拾取点"按钮,系统会关闭"边界创建"窗口,在需要创建边界的区域内任意一个点单击鼠标左键,系统自动检测边界,如果检测顺利,边界轮廓会以虚线显示出来,如图 7.20 所示,回车即结束命令。图 7.21 的左图是生成边界后边界被选择的状态,右图是复制出来的边界,实际

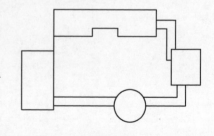

图 7.18

图 7.19

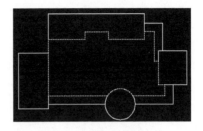

图 7.20

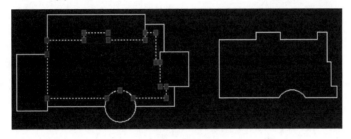

图 7.21

上是一条闭合的多段线。

如果区域的外围没有完全封闭,而是有缺口,则检测时会弹出一个警告,提醒用户"未找到有效的图案填充边界"。

有些区域,如图 7.22 所示的图形,其包围的区域,无法生成多段线边界,则会弹出一个警示,如图 7.23 所示,如果选择"是"则生成面域对象,如果选择"否"则放弃生成边界。

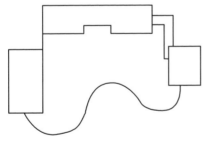

图 7.22

图 7.23

生成边界多段线或边界面域后就可以用选择对象的方式进行图案填充。

【例 7.3】 绘制一个如图 7.24 所示的室外阶梯断面图并进行材料符号填充。

新建一个绘图文件,选择"无样板打开 – 公制(M)"。按图 7.24 中标注的尺寸绘出阶梯的轮廓线条图。素土夯实的符号可以先绘制一组然后复制,并配合"对齐"(Align)命令完成,如图 7.25 所示。

新建一种文字样式,样式名"FS",西文字体选择 Haiwenrs. shx,中文字体选择 Haiwenhz. shx。若没有安装海文字体,也可以用 Windows 自带 TrueType 字体中的仿宋字代替。字高定为 120 mm,字体宽高比 0.7。

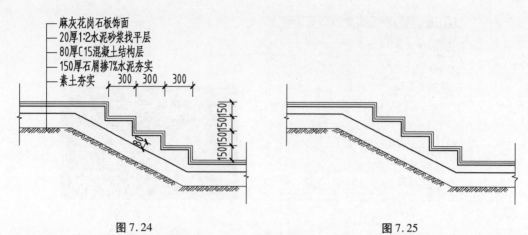

图 7.24 　　　　　　　　　　　　　　　　图 7.25

　　暂时别标注文字,先完成材料符号的填充。键入填充命令:"H",弹出的窗口中作如图7.26所示的设置。然后单击"添加:拾取点"按钮到绘图界面点选混凝土结构层的填充区域,并按回车键回到"图案填充和渐变色"窗口,单击"确定"按钮完成混凝土的填充,如图7.27所示。

　　这里选择的填充图案是"预定义"中的"AR-CONC","CONC"实际上是混凝土的英文单词Concrete 的缩写,我国的制图标准规定的混凝土符号也是这个符号。

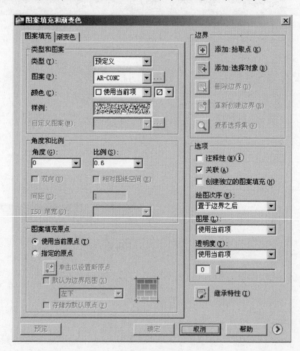

图 7.26

　　然后填充石屑垫层,填充图案选用 AR-SAND,比例设为 1.2,如图 7.28 所示。

　　最后标注说明文字,如图 7.29 所示。花岗石板及水泥砂浆找平层因为尺寸太小,不必填充。

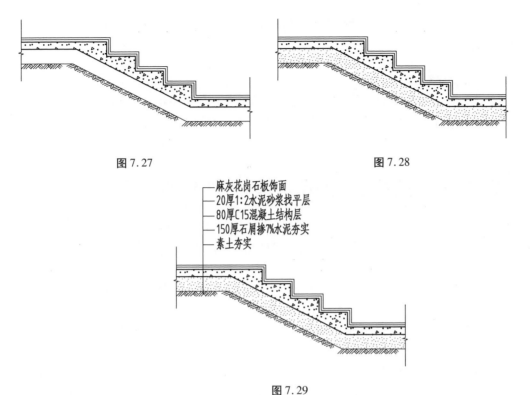

图 7.27　　　　　　　　　　　　图 7.28

麻灰花岗石板饰面
20厚1:2水泥砂浆找平层
80厚C15混凝土结构层
150厚石屑掺7%水泥夯实
素土夯实

图 7.29

下面如图 7.30 所示,列出了几种常用材料的图例符号,钢筋混凝土符号是由两次填充组成的。

"图案填充和渐变色"(Hatch and Gradient)对话框中还有一个"渐变色"(Gradient)选项卡,它的作用是给填充区域填充单色渐变色或双色渐变色,而且支持真彩色,类似于 Photoshop 中的"渐变填充"。在园林设计绘图中,渐变色填充几乎毫无用处,这里不介绍了。

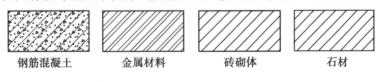

钢筋混凝土　　　　金属材料　　　　砖砌体　　　　石材

图 7.30

7.2　图案填充编辑(Hatchedit)命令

该命令用于修改已经存在的图案填充,可以修改填充图案的类型或填充特性。命令调用的方法有四种:

🞕 菜单项:修改(Modify)→对象(Object)→填充(Hatch)

🞕 键盘命令:HE

🞕 单击"修改Ⅱ"(Modify Ⅱ)工具条上的按钮

🞕 直接双击要修改的填充图案

执行命令后,光标变成拾取框,命令提示框显示:

命令:he

HATCHEDIT

选择图案填充对象:

选择了要编辑的填充图案后,将打开"图案填充和渐变色"(Hatch and Gradient)对话框,在此之后采用的方法和上文介绍的填充方法没有多少区别,这里不再赘述。

7.3 给园林设计平面图填充铺地图案线

下面将给在第 6.6 节中已经加注文字的园林设计平面图填充铺地图案线。请打开原先保存的绘图文件,并把当前图层切换到"08 填充"图层。为了填充不受干扰,先冻结"05 文字"图层。

①填充靠近亭子和廊的广场。用屏幕缩放及平移等命令调整屏幕显示,使要填充的区域尽量大地显示在屏幕中央。键入命令:"H",在弹出的"图案填充和渐变色"(Hatch and Gradient)对话框中单击"添加:拾取点"按钮,如图 7.31 所示。返回绘图界面在填充区域内任意一点单击鼠标,稍稍等候,系统自动检测到填充边界,如图 7.32 所示。

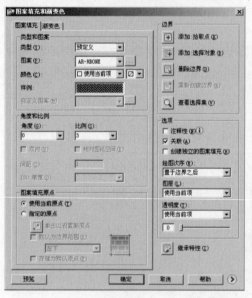

图 7.31

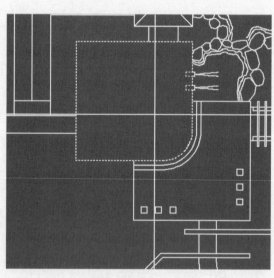

图 7.32

②按下空格键,返回"图案填充和渐变色"(Hatch and Gradient)窗口,填充图案选择"预定义"的"AR-HBONE",比例设为"3",单击"预览"按钮预览填充效果,确认没有问题后,单击"确定"完成第一步填充,如图 7.33。

③用相同的设置填充另外一个广场。填充这里的时候注意选择"孤岛检测"的形式为"普通"。把"05 文字"图层解冻,全图效果如图 7.34 所示,最后保存文件。

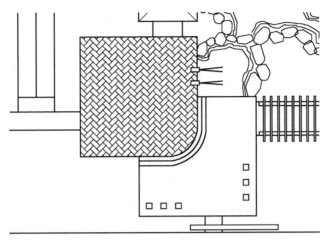

图 7.33

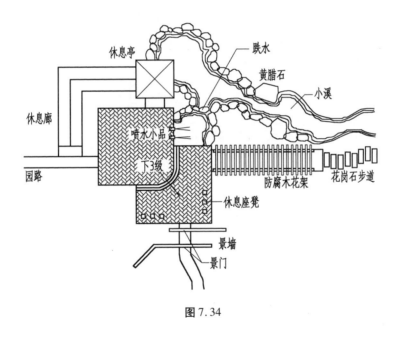

图 7.34

练习题

1.绘制 1 个 5 000 mm × 3 500 mm 的矩形,然后在其中进行图案填充,成为如下图所示的样子。

2. 绘制 4 个同心圆,同心圆的直径从外向内依次为 5 300 mm、5 000 mm、3 000 mm、2 700 mm。然后把这组同心圆填充成下图所示的样子。

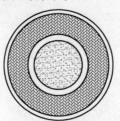

3. 绘制一个 3 500 mm × 2 500 mm 的矩形,然后把矩形逆时针旋转 34°,成为如下面左图所示的样子。调整坐标系,使 X 轴与矩形的长边对齐,然后给矩形填充图案,成为下面右图所示的样子。

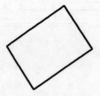 

4. 绘制并填充如下面左图所示的图形(注意填充区域的边界线要封闭),然后用填充编辑命令修改填充图案成为下面右图所示的样子。

 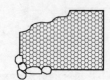

8 尺寸标注

本章导读　园林设计图绘制中,特别是到了技术设计阶段(初步设计阶段和施工图设计阶段),尺寸标注是一项非常重要的工作内容。本章的重点就是学习如何给设计图形标注尺寸,主要内容:①尺寸标注的样式;②尺寸标注的命令;③对尺寸标注的内容进行编辑。此外在本章还将学习利用引线给图形添加文字注释的方法。

8.1　尺寸标注的组成和类型

8.1.1　尺寸标注的组成

　　一个典型的尺寸标注包括尺寸界线、尺寸线、尺寸文本和尺寸箭头 4 个部分,如图 8.1 所示。

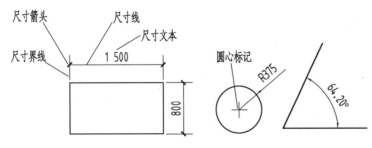

图 8.1

(1)尺寸文本
　　标注文字是用来标明实际尺寸数值的数据,在数据前后还可以加前缀或后缀。在有些情况下也可能不是标注数值,而是说明文字,或是计算公式,如图 8.2 所示。

(2) 尺寸线

尺寸线标明了尺寸标注的范围,尺寸线的起点和端点处通常有箭头指示位置。一般情况下标注文字沿尺寸线放置,并且置于尺寸线的上方居中位置(对于处于水平位置的尺寸标注)或左方居中位置(对于处于竖向位置的尺寸标注)。如果尺寸线的长度(即尺寸界线之间的距离)不足以放下文字,则文字会被移到外面去,且可以设定移出的文字是否带引出线。对于角度标注,尺寸线是一段圆弧,如图8.1所示。

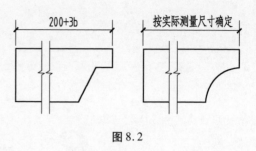

图8.2

(3) 尺寸箭头

尺寸箭头显示在尺寸线的两个端点,用以指示尺寸标注的起始位置和结束位置。这里要注意按照我国制图标准的要求,园林制图的标注格式和建筑制图的标注格式是一样的,即一般的尺寸标注箭头为成45°倾斜的短粗线,而角度标注及圆的半径、直径的标注箭头为实心箭头(见图8.1)。AutoCAD 2011允许用户自己定义箭头的形式,一般情况下没有必要。

(4) 尺寸界线

尺寸界线通常出现在要标注物体的两端,表示尺寸线的开始和结束。尺寸界线一般要垂直于尺寸线。在 AutoCAD 2011 中把 Extension Lines 翻译成"延伸线",是不正确的,因为在《房屋建筑制图统一标准》中就是称其为"尺寸界线",根本没有"延伸线"这种叫法。而且"尺寸界线"的意思很清晰,"延伸线"就语义模糊了。本教材中仍使用"尺寸界线"的标准称谓,请读者注意。

(5) 圆心标记

有时候为了标明圆或圆弧的圆心,可以为它们进行标记。可以仅使用圆心标记或同时使用圆心标记和中心线,如图8.3所示。

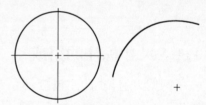

图8.3

8.1.2　尺寸标注的类型

AutoCAD 的尺寸标注共有6种类型:线性型尺寸标注、径向型尺寸标注、角度型尺寸标注、指引型尺寸标注、坐标型尺寸标注和中心尺寸标注。线性型尺寸标注又分为:水平标注、垂直标注、旋转标注、对齐标注、连续标注和基线标注。径向型尺寸标注包含半径标注及直径标注。中心尺寸标注包括圆心标记和圆心线标记,如图8.4所示。

8.1.3　尺寸标注的关联性

在默认情况下,AutoCAD 把尺寸标注当作一个整体来处理,即组成尺寸标注的箭头、尺寸线、尺寸界线、文字等部分并不是相互独立的。这种尺寸标注叫做关联性尺寸标注。如果用户使用前面介绍的"分解"(Explode)命令来将尺寸标注分解,那么它将分为标注文字、尺寸界线、尺寸线以及尺寸箭头4个部分,它们之间不再有联系,而且它们也不能称之为尺寸标注,只能认

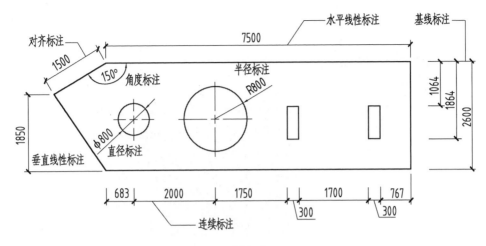

图 8.4

为是一种"画"出来的"尺寸"。

如果用户使用的是关联性的尺寸标注,那么当用户改变尺寸样式时,以该样式为样板生成的尺寸标注将随之改变。如果用户没有使用"分解"(Explode)命令分解尺寸标注,而尺寸标注的尺寸线、标注文本、尺寸界线、尺寸箭头都是一个单独的实体,也就是尺寸标注不是一个整体,一般把这种尺寸标注称为非关联性的尺寸标注。

尺寸标注的关联性由 AutoCAD 里面的 Dimaso 变量控制,在命令提示框键入"Dimaso",可以看到系统默认的变量值为"开"(ON)(输入值"1"或直接输入"ON"),如果把变量值改为"关"(OFF)(输入值"0"或直接键入"OFF"),则生成的尺寸标注为非关联性标注。一般情况下不应该把尺寸标注设定为不关联,也不应该用"分解"(Explode)命令把原本具有关联特性的尺寸标注分解,因为这样后期若想编辑尺寸标注会很不方便。

8.2 尺寸标注样式

在进行尺寸标注之前用户要首先创建标注样式,也可以修改已经存在的标注样式。在创建新的标注样式之前,应该先创建用于尺寸标注的文字样式。有时候从别的地方拿来的绘图文件打开时文字显示为乱码,往往就是因为绘图者没有设定好文字样式,而是直接使用了系统默认生成的样式名 Standard,而他指定的 Standard 中的字体在当前的系统中不存在或者是当前绘图文件又把 Standard 指定了其他非中文字体。这种情况只要重新设置文字样式就可以解决问题。如何创建文字样式请参见第 6 章的内容。

8.2.1 创建一个新的标注样式

创建标注样式的命令调用方法有三种:

🐾 菜单项:格式(Format)→标注样式(Dimension Style)

📖 键盘命令:DDIM

⊗ 单击"标注"(Dimension)工具条上的按钮✎

输入命令后将打开如图 8.5 所示的"标注样式管理器"(Dimension Style Manager)对话框。

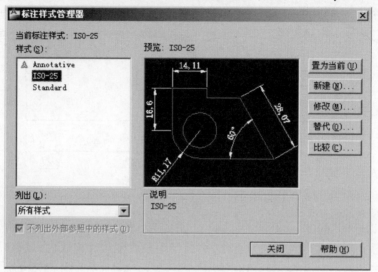

图 8.5

系统默认的标注样式为 ISO-25,这种标注样式不能用于园林工程图的标注。"标注样式管理器"(Dimension Style Manager)对话框右侧有 5 个功能按钮,分别说明如下:

- 置为当前(Set Current):把在窗口左边的选择框里选定的标注样式设为当前样式。
- 新建(New):新建一种标注样式。
- 修改(Modify):修改选定的标注样式。
- 替代(Override):用新的标注样式替代当前样式。
- 比较(Compare):比较两种标注样式。

要新建一种标注样式,单击"新建"(New)按钮,弹出创建新标注样式(Create New Dimension Style)窗口,如图 8.6 所示。

在"新样式名"(New Style Name)后面的输入框中输入自己定义的样式名称,例如"d50"。在"基础样式"(Start With)后面的选择框中选择是从哪一种已有的样式修改,如果绘图文件中已有别的标注样式,可以选择其中的一种作为基础样式,通过修改它创建新样式。在"应用于"(Use for)后面的选择框中选择把设定的样式内容应用于什么类型,一般可以采用默认选项"所有标注"(All dimensions)。"注释性"(Annotative)选项可以使尺寸标注成为注释性对象,注释性对象可以按照设定的图纸高度自动调整样式的比例,这里先不要打勾。设置好窗口内容后按下"继续"(Continue)按钮,弹出"新建标注样式:d50(New Dimension Style:d50)"设置窗口,如图 8.7 所示。该对话框共有 7 个选项卡,下面详细介绍各个选项卡中常用的设置选项。

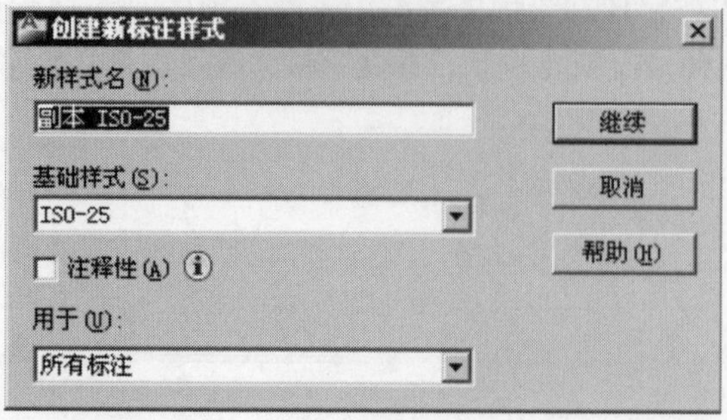

图 8.6

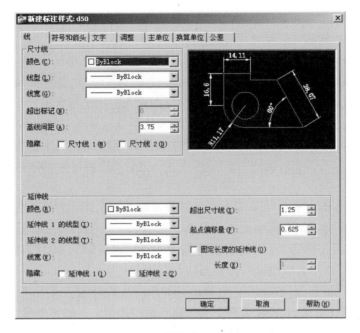

图8.7

1)"线"(Lines)选项卡

切换搭配"线"(Lines)选项卡如图8.7所示。在该选项卡里面要完成尺寸线、尺寸界线、箭头、引出线、圆心标记等的样式设定。随着设置内容的确定,右边黑色预览框内会显示相应的式样参考图。

尺寸线(Dimension Lines)的相关设置:

● 颜色(Color):用于指定尺寸线、尺寸界线、箭头、引出线、圆心标记等的颜色。较好的做法是为尺寸标注单独设置一个图层,为图层指定特定的颜色,例如青色(4 号色),然后这里选择"随层"(ByLayer)。

● 线型(Linetype):用于指定线型,一般标注应该采用实线(Continuous)。

● 线宽(Lineweight):用于指定尺寸线的宽度,一般采用默认的 Byblock 选项即可。

● 超出标记(Extend beyond ticks):设定尺寸线伸出尺寸界线的长度,按我国工程制图标准,这里应该采用默认值0。请注意该选项对于有些箭头形式是无效的。

● 基线间距(Baseline Spacing):指定当采用基线标注时,基线之间的距离。(关于基线标注的概念请参见图8.4。)基线间距应设为略大于标注文字的高度。

● 隐藏(Suppress):后面有两个选项,"尺寸线 1"(Dim Line 1)和"尺寸线 2"(Dim Line 2),如果勾选"尺寸线 1"则尺寸标注的第一个箭头及与之相连的尺寸线不显示;如果勾选"尺寸线 2"则尺寸标注的第二个箭头及与之相连的尺寸线不显示;若同时选中 Dim Line 1 和 Dim Line 2 则两个箭头和整条尺寸线都不显示,但仍然显示尺寸界线。一般这里应该两个都不勾选。

"尺寸界线"(Extension Lines)的设置:

● 颜色(Color):指定尺寸界线的颜色。一般宜采用和尺寸线相同的颜色设置。

- 尺寸界线1:指定第一条尺寸界线的线型。一般应设为实线。
- 尺寸界线2:指定第二条尺寸界线的线型。一般应设为实线。
- 线宽(Lineweight):指定尺寸界线的宽度,一般采用默认的 Byblock 选项即可。
- 隐藏(Suppress):有"尺寸界线1"和"尺寸界线2"两个选项,都不要勾选。
- 超出尺寸线(Extend beyond dim lines):后面的输入框用于指定尺寸界线从尺寸线伸出的长度,按照我国制图标准的要求,最后输出的图纸尺寸界线应该从尺寸线伸出约3 mm,具体在该处输入什么数值,和图纸的输出比例有关,例如如果图纸输出比例为1:50,则此处可以设为150,或者这里仍设为3,但在后面的"调整"选项卡中把全局比例设为50。这个问题后面再详细叙述。
- 起点偏移量(Offset from origin):后面的输入框用于指定尺寸界线从所标注的点偏移的距离。制图标准要求尺寸界线和标注点不能粘在一起,应离开图线2 mm以上。在输入框中输入的具体数值也与出图比例有关,假设出图比例为1:50,则应输入100,当然也可以此处设为2 mm,然后在"调整"选项卡中用全局比例调整。
- 固定长度的尺寸界线(Fixed length extension lines):如果勾选该项,则尺寸界线的长度是固定的,而不管是用什么比例,长度值在下面的输入框中指定。一般不要采用这种方式。

设置好上述各个选项后选项卡如图8.8所示。

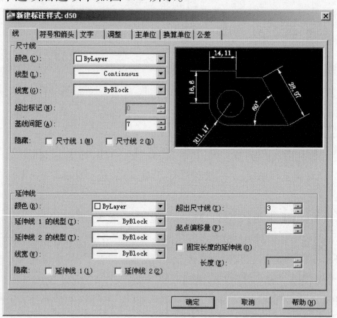

图8.8

2)"符号和箭头"(Symbols and Arrows)选项卡

单击"新建标注样式:d50"窗口中的"符号与箭头"选项卡,该选项卡如图8.9所示。在该选项卡设置尺寸标注的箭头、圆心标记、弧长符号、线性折弯标注等,下面分别说明。

"箭头"(Arrowheads)的设置选项:

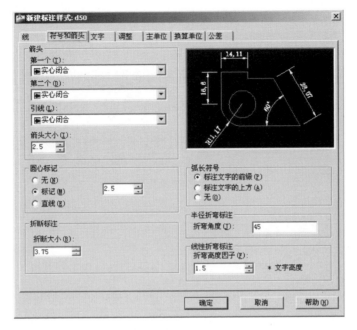

图 8.9

● 第一项(First)：指定第一个箭头的形式。单击下面的长条选择窗口，会弹出一个选单，如图 8.10 所示，里面有多种箭头形式供选择，按我国制图标准，工程制图的一般尺寸标注箭头应选择"建筑标记"，而角度、半径及直径标注应选择"实心闭合"。

● 第二个(Second)：指定第二个箭头的形式，应和第一个箭头一样。

● 引线(Leader)：指定引出线的箭头形式，应选择"实心闭合"。

图 8.10

● 箭头大小(Arrow size)：设定箭头的大小。系统默认的是2.5，按照经验，应该设为 2 比较合适，当然这是指用全局比例调整其大小的情况下。如果不是用全局比例进行调整，则应该是 2 乘以出图比例的分母。例如打算用 1∶50 的比例出图，则这里应该把箭头大小设为 100。

"圆心标记"(Center marks)，有三个选项：无、标记、直线。图 8.3 中的左图是选择"直线"的情况，右图是选择"标记"的情况。大小可以按照实际情况确定，一般可以采用默认值 2.5。

"弧长符号"(Arc length symbol)，有三个选择：标注文字的前缀、标注文字的上方、无。应该选择第二项，即"标注文字的上方"。

"半径折弯标注"(Radius dimension jog)，设为 30° 比较合适。

"折断标注"(Dimesion Break)，可采用默认值。

"线性折弯标注"(Linear jog dimesion)，其下面的"折弯高度因子"(Jog height factor)可采用默认的 1.5 倍文字高度。

设置完成后选项卡如图 8.11 所示。

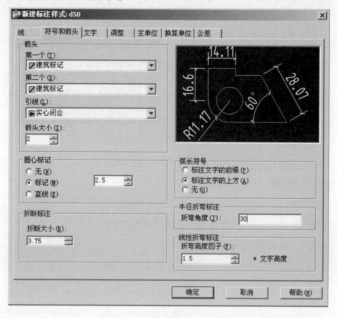

图 8.11

3)"文字"(Text)选项卡

这个选项卡如图 8.12 所示,在这里设置标注文字的参数。

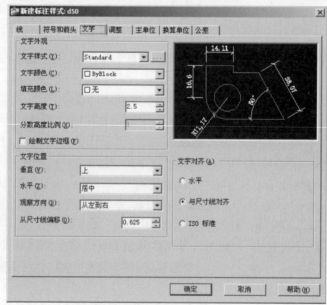

图 8.12

"文字外观"(Text appearance):

● 文字样式(Text style):系统默认的是"Standard",前面曾说过,尽量不要使用这种样式。如果事先已经按照比例设置好了文字样式,可以从列选窗中直接选用。如果在设置标注样式之前忘了设置文字样式,可以单击列选窗后面的按钮立即新建一个文字样式。在这里设置了一种名称为 FS5 的文字样式,采用海文字体,字高为 5 mm,字宽为高度的 0.7。

● 文字颜色(Text color):指定标注文字的颜色。一般可设置为随层(ByLayer)。

● 填充颜色(Fill color):采用默认选项"无"。

● 文字高度(Text height):如果之前设定的文字样式中字高度设置为 0,则要在这里指定文字的高度,文字的高度与出图比例有关。如果之前设定的文字样式已经指定了文字的准确高度,则这个选项无效。

● 分数高度比例(Fraction height scale):我国采用的是小数制,这里不用管它。

● 绘制文字边框(Draw frame around text):除非有特殊需要,否则这里不要勾选。

然后是"文字位置(Text placement)":

● 垂直(Vertical):这里设置的是尺寸文字和尺寸线的关系,应该选择"上方"(above)。

● 水平(Horizontal):这里设置的是尺寸文字在尺寸界线之间的位置,一般应该选择"居中"(centered)。

● 观察方向(View direction):就是文字的阅读方向,选择从左到右。

● 从尺寸线偏移(Offset from dim line):设置文字和尺寸线之间的间隙,一般设为 0.5 mm 左右即可。

● "文字对齐"(Text alignment),一般应该选择"与尺寸线对齐"(Aligned with dimension line),也就是使尺寸文字和尺寸线平行。

设置完成后结果如图 8.13 所示。

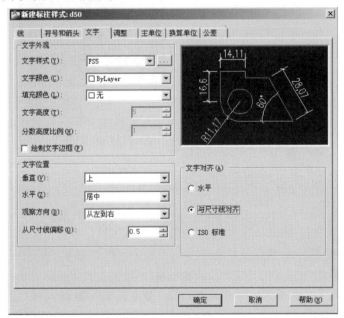

图 8.13

4)"调整"(fit)选项卡

该选项卡如图 8.14 所示。

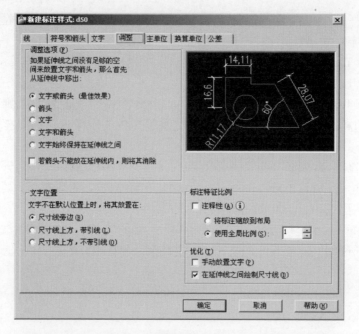

图 8.14

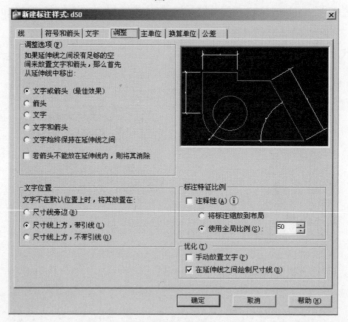

图 8.15

　　"调整选项"（Fit options）下面有五种选择，一般可以采用默认选择"文字或箭头（最佳效果）"〔Either text or Arrows（best fit）〕。注意不要勾选"若不能放在尺寸界线内，则消除箭头"！

　　"文字位置"（Text placement）下面有三种选择，一般选择"尺寸线上方，带引线"（Over dimension line，with leader）。

　　"标注特征比例"（Scale for dimension features），因为多数情况下是在模型空间进行尺寸标注，所以应该选择第一项，"使用全局比例"（Use overall scale of）。比例值则是跟出图比例相关，

例如要用1:50的比例出图,且前面各个选项卡中的尺寸箭头等都是按照基本值设定(例如箭头定为2 mm,尺寸界线超出尺寸线为3 mm等),则这里的全局比例应设为50。这里要注意,全局比例只是对尺寸箭头、尺寸界线超出尺寸线的长度、原点偏移量、文字离开尺寸线的距离、基线间距等有效,对文字的高度及宽高比不起作用。

"优化"(Fine tuning),一般选择"在尺寸界线之间绘制尺寸线"(Draw dim line between ext lines)。

完成设置后如图8.15所示。

5)"主单位"(Primary unites)选项卡

该选项卡如图8.16所示。

图8.16

①"线性标注"(Linear dimensions)的各个选项。

• 单位格式(Unit format):里面有几个选项,按我国制图标准,应该选择"小数"(Decimal)。

• 精度(Precision):如果以毫米为单位绘图,精度应该选择0,如果以米为单位绘图,精度应该选择0.000。

• 小数分隔符(Decimal):应该选择"句点"(Period)。

• 舍入(Round off):为除"角度"之外的所有标注类型设置标注测量值的舍入规则。如果输入0.25,则所有标注距离都以0.25为单位进行舍入。如果输入1.0,则所有标注距离都将舍入为最接近的整数。小数点后显示的位数取决于"精度"设置。一般可以采用默认值0。

• 前缀(Prefix):在标注文字中包含前缀。可以输入文字或使用控制代码显示特殊符号。例如,输入控制代码%%c显示直径符号。当输入前缀时,将覆盖在直径和半径等标注中使用的任何默认前缀。图8.17是一个加入前缀的例子。

• 后缀(Suffix):在标注文字中包含后缀。可以输入文字或使用控制代码显示特殊符号。

输入的后缀将替代所有默认后缀。图 8.18 是一个后缀例子,当然一般情况下这是没有必要的。

图 8.17   图 8.18

②"测量单位比例"(Measurement scale),是指绘图的图形单位和真实尺寸间的关系。一般情况下多以 1:1 的比例绘图,这里设定"比例因子"(Scale factor)为 1 即可。如果绘图时是按照一定比例画的,例如 1:100,则这里应该输入比例因子为 100。利用比例因子,可把用 m 为单位绘制的图形标注成 mm 的尺寸,方法是比例因子设为 1 000;反之亦可。

注意:"全局比例""测量单位比例因子""出图比例"这三个概念不可混淆。

"消零"(Zero suppression),有"前导"(Lading)和"后续"(Trailing)两项,如果勾选了"前导"消零,则象 0.362 这样的数据将显示为".362"。如果勾选了"后续"消零,则 21.230 将显示为"21.23",而 25.000 将显示为"25"。按照通常的制图习惯,两个消零选项都不应该勾选,以使数据整齐易读。

③"角度标注"(Angular dimensions):

● 单位格式(Units format):按照我们的制图习惯,应该选择"度/分/秒"的形式。(制图标准没有明文规定使用这种格式,但在举例时都用这种格式。)

● 精度(Precision):选择 0d00′00″。

"消零"(Zero suppression)下面的两个选项都不要勾选。

设置完成后如图 8.19 所示。

图 8.19

6)换算单位(Alternate)选项卡

该选项卡如图 8.20 所示。

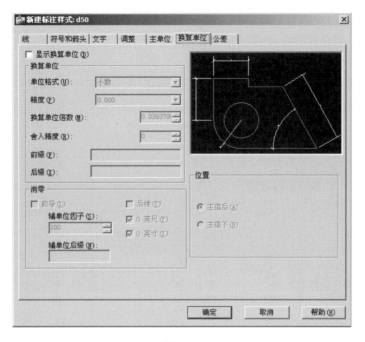

图 8.20

　　一般情况下,在园林工程制图中,这个选项卡不必设置,即保持不要勾选"显示换算单位"（Display alternate units）。

7）公差（Tolerances）

　　这个选项卡不必填写,如图 8.21 所示。

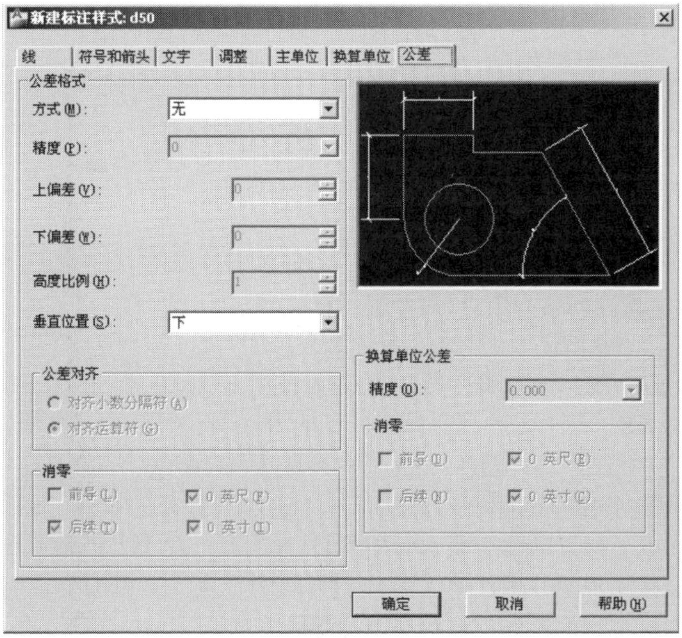

图 8.21

7个选项卡都已经设置好之后,单击"确定"返回"标注样式管理器",如图8.7所示,并单击"置为当前"按钮把刚设置的标注样式指定为当前样式,关闭窗口退出即可以使用标注样式进行尺寸标注。

如果在一个绘图文件内有几个图形,而且这些图形将来输出的比例不相同,例如有些图形是用1∶50输出,而有些图形是用1∶100输出,这种情况下可以设置几种尺寸标注样式。在创建标注样式的时候,宜尽量采用容易理解和记忆的名称,例如在举例中用d50表示用于1∶50的尺寸标注。

8.2.2　修改一个标注样式

修改已有标注样式的方法和创建新标注样式的方法几乎完全一样,这里不再重复。

8.3　尺寸标注命令

在前面曾说过,要达到提高绘图速度和效率的目的,应该尽量养成多使用键盘快捷命令的方式,但对于尺寸标注,最方便的还是采用工具条按钮。因为尺寸标注不是每次绘图都要进行,也就是说尺寸标注命令并不是经常使用,所以要熟练记忆难度较大。另外尺寸标注的工具条按钮很直观,比点选菜单项要简便。

8.3.1　线性尺寸标注(Dimlinear)命令

用于生成与坐标轴平行的尺寸标注。命令调用的方法有三种:

📛 菜单项:标注(Dimension)→线性(Linear)

⌨ 键盘命令:DIMLINEAR

📛 单击"标注"(Dimension)工具条上的按钮

输入命令后命令提示框显示下列信息:

命令: dimlinear

指定第一条尺寸界线原点或 <选择对象>:

这时拾取要标注长度的第一个点,命令提示框接着显示:

指定第二条尺寸界线原点:

拾取要标注长度的第二个点,命令提示框又显示:

指定尺寸线位置或

[多行文字(M)/文字(T)/角度(A)/水平(H)/垂直(V)/旋转(R)]:

拖动光标,在适当的位置单击鼠标,就完成了一个线性标注。若在"指定第一条尺寸界线原点或 <选择对象>:"提示下单击鼠标右键或回车,则光标变成一个小方框拾取框,这时直接点取要标注的对象,可以直接生成尺寸标注而无需分别拾取两个点。这里需要说明,为了保证尺寸标注的精确性,在拾取标注点的时候应该用对象捕捉的方式。

图 8.22 是两个线性标注的实例,上面的一个是用直接选取对象的方式生成的,图 8.22 的一个则是用拾取两个点的方式生成。

上面拾取第二个标注点后显示的提示信息中有几个选项,他们通常较少用到,在下面稍作说明。

● 多行文字(Mtext):选择该项(在命令提示后面键入"M")将打开多行文字编辑器,并且编辑器中出现的标注数字显示了一块颜色,光标在颜色块前面,可以在数字前面或后面输入其他字符。也可以删除数字块,修改标注的数据(建议最好不要这样做),如图 8.23 所示。

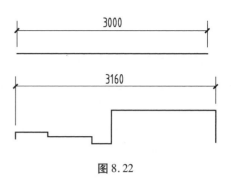

图 8.22

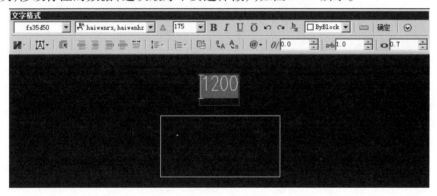

图 8.23

● 文字(Text):选择该项则可以让用户通过命令提示窗直接输入标注数据或文字。

● 角度(Angle):选择该项后用户可以输入一个角度值使文字相对于尺寸线倾斜。

● 水平(Horizontal):该选项的作用是强制使线性标注成水平线性标注。如图 8.24 所示,当执行线性标注命令时,先拾取了 A 点,再拾取 B 点,结果可以是标注 AC 段的长度,也可以是标注 CB 段的长度;选择了水平(Horizontal)后则是标注 CB 段的长度。

● 垂直(Vertical):该选项的作用是强制使线性标注成竖直方向的线性标注,与上一个选项整好相反。

● 旋转(Rotated):该选项的作用是使系统按照用户指定的角度旋转标注。

如图 8.25 所示,矩形长边为 1 000 mm,如果要标注长边在与之成 45°角的投影面上的投影长度,则选择该项。输入旋转角度为 45,得出投影长度约为 707 mm。

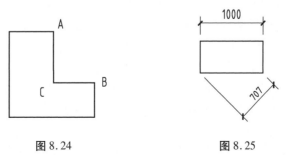

图 8.24   图 8.25

8.3.2　对齐标注(Dimaligned)

该命令生成与坐标轴倾斜的标注,生成的标注尺寸线自动平行于标注起点和终点之间的连线。命令调用的方法有三种:

🎨 菜单项:标注(Dimension)→对齐(Aligned)

⌨ 键盘命令:DIMALIGNED

🎨 单击"标注"(Dimension)工具条上的按钮↖

输入命令后命令提示框显示:

命令:_dimaligned

指定第一条尺寸界线原点或 <选择对象>:

拾取标注对象的第一个点后,命令提示框接着显示:

指定第二条尺寸界线原点:

拾取第二个点后,命令提示框接着显示:

指定尺寸线位置或

[多行文字(M)/文字(T)/角度(A)]:

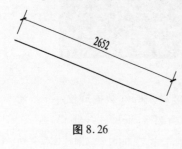

图 8.26

移动光标调整尺寸线到合适的位置再单击鼠标左键就完成了标注。线性标注命令一样,也可以在"指定第一条尺寸界线原点或 <选择对象>:"提示出现时单击鼠标右键或回车,用直接点取标注对象的方式生成标注。拾取第二个标注点后,命令提示窗也显示了几个选项,即"多行文字(M)/文字(T)/角度(Angle)",这几个选项和上文介绍的线性标注的选项的含义是一样的,如图 8.26 所示是一个对齐标注的例子。

8.3.3　半径标注(Dimradius)

对圆或圆弧进行半径标注。命令调用的方法有如下三种:

🎨 菜单项:标注(Dimension)→半径(Radius)

⌨ 键盘命令:DIMRADIUS

🎨 单击"标注"(Dimension)工具条上的按钮⊘

输入命令后,提示选择圆或圆弧,点选了圆或圆弧后,提示指定尺寸线的位置,移动光标调整尺寸线到合适的位置后再单击鼠标左键就完成了半径标注。后面的选项与上文介绍的选项一样。

注意:我国制图标准要求线性标注的箭头是倾斜的粗短线,而半径或直径的标注箭头是实心的箭头,协调这个问题可以有两种方法。第一种方法是创建两种标注样式。第二种方法是标注半径或直径的时候仍然使用线性标注使用的样式,标注之后,用特性窗口进行个别修改,如图8.27 所示。图 8.28 中左右两图分别是用特性窗口进行修改之前与之后的标注样式。

圆或圆弧的尺寸标注,标注数字既可以置于圆或圆弧的外侧,也可以置于内测,如图 8.29所示。

图 8.27

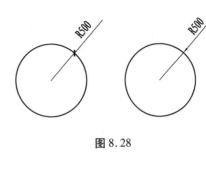

图 8.28

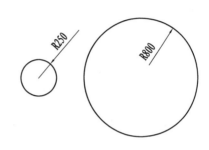

图 8.29

8.3.4　折弯标注(Dimjogged)

有些情况下,圆或圆弧的半径标注可能无法把整条半径直线画出来,这时可以使用折弯标注。命令调用方法也有三种:

🎬 菜单项:标注(Dimension)→折弯(Jogged)

⌨ 键盘命令:DIMJOGGED

🎬 单击"标注(Dimension)"工具条上的按钮

输入命令后按照提示依次选择圆或圆弧,指定中心位置,指定尺寸线位置,就生成折弯标注。如图 8.30 所示是折弯标注的实例。折线折弯的角度可以在"新建/修改标注样式"窗口中"半径标注折弯"下面设置,一般设置为 30° 比较合适。

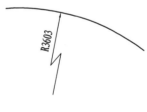

图 8.30

8.3.5　直径标注(Dimdiameter)

对圆或圆弧进行直径标注。命令调用的方法有三种:

🎬 菜单项:标注(Dimension)→直径(Diameter)

⌨ 键盘命令:DIMDIAMETER

🎬 单击"标注"(Dimension)工具条上的按钮

命令使用的方法和半径标注命令很类似,请读者参照学习。同样,圆的直径标注也应该用实心箭头。图 8.31 是一个标注示例。

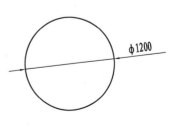

图 8.31

8.3.6　圆心标记(Dimcenter)命令

该命令的作用是给圆或圆弧的圆心点进行标记,标记生
成的实际上是一个十字符号,是两条独立的线段,也就是说标记完成以后无法作为一个整体对
它进行编辑。命令调用的方法有如三种:

　菜单项:标注(Dimension)→圆心标记(Center Mark)

　键盘命令:DIMCENTER

　单击"标注"(Dimension)工具条上的按钮 ⊕

输入命令后按提示选择要标记的圆或圆弧即可。关于圆心标记的设置参见 8.2.1"符号和
箭头"选项卡的说明。

8.3.7　角度标注(Dimangular)

该命令可以给一个角标注度数,也可以给一段圆弧标注包角,还可以给圆标注范围角。命
令调用方法如下:

　菜单项:标注(Dimension)→角度(Angular)

　键盘命令:DIMANGULAR

　单击"标注"(Dimension)工具条上的按钮 ⟨

输入命令后,命令提示框显示以下信息:

　　DIMANGULAR

　　选择圆弧、圆、直线或 <指定顶点>:

如果是标注角的度数,则分别单击角的两条边线,然后移动光标调整尺寸线到合适的位置
再单击鼠标左键即可。如果是标注圆弧线的包角,则直接单击圆弧线,再调整尺寸线到合适位
置再单击鼠标左键结束命令。如果是标注圆的范围角,则在圆线上范围起点单击,再根据提示
在范围终点单击,最后再调整尺寸线位置,并结束命令,如图 8.32 所示。

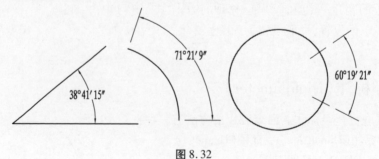

图 8.32

8.3.8　基线尺寸标注(Dimbaseline)

基线尺寸标注是基于上一个或选择的标注进行连续的标注。它将指定的尺寸界线或前一个尺寸标注的第一尺寸界线作为自己的第一条尺寸界线,并且尺寸线与上一个尺寸标注的尺寸线平行,两条尺寸线之间的距离则是在设定尺寸标注样式时指定的(参见图8.4和图8.7)。执行该命令的前提是绘图文件中之前已经存在尺寸标注。命令调用的方法有三种:

▧ 菜单项:标注(Dimension)→基线(Baseline)

▨ 键盘命令:DIMBASELINE

▧ 单击"标注"(Dimension)工具条上的按钮

【例8.1】　绘制一个2 800 mm×800 mm的矩形,再把它修改成如图8.33所示的样子,阶梯状图形的尺寸可随意定。设定一种用于1∶50的比例出图的标注样式,然后用基线标注方式对图形进行尺寸标注。

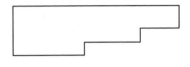

图8.33

新建一个绘图文件,选择"无样板打开 – 公制(M)"。先按题目要求绘制图形。然后点选菜单项"格式(Format)→标注样式(Dimension Style)",弹出"标注样式管理器",如图8.34所示。

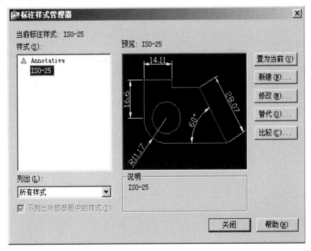

图8.34

单击"新建"按钮,弹出"创建新标注样式"窗口,把"新样式名"改为"D50",如图8.35所示。

单击"继续"按钮,切换到"线"选项卡,把基线间距设为6,尺寸界线超出尺寸线设为2.5,起点偏移量设为2,其他采用默认设置,如图8.36所示。

切换到"符号和箭头"选项卡,把箭头设为"建筑标记"、箭头大小设为2,如图8.37所示。

切换到"文字"选项卡。因为事先没有设定文字样

图8.35

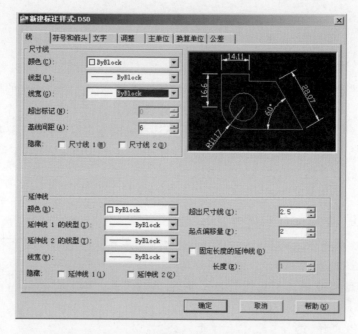

图 8.36

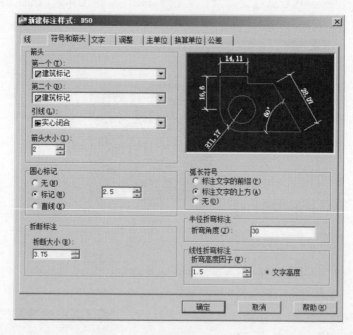

图 8.37

式,所以无法直接指定文字样式。立即新建一个文字样式,单击"文字样式"后面的按钮,在弹出的"文字样式"窗口中新建一种文字样式,样式名定为 fs35,勾选"使用大字体",西文字体选择"haiwenrs. shx",中文字体采用"haiwenhz. shx",字高定为 175,宽度比例定为 0.7,单击"应用"按钮,如图 8.38 所示。

关闭"文字样式"窗口返回"文字"选项卡,选择 fs35 为标注使用的文字样式,"从尺寸线偏移"设为 0.5,文字对齐方式选择"与尺寸线对齐",如图 8.39 所示。

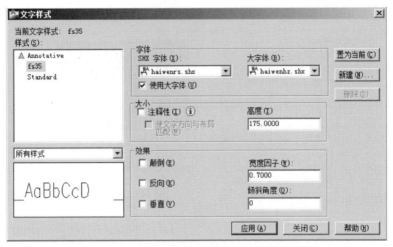

图 8.38

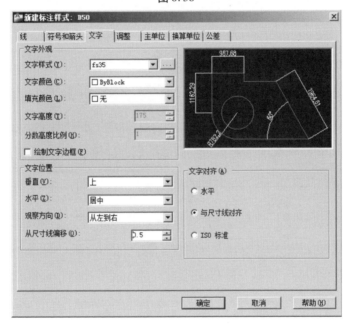

图 8.39

切换到"调整"选项卡,"文字位置"选择"尺寸线上方,带引线";标注特征比例选择"使用全局比例",并把全局比例设定为 50,如图 8.40 所示。

切换到"主单位"选项卡,单位格式选择"小数",精度选择"0",小数分隔符选择'.'(句点),比例因子设定为 1,角度格式设为"度/分/秒",精度设为 0d00′00″,所有消零选项都不要勾选,如图 8.41 所示。

设置完成后,单击"确定",返回"标注样式管理器",确认左边窗口中的"D50"处于选择状态,单击"置为当前"按钮,把新建的标注样式 d50 指定为当前标注样式,如图 8.42 所示。单击"关闭"按钮,返回绘图界面。

准备工作做好后,开始进行尺寸标注。前面讲过,进行基线标注的前提是之前已进行过线性标注。所以先给图形最下面的水平直线段进行水平线性标注。单击水平线性标注按钮 [图标],

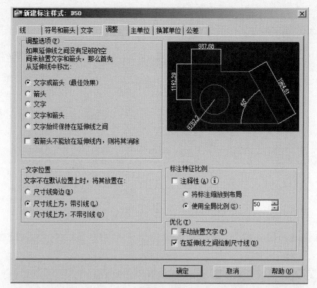

图 8.40

图 8.41

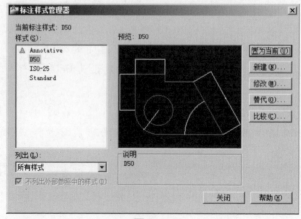

图 8.42

用端点捕捉方式捕捉图形的左下角点,接着捕捉水平线段的右端点,调整尺寸线的位置,单击鼠标完成标注,结果如图8.43。

单击基线标注按钮![图标],可以看到系统已经把尺寸标注的起点自动固定在刚才水平线性标注的第一点上,用端点捕捉方式依次捕捉第二段水平直线段的右端点和第三条水平直线段的右端点,将依次生成基线标注,最后单击鼠标右键结束命令,结果如图8.44所示。

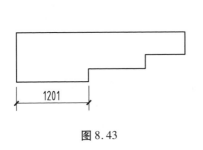

图 8.43

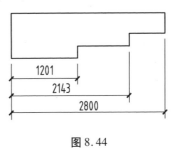

图 8.44

◎提示

在输入基线标注命令后,命令提示窗会显示:

指定第二条尺寸界线原点或[放弃(U)/选择(S)] <选择>:

在例8.1中创建了第一个水平线性标注后,紧接着进行基线标注,所以系统能够自动从水平线性标注的起点开始基线标注。但在很多时候,完成了某个线性标注后,可能还进行了很多其他标注,或重新打开绘图文件进行基线标注,这种情况下,就需要手动指定作为基础的线性标注时,使用"选择"选项(键入"S"),然后点选目标线性标注即可。

8.3.9 连续尺寸标注(Dimcontinue)

连续尺寸标注是基于上一个或选择的标注进行连续的标注,它将指定的尺寸界线或前一个尺寸标注的第二尺寸界线作为自己的第一条尺寸界线,并且尺寸线与上一个尺寸标注的尺寸线在同一个位置上。执行该命令的前提是绘图文件中之前已经存在尺寸标注。命令调用的方法有三种:

![图标] 菜单项:标注(Dimension)→连续(Continue)

![图标] 键盘命令:DIMCONTINUE

![图标] 单击"标注"(Dimension)工具条上的按钮![图标]

命令的用法和基线标注命令类似,只是在键入 S 后要点选已有线性尺寸标注的第二尺寸界线。图 8.45 是用连续标注命令给图8.43的图形标注后的结果。

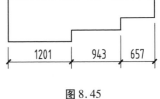

图8.45

8.3.10 快速标注(Qdim)

该命令让用户直接点选标注对象以快速生成尺寸标注,而无需一个点一个点选取标注点。命令调用的方法有三种:

![图标] 菜单项:标注(Dimension)→快速标注(Quick Dimension)

▦ 键盘命令：QDIM

🗶 单击"标注"（Dimension）工具条上的按钮 ⟨⟩

输入命令后命令提示窗显示：

命令：_qdim

关联标注优先级 = 端点

选择要标注的几何图形：

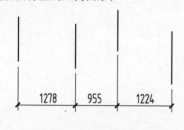

图 8.46

此时可以连续选取几个要标注的图形对象，当选择完成后单击鼠标右键，就会一次自动生成一组标注，生成的标注看起来和连续标注的结果一样。例如例 8.1 中的图形（图 8.36），执行该命令后，连续选取下边的三条水平线（如果是多段线则一次选择就可以全部选中），然后单击鼠标右键，就会得到和图 8.45 一样的结果。

快速标注也适用于如图 8.46 所示的这种图形，方法是在执行快速标注命令的时候，用交叉窗口选择的方式一次全部选中所有线段的下端点。灵活运用这种标注方式，显然可以提高绘图的效率。

8.4 尺寸标注的编辑

8.4.1 尺寸标注与标注对象的相关性

尺寸标注与标注对象具有相关性，当被标注的对象被修改时，与之相关的尺寸标注会自动跟着变化。最常见的是使用"拉伸"（Stretch）命令修改对象，尺寸标注也会随着一起变化。

图 8.47 中的左图是一个长边为 1 500 mm 的矩形，右图是用拉伸（Stretch）命令把长边压缩为 1 200 mm 后尺寸标注也自动变为 1 200。但这里要注意，如果尺寸标注被移动过，或者在标注尺寸的时候用户不是直接选取标注对象上的点，而是通过其他辅助线完成的标注，则尺寸标注与对象之间的相关性会被破坏，或本来就不存在相关性，也就不会产生修改对象时尺寸标注也自动调整的效果。另外尺寸标注的数值如果被修改过，则原先的相关性也会被破坏。

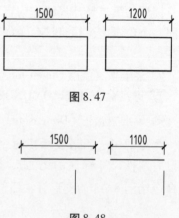

图 8.47

图 8.48

尺寸标注有一个特性也可以为我们修改图形时提供便利，就是尺寸标注也可以被当成普通的图形一样修剪或延伸。如图 8.48 所示的右图就是用"修剪"（Trim）命令以竖直线段为界同时修剪水平线段和尺寸标注的结果，被修剪以后的尺寸标注会自动计算新的尺寸数值。能够这样编辑的前提是尺寸标注的数字没有被人工修改过，这点要注意。

8.4.2　标注编辑(Dimedit)命令

该命令提供修改标注文字、旋转文字、倾斜尺寸界线、还原被修改过的尺寸标注等功能。命令调用的方法有:

⌨️ 键盘命令:DIMEDIT

💠 单击标注(Dimension)工具条上的按钮🖌️

该命令没有提供菜单选项。输入命令后命令提示窗显示以下信息:

命令:DIMEDIT

输入标注编辑类型[默认(H)/新建(N)/旋转(R)/倾斜(O)]<默认>:

要求用户选择要执行的编辑类型,共有"默认"(Home)、"新建"(New)、"旋转"(Rotate)、"倾斜"(Oblique)四个选项。下面说明各个选项的含义:

● 默认(Home):将移动和旋转过的标注文字还原为默认的位置。

● 新建(New):选择该项将弹出多行文字编辑器,修改标注文字内容。这里要注意用该项修改过的标注文字不能被"默认"(Home)选项还原。

● 旋转(Rotate):使标注文字按用户输入的角度旋转。

● 倾斜(Oblique):使尺寸界线按用户输入的角度倾斜。

选择了要执行的编辑类型,例如选择"旋转"(键入"R"),命令提示框显示:

指定标注文字的角度:

输入需要的角度,例如"30",命令提示框显示:

选择对象:

选择要编辑的尺寸标注对象,单击鼠标右键结束命令。

如图8.49所示中左图是用"旋转"(Rotate)选项把标注文字旋转了30°,右图是用"倾斜"(Oblique)选项使尺寸界线倾斜了45°。

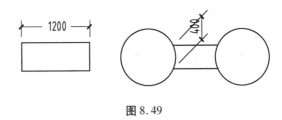

图8.49

8.4.3　标注文字编辑(Dimtedit)命令

该命令的作用是旋转和重新定位标注文字。被该命令修改过的标注文字可以被上一个命令中的"默认"(Home)选项还原。命令调用的方法有三种:

💠 菜单项:标注(Dimension)→对齐文字(Align Text)→…

⌨️ 键盘命令:DIMTEDIT

💠 单击"标注"(Dimension)工具条上的按钮🅰️

输入命令后命令提示框显示:

命令:dimtedit

选择标注:

选择要修改的尺寸标注,命令提示框显示:

指定标注文字的新位置或［左(L)/右(R)/中心(C)/默认(H)/角度(A)］:

直接移动鼠标可以改变文字的位置,到合适的位置后单击鼠标即可,也可以选择后面中括号内的选项。

注意:该命令选择菜单项与另外两种输入方式执行过程有所不同,用键盘输入命令或单击工具条按钮的执行过程如上所述,而点选菜单项则是直接选择每一个子项。

8.4.4 尺寸标注更新命令(Dimesion Update)

该命令的作用是用当前尺寸标注样式更新选择的尺寸标注。命令调用方法有三种:

✿ 菜单项:标注(Dimension)→更新(Override)

▦ 键盘命令:-dimstyle

✿ 单击 Dimension(尺寸标注)工具条按钮

当输入命令后,命令提示框显示:

命令: _-dimstyle
当前标注样式:d60
输入标注样式选项
［保存(S)/恢复(R)/状态(ST)/变量(V)/应用(A)/?］＜恢复＞:_apply
选择对象:

选择要更新的标注,然后单击鼠标右键即可。

8.4.5 等距标注(Dimspace)命令

该命令的作用是将重叠或间距不等的线性标注和角度标注隔开一个合适的距离,使其排列整齐匀称。使用该命令需要满足以下条件:①选择的标注必须是线性标注或角度标注;②选择的标注属于同一类型(旋转或对齐标注);③选择的标注相互平行(若为角度标注则应同心)并且在彼此的尺寸界线上。还可以通过使用间距值"0"对齐线性标注和角度标注。命令的调用方法有如下三种:

✿ 菜单项:标注(Dimesion)→标注间距(Dimesion Space)

▦ 键盘命令:Dimspace

✿ 单击"标注"(Dimesion)工具条上的按钮

输入命令后,命令提示框显示:

选择基准标注:

在屏幕上选择一个作为调整间距基准的标注,命令提示框显示:

选择要产生间距的标注:

可以连续选择多个需要调整间距的标注,选择完成后单击鼠标右键结束选择过程,这时命令提示窗显示:

输入值或［自动(A)］＜自动＞:

如果选择"输入值",即直接输入间距数值,则按照输入的数值调整标注的间距。如果选择"自动",即键入"A",或直接回车,则系统自动调整标注的间距。自动调整间距是基于在选定基

准标注的标注样式中指定的文字高度自动计算间距,所得的间距值是标注文字高度的两倍。

【**例8.2**】 绘制一个如图8.50所示的图形,并大致按照图中所示进行尺寸标注。这种尺度的图形,打印输出的比例用1:50比较合适,因此文字样式及标注样式可以按照1:50来设定,即文字高度设为250 mm,宽度是高度的0.7。标注样式则按照上文8.2.1中的方法设置,并把全局比例设为50。图8.50中的水平线性标注排布比较混乱,有两个标注文字还和尺寸线重叠了。

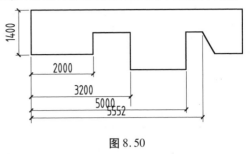

图 8.50

现在用"等距标注命令"(Dimspace)调整其间距,使之排布匀称。

按照图8.50给出的尺寸绘制图形,并设置文字样式和标注样式,在设置标注样式的时候请注意把全局比例设为50。然后大致按照图8.50的样子给图形进行尺寸标注。输入等距标注命令"dimspace",命令提示框显示:

选择基准标注:

在屏幕上选择数字为"2 000"的水平线性标注,命令提示框显示:

选择要产生间距的标注:

依次选择所有其余的水平线性标注,完成选择后回车(或单击鼠标右键),命令提示框显示:

输入值或〔自动(A)〕<自动>:

选择输入值,键入合理的标注间距"400",命令执行结束,结果如图8.51所示。

例题中输入的间距值为400 mm较为合理,这是因为原先定的字体的高度是250 mm,并要考虑到间隙。但能选择"自动"选项,否则得到的结果会不正常。因为在标注样式中设置了全局比例为50,系统自动调整间距后,结果为 $250 \times 2 \times 50 = 25\ 000$ mm。

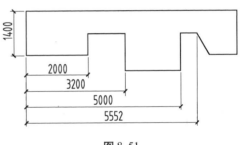

图 8.51

"等距标注"(dimspace)命令还有一个作用,能把错开的线性标注排列在一条线上,如图8.52所示的水平线性标注上下错开了,不在一条水平线上,执行"等距标注"(dimspace)命令,把间距值设为0,结果会如图8.53所示。

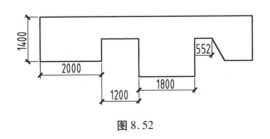

图 8.52

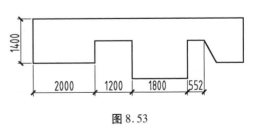

图 8.53

8.4.6　折断标注(Dimbreak)命令

该命令的作用是在尺寸线或尺寸界线上产生打断,使尺寸线或尺寸界线不要跟其他图像直接相交。命令的调用方法有三种:

　　📊 菜单项:标注(Dimesion)→标注打断(Dimesion Break)

　　⌨ 键盘命令:Dimbreak

　　📊 单击"标注"(dimesion)工具条上的按钮

如图 8.54 所示的图形中,尺寸界线和图线直接相交了,现在可以用该命令折断尺寸界线。

输入折断标注命令:"Dimbreak",命令提示框显示:

　　选择要添加/删除折断的标注或 [多个(M)]:

选择需要打断的尺寸标注(可以选多个),命令提示窗显示:

　　选择要折断标注的对象或 [自动(A)/手动(M)/删除(R)]＜自动＞:

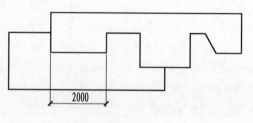

图 8.54

可以继续选择需要打断的尺寸标注或选择"自动(A)"(直接回车即可),结果如图 8.55 所示。也可以选择"手动(M)"(键入"M"),然后根据提示选择打断位置第一个点和第二个点。尺寸线和尺寸界线都可以被打断,如图 8.56 所示是打断尺寸线的效果。

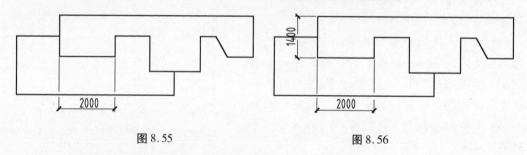

图 8.55　　　　　　　　　　　　　图 8.56

8.4.7　折弯线性(Dimjogline)命令

此命令的作用是在线性标注的尺寸线上加上一个折弯符号。为什么需要在尺寸标注上添加折弯符号?因为有时绘制的图形实际上并非物体的真实长度,而是示意性地绘制了代表性的部分,这种情况下尺寸标注实际上标注的并不是图形中实际测量的长度,为了表达上的协调,就应把尺寸线也加上折弯符号,如图 8.57 所示,构件的实际长度是

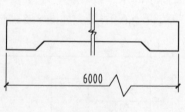

图 8.57

6 000 mm,但只绘制了 3 000 mm,然后用折断线表示图形并不是实际长度,相应的尺寸标注的尺寸线也增加了折弯符号表示标注的数值并非图形测量的长度。

　　"折弯线性"命令的调用方式有三种:

　　📊 菜单项:标准(Dimesion)→折弯线性(Jogged Linear)

键盘命令:Dimjogline

单击"标注"(Dimesion)工具条上的按钮

输入命令后,会提示选择要添加折弯符号的标注,选择标注后可选择手工指定折弯位置或按回车键让系统自动选择折弯位置。

8.5　用注释性对象协调字体及尺寸标注的格式

在上一节中提到的关于"注释性对象"的问题,这里做进一步的介绍。"注释性"是 Auto-CAD 中某些图形对象带有的一种属性,带有这种属性的对象会自动按照设定的注释比例调整正确的显示大小。最容易理解的例子是字体高度的设置:按照制图标准的要求,一张图纸中文字的规格应尽量统一而且应吻合下列的高度序列:3.5 mm,5 mm,7 mm,10 mm,14 mm,20 mm。文字宽度则是高度的 0.7 倍。假设需要图纸中字体的真实高度为 7 mm,在 AutoCAD 的模型空间中设置文字的高度值应该是 7×图纸打印比例分母,例如,图纸的打印比例为 1:50,则模型空间中文字高度应该设为 7×50 = 350 mm。用注释性设置,可不必事先把模型空间中的文字放大,而是按照所需要的实际文字高度结合注释比例来协调文字高度。

可以带注释性的对象有:图案填充、文字(单行和多行)、标注、公差、引线和多重引线(使用MLEADER 创建)、块、属性。

8.5.1　创建注释性文字样式

创建注释性文字样式的方法和创建一般文字样式的方法并没有很大差异,只是多了一个选项而已。创建方法如下:通过点选菜单项"格式"→"文字样式"或键入键盘命令"ST"打开文字样式窗口,单击"新建"按钮,输入文字样式名(例如 FS70),然后设置文字样式要采用的字体及高度、宽高比等内容,最后注意勾选"大小"下面的"注释性"选项,如图 8.58 所示。把新设的文字样式置为当前,关闭文字样式窗口。整个过程中实际上看不出注释性文字样式有什么特别的地方。

图 8.58

8.5.2　设置注释比例

设置好注释性文字样式之后,可以在输入文字时指定注释比例(实际就是打印图纸的比例),即可正常显示文字的大小。如图 8.59 中所示的广场,横向长度达到约 80 m,如果在 A3 幅面的图纸上打印则合理的打印比例为 1:200。文字样式 FS70 的字体高度为 7 mm(按 1:200 打印的实际高度),但在模型空间 7 mm 的字高是不合适的。而用设定注释比例的方法可以简单地解决这个问题。

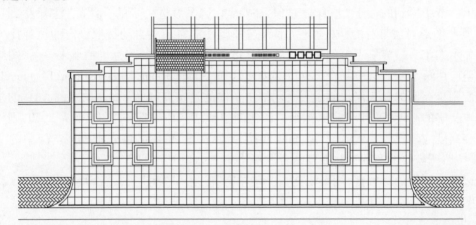

图 8.59

在第 3 章中介绍绘图辅助工具时讲过注释比例。在 AutoCAD 工作界面的右下角"绘图辅助工具栏"上有几个和注释比例有关的按钮,如图 8.60 所示,从左到右分别是"注释比例""注释可见性""注释比例更改时自动将比例添加至注释性对象"。

图 8.60

第一个按钮的作用是设置和选择注释比例,点击它将显示一个选单,如图 8.61 所示,列出了 AutoCAD 内置的常用比例,但这些比例对园林设计制图并不够用,,现在需要的 1:200 的比例这里就没有,需要增加使用的比例。

选择"自定义",打开"编辑图形比例"对话框,如图 8.62 所示,单击"添加"按钮,打开"添加比例"窗口,比例名称输入"1:200"(注意,不要用冒号代替对比号),设置 1 图纸单位等于 200 图形单位,如图 8.63 所示。单击"确定"按钮返回"编辑图形比例"窗口,可以看到比例列表中增加了 1:200 这一项。单击"确定"按钮关闭窗口,返回绘图界面。

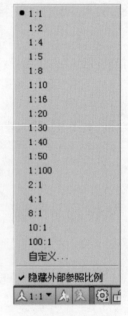

图 8.61

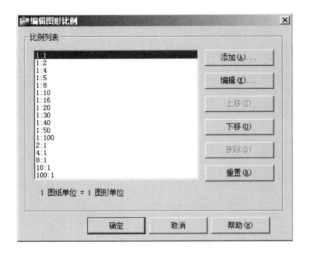

图 8.62　　　　　　　　　　　　　　　图 8.63

8.5.3　输入注释性文字

单击绘图辅助工具栏上的"注释比例"按钮，可以看到列表中已经有刚才新增加的1:200这个选项，选择它使之成为当前注释比例。现在执行"单行文字(DT)"或"多行文字(MT)"命令输入图上需要的文字，所输入的文字就自动按照图纸上的实际高度和注释比例换算在模型空间中的高度，即保证了文字在模型空间和图纸空间都按正常的高度显示，如图8.64所示。注释性文字在光标移到其上时，会显示一个三叶风车形的标记，提示这是注释性对象。

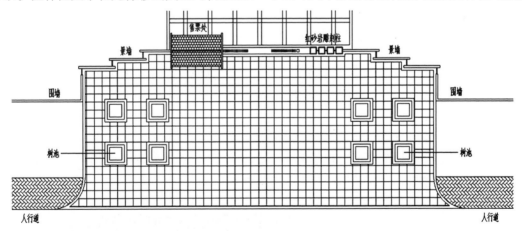

图 8.64

可以用"特性"面板查看注释性文字的属性：按下组合键"Ctrl + 1"打开特性面板，选中任意一个注释性文字，面板中会显示它的各项属性，可看到文字的"注释性比例"为1:200，"图纸文字高度"为7 mm，"模型文字高度"为1 400 mm，如图8.65所示。

图 8.65

8.5.4 改变注释性文字的比例

已经输入的注释性文字,可以通过"注释比例"下的选单更改它们的注释比例。鼠标右键单击按钮,会弹出两个选项,如图 8.66 所示,选择第一项"自动将比例添加至注释性对象",确保该按钮开启(可用单击左键切换)的情况下,在"注释比例"按钮下切换当前注释比例,所有注释性文件都将跟着改变。

上述的操作对所有图形中的注释性文字有效,即当更改注释比例时,所有注释性文字都跟着变化。如果需要改变部分文字的字高则选中要改变高度的文字,打开"特性"面板,如图 8.65 所示,找到"图纸文字高度"选项,将其数值改为"10"即可,修改后文字对照如图 8.67 所示。

图 8.66

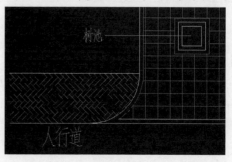

图 8.67

注意:对于注释性文字,"模型文字高度"是改变不了的,当然也可以使用"缩放"(Scale)命令直接放大文字,但不推荐这样做。

8.5.5 带注释性的尺寸标注

使用注释性文字样式设置注释性标注样式,可以很好地协调标注格式的问题(参见例8.2的内容)。

【例8.3】 绘制如图8.68所示的图形,并设置合适的尺寸标注样式进行尺寸标注。

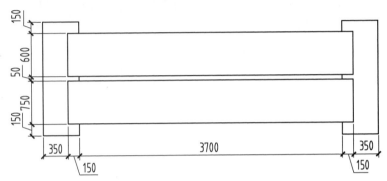

图8.68

新建一个绘图文件,选择"无样板打开 – 公制(M)"。按照图8.68给出的尺寸绘制图形。请注意为了便于区分图形线和尺寸界线,图8.68图形线是粗线,是用多段线的宽度设定的,读者在练习的时候也可以不设定图线的宽度。

新建一种文字样式,样式名采用"FS",西文字体选用"Haiwenrs.shx",中文字体选择"Haiwenhz.shx",字高设为5 mm,宽高比设为0.7,并注意勾选"注释性"选项。

创建尺寸标注样式。执行"标注样式"(Dimstyle)命令,在弹出的窗口中单击"新建"按钮,输入新样式名为"D25"(假设以1:25的比例打印图纸),勾选"注释性",如图8.69所示。

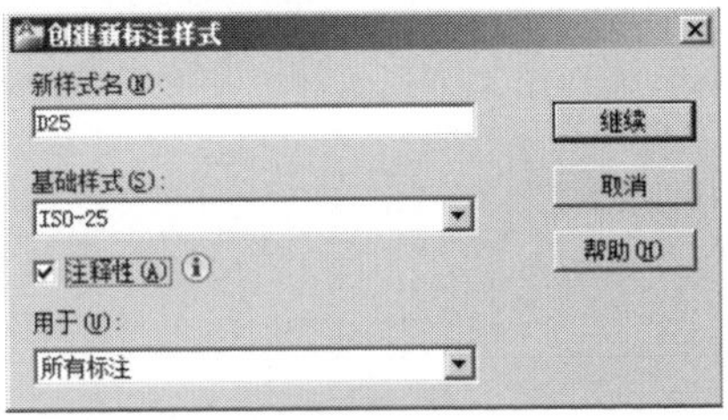

图8.69

单击"继续"按钮,在弹出的窗口中选择"线"选项卡,基线间距设为7,尺寸界线(延伸线)超出尺寸线设为3,起点偏移量设为1,其余采用默认值,如图8.70所示。

选择"符号与箭头"选项卡,按如图8.71所示进行设置。

选择"文字"选修卡,文字样式选择FS,从尺寸线偏移设为0.5,如图8.72所示。

选择"调整"选项卡,文字位置选择"尺寸线上方,带引线",如图8.73所示。之前已选择了"注释性"选项,这里则显示为默认勾选,全局比例则不可设置。

选择"主单位"选项卡,单位格式选择"小数",精度选择"0",其余默认,如图8.74所示。

图 8.70

图 8.71

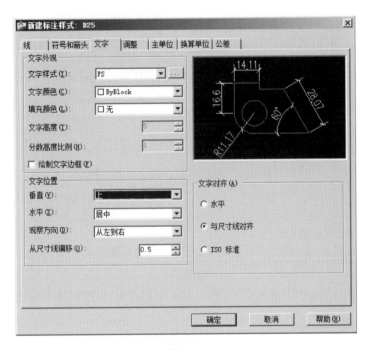

图 8.72

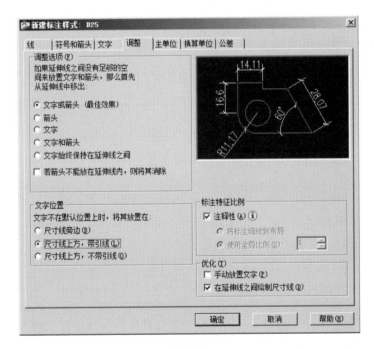

图 8.73

图 8.74

单击"确定"按钮结束标注样式设置,把新标注样式置为当前并关闭标注样式管理器,返回绘图界面。

单击绘图界面右下角的"注释比例"选窗,在弹出的菜单中选择"自定义",并按照图 8.75 设置注释比例,单击"确定"按钮返回绘图界面。

进行尺寸标注。再次单击注释比例选窗,选择刚刚定义的"1:25",打开"标注"工具条,单击线性标注按钮,标注第一个尺寸,如图 8.76 所示。

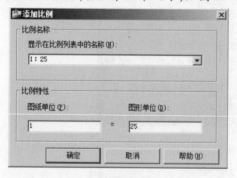

图 8.75

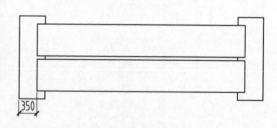

图 8.76

再单击连续标注按钮,标注水平方向的其他尺寸,如图 8.77 所示。

用相同方法标注竖直方向的尺寸,最终结果如图 8.78 所示。

从这个例题中,可以感受到利用"注释性文字"和"注释性标注样式"带来的方便,设定文字样式和标注样式时只需按照图纸打印出来的要求设置即可,无需推算各种文字和符号的尺寸,所有在模型空间中需要的尺寸都由系统自动按照给定的注释比例换算。如果要变更打印比例,也只须简单地改一下注释比例即可。

不过还有一个问题没有完全解决:当一个绘图文件中存在两种或两种以上不同打印比例要求的图形时怎么办? 例如一个图形要以 1:25 的比例打印,而另外一个图形要以 1:10 的比例打印——在实际工作中这是很常见的情况。

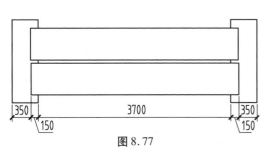

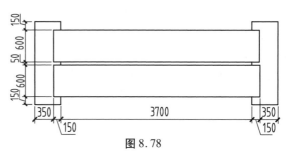

图 8.77 图 8.78

如果直接变更当前注释性比例,绘图文件中所有的注释性文字或标注都跟着一起变化,怎样让一个绘图文件中的不同注释性文字或标注拥有不同的注释比例? 操作方法很简单:请参看例 8.3,如图 8.79 所示,右边的图形将用 1:25 打印,左边的图形是右边图形的一个局部,将用 1:10 打印。当前的注释比例是 1:25,用 1:25 的注释比例进行尺寸标注后,两个图形的尺寸标注大小完全一样,这显然是错的,这样左边图形按 1:10 打印出来后上面的尺寸标注就偏大了。

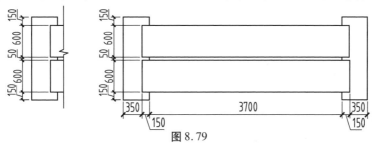

图 8.79

图 8.80

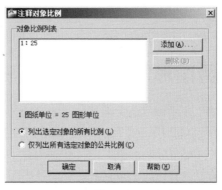

图 8.81

图 8.82

这时选中左边图形的所有尺寸标注对象（注意不能同时选择其他类型的对象），按下组合键"Ctrl＋1"打开"特性"对话框，如图8.80所示。

单击"注释性比例"右边的小窗口，会出现一个带三个小黑点的按钮，单击该按钮，弹出"注释对象比例"窗口，可以看到对象比例列表中只有1∶25一个选项，没有所需的1∶10这个选项，如图8.81所示。

单击"添加"按钮，在弹出的窗口中选择1∶10，并单击确定按钮，可以看到列表中增加了1∶10这个选项，如图8.82所示。

选中1∶25这个选项并删除，如图8.83所示。单击确定回到绘图界面，可看到尺寸标注的规格已经变小，如图8.84所示。

图8.83

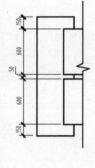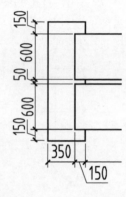

图8.84

8.6 给图形加注文字注释——多重引线(Multileader)命令

在各种设计图中，经常需要用引出线加文字注释，在之前的版本中使用"多段线"命令或"直线"命令绘制"引出线"，然后再加写文字完成注释。AutoCAD 2011提供了更专业更方便的生成注释的命令：早期的版本中，"快速引线"(Qleader)命令，命令放在"标注"菜单项中，在"标注"工具条上也有相应的按钮；但AutoCAD 2011中引入了"多重引线"的概念，注释的功能更强大了，并有了专门的"多重引线"工具条，"标注"菜单有了"多重引线"选项，"快速引线"(Qleader)命令只作为一个键盘命令被保留。

文字注释的工作在设计图绘制中占有不小的比例，而且非常重要。下面详细说明多重引线的使用方法。

8.6.1 "多重引线"(Multileader)工具条

在AutoCAD绘图界面中把光标置于任意一个工具条上单击鼠标右键，在弹出的菜单中选择"多重引线"，就会打开"多重引线"工具条，如图8.85所示。

工具条共有6个按钮加一个选择框：

图8.85

- 多重引线 ▱：创建一个多重引线。
- 添加引线 ▱：新绘制一条引线并将其添加到现有的多重引线对象中。
- 删除引线 ▱：将引线从现有的多重引线对象中删除。
- 多重引线对齐 ▱：将选定的多重引线对象对齐并按一定的间距排列。
- 多重引线合并 ▱：把包含块的选定多重引线组织到行或列中，并使用引线显示结果。
- 多重引线样式控制 [Standard ▾]：在列表中选择一种多重引线样式。如果从未设置过多重引线样式，则在列表中只有 Standard 一个默认样式。
  - 多重引线样式 ▱：创建和修改多重引线样式。

一般情况下，要用引线方式给图形加注注释，事先应设置好适用的多重引线样式，默认的 Standard 样式是不能符合要求的。和设置标注样式一样，在设置多重引线样式时也须先设定需要的文字样式。

8.6.2　设定多重引线样式(Mleaderstyle)命令

该命令的作用就是设定多重引线的样式，命令的调用方法有：

⌨ 键盘命令：Meleaderstyle

✗ 单击"多重引线"(Multileader)工具条或"样式"(Styles)工具条上的按钮 ▱

该命令没有提供直接的菜单选项。输入命令后将弹出"多重引线样式管理器"(Multileader Style Manager)对话框，如图 8.86 所示。

单击"新建"按钮，将弹出"创建新多重引线样式"(Create New Multileader Style)窗口，在新样式名下面的小窗口输入样式名，例如"LD"，并注意勾选"注释性"选项，如图 8.87 所示。

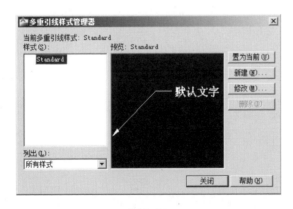

图 8.86

图 8.87

单击"继续"按钮，弹出"修改多重引线样式"(Modify Multileader Style)对话框，点选"引线格式"选项卡，如图 8.88 所示。

该对话框有 3 个选项卡，分别是引线格式、引线结构和内容。下面分别加以说明。

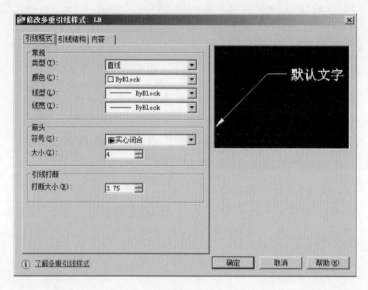

图 8.88

1)"引线格式"选项卡

设置箭头、线型等引线的格式。

● 类型:有"直线""样条曲线""无"3 个选择,按照国家制图标准在正式的工程图中应选择"直线"。

● 颜色:可选择"随块"(Byblock)、"随层"(Byblayer)或直接指定颜色。一般建议给注释设置独立的图层(或与文字公用一个图层),然后这里选择"随层"。

● 线型:可以选择"随块"(Byblock)或"连续线"(Continuous)。

● 线宽:可以采用默认的"随块"(Byblock)或指定合适的线宽。推荐选择前者。

● 箭头符号:按照《房屋建筑制图统一标准》(GT/T 50001—2001)的规定,引线不带箭头,因此这里应该选择"无"。

● 箭头大小:上一项选择"无"则这里设置什么数值都没有意义。如果特殊情况下上一项选择了箭头的符号,则这里宜设为 2 或 2.5。

● 引线打断大小:一般引线不应该打断,所以这里可以不理它。

2)"引线结构"选项卡

设置最大引线点数、基线长度、基线间距等内容,如图 8.89 所示。

● 最大引线点数:所谓引线点数是指将来绘制的引线的顶点数,例如设定为 2 点,则意味着引线只能是一条直线段,设置为 3 个点则意味着引线可以由两条线段组成(线段可以转折),按照经验这里最好设为"0",或者取消勾选此项,将来文字下面的线由文本编辑器加下划线完成。

● 第一段角度:不要勾选此项。

● 第二段角度:不要勾选此项。

● 自动包含基线:可勾选或不勾选。

● 设置基线距:实际上应该是基线的长度,按我的经验这里设置为 0 最简便,即不要基线,而是用文本的下划线代替基线。

● 注释性:要勾选。

● 将多重引线缩放到布局:不要选择。

● 指定比例:勾选"注释性"后此项不可用。

3)"内容"选项卡

设置注视文本的格式及引线和文本的连接方式,如图8.90所示。

● 多重引线类型:有"多行文字""块""无"3个选项,第3个选项没有意义,不管它,如果选择"多行文字"则每次绘制引线都要求输入注释文字内容;如果选择"块",则绘制引线时需要选择块(关于块的概念和应用后面会详细介绍),例如技术设计图(初步设计图或施工图)中常用的详图索引符号就可以用这种方式生成。

● 默认文字:点击右边带3个小黑点的按钮将弹出一个窗口要求输入默认文字的具体内容,将来每次绘制引线就直接生成这里输入的文本内容而不用再次输入。如果一个图形中有很多相同内容的注释,就可以用这种方法,例如设计图中多个位置

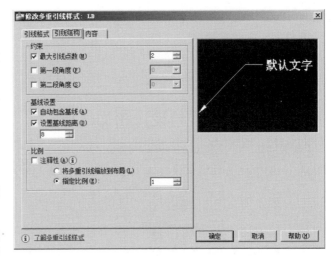

图8.89

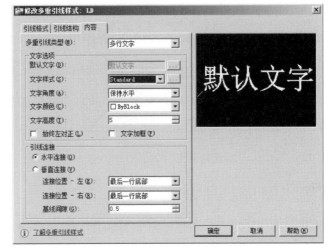

图8.90

存在某种固定型号的庭园灯,需要逐个标注,就可以在这里把庭园灯的型号做成默认文字,免得每次标注都要输入灯具的型号。对于一般通用的引线则不应该输入默认文字。

● 文字样式:应该选择自己预先设定的带有注释性的合适规格的文字样式。如果事先没有预设文字样式,也可以点击右边带3个小黑点的按钮在这里定义合适的文字样式。

● 文字角度:应该选择"保持水平"。

● 文字颜色:推荐选择"随层"(Bylayer)。

● 文字高度:采用带有高度值的预设文字样式,则该项不可用。

● 始终左对正和文字加框:第一项可以按照需要勾选或不勾选,勾选则将来输入的文字始终保持左对齐。文字加框则不宜勾选,除非有特殊需要。

● 水平连接和垂直连接:这里用来指定引线和文字的连接方式,按照制图标准,应该选择"水平连接";然后"连接位置-左"选择"最后一行底部","连接位置-右"选择"最后一行底部"。

● 基线间隙:所谓基线间隙是指文字和基线之间预留的空隙,按照经验,设为0.5比较

合适。

设置完成后确定退回上一级窗口,并把新建的引线样式置为当前,关闭"多重引线样式管理器"窗口返回绘图界面,就可以开始进行带引线的文字注释了。

8.6.3 用多重引线给设计图加注释

【例8.4】 有如图8.91所示的场地,左边的为麻灰火烧面花岗石铺地,右边为棕红色劈开砖铺地,中间带状为鳌假石。请用引出线标注说明文字。

读者可先自己绘制一个类似的图形,然后定义合适的文字样式,本例中文字样式为"FS",字高5 mm,宽度比例为0.7,西文字体选择"Haiwenrs. shx",中文字体(大字体)选用"Haiwenhz. shx"。

现在设置多重引线样式。输入命令:"Meleaderstyle"(或单击工具条按钮),在弹出的窗口中单击"新建"按钮,输入样式名"LD"并勾选"注释性",如图8.92所示。

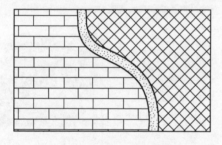

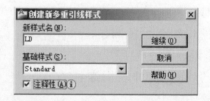

图 8.91   图 8.92

单击"继续"按钮并选择引线格式选项卡,设置"类型"为直线,颜色"随层"(Bylayer),"箭头符号"为无,其余采用默认值,如图8.93所示。

选择引线结构选项卡,取消"最大引线点数"前面的勾选,基线距离设为0,如图8.94所示。

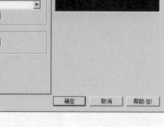

图 8.93   图 8.94

选择"内容"选项卡,"多重引线类型"选择"多行文字",文字样式选择"FS",文字颜色设为"随层"(Bylayer),"引线连接"选择"水平连接","连接位置-左"和"连接位置-右"均选择"最后一行底部","基线间隙"设为"0.5",如图8.95所示。

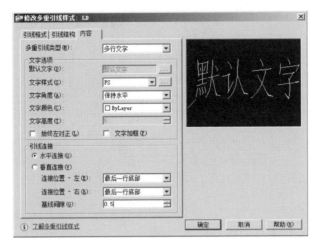

图 8.95

单击确定返回上一级窗口,把新建的样式置为当前,关闭窗口返回绘图界面。把当前的注释比例设为 1:20。现在可以进行标注了。单击多重引线按钮(或键入"mleader"),命令提示框显示:

指定引线箭头的位置或[引线基线优先(L)/内容优先(C)/选项(O)]<选项>:

在需要注释的图形的合适位置单击,命令提示框显示:

指定下一点或[端点(E)]<端点>:

打开"正交模式"(按 F8),向上拖动鼠标到合适位置,然后单击鼠标左键,命令提示框显示:

指定下一点或[端点(E)]<端点>:

单击鼠标右键结束引线绘制,命令提示框显示:

指定基线距离 <0.0000>:

单击鼠标右键采用默认值,出现多行文字输入窗口,输入文字内容"棕红色劈开砖铺地"并选中所有文字给文字加下划线(按下工具栏上的按钮"U")。如图 8.96 所示。

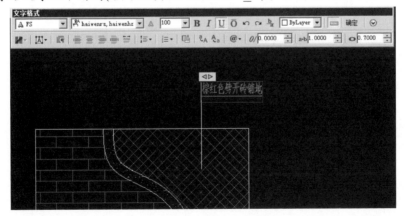

图 8.96

在空白位置单击鼠标左键退出多行文字编辑器,结果如图 8.97 所示。

用相同的方法标注另外两种材料,最终结果如图 8.98 所示。

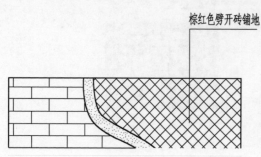

图 8.97

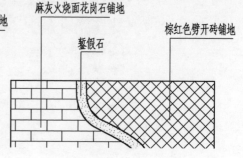

图 8.98

面层(300×300×20棕红色劈开砖)

结合层(20~30厚1:3水泥砂浆)

结构层(100厚C15素混凝土)

垫层(100厚石屑掺6%水泥夯实)

素土夯实

图 8.99

类似图 8.99 所示的图形在施工图设计中很常见,其文字注释也是采用多重引线生成的,在多行文字编辑器中输入文字内容时每输完一行就回车一次,最后也把所有文字加上下划线。而文字在图形上方的这种情况,引线连接位置应该设为"第一行底部"。

在多重引线工具条上还有"添加引线""删除引线""多重引线对齐""多重引线合并"等几个工具按钮,其使用方法很简单,且并不常用,这里不再详细介绍。

练习题

1. 简述设定文字样式时如何根据所绘图形的输出比例确定文字的高度。

2. 简述设定尺寸标注样式时如何根据所绘图形的大小及输出比例设定尺寸箭头及标注文字的数值。

3. 抄绘如右图所示的六角亭平面图,并进行尺寸标注。(注:计划按1:30的比例出图。)

4. 绘制一个直径为 1 500 mm 的圆,然后标注其半径,并作出圆心标记。注意尺寸标注样式要匀称美观。如右图所示。

5. 绘制一个锐角,然后如下中图所示标注其角度。注意标注样式要匀称美观。

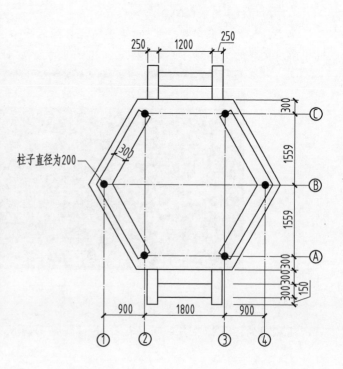

柱子直径为200

6.抄绘如下右图所示的图形及标注。

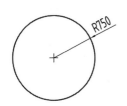

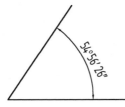

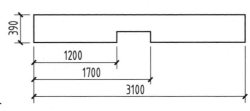

9　块

本章导读　本章的主要学习内容为：①块的创建；②在绘图文件中插入块；③块的属性定义及提取；④自动生成苗木表。

9.1　块的概念及作用

"块"是 AutoCAD 中非常重要的概念，它的基本作用是把一个相对独立的完整图形制作成一个单独存在的图形文件，以便于重复利用和整体编辑。做成"块"的图形如同一条线或一个圆这样的基本图形要素，可以重复使用，可以作为一个个体对象进行复制、移动等各种编辑。另外"块"还有一个重要的特点和功能，可以为其赋予特定的属性，这些属性可以随时被提取，这使像自动生成材料统计表这样的高级应用成为可能。

"块"（或称"CAD 图块"）实际上是由一个到多个图形对象组成的具有特定名称，并可以赋予其属性的整体。在绘制绿化设计平面图时，需要绘制很多代表不同树木的图案，有时候同一树种在一张设计图里会不断地重复出现，这时可以先绘制好代表某一树种的一个图案，把它定义成"块"，并可以随时调用它。并且，定义了"外部块"（两种"块"中的一种）后，还可以在不同的绘图文件里反复使用它。利用"外部块"，用户可以建立自己的图形库，达到提高工作效率的目的。

在第 5 章第 5.15 节介绍过一个把图形对象编组的命令"Group"，利用这个命令把图形编组也可以改善绘图和编辑的效率，但利用"块"则是更佳的选择。

总的来说，块的作用有以下几个方面：

①建立图形库。把经常要使用的图形做成块，建立图形库。可以避免大量重复工作。园林设计图中常用的块包括树木平面图案、一些通用图形（例如羽毛球场、网球场、门球场等）、铺地图案、模纹花坛图案、一些较复杂的符号（例如素土夯实的符号）等。

②减小绘图文件的大小。把复杂的图形做成块，等于把本来很多的对象变成了一个对象，这样可以使文件的存储容量减小。定义的"块"越复杂，反复使用的次数越多，越能体现出它的优越性。

③便于修改和重新定义。"块"可以被分解为分散的对象，分散的对象可以被编辑，如果我

们需要,可以重新定义块(改变块的形,但不改变块名),并重新插入到绘图文件中,则图中所有引用该块的地方都会自动更新。

④定义和提取属性。"块"可以带有文本信息,称为属性。"块"的属性可以设为显示或隐藏。可以把"块"的属性提取出来,传送给外部数据库进行管理。例如定义一种树木的"块"时,可以把这种树的某些特性(如规格、花期等)作为属性赋予块,当需要查看这种树的某些特性时,可以直接提取出来。园林设计中最典型的应用是让 AutoCAD 自动生成苗木统计表。

9.2　块的创建

9.2.1　内部块和外部块

用户创建的"块"可以仅供当前绘图文件使用,或者把"块"另存为一个单独的文件,让所有的绘图文件都可以使用。前者我们称之为"内部块",后者称之为"外部块"。用户建立自己的图形库,需通过创建"外部块"。

9.2.2　创建内部块命令(Bmake)

该命令用于创建"内部块"。在绘图的时候,当发现有些绘图元素需要多次使用,就可以考虑将它定义成"内部块"。在创建"块"之前要先绘制好准备定义成"块"的图形。另外"Block"也是创建"内部块"的命令,和"Bmake"是一样的。命令的调用方法有三种:

🔧 菜单项:绘图(Draw)→块(Block)→创建(Make)

⌨ 键盘命令:B

🔧 单击"绘图"(Draw)工具条上的按钮 🔧

输入命令后将打开"块定义"(Block Definition)对话框,如图 9.1 所示。

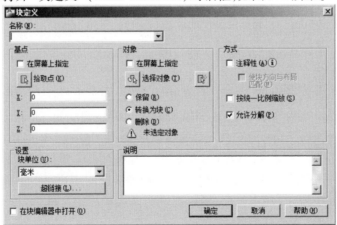

图 9.1

"块定义"窗口中各个选项的含义和作用：

● 基点（Base Point）选项组：该选项组的作用是指定"块"在插入绘图文件时的插入点。可以直接在下面的坐标输入框中输入坐标值指定插入点，但最方便的做法是单击"拾取点"（Pick）按钮直接从屏幕上拾取点。按下"拾取点"（Pick）按钮后，系统会暂时关闭"块定义"（Block Definition）窗口，返回到绘图界面，当拾取了点后又回到窗口的界面。用户拾取点后，在下面的坐标输入框里面会显示出所拾取的点的坐标值。一般情况下，插入点应该选择在图形对象比较容易处理的特征点上，例如端点、圆心、角点、中点等。

● 对象（Objects）选项组：按下"选择对象"（Select）按钮，系统将暂时关闭"块定义"（Block Definition）窗口，返回到绘图界面，让用户选择要定义成"块"的图形，完成选择后单击鼠标右键确认，又返回到窗口界面。在"选择对象"（Select）按钮右边带有一个小漏斗图形的按钮是"快速选择"（Quick Select）按钮，按下该按钮会打开"快速选择"（Quick Select）窗口，快速选择是一种高级选择技巧，在后面的章节再介绍。

"选择对象"（Select）按钮下面有三个选项：如果选择"保留"（Retain）项，则被定义成块的原始图形将按原状保留；如果选择"转换为块"（Convert to block）项，则被定义成块的原始图形将自动转变成一个"块"；如果选择"删除"（Delete）项，则被定义成块的原始图形将被删除。默认的选项是"转换为块"（Convert to block），建议一般情况下应该选择该项。

● 方式（Behavior）选项组：

a. 第一个可以勾选的项目是"注释性"。在"块"中使用注释性稍微有点复杂，需要区分"块"的用途来确定是否勾选此项。如果做成"块"的图形将来插入绘图文件后是作为实际物体的一个部分（如在种植设计图中插入表示某种植物的块），则不要勾选此项，因为这种"块"的大小和实际尺寸是一致的，不存在按出图比例缩放的问题。如果做成"块"的图形将来插入绘图文件后并不是实际物体的一个部分，只是某种图纸上需要的图形要素（例如在图中插入详图索引符号、详图符号、指北针、比例尺等），则应该勾选此项。

b. 按统一比例缩放（Scale uniformly）：若勾选此项，则将来重新插入"图块"的时候，缩放"图块"将锁定高宽比；若不勾选此项，在将来插入"块"时可以指定不相同的 X 比例和 Y 比例，即可以把块"压扁"或"拔高"。若没有"压扁"或"拔高"块的打算，可以勾选此项。有些初学 CAD 的人由于操作不熟练，偶尔会出现不小心把"块"插"变形"的情况，勾选了该项可以避免这种问题。

c. 允许分解（Allow exploding）：勾选此项，则生成的块将来可以用"分解"（explode）命令把它打散成原始的图形；若不选此项，则块在任何情况下都不能被分解。为了将来可能的编辑操作，还是选上该项为宜。

● 设置（Settings）选项组中的是"超链接"设置项：它的作用是让"块"带有超链接，超链接的对象可以是计算机上的文件、web 地址、当前绘图文件的不同空间、邮件地址等。当图形中存在带有超链接的"块"时，把光标置于其上会显示提示，按住 Ctrl 键的同时单击"块"会打开链接的对象。例如假设把"块"链接到一个 Word 文件上，在按住 Ctrl 键同时单击"块"，计算机会先启动 Word 程序，然后打开链接指向的文件。这有一种潜在的应用，例如在设计图中使用的某些材料或设备，其相关说明可能很复杂，可以把说明做成详尽的文件（或网页等）保存，然后用超链接方式指向它，以便查阅其信息。

● 在块编辑器中打开（Open in block editor）：若勾选此项，下一步单击"确定"按钮时将自动打开块编辑器。一般不要选择该项。

【例9.1】 绘制一段如图9.2所示的以 600 mm×1 200 mm的步石组成的自由曲线小园路。

图9.2

类似这样的园路在园林设计图中经常会出现,比较原始的办法是绘制一个矩形,然后把它复制多个,再慢慢把它们摆放成这个样子,手工制图就是一个一个绘制的。但如果路比较长,这种做法就非常麻烦,而且也很难摆得像图9.2那么匀称光滑。实际上可以用其他命令结合定义"内部块"很方便地绘制这种园路。在第3章3.4.13中介绍点(point)的绘制方法时同时介绍了两个命令:一个是"定数等分"(Divide),另外一个是"定距等分"(Measure)。这个例就要用到"定距等分"(Measure)命令。

新建一个绘图文件,选择"无样板打开 – 公制(M)"。绘制一条水平长度约为16 000 mm的样条曲线,如图9.3所示。绘制样条曲线的时候不必强求和例一样,类似即可。

绘制一个600 mm×1 200 mm的矩形,如图9.4所示。注意矩形必须是"竖起来"的矩形。

下面把矩形定义成"内部块"。键入"内部块"命令:"B",在弹出的"块定义"窗口中单击"拾取点"按钮,在绘图界面中以对象追踪的方式捕捉矩形的形心,如图9.5所示。拾取了点后系统自动回到"块定义"窗口。

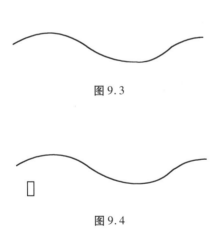

图9.3

图9.4

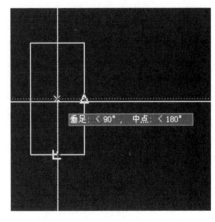

图9.5

输入块名称为"bs",选中"删除"项,单击"选择对象"按钮到绘图界面选择矩形,完成选择后单击鼠标右键回到"块定义"窗口。注意不要勾选"注释性"选项,也不要勾选"在块编辑器中打开"选项,如图9.6所示。

单击"确定",块创建完成,同时原来的矩形被删除,屏幕上只剩下样条曲线。

执行"定距等分"(Measure)命令。键入:"ME",命令提示框显示:

命令:me

MEASURE

选择要定距等分的对象:

点选样条曲线的左半段,命令提示框显示:

指定线段长度或[块(B)]:

键入:"B",命令提示框显示:

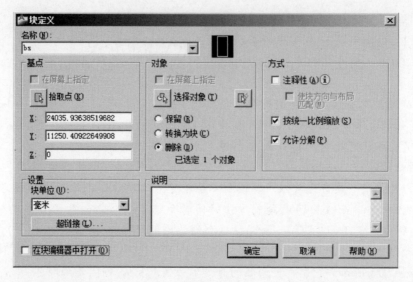

图 9.6

输入要插入的块名：

键入刚才创建的块的名称："bs"，命令提示框显示：

是否对齐块和对象？［是(Y)/否(N)］＜Y＞：

键入："Y"，命令提示框显示：

指定线段长度：

键入："800"，命令完成，结果如图 9.7 所示。

最后删除样条曲线，就得到了一条完整的步道，如图 9.8 所示。

图 9.7   图 9.8

在提示选择"定距等分"对象时选择样条曲线的左半段，目的是使矩形从左边开始分布，如果选择右半段，则会从右边开始分布。系统询问是否对齐块和对象时，键入"Y"，矩形的分布才会与曲线的走向一致。输入"线长度"为 800 mm，比"步石"(矩形)宽 200 mm，使得步石之间有 200 mm 的间距。

注意：在执行其他步骤的时候，可以用空格键代替回车键，唯独键入块名称时不能使用空格键，而只能使用回车键。

绘制步道是结合"块"和"定距等分"命令比较典型的应用，当然，诸如分布路灯、行道树等也可以使用该命令实现。在绘图过程中多动脑筋，有时候一个巧妙的操作可以节省很多时间。

9.2.3 创建外部块命令(Wblock)

创建外部块的 Wblock 命令有些书上也把它叫做"块存盘"命令。它的作用是创建一个块，并把块当作一个单独的文件存盘，以供随时使用。可以使用该命令建立自己的常用图形库。该命令的调用只能从键盘输入：

⌨ 键盘命令：W

输入命令后将打开"写块"（Write Block）窗口，如图9.9所示。

● 源（Source）：用来指定创建"块"的图形来源，如果选择"块"（Block）项，则从已经存在于当前文件中的"块"中选择对象作为"外部块"。可供选择的"块"在后面的选择框中列出。若当前绘图文件中没有任何"块"存在，则该项不可用。如果选择"整个图形"（Entire drawing），则把当前的绘图文件整个当成"外部块"保存。如果选择"对象"（Objects），则从当前绘图文件中选择图形对象创建"外部块"。多数情况下选择"对象"。

● 目标（Destination）选项组："文件名和路径"（File name and path）下面的输入框用于输入"外部块"的名字及保存路径，名称可以采用中文名。可以直接输入保存路径或单击后面的按钮选择保存位置，默认

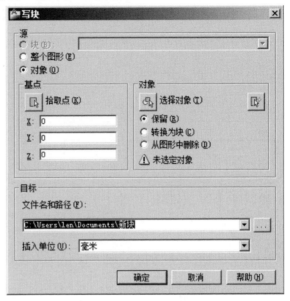

图9.9

是保存在和当前绘图文件相同的目录下，如果不指定名称，则系统自动指定一个"新块"的名称。

【例9.2】 按图9.10所示，绘制一个篮球场的平面图，然后将其定义为外部块。

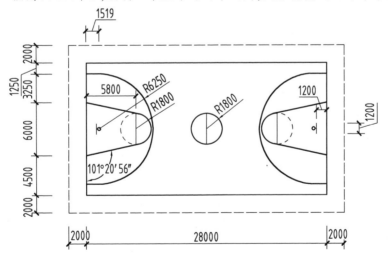

图9.10

新建一个绘图文件，选择"无样板打开－公制（M）"，按照图9.10表示的线型和尺寸绘制篮球场平面图。注意把所有图形内容放在0层，并且把颜色设为"随层"（ByLayer）。

绘制好的图形如图9.11所示。

准备工作完成后开始定义外部块。键入命令："W"，在弹出的"写块"窗口中单击"拾取点"按钮，回到绘图界面拾取篮球场虚线的左下角点。再单击"选择对象"按钮，在绘图界面选择整

个篮球场图形,单击鼠标右键回到"写块"窗口。"源"选择"对象","对象"的处理方式选择"保留",插入单位设为"毫米",然后单击"文件名和路径"右侧的按钮指定保存"外部块"的位置及块名称,如图9.12所示。

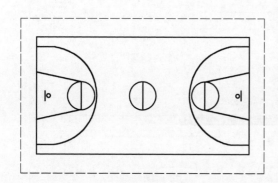

图 9.11

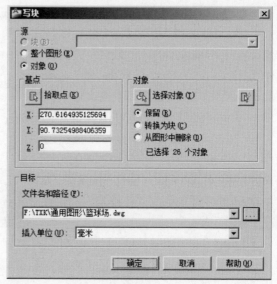

图 9.12

"外部块"实际上是一个特殊的绘图文件,它不仅可以作为"块"插入到其他绘图文件中,也可以直接用 AutoCAD 打开它进行编辑。

9.3　在绘图文件中插入块

插入内部块和插入外部块都是使用"插入"(Insert)命令。命令的调用方法有三种:

🞪 菜单项:插入(Insert)→块(Block)

▤ 键盘命令:I

🞪 单击"绘图"(Draw)工具条上的按钮 🗗

输入命令后将打开"插入"(Insert)对话框,如图9.13所示。

下面说明窗口上各个选项的含义和作用。

● 名称:一般可以点击"浏览"按钮找到块然后选择。如果预先为 AutoCAD 制订了搜寻路径,也可以直接输入块的名称。如果是内部块或者曾经插入过的块,则在选窗中会有列表,可直接选择。

● 插入点(Insertion point):默认是勾选"在屏幕上指定",一般情况下应该勾选该项,如果取消勾选则下面的坐标输入框变为可用,可以直接输入坐标值定位。

● 比例(Scale)选项组:在这里可以指定插入块时的缩放比例。如果勾选"在屏幕上指定"(Specify On-screen),则要求用户在屏幕上拾取点,用点之间的距离确定缩放的比例。一般不用勾选此项,而采用输入 X、Y、Z 轴方向的缩放比例的方法。绘制平面图形时不必使用 Z 轴 AutoCAD 允许在 X 轴和 Y 轴方向输入不同的缩放比例,插入的块将产生变形。如果用户暂时不能

图9.13

确定缩放比例,则用默认的1:1的比例插入块,然后再到绘图界面缩放块。"统一比例"(Uniform Scale)选项的含义是使 X、Y、Z 轴的缩放比例一样,插入块时不产生变形。

- 旋转(Rotation)选项组:勾选"在屏幕上指定"(Specify On-screen),则要求用户在屏幕上指定旋转角度。否则直接在"角度"(Angle)后面的输入框中输入旋转的角度值。也可以等插入图块后再旋转它。
- 块单位(Block unit):显示块在被定义时的绘图单位和比例,不能被修改。如果"块"的单位和当前绘图文件的单位不协调,可以设置恰当的缩放比例(见上一步说明)。
- 分解(Explode):勾选了此项,插入的块将被分解,除非有特别需要,一般不应该选择此项。

当完成设置后,单击"确定"按钮,若在前面的设置中选择了在屏幕上拾取插入点,则命令提示窗将显示以下信息:

指定插入点或[基点(B)/比例(S)/旋转(R)/预览比例(PS)/预览旋转(PR)]:

光标的中心位置带有一个图块,这时在屏幕上拾取一个点,块就被插入到拾取的点处。若在前面的设置中选择了直接指定插入点坐标,则块被直接插入到指定坐标的点处。

插入外部块时,如果当前绘图文件中存在同名块,将弹出如图9.14所示的警告,询问用户是否替换已经存在的块,选择"重定义块"则当前绘图文件中存在的块将被新插入的块取代,选择"不重新定义块"则插入的是当前绘图文件中已有的块。

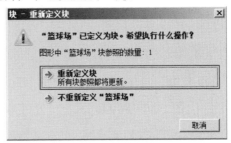

图9.14

【例9.3】 新建一个绘图文件,并插入例9.2中创建的图块"篮球场"。

新建一个绘图文件,选择"无样板打开 - 公制(M)",键入插入块命令:"I",在弹出的"插入"窗口中单击"浏览"按钮,找到外部块所在的位置,如图9.15所示。

选中"篮球场",然后单击"打开"按钮,回到"插入"对话框。

按图9.16设置窗口各选项,然后单击"确定"按钮,这时命令提示框显示:

指定插入点或[基点(B)/比例(S)/旋转(R)/预览比例(PS)/预览旋转(PR)]:

此时图"块"被"带"在十字光标上(定义块时的"插入点"和光标的中心点重合),在屏幕上单击鼠标拾取一个点,"块"就被插入到绘图文件中。可以结合对象捕捉准确定位插入点。

图 9.15

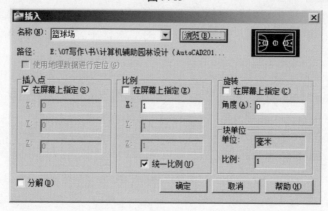

图 9.16

9.4　更新块定义

如果觉得当前绘图文件中的块图形不合适,可以采用更新块定义的方法修改它,具体步骤如下:

①用"分解"(Explode)命令把块分解,使之成为各自独立的图形对象。

②编辑修改图形。

③用"定义块"(Bmake)命令重新定义"块",并采用与原来相同的名称。

④完成该命令后会弹出如图 9.14 所示的提示,单击"是"按钮,"块"就被更新,而且所有使用该块的地方都会被更新。

对于"外部块",可以直接打开"外部块"文件,修改完图形后保存,再插入到绘图文件中,当弹出如图 9.14 所示的提示时,单击"是"按钮。

9.5 块的属性

"块"的属性实际上是附着于块上的文字,可以控制它显示或者不显示。属性可分为两种,一种是固定值的属性,这种属性在定义"块"的属性时其值是固定的,每次在绘图文件中插入"块"时都按预设的值跟着插入。另一种是可变属性,当用户在绘图文件中插入带有可变属性的块时,AutoCAD 会在命令提示行要求用户输入属性的值。

例如,在定义植物平面图块时,可以把树木的树径、冠幅、树高等规格作为属性附着在图块上,当要统计苗木的清单时,可以提取属性值出来处理。属性可以给后期的统计工作带来极大的便利。假设建立的树木图形库图块都带有苗木规格的属性信息,在完成绘图工作后可以把图块的属性输出成 CAD 表格或 Excel 电子表格文件,自动生成苗木统计表,这将大大缩短统计苗木的时间。还可以把 Excel 电子表格文件用 OLE 方式插入到绘图文件中,则苗木表不仅可以单独编辑和打印,也可以作为平面图的一部分一起打印。凡是需要重复使用的图形元素,若后期需要统计其信息,都可以使用定义块的属性来处理。

9.5.1 定义属性前的准备

当一个要定义成带属性图块的图形绘制好之后,接下来要计划好属性的内容,一个图块可以带有多个属性。在定义属性之前,应该定义好一种用于书写属性的文字样式,为方便后期处理,建议用于输入属性的文字样式采用 TrueType 字体,不要使用矢量字体(参见前面关于文字样式的章节)。

9.5.2 创建属性

创建属性的命令调用方法有:

菜单项:绘图(Draw)→块(Block)→定义属性(Define Attributes)

键盘命令:ATTDEF

输入命令后将打开如图 9.17 所示的"属性定义"(Attribute Definition)对话框。

● 模式(Mode)选项组:①"不可见"(Invisible):勾选该项则属性被隐藏。②"固定"(Constant):勾选它则属性值为常量,且必须在定义图块属性的时候输入完成,将来在绘图文件中插入图块时,系统不会提示用户输入属性值;反之属性为变量值,每次插入图块时系统都会要求用户输入属性的值。③"验证"(Verify):在插入图块的过程中验证属性值是否正确,一般不勾选。④"预设"(Preset)的作用是允许在插入块的时候不请求输入属性值,在插入块时将自动填入默认值,如果没有指定默认值,则留空。⑤"锁定位置"(Lock position)的作用是锁定或解锁属性文字相对于块的位置。⑥"多行"(Multiple lines):勾选该项,则属性中可以含有多行文字。

● 属性(Attribute)选项组:①"标记"(Tag):用于输入属性的标识,相当于属性的标题,在插入图块时不被显示。②提示(Prompt):用于输入提示信息,如"请输入树木的高度:"这样的信

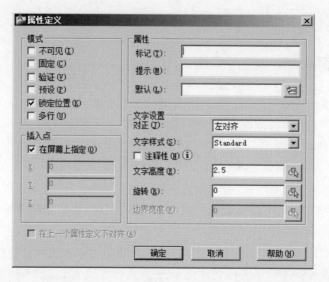

图9.17

息,插入带有变量属性的图块时,会在命令提示行看到所输入的文字。在勾选了"固定(C)"的情况下,"提示(M)"显示为灰色,不可用。③"默认"(Default):用于输入属性的主体内容,这是属性最有用的部分,例如,要把树木的高度定义为属性,则输入树木的高度值。在"默认(L)"输入框右侧有一个"插入字段"的按钮,单击它可以插入字段(有关字段的内容请参阅第6章)。

● 插入点(Insertion Point)选项组:勾选"在屏幕上指定"(Specify On-screen),则需在屏幕上指定插入属性的位置,不勾选则可以直接在下面的坐标输入框中输入插入点的坐标值。一般勾选该选项,然后手动把属性的插入点定在图块的右边或右上方。

● 文字设置(Text Settings):其中"边界宽度"(Boundary width)选项用来指定多行文字的宽度,如果没有选择包含多行文字,则该项不可用。属性文字也可以使用"注释性",有关内容可参阅第8章的介绍。

● 在上一个属性定义下对齐(Align below previous attribute definition):定义第一个属性时,该项不可以选。当定义图块的第二个及后面的属性时,勾选此项,各个属性文字会自动对齐。

图9.18

【例9.4】 绘制一个如图9.18所示的树木平面图案,图案的直径约为3 500 mm。然后给它定义4个属性:①胸径(cm)=10.0~12.0;②冠幅(m)=2.5~3.0;③苗高(m)=3.5~4.6;④土球直径(m)=0.7~0.8。

新建一个绘图文件,选择"无样板打开 - 公制(m)"。然后按照图9.18绘制图形,绘制图形时可以先画一个直径为3 500 mm的圆,然后从圆心到圆周上画一段曲度合适的弧,接着用镜像复制命令把弧线复制一条并使两条弧线尾端有一个交叉,用阵列命令把两条交叉的弧线环形阵列约12组,最后把圆删除。注意要把图形置于"0"层,颜色定为"随层"(ByLayer)。

新建一个文字样式,样式名定为"st",字体选用"宋体",高度定为500 mm,宽度和高度比为1。

完成准备工作,开始定义属性。先定义第一个属性"胸径"。点选菜单项"绘图"(Draw)→

"块"(Block)→"定义属性"(Define Attributes)。

在弹出的"属性定义"窗口中,勾选"不可见""固定"两项,在"标记"后面输入"胸径(cm)","默认"后面输入"10.0-12.0"。文字选择刚才定义的样式"st",如图9.19所示。

完成设置后单击"确定",把属性放置在图形的右上角,如图9.20所示。

再次执行定义属性命令,这次在"标记"后面输入"冠幅(m)","值"为"2.5-3.0",注意勾选"在上一个属性定义下对齐",如图9.21所示。单击"确定",可以看到第二个属性被自动放在了第一个属性的下方,如图9.22所示。

用相同的方法定义第三个和第四个属性,结果如图9.23所示。

请保存好该文件,下面还要用到它。现在只是定义了属性,但还没有把属性赋予图块。属性在屏幕上只是显示出"标记"文字,其值不会显示出来。

注意:在定义胸径的值时,使用的是"10.0-12.0",而不能写成"10-12",否则系统会误将其当作日期(10月12日)。

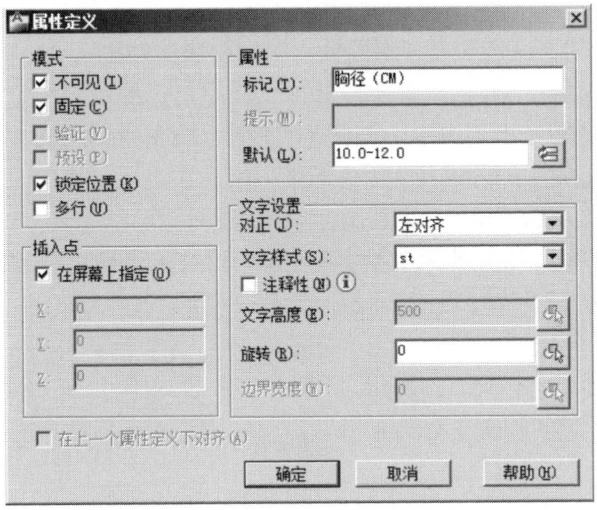

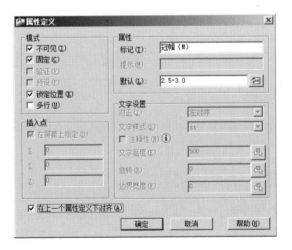

图9.19

图9.20

图9.22

图9.23

图9.21

9.5.3　为图块赋属性

在定义图块时,把所有属性一起选择进去成为图块的一部分。如果是为已经存在的图块赋予属性,则必须生成一个新的图块,而不能采用和原来图块相同的名字。

【**例 9.5**】　把例 9.4 中绘制好的平面图及定义的属性一起定义为一个名称为"大花紫薇"的外部块。

定义外部块时应注意把属性文字一起选择进去。定义外部块的方法请参见例 9.3,这里不再说明。

9.5.4　插入带属性的图块

在绘图文件中插入带常量属性图块的方法和前面介绍的插入一般图块的方法完全一致,插入带有变量属性的图块则系统会在插入过程中提示输入属性的值。提示出现的顺序跟定义图块时候定义属性的顺序有关,先定义的属性先出现提示。如图 9.24 所示的左图是定义大花紫薇图块之前显示属性标记的情况,右图是插入的外部块"大花紫薇",因为在定义属性的时候选择了使其"不可见",所以把块插入到绘图文件后,看不见其属性的任何文字。

实际上定义为不可见的属性,也可以让它显示出来。选择菜单项"视图"→"显示"→"属性显示"→"开",即可使属性值显示出来,如图 9.25 所示的右图。

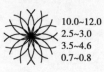

图 9.24　　　　　　　　　　　　　　　　　图 9.25

要关闭属性显示,选择菜单项"视图"→"显示"→"属性显示"→"关"即可。一般情况下,不能让属性值显示出来,因为属性值显示出来会使图面看起来很乱,特别像绿化平面图这样的图形,其中植物种类很多,株数也很多,若将图块的属性都显示出来,图面必然乱七八糟。

9.5.5　编辑属性及控制属性的可见性

在绘图文件中插入了带属性的图块以后,还可以修改属性值,并可控制属性的可见性。编辑命令的调用方法是:

✿ 点选菜单项:修改(Modify)→对象(Object)→属性(Attribute)→块属性管理器(Block Attribute Manager)

输入命令后将打开如图 9.26 所示的"块属性管理器"(Block Attribute Manager)对话框。

可以点击"选择块"(Select block)按钮,从屏幕上点选要编辑的图块,也可以从"块"(Block)后面的选择框选择要编辑的图块,该选择框中列出了当前绘图文件所有的图块(包括不带属性的图块)。在中间的选择框中选定了要编辑的图块属性后,单击"编辑"(Edit)按钮,将打开如图 9.27 所示的"编辑属性"(Edit Attribute)对话框。

图 9.26

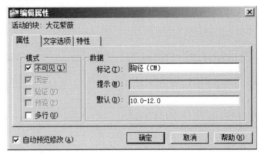

图 9.27

在这里可以修改属性的各项内容及特性,如果希望属性在图形中不显示,则勾选"不可见"(Invisible)选项。修改完成后单击"确定"按钮回到上一个窗口。

注意:每项属性只能单独修改。修改完所有图块的所有属性后,单击"块属性管理器"(Block Attribute Manager)窗口里的"确定"按钮则返回绘图界面。如果把属性由原来的可见设置成了不可见,回到绘图界面后要执行"重新生成"(Regen)命令,才会消除原来显示的属性。对于树木平面图块,一般希望属性为不可见,否则会使图面混乱,所以最好在定义属性的时候就将它设为不可见,避免后期修改属性的大量工作。

9.5.6 综合练习——创建带属性的植物平面图块

【例9.6】 按图 9.28 所示的图例绘制四个乔木平面图案及四个灌木平面图案。再按照表9.1 为它们定义属性。最后把每个图案连同属性按照植物名称定义为外部块。

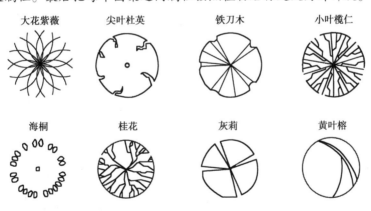

图 9.28

① 先对各种林木的图案绘制作一个简单说明。

大花紫薇:该图案的绘制参照例9.4。

尖叶杜英:先绘制直径等于 3 500 mm 的圆,再用徒手画命令(Sketch)绘制表示叶丛裂隙的线(使用徒手画命令时注意把 SKPOLY 的参数值修改为1,绘制时把步长设为0)。

小叶榄仁:先绘制直径为 3 500 mm 的圆,然后用"多段线"(Pline)命令绘制表示枝条的线,绘制多段线的时候可以让它超出圆周,没有必要所有的枝条都要独立绘制,使用环形阵列命令

可以大大简化绘制。画完多段线后用"修剪"(Trim)命令把超出圆周的部分全部剪去。最后用"打断"(Break)命令把圆周打开几个缺口,以使图案显得自然一些。

表 9.1

图块名	"胸径(cm)"属性值	"冠幅(m)"属性值	"苗高(m)"属性值	"土球直径(m)"属性值
大花紫薇	10.0 ~ 12.0	2.5 ~ 3.0	3.5 ~ 4.6	0.7 ~ 0.8
尖叶杜英	10.0 ~ 12.0	3.5	4.5 ~ 5.5	0.8 ~ 1.0
铁刀木	10.0 ~ 12.0	3.5	4.5 ~ 5.5	0.8 ~ 1.0
小叶榄仁	10.0 ~ 12.0	3.5	3.5 ~ 4.6	0.7 ~ 0.8
桂花		1.2 ~ 1.5	1.8 ~ 2.5	0.5 ~ 0.6
海桐		1.2 ~ 1.5	1.2 ~ 1.5	0.5 ~ 0.6
灰莉		1.0 ~ 1.2	1.0 ~ 1.2	0.5 ~ 0.6
黄叶榕		1.0 ~ 1.2	1.0 ~ 1.2	0.5 ~ 0.6

海桐:先绘制一个直径为 1 200 mm 的圆,然后绘制一个大小形状合适的小椭圆,并把它对齐圆周线。使用环形阵列命令把椭圆复制若干个(注意密度要合适),然后把开始绘制的圆删除,最后加绘表示中心位置的小圆并大小椭圆随即删除几个。

桂花:绘制方法和小叶榄仁类似,只是注意线条形状要有些差别。

铁刀木、灰莉和黄叶榕的绘制很简单,这里不再说明。

注意:上面所有的图案均应绘制在 0 层,并把颜色设为"ByLayer"。绘制的各个图案不必拘泥于和书上的完全一样。

②定义属性。为每一个绘制好的图案都定义四个常量属性,即:"胸径(cm)""冠幅(m)""树高(m)""土球直径(m)"。也就是在定义属性时在图 9.21 所示的窗口中"标记(Tag)"后面的输入框中分别输入上述的文字(不包括引号)。并按表 9.1 设定属性值(默认值),同时注意把属性设置为不可见。表中空格表示该属性值留空,如图 9.29 所示的就是定义海桐的"胸径(cm)"属性时的情形。像海桐这类大灌木,其苗木规格主要是用冠幅及苗高来衡量,而不是用胸径,所以把胸径属性的值留空。但这里为什么仍给这类大灌木设定"胸径(m)"这个属性呢? 这主要是为了将来自动生成苗木表的时候表格项的统一。文字样式请参照前面有关章节的内容定义。

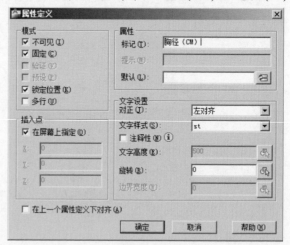

图 9.29

图 9.30 显示了定义好每种植物的属性后的情形,这时候属性的值是看不见的。

③按照如图 9.28 所示的名称把各个图案定义为外部块,定义每个外部块时把它的四个属性全部带上,并注意把插入点选择在每个图案的圆心上。并把所有图块保存在同一个文件夹下,文件夹可命名为"平面植物图块"。

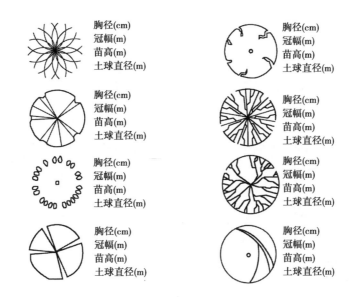

图9.30

最后把定义好的外部块插入到一个绘图文件中试一试属性是否已经设为不可见。

这些带属性的外部块一旦创建好,用户可以长期用于工作中。

◎提示

在定义外部块时要求把图形绘制在0层,并且要求把图形的颜色设置为"随层"(ByLayer),是为了以后把块插入到绘图文件中时,块能够正确显示其所在图层的颜色,以便于组织绘图文件的图层。例如我们按照上面的要求定义了"铁刀木"的外部块,将来插入到园林设计图中的"乔木"图层,假设把"乔木"图层的颜色设为绿色,则图块也显示为绿色,如果它没有显示为绿色,表示块被放到其他层了,这有助于绘图时及时纠正。若把植物平面图案统一颜色而不是"随层",使用时就无法判定是否放在了正确的图层。

9.5.7　块属性的提取和处理

带属性的块插入到绘图文件中后,可以随时把属性提取出来,以作其他用途。在园林设计中最为典型的应用就是自动统计苗木数量和生成苗木表。下面结合实例说明提取块属性的方法。

【例9.7】　新建一个绘图文件,把上一个例中定义的平面植物图块分别插入到绘图文件中来,并把每个图块随意复制若干个,做成像绿化平面的样子,最后提取属性生成苗木统计表。

①打开 AutoCAD 2011 中文版并新建一个绘图文件,选择"无样板打开 - 公制(M)"。

②把前面定义的带属性的树木图块依次插入到绘图文件中,同时每种图块复制若干个,并摆放成绿化平面图的样子,如图9.31所示。

③点选菜单项"工具"(Tools)→"数据提取"(Data Extraction),打开如图9.32所示的"属性提取 - 开始"窗口,选择"从头创建表或外部文件"。

④单击"下一步",进入"属性提取 - 选择图形"页面,选择合适的保存位置,并命名,如图9.33所示。

⑤单击"保存",进入下一个窗口,这里选择"图形/图纸集"并注意勾选"包括当前图形",如图9.34所示。单击"设置"按钮,弹出如图9.35所示窗口,可对属性提取做进一步设置。

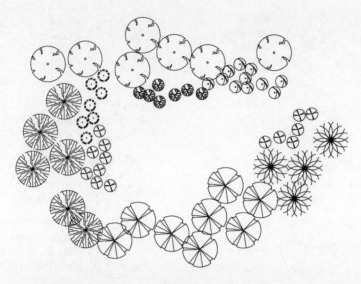

图 9.31

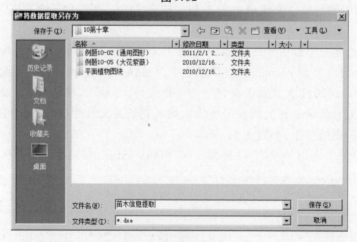

图 9.32

图 9.33

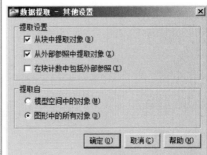

图 9.34   图 9.35

⑥在图 9.34 的窗口中单击"下一步",取消勾选"显示所有对象类型",选择"仅显示块",勾选"仅显示具有属性的块"和"仅显示当前正在使用的对象",可以看到列表中列出了图形中使用的植物块名称,如图 9.36 所示。

图 9.36

⑦在图 9.36 所示的窗口中单击"下一步",在弹出的窗口右侧选项中仅勾选"属性",其他几项全部不要选,如图 9.37 所示。

⑧单击"下一步",弹出如图 9.38 所示窗口,它已经有苗木表的雏形,但列的排列次序不符合要求,可以用鼠标左键按住每列的标签拖动进行调整,图 9.39 是调整了列排序并稍稍拖大窗口后的样子。

⑨单击"下一步",弹出如图 9.40 所示对话框。这里有两种选择,一种是"将数据提取处理表插入图形",即把生成的表格插入到当前绘图文件中。另一种选择是"将数据输出至外部文件",即把输出的数据生成电子表格等文件。实际工作中可以两种同时选择,或者只选择生成 Excel 电子表格,最后再把电子表格插入到绘图文件中。

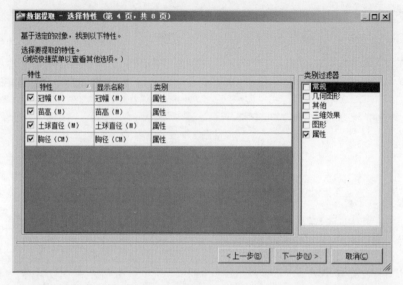

图 9.37

图 9.38

根据经验,选择生成电子表的方式更方便,因为直接生成的苗木表常有一些信息不完善,需要在后期添加,例如备注事项、特殊说明等,在电子表格中更容易处理。若选择生成 Excel 电子表格需要单击下面的按钮指定保存位置和保存的文件名。

⑩单击"下一步"弹出如图 9.41 所示对话框,在这里可以对表格进行进一步设置,若预先在绘图文件中定义了表格样式,也可以直接选择样式。

⑪单击"下一步",弹出如图 9.42 所示对话框,这里已经没有什么需要设置,直接单击"完成"即可,系统自动输出一个电子表格到刚才指定的位置,并返回绘图界面要求指定插入 Auto-CAD 表格的位置,在屏幕上拾取一个适当的点,即插入表格。但会看到插入的表格很小,可以用"缩放"(SCALE)命令进行缩放,结果如图 9.43 所示。

到刚才指定的保存位置就可以找到电子表格文件,双击它把它打开,如图 9.44 所示。可以看到该表格也需要进行适当调整。

图 9.39

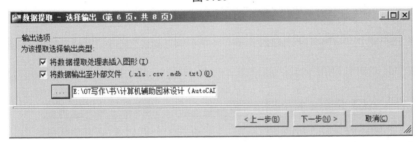

图 9.40

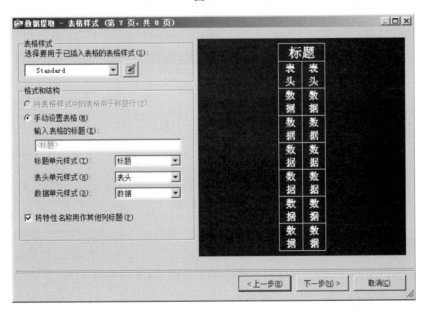

图 9.41

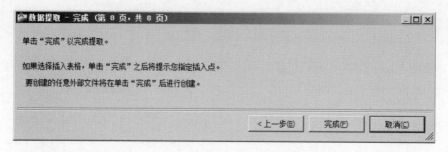

图 9.42

名称	胸径 (cm)	冠幅 (m)	苗高 (m)	土球直径 (m)	计数
大花紫薇	10.0-12.0	2.5-3.0	3.5-4.6	0.7-0.8	4
小叶榄仁	10.0-12.0	3.5	3.5-4.6	0.7-0.8	6
桂花		1.2-1.5	1.8-2.5	0.5-0.6	7
海桐		1.2-1.5	1.2-1.5	0.5-0.6	7
尖叶杜英	10.0-12.0	3.5	4.5-5.5	0.8-1.0	7
铁刀木	10.0-12.0	3.5	4.5-5.5	0.8-1.0	8
黄叶榕		1.0-1.2	1.0-1.2	0.5-0.6	11
灰莉		1.0-1.2	1.0-1.2	0.5-0.6	14

图 9.43

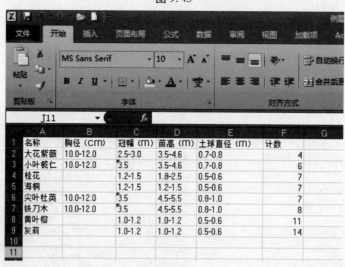

图 9.44

　　Excel 电子表格文件可以独立使用,实际上也可以把它插入到绘图文件中使用。插入方法:
a. 在 Excel 软件中打开电子表格文件;b. 调整好表格内容后,选中需要的表格区域,按下组合键
Ctrl + C 把它复制到剪贴板;c. 回到绘图文件的绘图界面,按下组合键 Ctrl + V,把表格贴入绘图
文件;d. 把贴进来的表格放大到合适,再加写表格标题即可。

　　电子表格插入到绘图文件中后的效果如图 9.45 所示。使用 Excel 表格便于随时修改表中
的内容。在表格上双击鼠标,系统会自动调用 Excel 软件打开表格文件,修改完成后保存并关

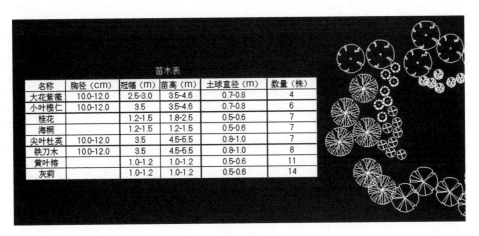

图 9.45

闭 Excel 表格文件,回到 AutoCAD 界面,就可以看到更新后的表格内容。

注意:使用提取属性的方法生成苗木表时,绘图文件中不能存在多余的植物图块,否则导致统计结果错误。例如,做绿化设计图之初,先一次性把可能用到的图块全部插入到绘图文件中,要配置绿化的时候再逐渐复制使用,这是一种很不好的习惯,若忘记删除放在一边待用的图块,就会导致统计苗木错误。

能够让 AutoCAD 自动生成苗木统计表的前提条件是用户事先拥有比较完备的植物图块资料库。有时候一个绿化工程里面用到的乔灌木加起来有数十种甚至上百种,靠临时制作图块并定义其属性几乎是不可能的。读者在学习 AutoCAD 的过程中可以逐渐制作积累自己的图形库,随着学习的深入,图形库也同时充实起来了。但确定各种植物的苗木规格,需要具备较丰富的经验,要有依有据。

在例 9.7 中用提取"块"属性的方法自动生成了苗木统计表,但这是建立在每种植物预先定义了带属性的外部块的基础上的。但在进行绿化种植设计的时候,经常需要临时绘制成片的植物,如成片的花灌木、树林等,这些片植的植物数量极大(有时候一片灌木就多达数千株),难以一棵棵绘制,假若果真是一棵棵绘制的,图面也将非常混乱。

虽然也可使用手工统计成片植物面积,并按种植密度换算成株数再添加到苗木表的方式解决这部分苗木统计的问题,很繁琐。但用 AutoCAD 能够实现这种片植的植物与其他单株植物一起进行苗木自动统计。答案是肯定的。需要做的是把每片植物定义成"内部块",让这个"内部块"也带上属性,同时结合插入"字段"的命令(有关字段的说明参阅第 6 章 6.4.3 及例 6.3 的内容)即可。

【例 9.8】 在例 9.7 绘制的"绿化图"基础上加绘几片灌木,把它们各自定义为带有所需属性的"内部块",最后生成苗木统计表。

①先绘制几片花灌木。打开在例 9.7 中保存的绘图文件,把所有原来插入的表格删除。然后执行"修订云线"(Revcloud)命令,把云线的最小弧长及最大弧长都定为 600,绘制三片灌木,如图 9.46 所示,注意云线要闭合。把左右两片灌木作为美人蕉,中间一片作为米兰。

②为每片灌木定义属性。把当前文字样式切换为原先已经定义的"st"。先定义左边美人蕉的属性。执行定义属性命令,键入:"ATT",在弹出的窗口中作如图 9.47 所示的设置。

单击"确定"按钮,把属性文字放置在左边灌木中,如图 9.48 所示。再用同样的方法定义"苗高(m)",把属性值设定为 0.25 ~ 0.30,如图 9.49 所示。

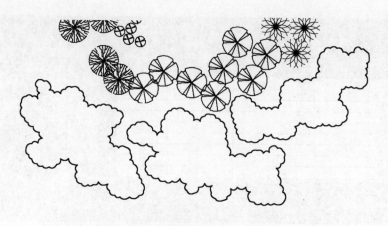

图 9.46

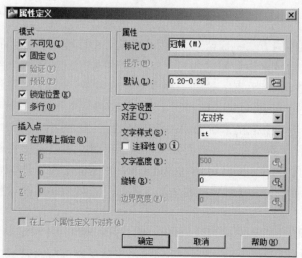

图 9.47

定义"片植灌木株数"属性,这步是让系统自动计算灌木数量的关键。执行"属性定义"命令,在"标记"后面输入"片植灌木株数",其他设置如图 9.50 所示。

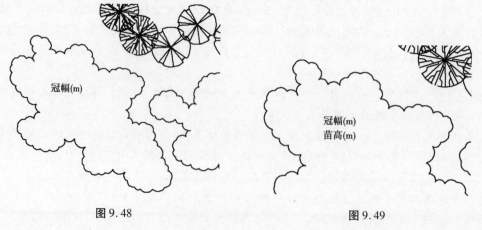

图 9.48

图 9.49

图 9.50　　　　　　　　　　　　　　　　图 9.51

单击"默认"后面输入框右侧的"插入字段"按钮，在"字段"对话框中选择"字段类型"为"全部"，在"字段名称"列表中选择"对象"，如图 9.51 所示。

单击"对象类型"下面矩形框右侧的"选择对象"按钮，回到绘图界面选择表示第一片美人蕉的云线，然后在"特性"下面的列表中选择"面积"，格式选择"小数"，"精度"选择"0"，如图 9.52 所示。

单击"其他格式"按钮，把转换系数设置为 0.000 025，其他设置如图 9.53 所示。这里说明一下转换系数 0.000 025 的来历，实际上是经过了两次换算，第一次换算是把 mm^2 的单位转换为 m^2，即把系统计算出的数值乘以 0.000 001，然后再把平方米数乘以 25，即按照种植 25 株/m^2 计算，结果最后的系数就是 0.000 025。

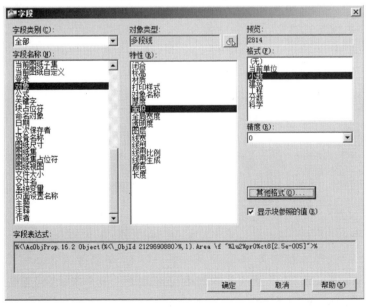

图 9.52　　　　　　　　　　　　　　　　图 9.53

单击"其他格式"窗口中的"确定"按钮,返回"字段"窗口,可以看到"预览"下面显示了数字 2 814,即这片美人蕉的数量是 2 814 株。

单击"字段"窗口中的"确定"按钮,返回"属性定义"窗口,可以见到在"值"后面的输入框中有了带灰色底的数字 2 814,如图 9.54 所示。单击"确定"按钮,完成"片植灌木株数"属性的定义,如图 9.55 所示。

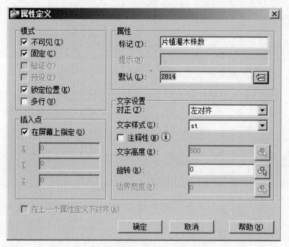

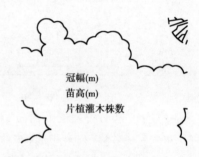

冠幅(m)
苗高(m)
片植灌木株数

图 9.54   图 9.55

再定义一个"备注"属性,把属性值设为"5 斤袋苗",如图 9.56 所示。小灌木或草花植物常用的规格有地苗、3 斤袋苗、5 斤袋苗等几种,这里选择 5 斤袋苗。

至此,完成了第一片美人蕉的属性定义,如图 9.57 所示。在定义图块前,完成另外两片灌木的属性定义。

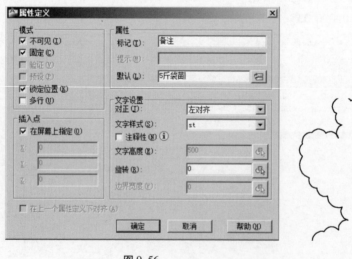

冠幅(m)
苗高(m)
片植灌木株数
备注

图 9.56   图 9.57

两片云线都是美人蕉,除面积不同,即株数不同,而其他属性是一样的,所以可以直接把第一片美人蕉的"冠幅(m)""苗高(m)""备注"3 个属性复制到右边那片美人蕉那里,只需重新定义"片植灌木株数"一个属性即可,如图 9.58 所示。

参照上面的方法定义中间这片米兰的四个属性。"冠幅(m)"的属性值为 0.15 ~ 0.25;"苗

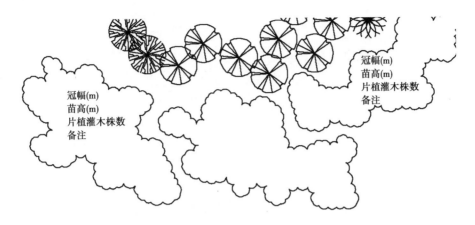

图 9.58

高(m)"的属性值为 0.25～0.30;"片植灌木株数"的属性值按系统求得的平方毫米数乘以转换系数 0.000 025(即仍然是种植 25 株/m²);"备注"的属性值为"3 斤袋苗"。定义好全部属性后,图面如图 9.59 所示。

图 9.59

③把每片灌木分别定义成"内部块"。先定义左边的美人蕉,键入定义块命令:"B",把块名称定为"美人蕉 01",基点选择云线内的任意一个点,选择对象的时候注意云线和四个属性一起选上,注意选择"转换为块",最后单击"确定"按钮,完成第一片美人蕉的块定义。

然后用同样的方法把右边的美人蕉连同属性定义成"内部块""美人蕉 02",把中间的米兰连同属性定义成"内部块""米兰 01"。因为在定义内部块时选择了"转换为块",所以完成定义后云线在原地直接变成了块,无需重新插入(插入块很难保证它在原来的位置),且属性文字也被隐藏了,如图 9.60 所示。

点选菜单项"视图"→"显示"→"属性显示"→"开",可以看到属性值,如图 9.61 所示。

点选菜单项"视图"→"显示"→"属性显示"→"关",把属性值隐藏起来。接下来我们要输出包括灌木株数的完整苗木表。

④生成苗木表。请读者参照上一个例的方法提取属性生成苗木表。图 9.62 显示的是生成 Excel 格式的苗木表并进行了合理调整后反插回绘图文件中的完整苗木表。

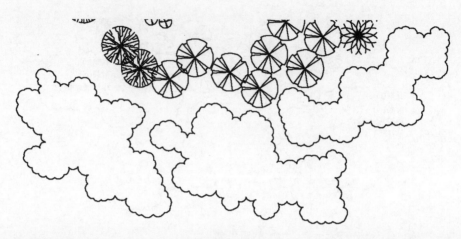

图 9.60

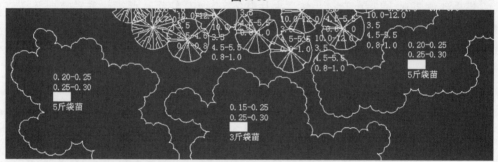

图 9.61

苗木表

名称	数量	胸径（cm）	冠幅（m）	苗高（m）	土球直径（m）	片植灌木株数	备注
美人蕉02	1		0.20-0.25	0.25-0.30		2 186	5斤袋苗
美人蕉01	1		0.20-0.25	0.25-0.30		2 814	5斤袋苗
米兰01	1		0.15-0.25	0.25-0.30		2 904	3斤袋苗
大花紫薇	4	10.0-12.0	2.5-3.0	3.5-4.6	0.7-0.8		
小叶榄仁	6	10.0-12.0	3.5	3.5-4.6	0.7-0.8		
桂花	7		1.2-1.5	1.8-2.5	0.5-0.6		
海桐	7		1.2-1.5	1.2-1.5	0.5-0.6		
尖叶杜英	7	10.0-12.0	3.5	4.5-5.5	0.8-1.0		
铁刀木	8	10.0-12.0	3.5	4.5-5.5	0.8-1.0		
黄叶榕	11		1.0-1.2	1.0-1.2	0.5-0.6		
灰莉	14		1.0-1.2	1.0-1.2	0.5-0.6		

图 9.62

在生成苗木表的时候，片植灌木部分也可以只统计面积，最后在 Excel 或 AutoCAD 表格中附加一栏种植密度的说明。若对苗木规格及种植密度缺乏经验，可采用这种方法。可以把含有片植面积的苗木表委托他人填写种植密度及规格说明。

用上面这种方法实现自动生成苗木表有几点要注意：

①绘制成片种植的植物时，要用闭合的多段线（云线和徒手画命令绘制的线都是多段线）。

②使用插入字段的方法计算苗木数量时，转换系数千万不能错，特别是小数点后的位数不能错，系数稍有差错，株数将出现可怕的成千上万的错误。

③把成片灌木定义成内部块时，最好在灌木名称后面加上 01、02 这样的标识数字，这一方

面是为了区分单株种植的灌木和片植灌木(例如米兰就有单株种植和片植两种用法),另一方面是便于在一个绘图文件中同一种灌木可以种植多片。

初次使用这种方法的时候可能比较繁琐,但比用手工方法统计苗木便捷和精确。

9.6 综合练习——给园林设计平面图配置植物并统计苗木表

打开在第7章中进行了铺地图案填充的综合绘图练习文件。

①插入第一种乔木(尖叶杜英),安排种植位置。把当前图层切换为"03 单株植物",执行"插入块"(Insert)命令,在"插入"窗口中单击"浏览"按钮,找到在例9.6中定义好的外部块"尖叶杜英",把它插入到绘图文件中来。以前给"03 单株植物"指定的层颜色是104号色,这是一种比较深的绿色,现在插入的"尖叶杜英"应该显示这种颜色。然后把插入进来的块复制若干个,并按种植要求安排好位置。如图9.63所示。

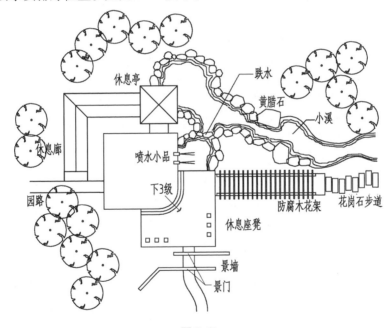

图 9.63

②插入外部图块"小叶榄仁"(参见图9.28),复制若干个并进行种植位置安排。

③插入外部块"铁刀木"(参见图9.28),复制若干个并进行种植位置安排。

④插入外部块"大花紫薇"(参见图9.28),复制若干个并进行种植位置安排。

⑤插入黄叶榕、海桐、灰莉及桂花,并安排种植位置。分别插入外部块"黄叶榕""海桐""灰莉"及"桂花",每种复制若干个并进行种植位置安排,如图9.64所示。种植4种大灌木的时候,可以按照设计需要自行安排数量及位置,不必拘泥于和图示一样。

⑥绘制片植小灌木。到第4步为止总共种植了4种乔木、4种大灌木,这一步种植几片小灌木及草花。花灌木及草花用"云线"(Revcloud)来绘制,绘制时把最大弧长和最小弧长都设为400。为了节省时间,只绘制两片灌木(软枝黄蝉)和一片草花(大叶仙茅)。两片软枝黄蝉分别

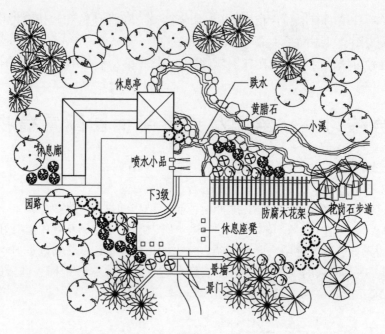

图9.64

在休息亭的左上角及水池的右上角。大叶仙茅位于休息廊和广场之间,如图9.65所示。

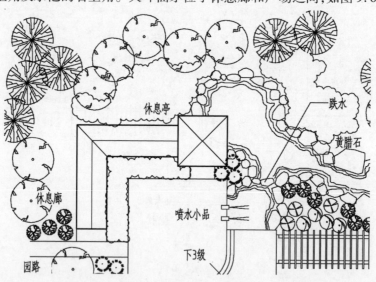

图9.65

⑦为软枝黄蝉及大叶仙茅定义属性,为了实现自动统计苗木,参照例9.5,为软枝黄蝉及大叶仙茅定义属性,如图9.66所示。定义属性后可以看到属性文字和其他图线重叠在一起,这没有关系,因为当下一步把几片植物分别定义成块后,属性文字是看不见的。

⑧把几片花灌木及草花定义成内部块。执行"定义内部块"(Block)命令,把休息廊和广场之间的草花定义成名为"大叶仙茅01"的内部块,把休息亭左上角的灌木定义成名为"软枝黄蝉01"的内部块,把水池右上方的灌木定义成名为"软枝黄蝉02"的内部块。注意定义内部块时把它们各自的属性带上,并选择把原对象转换为块,完成内部块定义后如图9.67所示。

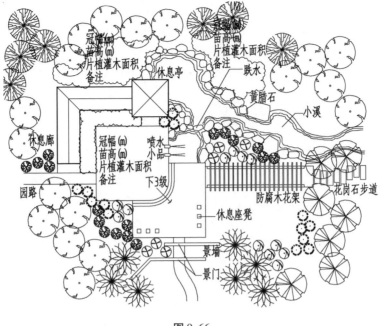

图 9.66

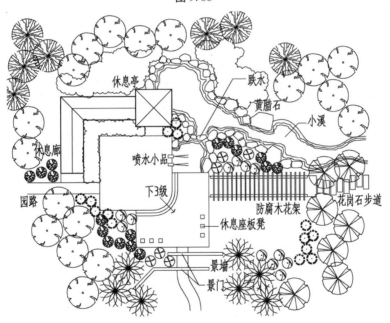

图 9.67

⑨为植物标注文字,调整文字的位置。为每种植物标注植物名称,注意把文字各自放在正确的图层中,然后把以前标注的文字合理调整位置,尽量使文字与文字之间以及文字与图线之间不要相互干扰,如图 9.68 所示。为了使图面不乱,把铺地的填充层暂时关闭。若一时记不起某个图块代表的是什么植物,可以选中图块,在"特性"窗口中查看(打开"特性"窗口的命令是 Ctrl + 1)。

图形绘制工作告一段落,接下来用提取属性的方法生成苗木统计表。

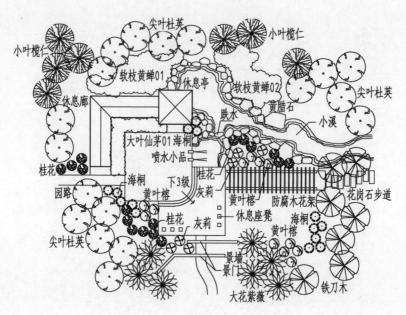

图 9.68

⑩生成苗木统计表。不再详细叙述苗木表的生成方式,请参阅例9.7和例9.8。本例中选择生成的是 Excel 电子表格,如图9.69所示是把电子表格插回到绘图文件中并加写标题后的情形。

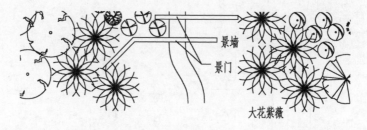

苗 木 表

名称	数量	胸径（CM）	冠幅（M）	苗高（M）	土球直径（M）	片植灌木面积	备注
软枝黄蝉02	1		0.20-0.25	0.25-0.30		33.0平方米	3斤袋苗
大叶仙茅01	1		0.25-0.30	0.25-0.30		19.2平方米	5斤袋苗
软枝黄蝉01	1		0.20-0.25	0.25-0.30		37.1平方米	3斤袋苗
灰莉	6		1.0-1.2	1.0-1.2	0.5-0.6		
大花紫薇	7	10.0-12.0	2.5-3.0	3.5-4.6	0.7-0.8		
小叶榄仁	7	10.0-12.0	3.5	3.5-4.6	0.7-0.8		
铁刀木	7	10.0-12.0	3.5	4.5-5.5	0.8-1.0		
黄叶榕	12		1.0-1.2	1.0-1.2	0.5-0.6		
海桐	14		1.2-1.5	1.2-1.5	0.5-0.6		
桂花	17		1.2-1.5	1.8-2.5	0.5-0.6		
尖叶杜英	18	10.0-12.0	3.5	4.5-5.5	0.8-1.0		

图 9.69

生成的苗木表,片植灌木统计的是面积,而没有把它们换算成株数,可以在苗木表的备注里加上每平方米种植株数的说明,如图9.70所示。如果希望 AutoCAD 直接换算成株数,则在定义属性的时候乘以相应的系数,具体方法请参阅例9.8。

至此,这个园林设计平面图全部完成,最后以"综合绘图实例02(植物配置).dwg"为文件名存盘。

苗 木 表

名称	数量	胸径(cm)	冠幅(m)	苗高(m)	土球直径(m)	片植灌木面积	备注
软枝黄蝉02	1		0.20-0.25	0.25-0.30		33.0平方米	3斤袋苗,25株/m²
大叶仙茅01	1		0.25-0.30	0.25-0.30		19.2平方米	5斤袋苗,25株/m²
软枝黄蝉01	1		0.20-0.25	0.25-0.30		37.1平方米	3斤袋苗,25株/m²
灰莉	6		1.0-1.2	1.0-1.2	0.5-0.6		
大花紫薇	7	10.0-12.0	2.5-3.0	3.5-4.6	0.7-0.8		
小叶榄仁	7	10.0-12.0	3.5	3.5-4.6	0.7-0.8		
铁刀木	7	10.0-12.0	3.5	4.5-5.5	0.8-1.0		
黄叶榕	12		1.0-1.2	1.0-1.2	0.5-0.6		
海桐	14		1.2-1.5	1.2-1.5	0.5-0.6		
桂花	17		1.2-1.5	1.8-2.5	0.5-0.6		
尖叶杜英	18	10.0-12.0	3.5	4.5-5.5	0.8-1.0		

图 9.70

练 习 题

1. 绘制一条如下面左图所示的样条曲线(横向长度约 27 m)。绘制一个 600 mm × 1 200 mm 的矩形,并将其以"bs"的名字定义为内部块,注意定义块时以矩形的形心为插入点。然后把内部块"bs"沿样条曲线等距离(间距 750 mm)分布,成为下面右图的样子。最后把样条曲线删除,仅保留线性分布的块。

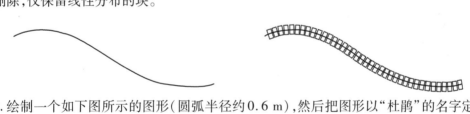

2. 绘制一个如下图所示的图形(圆弧半径约 0.6 m),然后把图形以"杜鹃"的名字定义为外部块。

3. 绘制一个如图所示的图形,其半径约为 1.6 m,然后为其定义四个属性:①胸径 = 8.0 ~ 12.0 cm;②冠幅 = 2.4 ~ 2.6 m;③苗高 = 3.5 ~ 4.6 m;④泥球 = 60 ~ 70 cm,注意把各属性设置为不可见。把图形和属性一起以"蓝花楹"为名定义为外部块。

再以同样的方法绘制并定义带属性的树木图块四种:白兰、芒果、蝴蝶果、尖叶杜英。

4. 新建一个绘图文件,并新建一个"乔木"图层,把图层颜色设为绿色。把上题中建立的五个外部块依次插入到绘图文件中,并把每种树木的图块复制若干个,然后提取属性生成完整的Excel 苗木表。最后把 Excel 苗木表插回到绘图文件中。

5. 设置点格式为可见的形式,然后绘制一条样条曲线,并把它 7 等分,如下图所示。

10 外部参照和光栅图像的应用

本章导读 外部参照的意义在于把其他的图形显示于当前绘图文件中而无需真正插入,这为多人协同工作带来了便利。所谓光栅文件就是一般的图像文件,例如 jpg 格式的图像或 png 格式的图像等,AutoCAD 允许把图像文件以引用的方式插入当前绘图文件中,这使得 CAD 描图等工作成为可能。本章的主要内容:①外部参照的概念和应用;②插入光栅图像;③光栅图像的剪裁。

外部参照的作用是把其他绘图文件的图形链接到当前的绘图文件中。外部参照和插入图块的不同之处是图块插入到当前文件中后,图块和相关联的所有图形均被存储在当前绘图文件的数据中,图块可以被分解编辑,而外部参照的文件本身没有被保存到当前绘图文件中,只是作为一个引用的文件显示在当前文件里,也不能在当前文件里被分解和编辑,也不会增加当前绘图文件的文件量。把图形作为外部参照插入到当前绘图文件中,它会随着原图形的修改而更新。所以含有外部参照的绘图文件总是反映出外部参照文件的最新情况。

外部参照有以下几个方面的作用:

①把规模比较大的图形分成几个部分,由不同的人员分别完成相关的部分,用外部参照把它们组合在一起成一个总的图形,则总的图形总是能够反映最新的结果。

②把其他用户的图形放置在你的图形上,合并你和其他用户的工作,从而保持与其他用户的图形同步。

③创建外部参照剪裁边界,控制按照图形在主文件中显示的范围,指定需要的图形部分。

AuoCAD 2011 支持插入图像文件,支持的图像文件格式有多种,较为常用的是 jpg、png、bmp、tga、tiff 等几种图像格式。例如我们可以在绘图文件中附上彩色参考图片、或者把手工绘制的图纸用扫描仪输入计算机后插入绘图文件中,再在 AutoCAD 中描绘成 CAD 图形。

10.1 插入外部参照

插入外部参照的目的是用其他图形补充当前绘图文件中的图形。把其他图形作为外部参照插入,在每次打开主绘图文件时,会反映出外部参照文件的最新变化。外部参照文件也能以

任意多层嵌套。外部参照的图形可进行复制、旋转、缩放等操作。插入外部参照命令为"Xat-tach",调用的方法有 3 种：

🎴 菜单项：插入(Insert)→dwg 参照

⌨ 键盘命令：XA

🎴 单击"插入"(Insert)工具条或"参照"(Reference)工具条上的按钮

输入命令后,将打开如图 10.1 所示的"选择参照文件"(Select Reference File)对话框。

图 10.1

找到要插入的文件后,单击"打开"按钮,会打开"附着外部参照"(External Reference)对话框,如图 10.2 所示。这个界面有点像插入图块的对话框,里面可以指定插入的比例、旋转的角度等,设置完成后,单击"确定",然后在屏幕上拾取插入点,便将图形以外部参照的方式插入到了当前绘图文件中。在左下有两个选项："附加型"(Attachment)和"覆盖型"(Overlay),这是两种创建外部参照的方式。

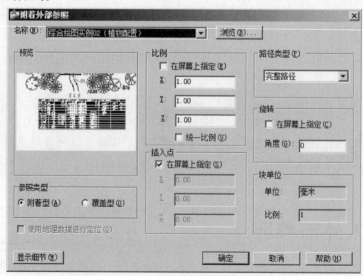

图 10.2

"覆盖型"和"附加型"的区别在于如何处理嵌套的参照。嵌套是在一个外部参照图形中包含另一个外部参照的情况。当外部参照为覆盖型时,任何其他嵌套在它内部的覆盖型参照都被忽略,也就是嵌套在外部参照图形中的覆盖型外部参照不会在当前主图形中被显示出来。

注意:当带有外部参照图形的文件被移动或复制到其他计算机或不同的目录时,也要把被引用的文件一起移动或复制,而且最好是主文件和参照图形文件在同一目录下,否则在打开主图形文件时,系统会提示找不到参照文件。

【例10.1】 绘制一个直径为4 000 mm的圆,并以"喷水池"为名保存。另外新建一个绘图文件,绘制一个边长为8 000 mm的正方形广场,广场下方正中间有一条2 000 mm宽的园路,广场左右有两条1 500 mm宽的对称园路(也处于广场边线的中间),如图10.3所示。

新建一个绘图文件,选择"无样板打开–公制(M)"。绘制一个直径为4 000 mm的圆。然后把绘图文件以"喷水池"为名存盘,保存好后关闭绘图文件。

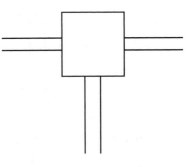

图10.3

另外新建一个绘图文件,选择"无样板打开–公制(M)",按照如图10.3所示绘制一个正方形广场,正方形边长等于8 000 mm,下面的路宽为2 000 mm,左右两边的路宽为1 500 mm,三条路的中线都通过正方形的中心点。

执行插入外部参照命令,键入:"XA",在"选择参照文件"窗口中找到并选中刚才保存的"喷水池"文件,然后单击窗口中的"打开"按钮,弹出"附着外部参照"窗口,如图10.4所示。

窗口中显示了外部参照文件的位置和保存路径。参照类型选择"附加型",路径类型选择"完整路径"。勾选"插入点"下面的"在屏幕上指定",其他设置如图10.4所示。设置完成后,单击"确定"按钮。

在屏幕上任意拾取一个点,完成插入参照文件,如图10.5所示。

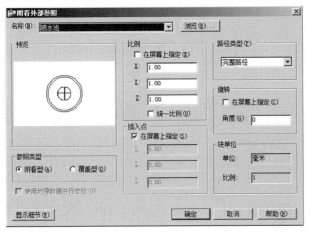

图10.4

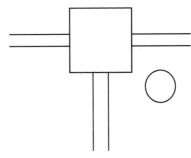

图10.5

外部参照文件插入到当前绘图文件中后,从表面上看和普通绘制的圆没有什么差异,它也可以被选择,还可以进行移动、复制等操作,但不能执行旨在修改图形的命令,例如偏移等,圆的直径也无法直接修改。接着用"移动"(Move)命令把插进来的圆移动到圆心对齐正方形的中心,如图10.6所示。

到目前为止还看不出插入外部参照文件到底有什么作用,但下面的操作就可以显示出其价值。

重新打开"喷水池"绘图文件,并把圆向内偏移一个,偏移距离为 200 mm,再绘制一个直径为 1 500 mm 的同心圆,并在小圆中绘上十字线,如图 10.7 所示。

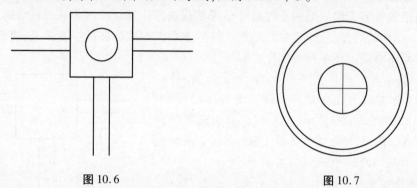

图 10.6 图 10.7

完成绘制后保存,并关闭"喷水池"绘图文件。现在再回到有正方形广场的绘图文件中来,点选菜单项"插入→外部参照",打开"外部参照"管理器面板,如图 10.8 所示。窗口中列出了插入的参照文件"喷水池",旁边有一个带有感叹号的黄色三角形警示标识,表示外部参照文件的源文件有改动,需要重新载入。将光标置于文件名上单击右键,在弹出的窗口中选择"重载",就完成了参照文件的重新载入。回到绘图界面,可以看到广场中央的喷水池图形已经更新,如图 10.9 所示。

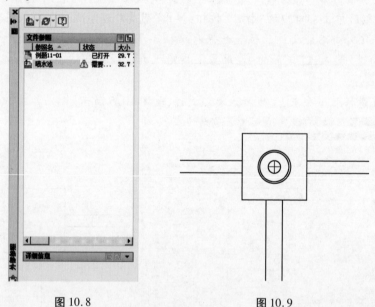

图 10.8 图 10.9

采用外部参照最大的价值在于可以轻松实现分工合作:假如绘图的计算机处于局域网中,则可以一个人负责总图(广场、道路及其他内容)绘制,而另外一个人负责绘制喷水池,负责总图绘制的人只需用外部参照的方式引用"喷水池",总图中总能反映出喷水池的最新进展或修改。这样就实现了协同工作。

10.2   绑定外部参照

把外部参照绑定到当前绘图文件上,可以使外部参照变成当前图形的固有部分,不再是外部参照文件。此时,外部参照变成了块,也不再与原文件的修改保持同步。外部参照绑定生成的块,系统自动以原文件名作为块名。

绑定外部参照命令的调用方法有三种:

❈ 菜单项:插入(Insert)→外部参照管理器(Xref Manager)

⌨ 键盘命令:XR

❈ 单击参照(Reference)工具栏上的按钮

输入命令后将打开如图 10.10 所示的"外部参照"面板。

在参照文件名上右键单击鼠标,在弹出的菜单中选择"绑定",即完成绑定操作。

图 10.10

10.3   剪裁外部参照

在当前绘图文件中插入了外部参照文件或图块后,可以定义剪裁边界,使外部参照文件或图块只显示需要的部分。定义剪裁边界的命令为"Xclip"。剪裁外部参照文件或图块只是改变了它在当前绘图文件中的显示,对参照文件或图块本身并没有影响。命令的调用方法有如下三种:

❈ 菜单项:修改(Modify)→剪裁(Clip)→外部参照(Xref)

⌨ 键盘命令:XC

❈ 单击"参照"(Reference)工具条上的按钮

输入命令后,命令提示框显示以下信息:

　　选择对象:

当选择了要剪裁的外部参照或块后,单击鼠标右键确认选择,此时命令提示框接着显示:

　　输入剪裁选项

　　[开(ON)/关(OFF)/剪裁深度(C)/删除(D)/生成多段线(P)/新建边界(N)]<新建边界>:

键入"N",新建边界,这时命令提示框显示:

　　指定剪裁边界:

　　[选择多段线(S)/多边形(P)/矩形(R)]<矩形>:

这里有三个选项。如果事先画好了一条封闭的多段线边界,则键入"S",选择第一个选项,在提示下选择作为边界的多段线,多段线以外的部分将不再显示。若选择"多边形"(Polygonal)(即键入"P"),则可以立即绘制一个多边形定义剪裁边界,多边形之外的部分将不再显示。若选择"矩形"(Rectangular)(即键入"R"),则可以立即绘制一个矩形定义剪裁边界,矩形以外的部分将不再显示。

定义了剪裁边界后,默认的情况下,边界不会被显示出来,如果想显示剪裁边界,可以点选菜单项"修改(Modify)→对象(Object)→外部参照(External Reference)→边框(Frame)",就会显示边框。如果想重新关闭剪裁边界,只需再执行一次上述的命令。

10.4 光栅图像的应用

在园林设计中光栅图像主要应用于以下几个方面:

①在设计图中附上参考照片。例如假山的设计,用一般的平、立、剖面是很难准确表达其造型和具体做法的,我们可以找到类似的照片作为施工时的参考图,附在设计图上。

②把非数字地形图插入绘图文件中,描绘成数字地形图。在实际设计项目中,我们从委托方那里拿到的地形图有时候是蓝图或复印的白图。这种情况下,可以把地形图用扫描仪扫描成图像文件,插入到 AutoCAD,再用"Spline""Pline"等绘图命令描绘它,从而得到数字地形图。

③把手绘的图纸转换成 CAD 图。有些造型设计或构图,直接 AutoCAD 里面绘制不方便,可以先用手工绘制,再扫描和插入描绘。

AutoCAD 2011 支持多种图像文件格式,最常用的是 JPG、BMP、TIFf、PNG 等格式的图像。

10.4.1 插入图像(Image)命令

命令的调用方法有三种:

菜单项:插入(Insert)→光栅图像参照(Raster Image)

键盘命令:IM

单击"参照"(Xref)工具条上的按钮

用第一种方式输入命令,将打开如图 10.11 所示的选择参照文件窗口,选择图像文件后在窗口右侧有图像的预览。一般情况下应把文件类型设置为"所有图像格式"(All image files)。

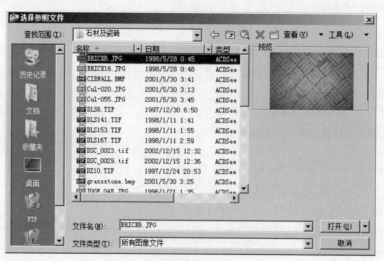

图 10.11

选择好图像文件后单击"打开"按钮,弹出"图像"(Image)窗口,如图 10.12 所示。单击"确定",在屏幕上拾取一个点并输入缩放比例就可把图像插入到当前绘图文件中。

如果用上面介绍的第二种方法执行命令(即键入键盘命令"IM"),将打开"外部参照"面板,单击面板左上角带有黑色小三角的按钮,将弹出一个选择菜单,选择"附着图像"即可,如图 10.13 所示。

图 10.12

图 10.13

插入到绘图文件中的光栅图像可以进行缩放、旋转等操作,还可以控制图线和图像的显示次序,既可以使图像覆盖图线,也可以使图线在图像上面。注意,把光栅图像插入到绘图文件中,等于是建立了一种特殊的外部引用。当带有光栅图像的文件被移动或复制到其他计算机或不同的目录时,要把光栅图像文件也一起移动或复制,而且最好是主文件和光栅图像文件在同一目录下,否则在打开主图形文件时,系统会提示找不到光栅图像文件。

10.4.2 控制光栅图像的显示顺序

大部分情况下需要让光栅图像覆盖于 AutoCAD 图形对象上,但有些情况下我们需要图线在图像上被显示或打印出来,如描绘地形图或手稿图的情况。用"Draw Order"命令可以控制显示顺序。该命令的调用方法有:

菜单项:工具(Tools)→绘图次序(Draw Order)

键盘命令:DR

如果用点选菜单项的方式输入命令,在"绘图顺序"(Draw Order)后面有 6 个选项,分别说明如下:

- 前置(Bring to Front):把所选的对象(可以是图像也可以是图形)置于最上层显示。
- 后置(Send to Back):把所选的对象置于最底层显示。
- 置于对象之上(Bring Above Object):把所选对象置于另外一个对象之上。

● 置于对象之下(Send Under Object):把所选对象置于另外一个对象之下。

● 文字和标注前置(Bring Text and Dimension to Front):有"仅文字对象"(Text Objects Only)"仅标注对象"(Dimension Objects Only)"文字和标注对象"(Text and Dimension Objects)3个选择。

● 将图案填充项后置(Send Hatchs to Back):执行此选项时无需选择对象,系统会自动把所有填充图案全部后置。

如果用键盘输入命令,则在键入"DR"之后,命令提示框显示下列信息:

　　选择对象:

选择了物体并单击鼠标右键确认,命令提示框接着显示:

　　输入对象排序选项[对象上(A)/对象下(U)/最前(F)/最后(B)]<最后>:

这里有4个选择,"对象上"(Above object)相当于上面介绍的"置于对象之上"(Bring Above Object)"对象下"(Under object)相当于"置于对象之下"(Send Under Object)"最前"(Front)相当于"前置"(Bring to Front)"最后"(Back)相当于"后置"(Send to Back)。

10.4.3　剪裁光栅图像

剪裁光栅图像的方法类似于前面介绍的对外部引用图形或图块的剪裁。命令为"Imageclip",调用命令的方法有三种:

🗶 菜单项:修改(Modify)→剪裁(Clip)→图像(Image)

⌨ 键盘命令:ICL

🗶 单击"参照"(Reference)工具条上的按钮 🗗

输入命令后,命令提示框显示下列信息:

　　命令:_imageclip

　　选择要剪裁的图像:

选择要剪裁的图像,命令提示框又显示:

　　输入图像剪裁选项[开(ON)/关(OFF)/删除(D)/新建边界(N)]<新建边界>:

键入"N"或直接回车,命令提示框接着显示:

　　输入剪裁类型[多边形(P)/矩形(R)]<矩形>:

如果选择"多边形"(Polygonal)(或键入"P"),则要求用户绘制一个闭合多边形作为剪裁图像的边界。如果选择"矩形"(Rectangular)(或键入"R"),则要求用户绘制一个矩形作为剪裁图像的边界。

如图10.14所示的左图是插入AutoCAD中的原始图像,右图是用"多边形"(Polygonal)选项剪裁图像的效果。

图10.14

10.4.4 控制图像边框的显示

默认情况下,插入的图像有边框线,边框线的颜色为当前图层的颜色,用户也可以设定边框线的颜色。若希望打印出来的图像没有边框线,AutoCAD 提供了"Imageframe"命令控制图像边框线的显示。命令调用的方法有如下三种:

菜单项:修改(Modify)→对象(Object)→图像(Image)→边框(Frame)

键盘命令:IMAGEFRAME

单击"参照"(Reference)工具条上的按钮

输入命令后命令提示框显示下列信息:

命令: _imageframe

输入图像边框设置 [0/1/2] <1>:

默认情况下,图像边框线为开,即参数值为"1"。若要关闭它,键入"0"即可。这里要注意,关闭了图像边框线的显示后,图像不能被选择。若要对图像进行复制、移动等操作,应先把图像边框线的显示打开。

10.4.5 调整光栅图像的亮度、对比度和灰度

AutoCAD 2011 提供了调整图像亮度、对比度和强度的命令"Imageadjust",命令的调用方法有三种:

菜单项:修改(Modify)→对象(Object)→图像(Image)→调整(Adjust)

键盘命令:IAD

单击"参照"(Reference)工具条上的按钮

输入命令并选择了要调整的图像后,将打开如图 10.15 所示的"图像调整"(Image Adjust)对话框。

图 10.15

"亮度"(Brightness)下方的滑块用于调整图像亮度,"对比度"(Contrast)下方的滑块用于调整图像对比度,"淡入度"(Fade)下方的滑块用于调整图像灰度。拖动滑块就可以进行调整。如果要对图像进行比较高级的调整,建议用专门的图像处理软件(例如 Photoshop)进行处理。

10.4.6 调整光栅图像的质量

AutoCAD 2011 提供了两种图像质量,即"高质量"和"草稿"。调整图像质量的命令有三种:

　　❀ 菜单项:修改(Modify)→对象(Object)→图像(Image)→质量(Quality)

　　⌨ 键盘命令:IMAGEQUALITY

　　❀ 单击"参照"(Reference)工具条上的按钮

输入命令后,命令提示框显示:

　　　　输入图像质量设置 [高(H)/草稿(D)] <高>:

键入"H"则把图像质量设为高质量,键入"D",则把图像质量设为草稿质量。

10.4.7 调整光栅图像的透明模式

可以调整光栅图像为透明或不透明,方法有三种:

　　❀ 菜单项:修改(Modify)→对象(Object)→图像(Image)→透明(transparency)

　　⌨ 键盘命令:TRANSPARENCY

　　❀ 单击"参照"(Reference)工具条上的按钮

输入命令后,命令提示框显示:

　　　　命令: _transparency

　　　　选择图像:

选择图像并回车确认后,命令提示框显示:

　　　　输入透明模式 [开(ON)/关(OFF)] <OFF>:

默认为"OFF",要打开透明模式,键入"ON"即可。

在 AutoCAD 2011 中使用光栅图像,也可以实现简单的平面设计和排版功能,但它毕竟不是专门处理图像的软件,不可能有太强的图像处理能力。如果需要进行图像处理,最好还是使用 Photoshop 这样的专门软件。

练习题

1. 按一定比例手绘一个设计草图,然后扫描为 JPG 格式的图像文件,并插入到 CAD 绘图文件中,最后跟踪描绘成 CAD 图形。

2. 找一张数码照片,把它插入到 CAD 绘图文件中,尝试调整其亮度、对比度和灰度。

3. 绘制一个直径为 6 000 mm 的圆并单独保存成一个文件,再新建一个绘图文件,绘制一个边长为 12 000 mm 的正方形,然后把刚保存的圆的文件以外部参照的方式插入到当前文件中,并把圆准确定位于正方形的中央。尝试修改被参照的文件中的圆(例如再绘制一个同心圆)并保存,查看引用外部参照的文件并重新载入参照文件,看看它的变化。

4. 在上一题的基础上,尝试绑定外部参照文件。

5. 在绘图文件中插入一个图像文件(例如植物的照片),设置其边框为关闭,此时在 CAD 绘图文件中图像文件将变为不可选择。然后再把图像边框设置为打开,此时图像又可以选择和编辑了。

11 查 询

本章导读 在用 AutoCAD 绘图或在使用 CAD 文件的过程中,经常需要了解一些图形的信息,例如两个点之间的实际距离、某个区域的面积、某个点的坐标等等。AutoCAD 提供了查询这类信息的命令。本章重点介绍在园林设计绘图中常用的三个命令:①两点间距离(DI)查询;②面积(Area)命令;③点坐标(ID)命令。

11.1　两点间距离测量

11.1.1　距离(Dist)命令

"距离"(Dist)命令主要用于查询两个点之间的距离,同时也可以看到第二个点相对于第一个点在当前坐标系中的倾角和在 X、Y、Z 轴向的增量。命令的调用方法有三种:

❀ 菜单项:工具(Tools)→查询(Inquiry)→距离(Distance)

▦ 键盘命令:DI

❀ 单击"查询"(Inquiry)工具条上的按钮▤或"测量工具"(Measurement Tools)工具条上的按钮▤

输入命令后,命令提示框显示下列信息:

　　命令:di

　　DIST 指定第一点:

在屏幕上拾取需要查询距离的第一个点,接着命令提示框显示:

　　指定第二点:

拾取第二个点后,在命令提示框显示如下的结果:

　　距离 = 682.087 8,XY 平面中的倾角 =328,与 XY 平面的夹角 =0

　　X 增量 =579.820 2,Y 增量 = – 359.238 5,Z 增量 =0.000 0

第一个数据显示了两点间的距离,第二个和第三个数据显示了倾角,第四个数据到第六个数据分别显示第二个点相对于第一个点在当前坐标系中在 X、Y、Z 轴向的增量。如果需要精确

查询两点间的距离,可以采用对象捕捉方法拾取点。

11.1.2　使用动态输入功能

"Dist"是 AutoCAD 中查询两点间距离的传统命令,在 AutoCAD 2011 中,有些情况下可以用其他更加便捷的查询距离的方法。

在第 3 章 3.5.10 中曾学习过使用"动态输入"的方法绘制图形,使用"动态输入"还可以实现对图形对象的查询和编辑。按下绘图辅助工具栏上的"动态输入"(DNY)按钮(可以直接单击按钮或按下键盘上 F12 键),这时候对于直线段,可以不使用任何命令而查得其长度,只需选中直线段,然后把光标移动到直线段的任意一个端点上,屏幕上即显示出直线的长度和倾角,如图 11.1 所示。

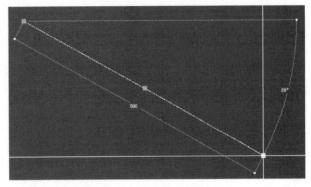

图 11.1

使用这种方法还可以修改直线的长度:选中直线段,把光标移至直线段的一个端点上,这时原本显示为蓝色的控制点变成绿色,同时屏幕上显示出直线的长度和倾角。接着保持光标位置不动,单击鼠标左键,可以看到端点上的方框变成红色(即热点),同时光标旁边出现一个初始值为 0 的动态输入框,如图 11.2 所示。在输入框中输入一个值,如"50",

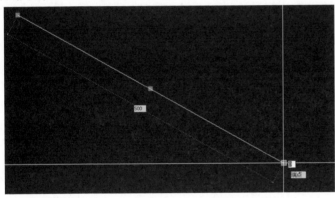

图 11.2

并回车,直线段将被延长"50"。如果这里输入的是负值,如" - 200",则直线段将被缩短。

使用动态输入功能还可以查询或修改其他很多图形的线性值。如图 11.3 所示,显示的是用动态输入功能查询圆的半径的情形,如图 11.4 所示,则是编辑圆的半径的状态。

图 11.3

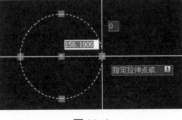

图 11.4

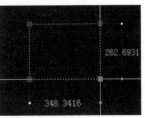

图 11.5

图 11.5 显示的是查询矩形边长的情形,图 11.6 和图 11.7 显示的是修改矩形两个边长的情形。

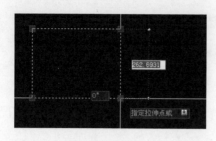

图 11.6　　　　　　　　　　　　　　　图 11.7

请读者尝试使用动态输入功能对其他图形,如椭圆、正多边形、多段线、圆弧等的查询和修改。

11.2　面积测量

该命令可以用于以下几个方面:①在用户指定三点或多个点后,求出它们所围合的多边形的面积和周长。②计算封闭图形对象的面积和周长。③在"加入"(Add mode)模式下,把求出的面积加入到总面积中。⑤在"减去"(Subtract mode)模式下,把求出的面积从总面积中减去。在园林设计中"Area"(面积)命令常被用于计算设计范围面积、铺装地面积、绿地面积、成片植物的种植面积等。命令的调用方法有三种:

菜单项:工具(Tools)→查询(Inquiry)→面积(Area)

键盘命令:AREA

单击"测量工具"(Measure Tools)工具条上的按钮

输入命令后,命令提示框显示下列信息:

命令: area

指定第一个角点或 [对象(O)/加(A)/减(S)]:

如果用户直接在屏幕上指定一系列点并在指定最后一个点后单击鼠标右键确认,则直接在命令提示框显示面积值。如果用户选择"对象"(Object)项(或键入"O"),则命令提示框显示"选择对象:",当用户选择了要计算面积的图形后,即显示结果。一般结果显示为下面的形式:

面积 = 71 525.284 3,周长 = 1 078.161 6。

第一个数据是面积值,如果用户使用 mm 为单位绘图,则面积值的的单位为 mm^2,本例中就是如此。如果用户使用 m 为单位绘图,则面积值的单位为 m^2。$1\ m^2 = 1\ 000\ mm \times 1\ 000\ mm = 10^6\ mm^2$,第二个数据为周长。

对于图形对象,还可以使用"特性"对话框查看其面积,这种方法很简单,读者可以自己试试(开、关"特性"对话框的命令可以使用组合键 Ctrl + 1)。

11.3　角度测量

用角度查询命令可以测量任意两条直线之间的夹角,不论直线是否相交在一起。同时该命令还可以查询圆弧线的角度或圆周上两个点之间包含的角度。命令调用方法有三种:

❧ 菜单项：工具（Tools）→查询（Inquiry）→角度（Angle）

⌨ 键盘命令：Measuregeom

❧ 单击"测量工具"（Measure Tools）工具条上的按钮

该命令使用不同的输入方法执行过程略有差异。如果采用菜单项或单击工具条按钮输入命令，则命令提示框显示：

命令：_MEASUREGEOM

输入选项［距离（D）/半径（R）/角度（A）/面积（AR）/体积（V）］＜距离＞：_angle

选择圆弧、圆、直线或 ＜指定顶点＞：

同时光标变成小方框，并出现一行提示，如图 11.8 所示。如果要测量两条直线之间的夹角，只须先后单击两条直线，角度值分别在图形上及命令提示窗口显示出来，如图 11.9 所示。若要测量圆弧线的角度，单击弧线即可。若要测量圆周上两个点之间包含的夹角，分别拾取这两个点。

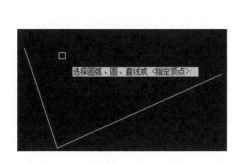

图 11.8

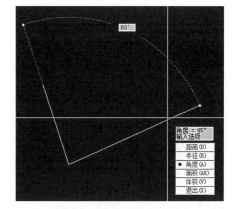

图 11.9

采用键盘输入命令时，命令提示框首先显示：

命令：measuregeom

输入选项［距离（D）/半径（R）/角度（A）/面积（AR）/体积（V）］＜距离＞：

同时光标旁边出现选单，如图 11.10 所示。

键入"A"选择角度测量，或者用单击光标旁边选单中的"角度"选项，随后的操作即与前面介绍的过程一样了。这里我们可看出，实际上"Measuregeom"不是一个单一命令，而是一组命令的集合，它不仅可以测量角度，也可以测量距离、半径、面积和体积（三维空间）。

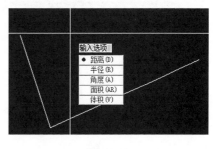

图 11.10

11.4　列表（List）命令

该命令的作用是显示被选择对象的相关信息。例如如果对象为圆，会显示圆的半径、直径、周长、圆心点的坐标等数值，如果为块则会显示其块名、插入点坐标、旋转角度等。命令调用的

方法有三种：

菜单项：工具(Tools)→查询(Inquiry)→列表显示(List)

键盘命令：LI

单击“查询”(Inquiry)工具条上的按钮

输入命令后，系统提示选择对象，选择图形对象并单击鼠标右键确定选择，将出现如图11.11所示的对话框。如果是先选择图形对象再执行命令，则直接弹出对话框。图11.11所示“文本窗口”列出的是一个圆的信息。不同的对象会显示不同的内容。

```
AutoCAD 文本窗口 - Drawing1.dwg
编辑(E)
            圆心 点，  X=1617.5488  Y=2670.5395  Z=   0.0000
            半径  135.3093
            周长  850.1733
            面积 57518.1754

命令: 指定对角点:
命令: e ERASE 找到 1 个

命令: c CIRCLE 指定圆的圆心或 [三点(3P)/两点(2P)/切点、切点、半径(T)]:
指定圆的半径或 [直径(D)] <135.3093>: d 指定圆的直径 <270.6186>: 500

命令: 指定对角点:
命令: li LIST 找到 1 个

              圆           图层: 0
                          空间: 模型空间
              句柄 = 20d
            圆心 点，  X=1712.2168  Y=2728.7383  Z=   0.0000
            半径  250.0000
            周长 1570.7963
            面积 196349.5408

命令:
```

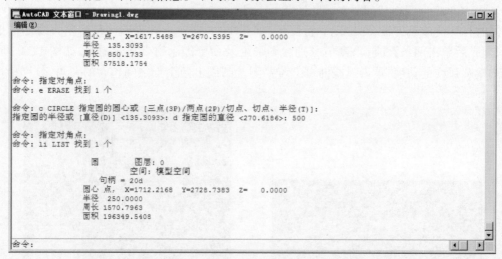

图 11.11

若执行该命令的时候选择的不是一个图形对象，而是多个图形对象，则会依次列出各个图形对象的信息。图11.12显示的就是同时列出三个图形对象(两个圆和一条直线段)信息的情形。

```
AutoCAD 文本窗口 - Drawing1.dwg
编辑(E)
命令: li
LIST 找到 3 个

              圆           图层: 0
                          空间: 模型空间
              句柄 = 20e
            圆心 点，  X=2070.8626  Y=2501.3991  Z=   0.0000
            半径  150.0000
            周长  942.4778
            面积 70685.8347

              圆           图层: 0
                          空间: 模型空间
              句柄 = 20d
            圆心 点，  X=1712.2168  Y=2728.7383  Z=   0.0000
            半径  250.0000
            周长 1570.7963
            面积 196349.5408

             直线          图层: 0
                          空间: 模型空间
              句柄 = 20a
             自 点，  X=1144.2578  Y=2319.5656  Z=   0.0000
             到 点，  X=1622.9825  Y=2528.6842  Z=   0.0000
        长度 = 522.4058，在 XY 平面中的角度 =      24
             增量 X = 478.7246，增量 Y =  209.1186，增量 Z =   0.0000

命令:
```

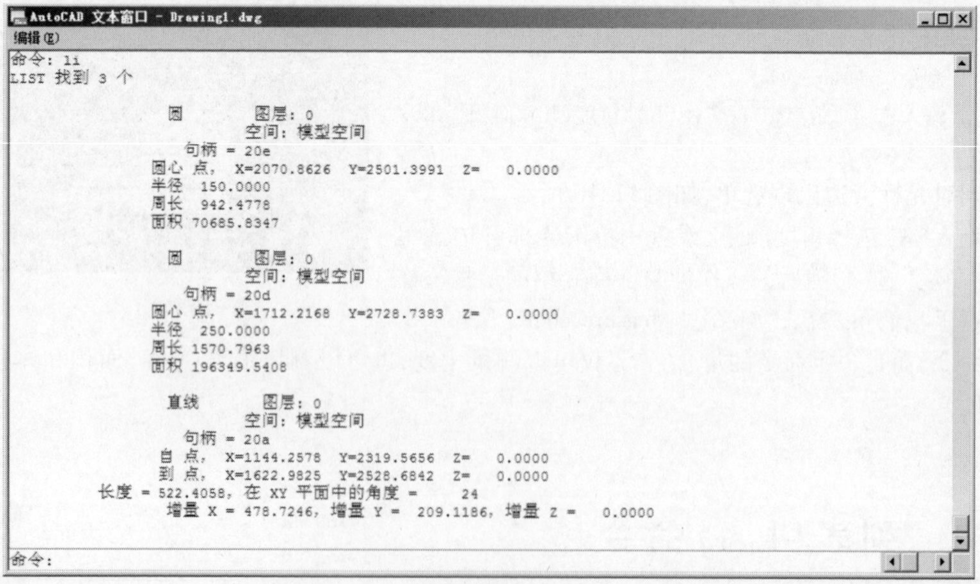

图 11.12

完成相关信息的查看后，如果按下回车键(或空格键)则关闭当前的“文本窗口”，但光标仍处于选择状态,用户可以再选择其他图形对象进行查询,如果是单击鼠标右键则直接关闭窗口同时结束命令。

11.5　状态(Status)命令

该命令的作用是显示当前绘图文件的基本信息,包括图形范围、图形模式和参数的情况、空余的物理内存、文件大小等。命令的调用方法有:

❀ 菜单项:工具(Tools)→查询(Inquiry)→状态(Status)

⌨ 键盘命令:STATUS

输入命令后打开如图11.13所示的窗口。

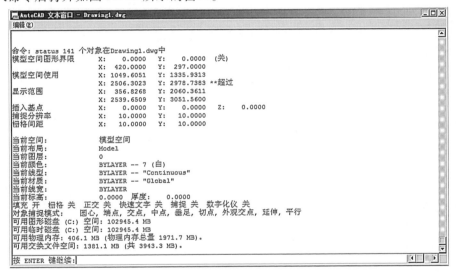

图11.13

窗口里显示了文件保存位置等基本信息。如果这些信息无法在一页里面全部显示,则窗口最下方会有"按 ENTER 健继续:"的提示,每按一次回车键,窗口下翻一页。

11.6　点坐标(ID)命令

该命令用来查询某个点在当前坐标系下的坐标值。命令调用的方法有三种:

❀ 菜单项:工具(Tools)→查询(Inquiry)→点坐标(ID Point)

⌨ 键盘命令:ID

❀ 单击"查询"(Inquiry)工具条上的按钮

输入命令后命令提示框显示:

　　命令:id

　　指定点:

当拾取了点后,命令提示框就显示该点的坐标信息,如下:

X = 140420.9   Y = 4781.3   Z = 0.0

11.7　时间(Time)命令

该命令用于显示当前绘图文件的绘图日期和时间信息。命令调用的方法有:

🎎 菜单项:工具(Tools)→查询(Inquiry)→时间(Time)

⌨ 键盘命令:TIME

输入命令后将打开如图11.14所示的窗口。

窗口中显示了绘图文件创建的时间、上次更新的时间、到目前为止绘图所用掉的时间、经过计时器(开)、下次自动保存时间等信息。

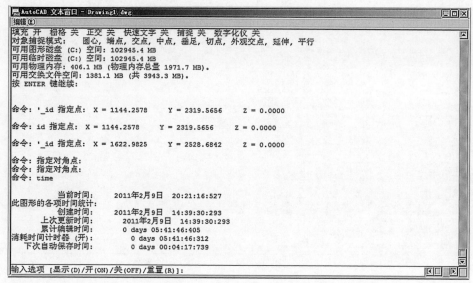

图 11.14

练习题

1.把手绘画的参数(skpoly)设置为1,绘制一条封闭的手绘画线,然后用 List 命令查看它的面积。

2.绘制一个任意圆,然后用特性面板查看其各项参数:半径、直径、周长、面积。

3.在屏幕上任意绘制一条直线段,然后查询其两个端点的准确坐标值。

4.自己定义一种文字样式并输入一行单行文字,分别用特性面板和 List 命令查询其属性值。

12 布局及视图区的应用

本章导读 一般绘图过程都在模型空间中进行,绘图的过程也可以理解为创建模型的过程。在绘图结束后一般需要进行适当的编排才能输出成一定比例的图纸或 pdf 文件。编排的工作就是布局,一般在图纸空间中完成。本章的重点包括三个方面:①模型空间和图纸空间的概念;②如何新建布局;③布局的设置。

12.1 模型空间和图纸空间

AutoCAD 2011 的工作环境分为模型空间和图纸空间两种。在本书前面的内容中,都是在模型空间里进行绘图。一般情况下在模型空间绘制和编辑图形,而在图纸空间设置最后输出(打印)图纸。在模型空间里,一般是按照 1:1 的比例绘制图形的,而在图纸空间可以设置若干个视口,为每个视口指定不同的比例,这一点对于同一张图纸内要安排几个不同比例图形的情况特别有用。例如,在一张 A2 的图纸内安排三个不同比例的图形(如分别是 1:200,1:50,1:10)。

在模型空间按 1:1 的比例绘制好图形后,打印图纸前,可能会有以下作法:如果要打印的图纸只包含一个比例的图形,就把图框按照要打印的比例放大,在打印图纸的时候直接在打印机的设置里把打印比例定为图纸的比例;如果要打印的图纸包含几个不同比例的图形,例如园林建筑的平、立、剖面图可能是按 1:50 的比例打印,而休息座椅详图要用 1:20 的比例打印,就把各个图形按打印的比例进行缩放,在打印机设置里就按 1:1 打印。

这样做有很大的弊端。特别是一张图纸包含几个不同比例图形的情况,把图形按比例缩放后,将来如果要修改图形(这几乎是不可避免的)就非常麻烦,而易导致一张图纸内文字大小不统一。

在图纸空间里面进行出图的设置可以圆满解决上述的问题。在模型空间里一个绘图文件只能有一个视图窗口,在图纸空间里一个绘图文件却可以有多个视图窗口,这是模型空间和图纸空间最显著的差别。另外在图纸空间的视口,通过切换可以进入视口对图形进行小范围的编辑。

如图 12.1 所示是模型空间,请注意左下角坐标符号下面,处于选择状态的是"模型",旁边

計算机辅助园林设计

是"布局1"和"布局2"。单击"布局1"就进入图纸空间,如图12.2所示是系统默认的一个图纸空间。

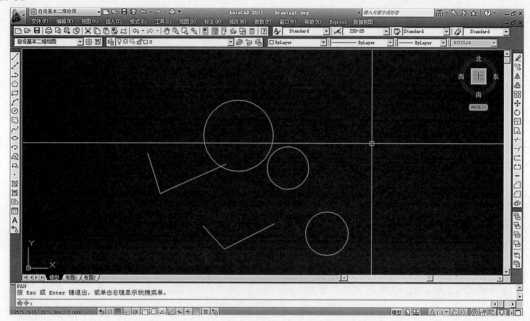

图 12.1

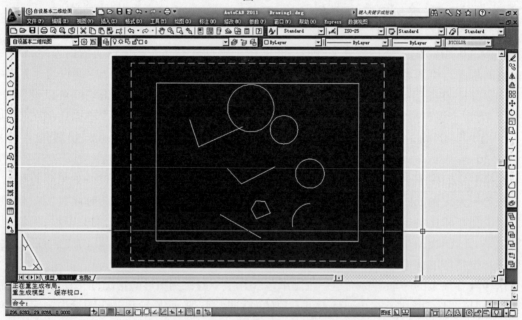

图 12.2

系统默认图纸空间的背景是白色,可以修改为黑色(图12.2):

点选菜单项"工具(Tools)→选项(Options)",打开"选项"窗口,切换到"显示"(Display)选项卡,单击"颜色"(Color)按钮,将弹出"图形窗口颜色"窗口(图12.3)。

可以看到,系统允许用户对多个窗口背景及组建设置自己的颜色。指定颜色后单击"应用

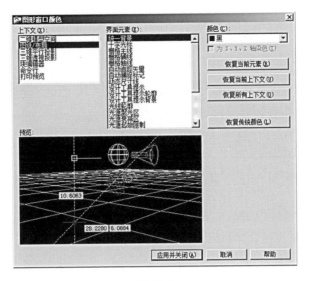

图 12.3

并关闭",返回选项窗口,再确定即可。通过"图形窗口颜色"窗口可以设定模型空间和图纸空间的背景色,系统允许设定任意颜色,但一般来说最便于作图的背景色是黑色。另外还可以修改命令行文字、命令行背景等的颜色,读者可以自己试一试。

12.2 使用图纸空间布局

"布局"(Layout)是一种图纸空间环境,通过布局,用户可以模拟图纸的页面,提供直观的打印设置。"布局"显示的图形和将来打印出来的图纸是完全一样的,在"布局"里可以为不同的图形指定不同的打印比例。

12.2.1 在模型空间和布局之间切换

对于没有创建新的布局的绘图文件,在 AutoCAD 窗口绘图区域左下方都有"模型"(Model)、"布局1"(Layout1)、"布局 2"(Layout 2)三个标签,如图 12.4 所示。

"模型"(Model)空间状态为默认状态,要在模型空间和图纸空间布局之间切换,只需按下相应的标签即可。按下"布局1"或"布局2"切换到图纸空间后,系统会以默认的页面设置显示界面,一般该界面只有一个视口,视口中显示了模型空间中能看到的所有图形(参见图 12.2)。多数情况下图纸空间的系统默认设置不符合要求,需要用户重新进行设置。对布局页面的设置实际上就是对打印的设置,将在下一章里详细介绍。

图 12.4

在布局视图里面,表示坐标系的图标与模型空间是不一样的。

12.2.2　新建布局

一个绘图文件可以包含多个布局,系统默认的有两个,还可以创建新的布局,对已有的布局也可以重新命名。新建布局的命令调用方法有四种:

✍ 菜单项:插入(Insert)→布局(Layout)→新建布局(New Layout)

⌨ 键盘命令:LAYOUT

✍ 单击"布局(Layouts)"工具条上的按钮▨

✍ 在 AutoCAD 窗口绘图区域左下方"模型"(Model)"布局 1"(Layout1)"布局 2"(Layout2)等的任意一个标签上单击鼠标右键,在弹出的菜单中选择"新建布局"(New layout)

输入命令后,命令提示框会显示以下信息:

输入布局选项[复制(C)/[删除(D)/新建(N)/样板(T)/重命名(R)/另存为(SA)/设置(S)/?]
<设置>:_new
输入新布局名 <布局 3>:

可以给新的布局输入需要的名称,也可以采用系统默认的名称。输入新布局的名称,按[回车]键,就完成新布局的创建,可以看到 AutoCAD 窗口绘图区域左下方会增加一个标签。

12.2.3　页面设置

在 AutoCAD 2011 中,最终打印出来的可以是整个布局,也可以是布局中的一个部分。如果希望修改页面设置,有以下四种方法启动设置界面:

✍ 菜单项:文件(File)→页面设置管理器(Page Setup Manager)

⌨ 键盘命令:PAGESETUP

✍ 单击"布局"(Layouts)工具条上的按钮▣

✍ 在当前布局标签名上右键单击,在弹出的菜单中选择"页面设置管理器"(Page setup manager)

输入命令后会打开如图 12.5 所示的"页面设置管理器"。

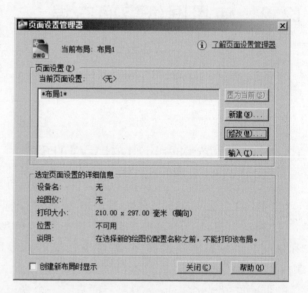

图 12.5

在这个对话框中可以单击"新建"按钮创建新的布局,若在中间列表中选中一个布局后单击"修改"按钮则打开"页面设置"对话框,如图 12.6 所示。

页面设置框中各个项目的设置方法。

①"打印机/绘图仪"设置。在"名称"后面的列选窗中包含用户计算机中可以使用的所有打印机或绘图仪,默认的选择是"无"。单击列选窗,将看到所有可以使用的打印机或绘图仪,

图 12.6

如图 12.7 所示的列表是某台计算机上可以使用的打印程序,该列表中真实打印机的驱动程序只有"hp color LaserJet 2550 PS"和"HP Photosmart 7400 Series"(惠普的彩色激光打印机和惠普的喷墨照片打印机)。

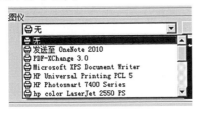

图 12.7

图 12.8

用户安装的打印机必然会出现在这个列表中。选择了打印机后,在"绘图仪:"后面会显示出打印机的名称,而"位置:"后面则显示出打印机所处的端口,如图 12.8 所示。如果用户的计算机上从未安装过任何打印机,这里就无法选择,这种情况下文中会说明该如何处理。

②"图纸尺寸"的设置。每个打印机都会支持多种图纸尺寸,如图 12.9 所示的列表显示了某台激光打印机支持的图纸尺寸(图 12.9),可以按照需要指定图纸尺寸,这台打印机支持的最大图纸尺寸是 A3。

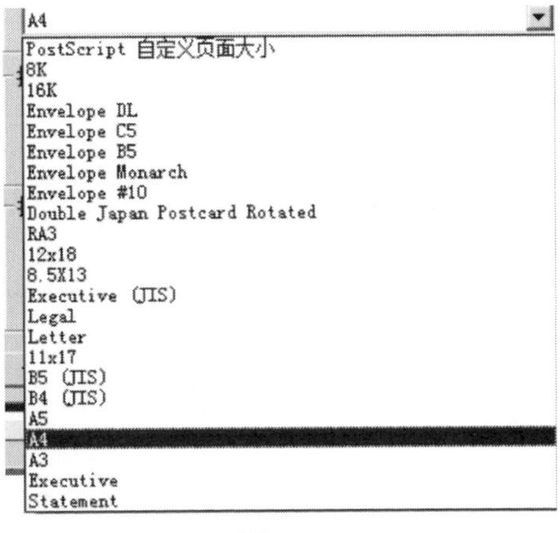

③"打印区域"的设置。打印范围有布局、窗

图 12.9

口、范围、显示 4 种选择,如图 12.10 所示。

选择"布局"则打印的时候打印整个布局页面;选择"窗口"则会要求在屏幕上框选要打印的范围;选择"范围"则打印用户设定的绘图界限范围;选择"显示"则打印当前屏幕显示的范围。一般选择"窗口"在屏幕上指定打印区域。

图 12.10

④"打印偏移"的设置。这里可以指定打印原点的坐标,一般可以选择默认的零坐标点或者选择"居中打印"。

⑤"打印比例"的设置。打印比例有多项选择。如果是在图纸空间里打印出图,一般都是采用 1:1 的打印比例;如果是在模型空间打印出图,则要按照实际情况确定打印比例,若列表内没有需要的比例,可以选择"自定义",然后自行设定打印比例。

在已经从屏幕指定了打印范围的情况下,"布满图纸"项可用,勾选了此项则自动把打印范围充满指定的图幅,在不要求准确比例的情况下可以选择此项。

"缩放线宽"是在指定了绘图线宽的情况下,确定是否按这里指定的比例对线宽进行缩放。如果是颜色相关的打印方式,则该选项没有意义。

⑥打印样式表(笔指定)。这里有一些系统预置的打印样式,多数情况下这些样式并不符合打印要求,用户可以选择其中的一种进行修改,也可以在列表中选择"新建"选项创建自己的打印样式。打印样式实际上就是指定打印图纸时不同颜色的图线所对应的笔宽和线型等信息。AutoCAD 中有 255 种颜色可以指定给图形对象,可以把这 255 种颜色理解为 255 支绘图笔,每支绘图笔都可以设定其线宽和颜色。

图 12.11 是选择了"打印样式"(Monochrome.ctb)后,单击列选框后面的编辑按钮时弹出的"打印样式编辑器",在编辑器中可以设定每种颜色所对应的笔号、线宽等参数,例如图中把黄色(颜色 2)的"颜色"设为黑色,笔号及虚拟笔号都设为 7 号笔,而把线宽设定为 0.65 mm。这意味着使用黄色绘制的图线将被打印成黑色,线宽打印成 0.65 mm。如果是在彩色打印机上打印图形,图线可以被打印成彩色。笔号的编号实际上就是对应的颜色编号,例如 2 号笔将打印出黄色,1 号笔将打印出红色,7 号笔将打印出黑色。

图 12.11

⑦着色视口选项。"着色打印"采用默认的"按显示""质量"则一般选择"常规"即可。

⑧打印选项。一般应勾选"按样式打印"和"最后打印图纸空间"两项。

⑨图形方向。如果图纸是横向的(即长边为水平方向),则应该选择"横向",如果图纸是竖向的,则应该选择"纵向"。

设定好后可以单击"预览"按钮预览打印的效果,以检查设置是否有问题。

完成设置后单击"确定"按钮关闭窗口。最后关闭页面设置管理器。

12.2.4　使用虚拟绘图仪(打印机)进行布局设置

在进行页面设置时,用户的计算机上可能没有安装任何打印机,且多数情况下,打印设备不一定能够在作图的时候直接指定。通常做法是在计算机上虚拟一个打印设备,在里面完成图纸布局的设置,等到实际打印时,再按绘图仪的实际情况设定打印的详细参数。下面通过一个示例说明如何虚拟打印机,以及如何用虚拟的打印机完成图纸空间的布局。

1)创建一个虚拟绘图仪(打印机)

①点选菜单项"文件"(File)→"绘图仪管理器"(Plotter Manager),打开如图 12.12 所示的"Plotterscs"(绘图仪管理器)窗口。

图 12.12

②双击"添加绘图仪向导"(Add-A-Plotter Wizard)快捷方式,打开"添加绘图仪-简介"(Add Plotter-Introduction Page)窗口,如图 12.13 所示,单击"下一步"。

③在如图 12.14 所示的对话框中选择"我的电脑"(My Computer),单击"下一步"。

④如图 12.15 所示的页面中显示了 AutoCAD 预置的绘图仪型号及生产商,可以随意选择一个绘图仪,选择"生产商"为"Autodesk ePlot"(DWF)"型号"选择"DWF 传统格式"(R14 外观),单击"下一步"。

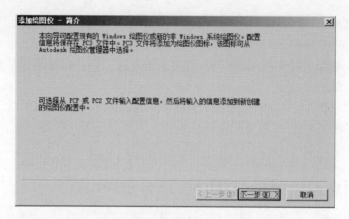

图 12.13

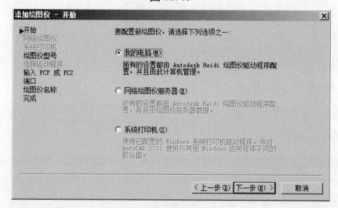

图 12.14

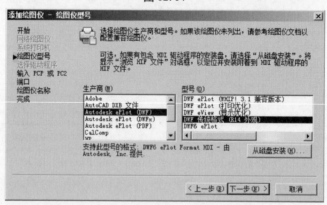

图 12.15

⑤在如图 12.16 所示的窗口中单击"下一步"。

⑥在如图 12.17 所示的对话框中选择"打印到文件",单击"下一步"。

⑦在如图 12.18 所示的对话框中输入绘图仪的名称,也可以采用默认的名称(为了容易识别,本例中在默认名称前加上了"自设打印机"),单击"下一步"。

⑧在如图 12.19 所示的对话框中单击"编辑绘图仪配置"按钮,打开"绘图仪配置编辑器",如图 12.20 所示。

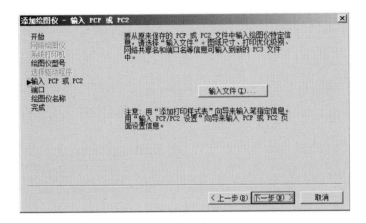

图 12.16

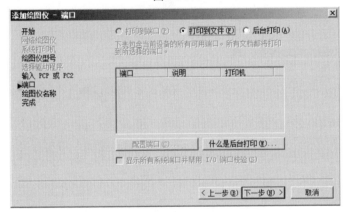

图 12.17

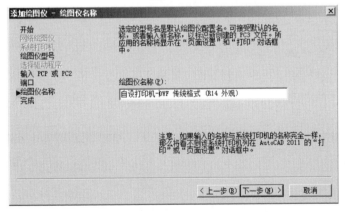

图 12.18

⑨在"设备和文档设置"选项卡中选中"自定义图纸尺寸",窗口下半部分显示出自定义图纸尺寸的展示框和按钮,如图 12.21 所示,单击"添加"按钮打开"自定义图纸尺寸—开始"对话框,如图 12.22 所示。

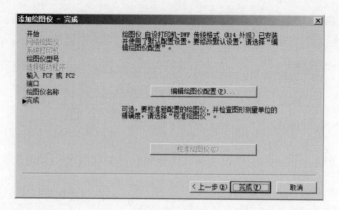

图 12.19

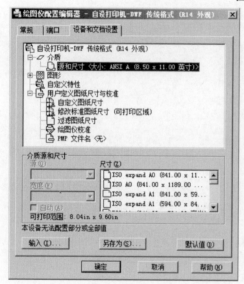

图 12.20

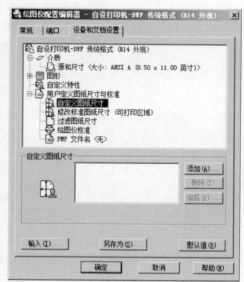

图 12.21

⑩在图 12.22 所示的对话框中选择"创建新图纸",单击"下一步"。

⑪在如图 12.23 所示的对话框中设定"单位"为"毫米","宽度"设定为 2 000,"宽度"设定为 1 500,单击"下一步"。

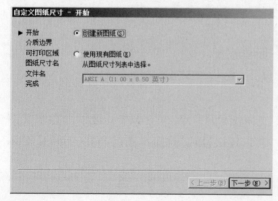

图 12.22

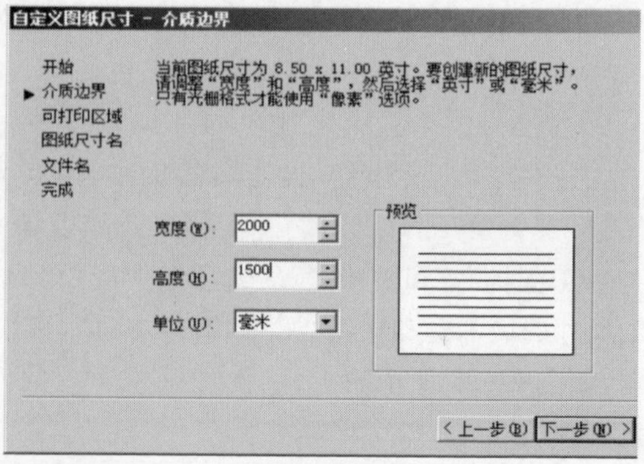

图 12.23

⑫在如图 12.24 所示的对话框中保持默认值不变,单击"下一步"。

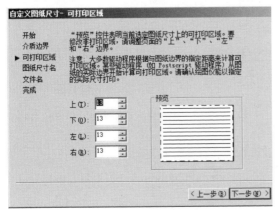

图 12.24

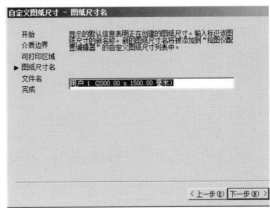

图 12.25

⑬在如图 12.25 所示的对话框中单击"下一步"。

⑭在如图 12.26 所示的对话框中单击"下一步"。

⑮在如图 12.27 所示的对话框中单击"完成",返回"绘图仪配置编辑器",可以看到"自定义图纸尺寸"列表中增加了刚刚添加的图纸尺寸,如图 12.28 所示。

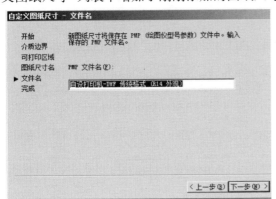

图 12.26

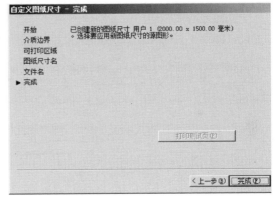

图 12.27

⑯单击"确定",返回"添加绘图仪-完成"对话框,单击"完成"关闭对话框。至此,完成了虚拟绘图仪的设定,并且为该绘图仪定义了一个尺寸为 2 000 mm ×1 500 mm 的图幅。

◎提示

上面为虚拟绘图仪设定了一个 2 000 mm ×1 500 mm 的图幅,平常使用的图纸中并没有这样的图幅,所以这样设定,是为了在一个布局中可以安排下几张正常的图纸。而真正打印的时候需在布局中指定合适的打印范围。

回到图 12.29 所示的"绘图仪管理器"(Plotters)窗口,可以看到多了一个名为"自设打印机 – DWF传统格式(R14 外观).pc3"的打印机,这就是刚才设置的虚拟绘图仪(打印机)。

2)使用虚拟绘图仪进行图纸布局

用新设置的绘图仪(打印机)作一个布局设置。为了完成布局操作,要用到在第 9 章中完成的绘图文件"综合绘图实例02(植物配置).dwg"。

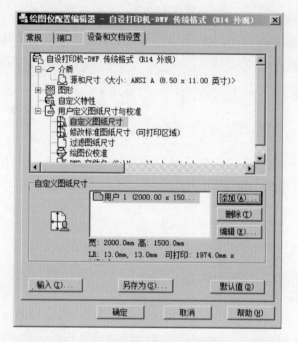

图 12.28

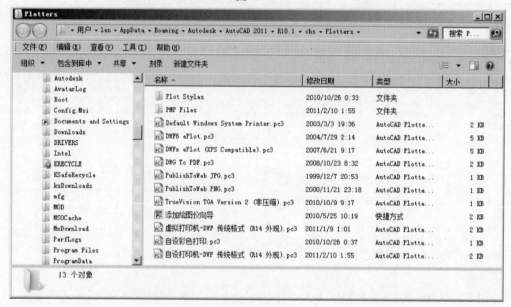

图 12.29

①打开已完成绿化配置并已把苗木统计表插入的"综合绘图实例 02(植物配置). dwg"文件,其模型空间如图 12.30 所示,把文件另存为"布局示范文件(综合绘图练习 02)"。

②单击绘图区域左下方的"布局 1"标签,切换到图纸空间,如图 12.31 所示。

③把光标置于"布局 1"标签上单击鼠标右键,打开"页面设置管理器"对话框,如图 12.32 所示。

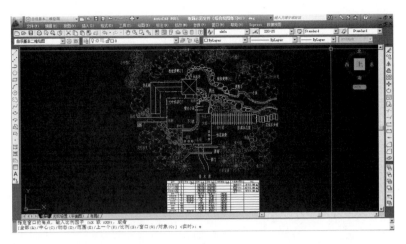

图 12.30

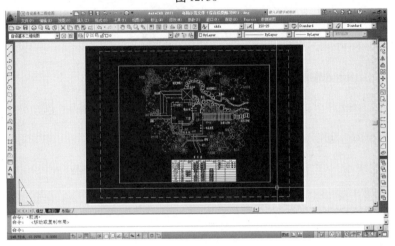

图 12.31

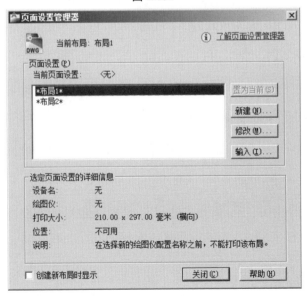

图 12.32

④在如图12.32所示的对话框中选择"布局1",然后单击"修改"按钮打开"页面设置—布局1"窗口,在打印机名称后面的列选框中选择之前创建的绘图仪"自设打印机 – DWF传统格式(R14外观)",图纸尺寸选择"用户1(2 000.00×1 500.00毫米)",如图12.33所示,其他选项在这里可以全部按照默认设置。

⑤在图12.33所示对话框中单击"确定",返回"页面设置管理器"对话框,可以看到页面上显示了已设定的绘图仪名称和图幅,如图12.34所示。单击"关闭"按钮返回图纸空间界面,这时候屏幕显示看起来有点奇怪,一开始曾基本充满画面的图形这时候变成了一个小小的矩形区域处于屏幕左下角,如图12.35所示,这是因为原来显示的视口和现在指定的图幅相比很小。

图12.33

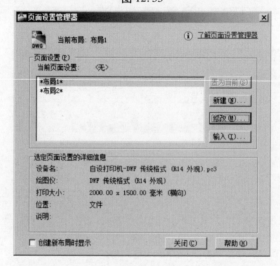

图12.34

图12.35中左下角显示的图形外面的矩形就是"视口",它是一个可以被选择和编辑的对象,在视口边框(矩形)上单击选中它,然后用"删除"(Erase)命令删除它,这时屏幕上什么也没

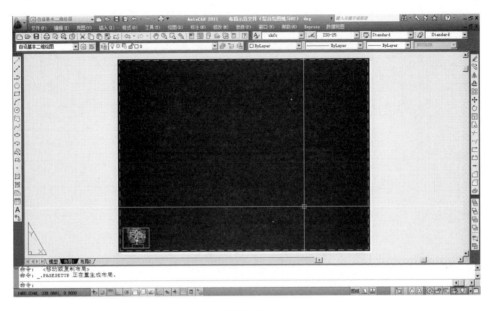

图 12.35

有了,如图 12.36 所示。

接下来要在该布局中安排几张图纸:一张 A2 幅面,一张 A3 幅面,一张 A4 幅面。每张图纸将有一个或几个视口,还可以使不同的视口显示不同的图层。

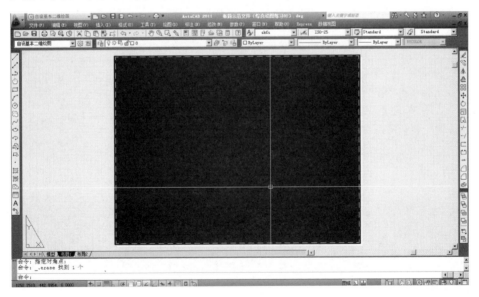

图 12.36

⑥在图纸空间中绘制一个 A2 的图框,一个 A3 的图框,一个 A4 的图框。如果之前有图框的外部块,可以直接把它们插入进来,本例中就是直接插入了以往做好的图框外部块,如图12.37所示。

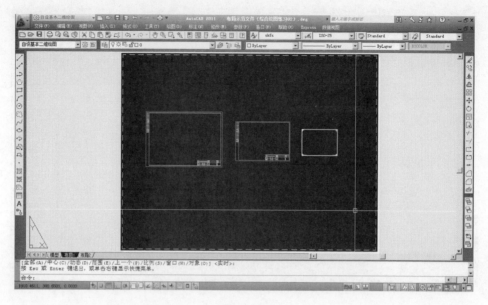

图 12.37

在图纸空间中绘制图形和在模型空间中绘制图形的方法没有任何差别。图形也可以进行任何修改，"视图缩放"（Zoom）及"平移"（Pan）等命令的使用也完全一样。

⑦首先要在 A2 的图纸内布置一个总平面图和一个苗木表。用"缩放命令"（Zoom）把 A2 图框放大至大致充满屏幕，如图 12.38 所示。为了便于操作，请打开"视口"工具条。

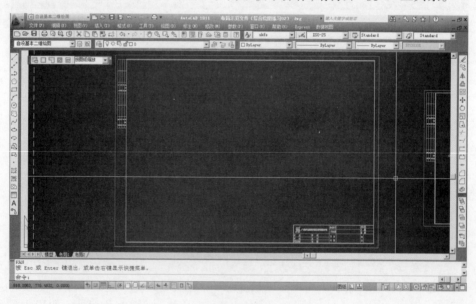

图 12.38

单击"视口"工具条上的"单个视口"按钮，或点选菜单项"视图→视口→一个视口"，在 A2 图框内左上区域单击鼠标，向右下拖动光标，到适当位置再单击鼠标，创建一个新的矩形视口，可以看到视口中显示出整个图形，如图 12.39 所示。

⑧单击视口的矩形边框选中它，观察"视口"工具条上的"视口缩放控制"小窗口，这里显示了视口的比例为 0.006 9，如图 12.40 所示。这里显示的比例就是将来打印图纸时的真实比例，

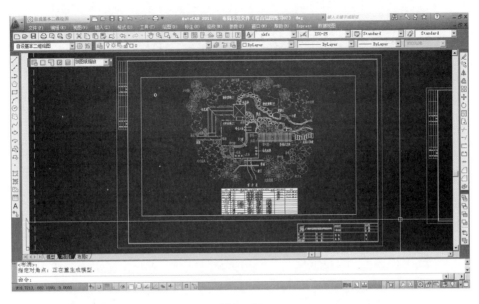

图 12.39

显然 0.006 9 这样的比例是不符合要求的。

单击"视口"工具条上的"视口缩放控制"窗口右侧的下拉箭头,弹出一个比例列表,如图 12.41 所示。选择 1∶100 的比例,这时视口发生了变化,如图 12.42 所示。

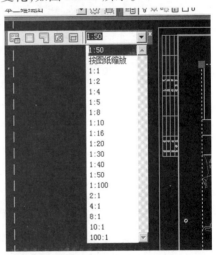

图 12.40   图 12.41

调整视口的大小以适应整个平面图。选中视口,把光标置于视口角点上的蓝色小方块(控制柄)上单击,控制柄变成红色,如图 12.43 所示,拖动鼠标可以改变视口的大小。

反复拖动视口的控制柄,调整视口的大小到使平面图刚好完整显示出来(但不要显示苗木表),如图 12.44 所示。

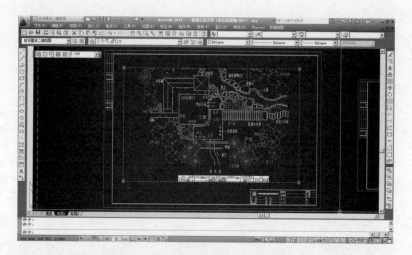

图 12.42

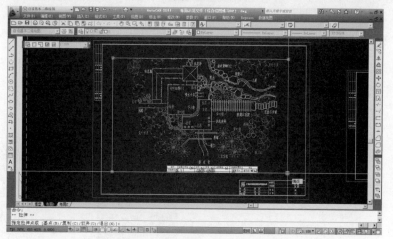

图 12.43

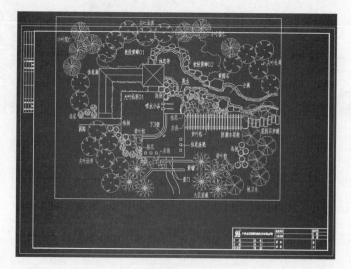

图 12.44

视口本身是一个可以被编辑的对象。如图 12.44 所示，视口超出了图框范围，需要调整。选中视口，用"移动"（Move）命令把视口移动到合适的位置，结果如图 12.45 所示。

⑨在图框左下区域新建一个视口，如图 12.46 所示，要在这个视口内显示苗木表。

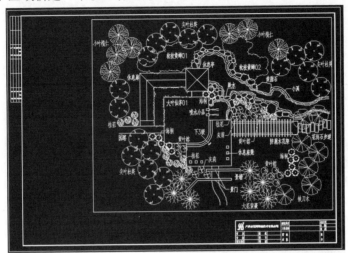

图 12.45

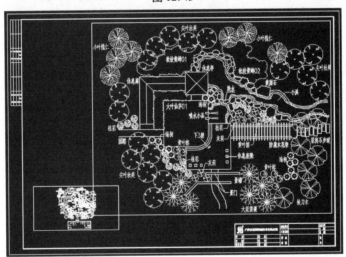

图 12.46

把光标置于新建的视口范围内双击（或选中视口然后单击命令提示框下方绘图辅助工具栏上的"模型或图纸空间"按钮），视口的边框线变成粗线，同时十字光标被限制在了视口范围内，不能移动到视口以外的地方，如图 12.47 所示。这是临时把视口区域变成了一个特殊的模型空间，这个处于布局内的模型空间除了比较小以外，和正常的模型空间是一样的，在其中可以执行所有的绘图和编辑命令，也可以执行"屏幕缩放"（Zoom）、"平移"（Pan）等命令。

在布局内的模型空间里使用"屏幕缩放"（Zoom）命令和"平移"（Pan）命令，把苗木表大致充满视口，如图 12.48 所示。

把光标移动到视口以外的区域双击（或单击命令提示窗下方绘图辅助工具栏上的"模型或图纸空间"按钮），回到正常的图纸空间，如图 12.49 所示。

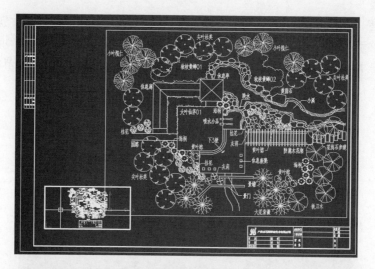

图 12.47

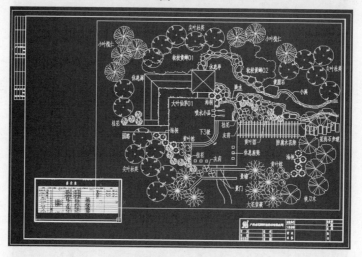

图 12.48

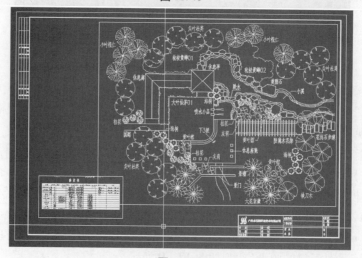

图 12.49

反复调整视口大小及进入视口模型空间进行屏幕缩放及平移,把苗木表调整到合适的大小。因为苗木表不需要准确的比例,所以在这里并不指定精确的比例值。但要考虑使将来苗木表打印出来后文字能够清楚地阅读(文字不能太小),如图 12.50 所示。

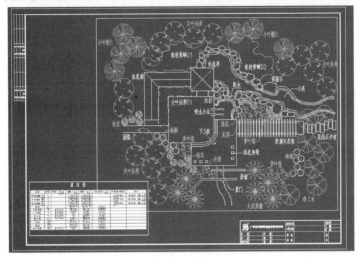

图 12.50

到此 A2 图纸布局的主要工作就完成了,在平面图下方加写图名及比例,在左边空白区域加写设计说明。如图 12.51 所示。因为现在是直接在图纸空间里写文字,所以应该使用 1:1 大小的文字,此处定义了一种专用于布局的文字样式"skbt",文字高度为 9 mm,宽度为高度的 0.7。如果是正式出图,还应该填写图框的标题栏。

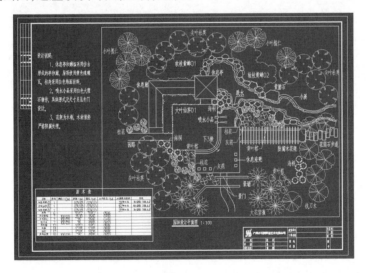

图 12.51

⑩现在还有一个问题:视口有边框线,而且会被打印出来,这不符合要求,必须隐藏掉视口边框线。解决方法是:新建一个图层,把图层名定为"视口",并冻结这个图层,然后选中视口边框线,把它们移入"视口"图层,视口边框线就被隐藏了,如图 12.52 所示。

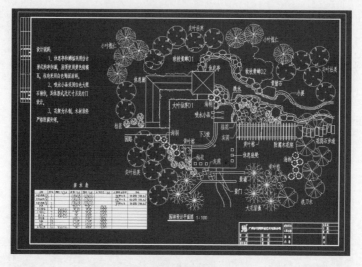

图 12.52

⑪接下来要在 A3 图纸里面布置一个硬质景观平面图（即不显示绿化相关的图层）。这里要用到视口的一个特殊功能：在不同的视口可以显示不同的图层。确认当前图层为 0 层，在图纸空间内把 A3 图框缩放到屏幕中间，如图 12.53 所示。

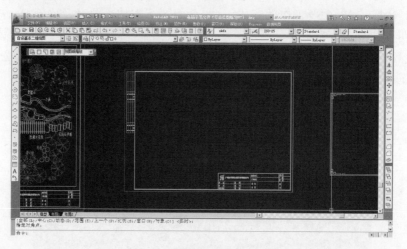

图 12.53

在 A3 图框内新建一个视口。选中视口，在"视口"工具条上的"视口缩放控制"小窗口内单击选中当前显示的比例值，输入"1/150"并回车，就把视口的比例修改成了 1/150。用上述方法调整视口的大小和位置，如图 12.54 所示。之所以要手工输入 1/150 的比例，是因为系统预置的比例中没有这个比例，输入比例时可以输入小数或分数，输入分数更为方便、直观。

加写图名和比例，如图 12.55 所示。

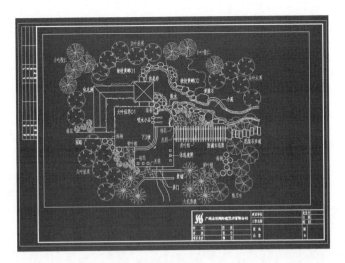

图 12.54

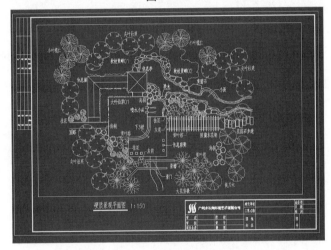

图 12.55

在视口范围内双击鼠标,进入视口模型空间,如图 12.56 所示。

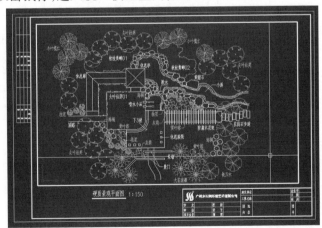

图 12.56

单击"图层"工具条上的图层控制窗口,在弹出的图层列表中"03 单株植物"图层上单击"在当前视口中冻结或解冻"按钮(从左向右第 3 个按钮,如图 12.57 所示),就会把"03 单株植物"这个图层冻结,结果如图 12.58 所示。也可以单击"图层Ⅱ"工具条上的图层冻结按钮 ,然后在视口模型空间内点击任意一株乔木,执行结果是一样的。

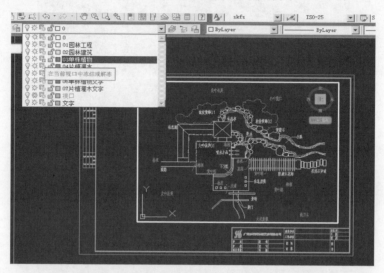

图 12.57

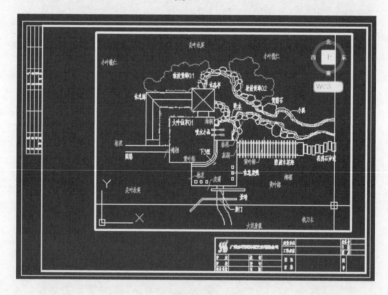

图 12.58

用同样的方法冻结"04 片植灌木""06 单株植物文字""07 片植灌木文字"3 个图层,单击鼠标右键,结束冻结图层命令,在视口以外的区域双击鼠标(或单击命令提示窗下方绘图辅助工具栏上的"模型或图纸空间"按钮),返回图纸空间,把视口边框线移入"视口"图层将其隐藏起来,结果如图 12.59 所示。

比较 A2、A3 两张图纸内的图形:上例实现了在同一个布局中使不同的视口显示不同的图层,在 A2 图纸里让所有绿化相关的图层都一起显示,而在 A3 图纸里不显示它们,如图 12.60

所示。而图纸空间中的设置,对模型空间的图形没有任何影响。这正是图纸空间的价值——用一个绘图文件编排不同需要的图纸。

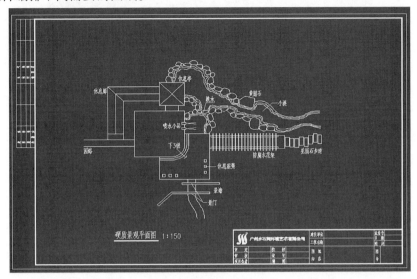

图 12.59

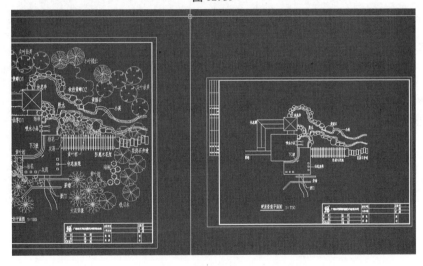

图 12.60

⑫在 A4 图纸内新建一个视口,调整视口的比例为 1:100,并调整视口的显示范围使其主要显示水景的范围,再调整视口的大小及位置,按上面介绍的方法冻结绿化相关的几个图层,加写图名及比例,隐藏视口边框线。结果如图 12.61 所示。

在 A4 图纸内展示了利用视口控制图形的显示范围,这是很常用的方法。

整体布局的情况如图 12.62 所示,一个布局中布置了三张图纸,每张图纸显示不同的范围和图层。

◎提示

一个设计项目在出图的时候应该使用尽量少的图幅(一般要求不能超过两种图幅),以便装订图纸册。A4 幅面的图幅一般不用来出图,上例使用了三种图幅并用了一张 A4 幅面的图纸的情况仅限于图纸空间中进行图纸布局的讲解,相关的知识请读者参阅国家制图标准。

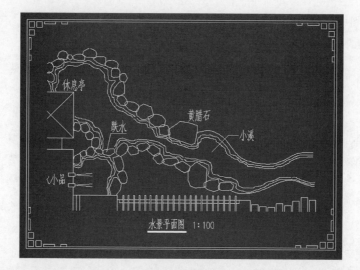

图 12.61

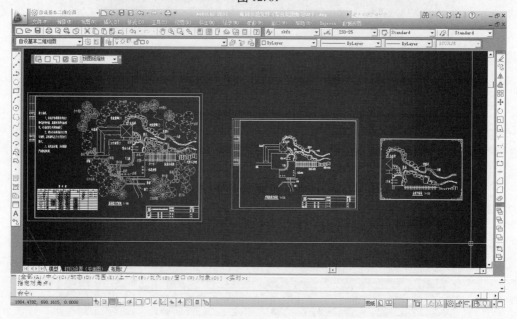

图 12.62

⑬排好图纸后,为了便于打印图纸的人设定绘图仪的打印比例及笔宽等参数,一般应在布局中加注文字,说明打印比例及笔宽,如图 12.63 所示。

⑭上面的所有设置都是针对"布局 1"进行的,为了将来易于识别,可以修改布局的名称。在屏幕左下方的"布局 1"标签上单击鼠标右键,选择"重命名",把名称改为"打印设置(平面图)",如图 12.64 所示,完成了布局后保存绘图文件。

总结使用图纸空间布局要注意的问题:

①尽量不要在视口模型空间里编辑图形,如果要修改图形,应该回到模型空间进行。

②图纸空间布局里的所有图形要素包括文字,将来都是以 1:1 的比例打印,所以在图纸空间使用的文字最好设定专用的文字样式,并且以 1:1 的比例计算其字高。如果配合注释性文字则会更方便(有关内容请参见阅第 8 章 8.5 节)。

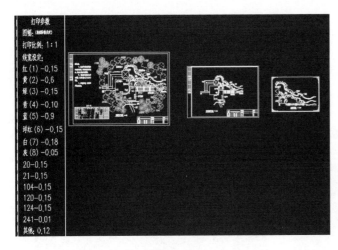

图 12.63

图 12.64

③一旦设置好布局后,在模型空间修改图形时,不能移动图形的位置,否则会使视口里的图形不能正常显示。

④为视口指定了比例后,进入视口模型空间时不能使用"屏幕缩放"(Zoom)命令,否则会改变指定的比例值。要查看视口的比例,只需选中它,在"视口"(Viewports)工具条上的"视口缩放控制"窗里会显示比例值。

⑤可以在不同的视口里面控制图层显示或不显示,这种控制并不影响模型空间的图层显示。例如可以在模型空间让所有的图层都显示,但在图纸空间的一个视口里使某个图层不显示,而在另外一个视口里让另外的图层不显示。方法是:双击视口区域进入视口模型空间,然后冻结不想显示的图层,再返回图纸空间。

注意:冻结图层时使用"图层"工具条上"图层控制"窗中"在当前视口中冻结或解冻"按钮,或使用"图层Ⅱ"工具条上的图层冻结按钮,不能使用"图层"工具条上的"图层列表窗"进行,也不能使用"图层特性管理器"窗口,否则会把每个视口包括模型空间内的图层显示都一起关闭,达不到在不同视口显示不同图层的目的。

12.2.5 视口的其他命令说明

1)多边形视口

前面创建的都是矩形视口,而"多边形视口"命令的作用是创建多边形视口。命令的调用方法有:

❖ 菜单项:视图→视口→多边形视口

❖ 单击"视口"工具条上的按钮

执行该命令后,在图纸空间绘制一个多边形,多边形就成为一个不规则视口,如图 12.65所示。

多边形视口常用来在比较复杂的图形中指定出不规则的显示范围。

2) 将对象转换为视口

该命令的作用是把已有的封闭图形转换成视口,例如原来已经在图纸空间绘制了一个圆,可以用这个命令把圆变成视口。命令调用方法:

🕸 菜单项:视图→视口→对象

🕸 单击"视口"工具条上的按钮

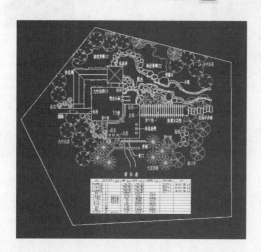

图 12.65

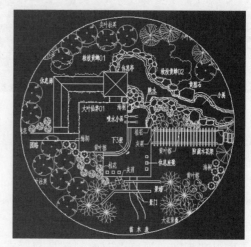

图 12.66

输入命令后会提示选择对象,选择对象后,只要对象符合要求,就会变成视口,如图 12.66 所示。

3) 剪裁现有视口

命令调用的方法是:

🕸 单击"视口"工具条上的按钮 ▣

执行命令后命令提示框显示:

命令:_vpclip

选择要剪裁的视口:

选择了视口后,命令提示框显示:

选择剪裁对象或[多边形(P)/删除(D)] <多边形>:

选择"多边形"选项(键入"P"),命令提示框显示:

指定起点:

在适当位置指定起点,命令提示框显示:

指定下一个点或[圆弧(A)/长度(L)/放弃(U)]:

依次指定若干个点,按回车键,就完成了视口的剪裁。图 12.67 是把图 12.66 中的圆形视口剪裁后的结果。剪裁视口相当于从现有视口中切出一个新的视口。如果现在"删除"选项,则是把非矩形视口还原为标准矩形视口。

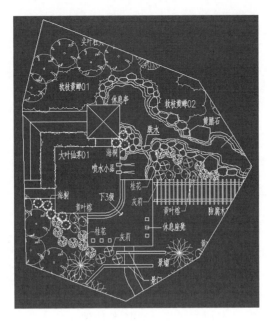

图 12.67

练习题

1．什么是模型空间？什么是图纸空间？图纸空间有什么作用？怎样在两种空间之间进行切换？

2．用添加绘图仪向导新建一个虚拟打印机,打印机厂商选择"Autodesk ePlot（DWF）",型号选择"DWF ePlot",打印机名称自己确定。

3．通过页面设置管理器给上面新建的虚拟打印机增加一个 2 000 mm × 1 500 mm 的图纸尺寸。

4．打开一个绘图文件,利用图纸空间进行输出布局,在同一个布局中设置两个视口,使两个视口显示不同的图层（例如一个视口显示绿化图层,而另外一个视口不显示绿化图层）。

13 图纸输出

本章导读 本章主要内容:①了解打印输出设备;②掌握把图形输出成图纸的两种主要方法;③掌握打印时图幅大小、图纸单位、打印范围、打印比例、打印样式、打印预览等具体内容的设置;④掌握把图形输出成图像文件的两种主要方式。

在 AutoCAD 中完成了图形绘制后,按照需要可以输出成图纸,也可以输出成图像文件,输出可以在模型空间进行,也可以在图纸空间进行。多数情况下输出成图像文件在模型空间进行,而打印成图纸最好在图纸空间进行布局和输出,这样不仅能够提高工作效率,也使得图纸的规范性容易实现。

13.1 图纸输出设备

AutoCAD 的图纸输出设备是打印机或绘图仪,一般 A3 和 A3 以下幅面的图纸可以在普通打印机上打印输出,大的图纸只能在绘图仪上打印输出。常见的打印机有喷墨打印机和激光打印机两种。喷墨打印机的价格比较便宜,但耗材(墨盒)较贵,消耗较快,激光打印机价格比较高,但耗材(硒鼓和炭粉)比较耐用。总体来说,如果日常打印量比较大,可以考虑购买激光打印机,因为激光打印机和喷墨打印机相比,不仅打印速度快很多倍,而且单张打印成本低。激光打印机还有一个优点是打印在图纸上的图线不怕水,如需要用马克笔或水彩等含汞颜料为打印出来的图纸上颜色,则只能使用激光打印。

绘图仪最常见的品牌是惠普。绘图仪都支持 A0 幅面以上的图纸,可以打印所有幅面的图纸或喷画。多数情况下,CAD 图形都是打印在描图纸上,然后再用专门的晒图机复制成蓝图。描图纸是一种透明的纸,也称其为硫酸纸。

在计算机上安装了打印机或绘图仪后,在 AutoCAD 的打印设置里就会出现相应的设备信息。打印机或绘图仪的安装可以根据它的说明书进行。

13.2　把 dwg 图形输出成图纸

下面以笔者计算机上安装的激光打印机为例,用第 12 章完成了布局的绘图文件演示打印的过程。使用不同的打印机或绘图仪可能情况有些不同,但一般差异不大。

打印图纸的命令是 Plot,命令调用的方法有:

✖ 菜单项:文件(File)→打印(Plot)

⌨ 键盘命令:PLOT

✖ 单击"标准"(Standard)工具条上的按钮 🖨

⌨ 按组合键 Ctrl + P

首先在 AutoCAD 2011 中文版中打开在第 12 章中完成了图纸布局的绘图文件"布局示范文件(综合绘图练习 02)"。

13.2.1　从图纸空间打印图纸

单击屏幕左下方的"打印设置"(平面图)标签,切换到图纸空间,界面的情况参见图 12.63。由于该激光打印机支持的最大图幅是 A4,所以只能打印 A4 图框的图纸。

输入打印命令(PLOT),由于进行布局时采用的是虚拟的打印机,系统会弹出如图 13.1 所示的警告

图 13.1

窗口,不要管它,单击"确定"或直接关闭它,系统会打开如图 13.02 所示的打印窗口。这个窗口在进行页面设置的时候已经接触过。

图 13.2

单击打印机"名称"后面列选窗右侧的小黑三角按钮,在弹出的菜单中选择"hp color LaserJet 2550 PS",会弹出一个警告信息,如图 13.3 所示。

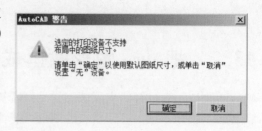

图 13.3

单击"确定"关闭警告。选择图纸尺寸为 A4。在"打印范围"下面的列选窗中上单击,在弹出的菜单中选择"窗口",系统会暂时关闭"打印"窗口,要求用户在屏幕上选择打印范围,用捕捉端点的方式准确选择 A4 图框的左上角点后再选择图框的右下角点,指定了打印范围后,自动返回"打印"对话框。"打印偏移"的 X 值和 Y 值均设为 0,"质量"设为"常规","打印份数"设为 1 份。"比例"设为 1∶1,"图形方向"设为"横向",其他设置如图 13.4 所示。

图 13.4

在"打印样式列表"(笔指定)下拉框右端单击,在弹出的菜单中选择"新建",如图 13.5 所示。

在弹出的"添加颜色相关打印样式表—开始"中选择"创建新打印样式表(S)",如图 13.6 所示,然后单击"下一步"按钮。

在弹出的对话框中"文件名"下面的输入框中输入文件名为"自设黑白打印",如图 14.7 所示,然后单击"下一步"按钮,进入如图 13.8 所示的对话框。

单击图 13.8 所示对话框中的"打印样式表编辑器"按钮,弹出如图 13.9 所示的对话框,指定颜色相关的笔号、线宽、线型等参数。

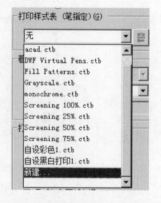

图 13.5

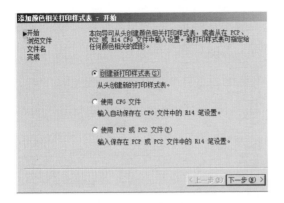

图 13.6

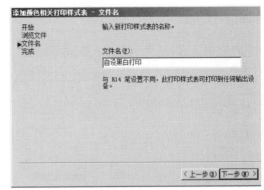

图 13.7

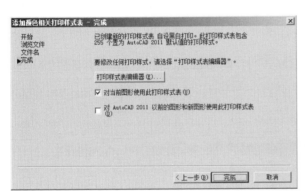

图 13.8

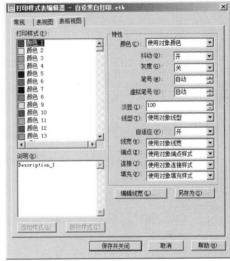

图 13.9

在"打印样式"下面的颜色列表中同时选中所有 255 种颜色。选择方法：先单击 1 号颜色选中它，然后按住键盘上的 Shift 键，拖动颜色列表右侧滚动条上的滑块至最下方，不要松开 Shift 键，单击 255 号颜色，就可以全部选中。选中全部颜色后，单击"颜色"后面的列选框，选择其中的"黑色"。单击"笔号(#)"后面的列选窗选中其中的文字，并输入 7 取代原来的文字。用同样的方法把"虚拟笔号(U)"后面的文字改为 7。单击"线宽"后面的列选框，在弹出的选项中选择"0.130 0 毫米"，把所有颜色的笔宽指定为 0.13 mm。其他采用默认设置，如图 13.10 所示。

拖动颜色列表右侧滚动条上的滑块到最上方，单击 1 号色(红色)单独选中它，然后单击"线宽"后面的列选框，在弹出的菜单中选择"0.150 0"毫米，把红色图线的线宽改为 0.15 mm。如图 13.11 所示。

再用相同的方法分别重新指定以下颜色的线宽。

2 号色(黄):0.60 mm;3 号色(绿):0.15 mm;4 号色(青):0.10 mm;5 号色(蓝):0.90 mm;6 号色(洋红):0.15 mm;7 号色(黑/白)0.18 mm;8 号色(灰):0.05 mm;20 号色:0.15 mm;21 号色:0.15 mm;104 号色:0.15 mm;120 号色:0.15 mm;124 号色:0.15 mm;241 号色:0.05 mm。

图 13.10   图 13.11

完成设置后，单击"保存并关闭"按钮，返回到"打印"对话框。可以看到"打印样式表（笔指定）"的显示框中是刚设置的"自设黑白打印.ctb"，如图 13.12 所示。这个打印样式表已经设好，以后可以长期使用。如果需要修改打印样式表，单击样式表右侧的"编辑"按钮，将弹出如图13.11所示对话框，可以修改设置。

图 13.12

单击"打印"窗口左下角的"预览"按钮，可以预览打印的效果，如图 13.13 所示。要退出预览界面，在预览屏幕上单击鼠标右键，如果有问题就选择"退出"，回到打印窗口调整打印设置。

如果确认没有问题,就选择"打印"按钮开始打印(要确保打印机已经连接到计算机且已打开电源)。也可以回到"打印"窗口,单击"确定"按钮开始打印。

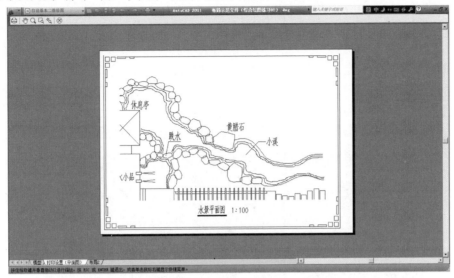

图 13.13

　　关于打印样式表,有几个问题需要解释一下:

　　①把自设的打印样式表中所有颜色相关的打印颜色都指定为黑色,是因为我们计划用这个样式表仅打印黑白图。

　　②把笔号都指定为 7 号笔,是因为 7 号笔是纯黑色笔,如果采用默认的设置,则彩色的图线打印出来的是灰色,而不是黑色。有些初学者自己打印图纸时,打印出来的很多线条不是纯黑色,而是不同灰度的线条,就是这里的设置出了问题。

　　③如果线宽列表中没有自己需要的线宽值,可以单击"编辑线宽"按钮,在弹出的窗口中修改线宽值。

　　④有些特殊情况,可能需要在图纸中打印彩色线条,如红线图中的红线需要打印成红色。这时候应该把需要打印成彩色的颜色的相关打印色改回它自己的颜色,并把笔号及虚拟笔号设为该颜色的编号值。当然打印彩色线条必须有彩色打印机支持,很多普通激光打印机只能打印黑色。

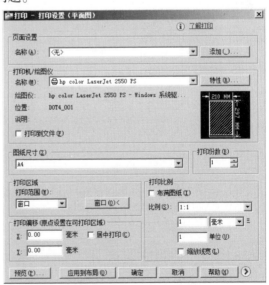

图 13.14

　　⑤有时候在输入打印命令后,弹出的打印窗口可能不是图 13.2 的样子,而是如图 13.14 的样子,右边少了很多设置选项,只需单击如图 13.14 所示对话框右下角的"更多选项"按钮,即可展开右边被隐藏的哪些选项。

13.2.2　从模型空间打印图纸

　　有时需要从模型空间打印图纸,如打印设
计过程图用来进行方案讨论及交流,或者打印白图纸用来手工深化设计或上颜色。从模型空间
打印图纸的方法和从图纸空间打印图纸大同小异,仅是打印比例的设置有些不同。

　　单击屏幕左下角的"模型"标签切换到模型空间。为了框选打印范围的方便,在图上打印
范围的左上角和右下角绘制两个标记点,如图 13.15 所示。

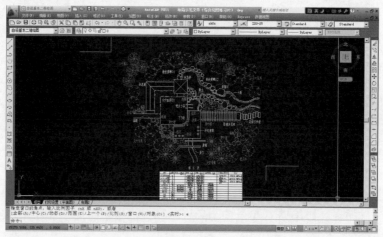

图 13.15

　　输入"打印"(Plot)命令,选择正确的打印机和图纸尺寸,设置打印样式表,单击"打印范
围"下方的列选框,在弹出的选项中选择"窗口",按照绘制的打印范围标记点框选打印范围。
打印比例的设置则勾选"布满图纸",如图 13.16 所示。

图 13.16

单击"预览"按钮，预览打印效果，如图 13.17 所示。

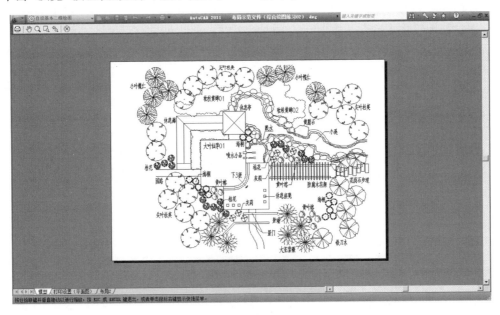

图 13.17

确认没有问题后，单击鼠标右键，在弹出的菜单中选择"打印"开始打印，或者选择"退出"回到打印窗口修改设置。

这个示例中勾选了"布满图纸"，所以无需设定打印比例，系统会自动使打印范围充满图纸。也可以指定准确的打印比例值（图 13.18），不勾选"布满图纸"选项，把打印比例设定为1∶200，预览打印效果如图 13.19 所示。

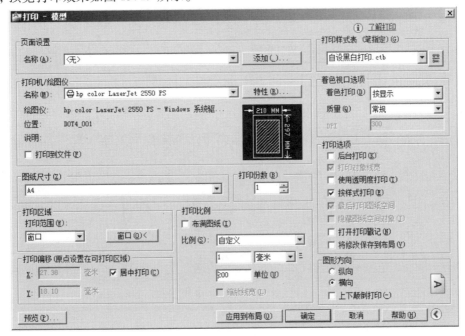

图 13.18

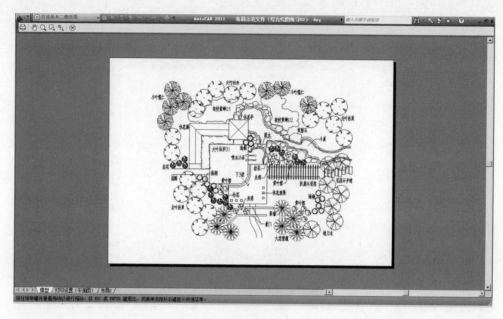

图 13.19

打印比例应该设定为多少,需事先按照图纸尺寸和打印范围的大小进行推算如果打印时没有准确的打印比例(例如勾选"布满图纸"),最好在打印范围内合适的位置绘制一个图形比例尺,以便使用图纸时可以估算尺寸,如图 13.20 所示。

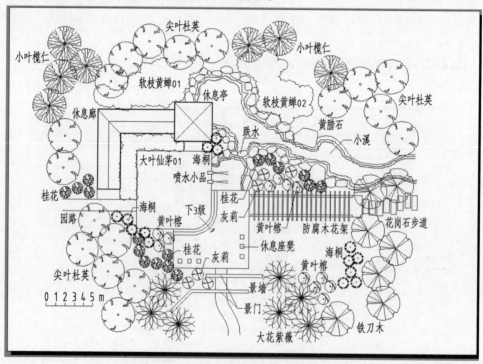

图 13.20

13.3 把 dwg 图形输出成图像文件

AutoCAD 的长处在于绘制矢量图形,在处理图像文件方面却无能为力。而在方案设计阶段经常要制作彩色图形,这时可以结合 AutoCAD 和 Photoshop 的长处,将 AutoCAD 绘制的失量图输出成图像,再用 Photoshop 进行后期处理。

了解图像文件的格式、像素和图像的分辨率、图像大小相关概念、知识有助于图像输出的应用。这部分内容请登录配套教育资源网进行查阅。

13.3.1 用保存屏幕图像的方式从 AutoCAD 2011 输出图像文件

在 AutoCAD 2011 中有一种简便的生成图像文件的方法。下面仍用上一节的例题加以说明。

在 AutoCAD 2011 中文版中打开在第 12 章中完成了图纸布局的绘图文件"布局示范文件(综合绘图练习02)",并切换到模型空间,标记要生成图像的区域,使之尽量充满屏幕,如图13.21 所示。

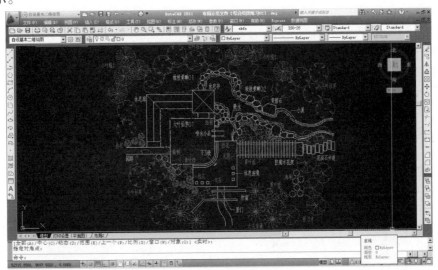

图 13.21

点选菜单项"工具→显示图像→保存",弹出渲染输出文件"对话框",如图 13.22 所示,可以选择的图像格式有 BMP、PCX、TGA、JPEG、TIFF 和 PNG 五种,选择一种格式(如 JPEG 格式),然后单击"确定"按钮,选择保存文件的位置保存即可,图 13.23 就是生成的图像文件。

用这种方法生成的图像文件其大小和颜色和屏幕是完全一样的,类似于屏幕采集的方法得到的图像,只是光标的图像不会被保存。如果希望得到白底黑线的图像,可以暂时把所有图形的颜色改成白色,先生成黑底白线的图像,然后在 Photoshop 中反相得到白底黑线的图像。受屏幕大小的限制,这种方法得到的图像大小有限,不能制作如设计方案彩色平面图之类的图像文件。

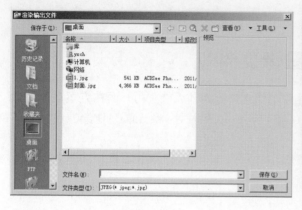

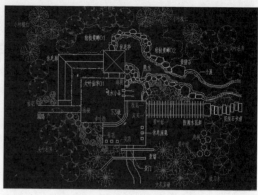

图 13.22　　　　　　　　　　　　　　　　图 13.23

13.3.2　用虚拟打印的方式从 AutoCAD 2011 输出图像文件

当前在园林设计工作中多数情况下都要制作彩色图形,以加强设计图的感染力。彩色图形包括彩色平面图、立面图、剖面图、透视效果图等,可以手工绘制(如用马克笔、水彩、彩色铅笔等上色),也可以用图像处理软件(应用最为普遍的是 Photoshop)制作。

下面结合实例介绍从 AutoCAD 2011 生成可以供图像处理软件实用的图像文件的方法。

打开在第 12 章中完成了图纸布局的绘图文件"布局示范文件(综合绘图练习 02)",并切换到模型空间,标记要生成图像的区域,如图 13.24 所示。

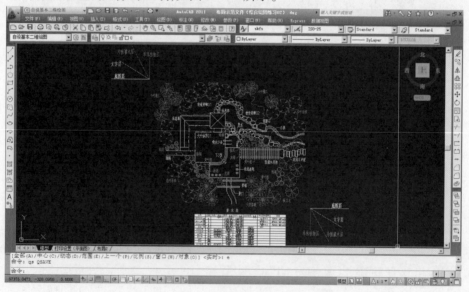

图 13.24

这里在标记区域的时候分别用了处于 4 个图层的图线,目的是为了分图层生成图像文件,即最终生成的图像文件是 4 个,然后再到 Photoshop 中将 4 个图像文件合成在一起。从一开始就分层生成图像文件,会给后期的处理带来极大的便利(在 Photoshop 中"图层"是非常重要的概念和手段)。

注意:在不同的图层内作的标记必须是同一个点,否则生成的图像文件大小有差异,合成的时候会极其麻烦。

(1)新建一个用于输出图像文件的虚拟"打印机"

点选菜单项"文件→绘图仪管理器",打开如图13.25所示的窗口(这个窗口在12章中曾经使用过)。

图13.25

双击"添加绘图仪向导",在弹出的窗口中直接单击"下一步",进入如图13.26所示的对话框。

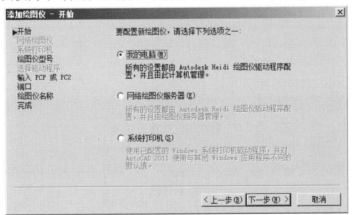

图13.26

选择"我的电脑",然后单击"下一步"进入下一个窗口。在左边的列选框中选择"光栅文件格式",在右边的列选窗选择"TrueVision TGA Version 2(非压缩)"如图13.27所示。这里有几种图像文件格式可以选择,根据经验,最好用的是TGA格式的文件,确认无误后,单击"下一步",进入图13.28所示的对话框。

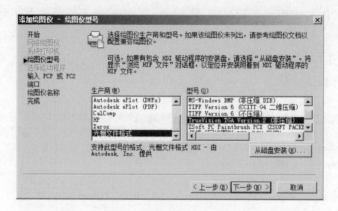

图 13.27

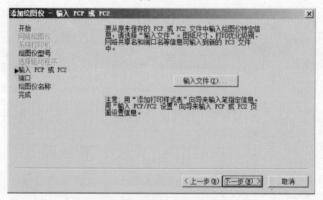

图 13.28

单击"下一步"进入下一对话框,如图 13.29 所示。

图 13.29

选择"打印到文件",单击"下一步",进入下一对话框。

在"绘图仪名称"下面的输入框中默认的绘图仪名称前面加上"输出图像文件"几个字,以便于将来使用的时候容易识别,如图 13.30 所示,然后单击"下一步"。

单击"编辑绘图仪配置"按钮,弹出如图 13.32 所示的窗口。单击"图形"左边的" + "号,在展开的选项中,选中"矢量图形 < 颜色:256 级灰度 > < 分辨率:100DPI > < 抖动:不可用 > ",在"颜色深度"下选择"单色"(图 13.33)。

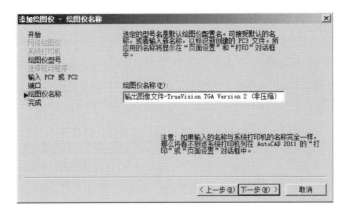

图 13.30

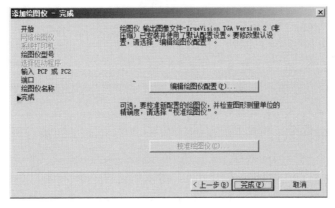

图 13.31

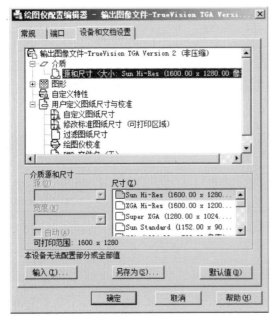

图 13.32

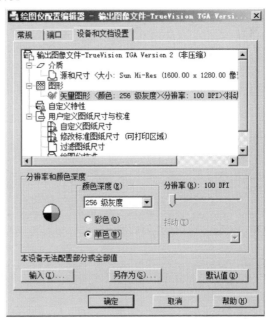

图 13.33

　　注意："单色"设置非常重要,因为底图不必为彩色,彩色线条图在 Photoshop 中处理的时候会带来不必要的麻烦,且若选择"彩色",当输出较复杂的图形时会非常耗时。

　　选中"自定义图纸尺寸",然后单击下方"自定义图纸尺寸"右方的"添加"按钮,弹出如图 13.34 所示的窗口。

　　单击"下一步"按钮,在弹出的窗口中把"单位"设定为"像素",宽度改为 8 000,高度改为 8 000,如图 13.35 所示。

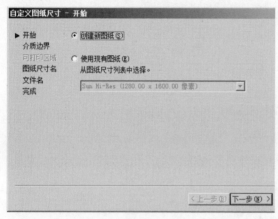

图 13.34

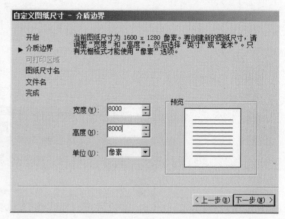

图 13.35

　　设定好后单击"下一步",进入如图 13.36 所示的窗口,直接单击"下一步",进入如图 13.37 所示对话框。继续单击"下一步"进入图 13.38 所示的窗口。单击"完成"按钮,返回"绘图仪配置编辑器"窗口,可以看到下方的图纸尺寸列表中增加了我们刚刚添加的 8 000 像素×8 000 像素的尺寸,如图 13.39 所示。

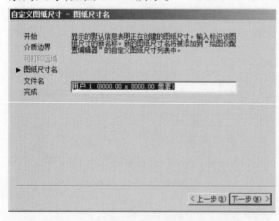

图 13.36

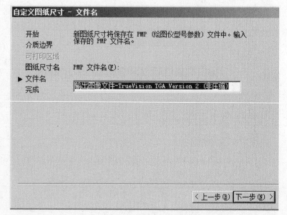

图 13.37

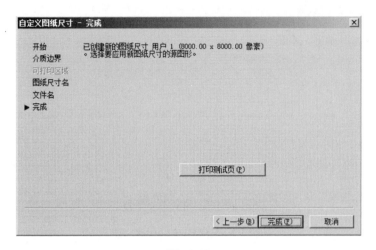

图 13.38

用上述方法再添加一个 3 000 像素 × 3 000 像素的图纸尺寸,如图 13.40 所示。

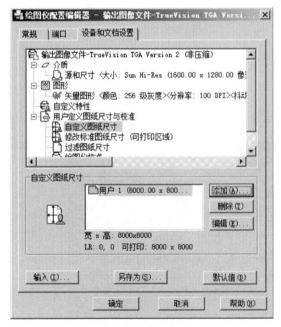

图 13.39

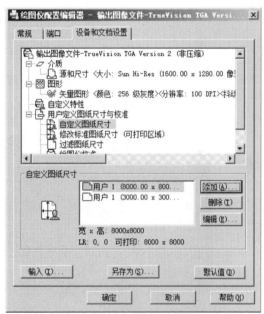

图 13.40

如图 13.40 所示对话框中单击"确定"按钮,回到"添加绘图仪-完成"窗口,单击"完成"按钮。可以看到多了一个名称为"输出图像文件-TrueVision TGA Version 2(非压缩).pc3"的"打印机",如图 13.41 所示。

至此,准备工作完成。关闭图 13.41 的窗口,回到 AutoCAD 2011 的绘图界面。用于输出图像的"打印机"一旦设置好,可以长期使用,不需要每次重新设置。

(2)输出不包含文字及绿化的图像文件

把当前图层切换到"01 园林工程",冻结"03 单株植物""04 片植灌木""05 文字""06 单株植物文字""07 片植灌木文字"等 5 个图层,这时屏幕显示如图 13.42 所示。

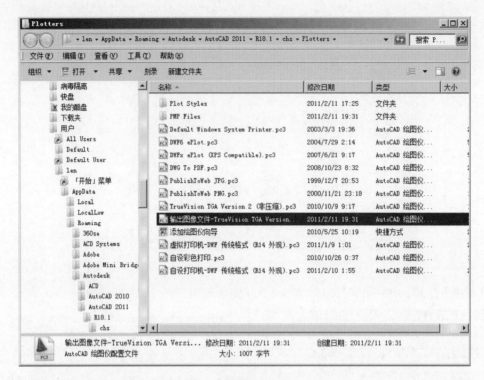

图 13.41

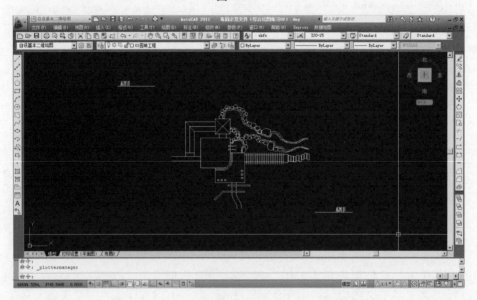

图 13.42

执行打印命令,键入"PLOT",(或点选菜单项"文件→打印"),在弹出的"打印-模型"窗口中作如下设置:打印机选择前面设置的"输出图像文件-TrueVision TGA Version 2(非压缩).pc3",弹出"未找到图纸尺寸"警告窗口时单击"确定"按钮关闭它;在"图纸尺寸"下面的列选窗选择"用户1(3 000.00 × 3 000.00 像素)";在"打印范围"下面的列选窗选择"窗口",回到模型空间用端点捕捉的方式准确框选事先标记好的打印范围;其他设置如图13.43所示。

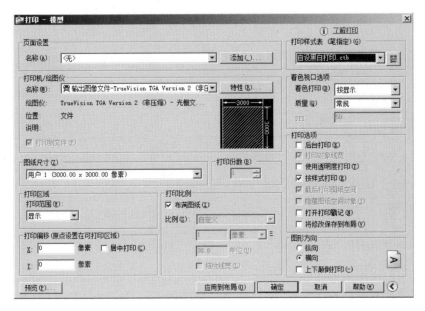

图 13.43

在"打印样式表(笔指定)"下面的列选框中选择"新建",在弹出的对话框中选择"创建新打印样式表",如图 13.44 所示,然后单击"下一步"。

在弹出的窗口输入框中输入"输出黑白图像"作为文件名,如图 13.45 所示,然后单击"下一步"。

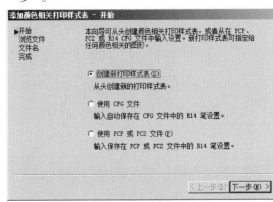

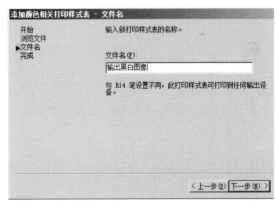

图 13.44　　　　　　　　　　　　　　图 13.45

单击"打印样式表编辑器"按钮,弹出编辑器窗口,选中所有 255 种颜色,把"特性"下面的"颜色"改为"黑色",把笔号和虚拟笔号均改为 7,线宽改为 0.150 0 毫米,其他保持不变。单击"保存并关闭"按钮,回到如图 13.46 所示的窗口,单击"完成"按钮返回"打印"窗口(图 13.47)。把所有颜色的线宽都设为 0.150 0 毫米是因为在制作彩色图形的时候没有必要区分线宽。该样式表一旦设置完成也可以长期使用。

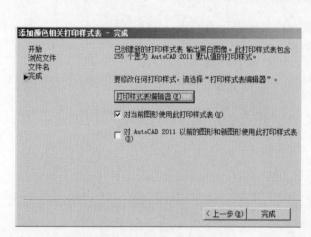

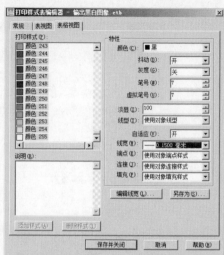

图 13.46　　　　　　　　　　　　　　　　　　图 13.47

　　确认选择了刚新建的打印样式表"输出黑白图像.ctb",单击"预览"按钮,预览效果,如图 13.48 所示。

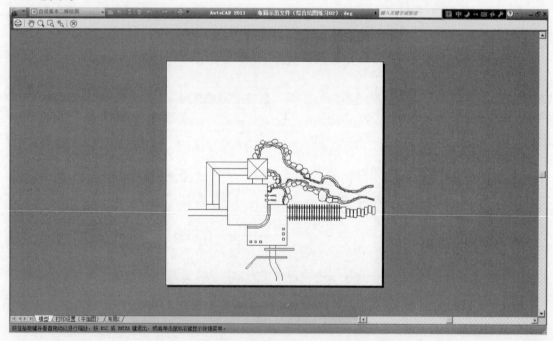

图 13.48

　　预览效果确认后,单击鼠标右键,选择"打印"或"退出"回到打印窗口单击"确定"开始打印。系统会要求指定图像文件保存的位置,指定位置后,在图像文件名称后面(扩展名前面)加上"底图"两个字,确定即可。图 13.49 输出的是 TGA 格式图像。

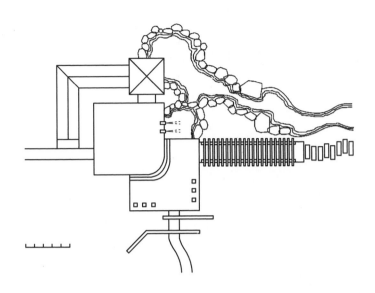

图 13.49

（3）输出单株植物图层的图像文件

把"03 单株植物"层解冻并设定为当前图层,冻结其他所有图层。其他输出方法是一样的,这里不再重复。尺寸大小应设为和上一个图像一样,即 3 000 × 3 000 像素。其他打印设置也要与上一个图像相同,保存文件时注明"单株植物"输出的图像文件如图 13.50 所示。

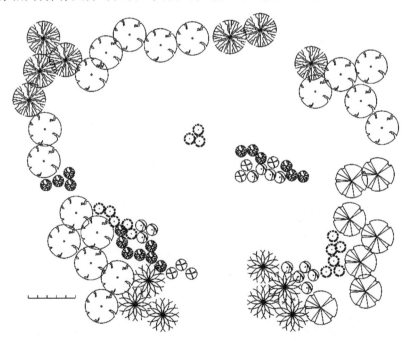

图 13.50

（4）输出片植灌木图层的图像文件

解冻"04 片植灌木"层并设为当前层,冻结其他所有图层,输出的图像如图 13.51 所示。

(5)输出文字图层的图像文件

解冻"05 文字""06 单株植物文字""07 片植灌木文字"3 个图层,当前图层设定为"05 文字",冻结其他图层,输出的图像文件如图 13.52 所示。

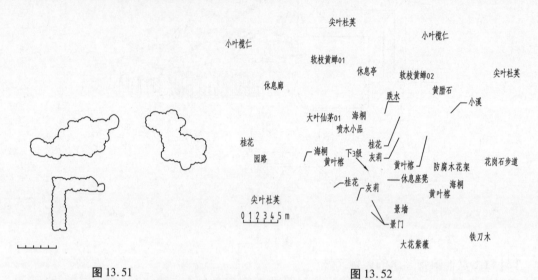

图 13.51   图 13.52

到这里就得到了 4 个精度及尺寸完全相同的 TGA 格式图像文件,如图 13.53 所示。

布局示范文件(综合绘图练习02)-Model单株植物.tga
布局示范文件(综合绘图练习02)-Model底图.tga
布局示范文件(综合绘图练习02)-Model片植灌木.tga
布局示范文件(综合绘图练习02)-Model文字.tga

图 13.53

(6)在 Photoshop 中合成并处理图像

得到 4 个文件后,把它们在 Photoshop 中全部打开,以"底图"的图像文件作为背景,依次把"片植灌木""单株植物""文字"3 个图像去掉背景(只保留黑色图像内容)后合成到背景上。合成结束后,把图像多余的空白部分裁掉,把色彩模式改为"RGB 颜色",最后保存为 PSD 格式的文件,接着就可进行上色等处理了。

输出图像文件的注意事项:

• 输出图像文件前一定要计划好层数及各层的内容,这有助于在 Photoshop 中减少制作难度,提高制作效率。仅有一个层的图像文件很可能根本无法上颜色。

• 在分层输出图像文件的时候,输出范围及输出选项必须完全相同,否则将无法顺利合成。

• 图像大小的选择要适当,不能太小,也不宜太大,图像太小则最后得不到需要的精度,图像过大会降低计算机的运行效率。对 Photoshop 有了解的读者知道,这个软件的顺畅运行对计算机硬件的要求比较高,特别是内存,越大越好。例如对于 8 000 像素 × 8 000 像素的图像,当植入很多素材后,缓存文件非常大,有时候甚至达到 1GB 以上,如果计算机的配置不够,每操作一步都会等待很长的时间,甚至会死机。具体应该选择多大的图像尺寸,要根据需要确定,如果是用于打印 A3 大小的图幅,则 3 000 像素 × 3 000 像素到 4 000 像素 × 4 000 像素完全够了,如果要打印大幅图纸(例如 A0),则可能要 8 000 像素 × 8 000 像素以上才行,具体可以按照 13.3.2 中介绍的方法推算。

练习题

1.打开一个已有图形内容的绘图文件,以它为基础完成下列练习:

(1)练习新建一个布局,把新布局的名称定为"打印输出"。

(2)进入页面设置窗口,选择打印机"DWF6 ePlot.pc3",新建一种打印样式表(名称定位"自设黑白打印"),并按照下列要求编辑打印样式表:①将所有颜色对应的打印颜色改为黑色;②将所有颜色对应的笔号和虚拟笔号改为 7 号;③把黄色【2 号色】对应的打印笔宽定为 0.7 mm,把 7 号色对应的打印笔宽定为 0.3 mm,把 8 号色对应的打印笔宽定为 0.09 mm,其他所有颜色对应的打印笔宽定为 0.15 mm。

(3)用所设虚拟打印机进行输出布局,在同一个布局中安排两张 A2 幅面的图纸,每张图纸中按情况布置 2~4 个视口,并为每个视口指定恰当的比例,最后隐藏视口的边框。

2.如果计算机上安装了真正的打印机,请尝试用它在上面练习的布局中打印真正的图纸。

3.设置一个用于输出图像文件(图像可以设定为 TGA 格式)的虚拟打印机,并尝试用它输出图像文件。

14 "特性"窗口、设计中心及扩展工具的运用

本章导读 本章重点是了解"特性"浮动窗口、设计中心及 Express Tools 常用命令,有效利用这些工具,可以提高图形绘制及编辑的效率。

14.1 "特性"浮动窗口

在 AutoCAD 中,图形对象具有很多特性,这些特性或是反映图形对象的几何特征,或是反映图形对象的特定参数。有的特性是所有图形对象共有的,有的则是特殊图形对象专有的。例如,图形的颜色或所处图层,是任何一个对象都具有的,但半径就只有圆或圆弧才有。表 14.1 列出了多数图形对象的基本特性。

表 14.1 AutoCAD 对象基本特性列表

特性名称	含 义
图层(Layer)	对象所处图层
颜色(Color)	对象的颜色:AutoCAD 共有 255 种颜色可以指定给对象
线型(Linetype)	对象的线型:如实线、虚线、点划线等
线型比例(Linetype Scale)	对象的线型比例:若线型比例不合适,会使线型不能正常显示和输出
打印样式(Plot Style)	对象的打印样式:一般采用"随颜色"或称为"颜色相关"
线宽(Lineweight)	对象线宽:和颜色相关打印时的线宽指定不同,这个线宽值可以直接在屏幕上显示
超链接(Hyperlink)	附着到图形对象的超链接:在一般园林设计中,很少使用超链接
厚度(Thickness)	三维中对象在第三轴(Z 轴)方向的尺寸

AutoCAD 2011 提供了两种编辑特性的方法:一种方法是在"对象特性"(Object Properties)工具条上进行一般特性的编辑,另外一种方法是在"特性"(Properties)浮动窗上对特性进行编辑。后一种方法更加全面和完整,针对不同的对象,特性浮动窗会显示不同的特性内容。

14.1.1 "对象特性"(Object Properties)工具条

"对象特征"(object Properties)工具条是一个很常用的工具条,如图 14.1 所示。

图 14.1

当不执行任何命令,而仅仅是选择了图形对象的时候,在"对象特性"(Object Properties)工具条上会显示对象的常用基本特性,分别是"对象的颜色""线型""线宽"和"打印样式"。其中"颜色"和"线型"特别重要。选择对象后,在相应窗口里面可以直接修改对象的颜色和线型。还有一个重要特性"图层"的显示和控制在"图层"工具条上。

颜色对话框一般情况下只列出了 AutoCAD 的标准颜色,即红(Red)、黄(Yellow)、绿(Green)、青(Cyan)、蓝(Blue)、紫(Magenta)、白(White)。"白(White)"在绘图界面背景设为黑色的情况下显示为白色,在绘图背景设为白色的情况下显示为黑色。颜色窗口里面还有"随层"(ByLayer)和"随块"(ByBlock)两项,前者表示对象颜色指定为随层的颜色,后者表示对象颜色指定为随块。在修改对象颜色的时候如果列表中的标准颜色不够用,可以单击其中的"选择颜色"选项,打开如图 14.2 所示的"选择颜色"(Select Colors)对话框,在其中选择合适的颜色。选择了颜色表中的某种颜色后,下面会显示颜色的编号。如果在没有选择对象的情况下更改颜色则是修改当前颜色。

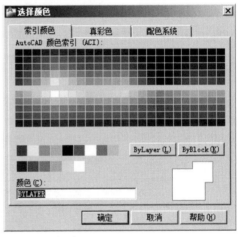

图 14.2

"线型"对话框里面一般只列出了当前绘图文件中存在的线型,如果要增加新的线型,可以单击其中的"其他"(Other)选项,打开"线型管理器"(Linetype Manager),然后单击"载入"(Load)按钮加载新线型。

可以选择各种线型,但要注意选择的线型应该符合国家制图标准的要求。如果在没有选择对象的情况下更改线型,则是更改当前的线型。"对象特性"(Object Properties)工具条上的按钮都支持字符匹配,即可以输入特性名称的第一个英文字母来选择该特性,无需在列表上用鼠标选择。

14.1.2 "特性"(Properties)浮动窗

"特性"(Properties)浮动窗是用来修改特定对象的完整特性(包括已经定义的特性)的主要方法。打开或关闭"特性"(Properties)浮动窗的方法有:

- ✎ 菜单项:修改(Modify)→特性(Properties)
- ⌨ 键盘命令:CH
- ⌨ 按下组合键:Ctrl + 1
- ✎ 单击"标准"(Standard Toolbar)工具条上的按钮 ▣

"特性"(Properties)浮动窗的完整外观如图 14.3 所示。

各主要按钮介绍如下：

• 切换 PICKADD 系统变量的值：打开(1)或关闭(0)。PICKADD 系统变量为 1 时则是打开状态,每个单独选择或通过窗口选择的对象都将添加到当前选择集中；PICKADD 系统变量为 0 时则是关闭状态,选定对象将替换当前的选择集。

• 选择对象按钮：单击按钮后进入选择状态,可在绘图窗口选择对象。

• 快速选择按钮：单击按钮弹出快速选择对话框,可根据物体特性快速选择物体。

• 特性条目：显示并设置特定对象的各种特性。根据选定对象的不同,特性条目的内容和数量也有所不同。被选物体特性显示的数据可以根据需要更改。

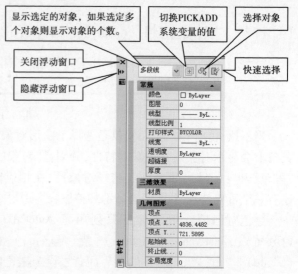

图 14.3

为了不影响绘图界面上的操作,可以把浮动窗拖动到绘图区域左边和绘图界面整合在一起,如图 14.4 所示,或者把它设置为自动隐藏,如图 14.5 所示。把光标置于特性浮动窗的边缘,光标会变成一个双向小箭头,按住鼠标左键拖动,可以改变窗口的大小。

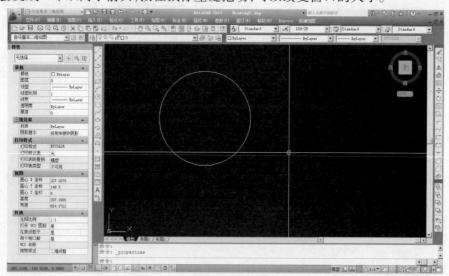

图 14.4

"特性"浮动窗在没有选择对象时和选择了对象时显示的内容是不同的,选择不同的对象显示的内容也不相同,请读者分别选择圆和直线试一试。如果同时选择了多个对象则显示它们共同的特性。

如果没有选择对象,"特性"(Properties)浮动窗上显示的是当前图层、当前颜色、当前线型等信息,对其进行修改等于改变当前设置。如果选定了一个对象,则"特性"(Properties)浮动窗上将显示出该对象的特有特性。如果同时选择了多个对象,则浮动窗上将显示这些对象共有的特性。

图 14.6 所示是在选择了一个圆时,"特性"浮动窗的显示情况。【常规】中的基本特性信息显示为黑色,表示可以修改,单击相应特性右边的编辑框,会弹出可以供选择的特性列表,选择需要的特性即可。【几何图形】中的特性信息也显示为黑色,可以直接修改,选中要修改的数据然后键入新的数值并键入回车。修改了半径、直径、周长、面积中的任何一项,其他项会跟着变化。

图 14.5

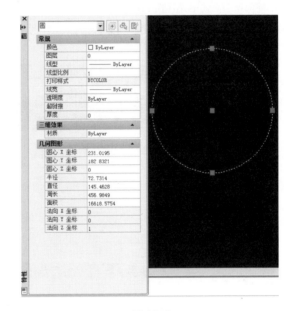

图 14.6

14.2 设计中心

"设计中心"(Design Center)是 AutoCAD 2000 后增加的功能,用它可以方便地管理与 Auto-CAD 绘图工作相关的一些资源。可以把"设计中心"理解为集成在 AutoCAD 中的一个专用资源管理器。利用"设计中心"可以完成以下工作:

①定位、组织和跟踪图形信息。在用计算机做设计图时,总是有一些图形资源是经常要访问和使用的,利用"设计中心"里面类似于英特网浏览器(Internet Explorer Browser)的收藏夹功能,可以定位常用的资源,实现快速访问。

②实现在不同的绘图文件之间直接传递图块、图层以及提取外部参照。通过"设计中心"可以查看所能访问的任何文件中的图块、标注样式、图层、布局、线型、文字样式、外部参照等信息,并可以使用拖拽的方式把这些内容加入到当前绘图文件中。

③利用"设计中心"可以观察对象(实体、图块、图形内容)各方面的情况。设计中心提供了

缩略图预览功能,利用该功能可以像在图片浏览器(如 ACDsee)里观察图片一样观察 CAD 图形的概况。

14.2.1 设计中心的打开和关闭

打开或关闭"设计中心"窗口的方法有:

✍ 菜单项:工具→选项板→设计中心

⌨ 按下组合键:Ctrl + 2

⌨ 键盘命令:ADCENTER(注:该命令只能打开设计中心,不能关闭)

✍ 单击"标准"(Standard Toolbar)工具条上的按钮 ▦

设计中心可拖动到任意位置,也可以把光标放在其边框线上调整窗口大小,如图 14.7 及图 14.8 所示。

图 14.7

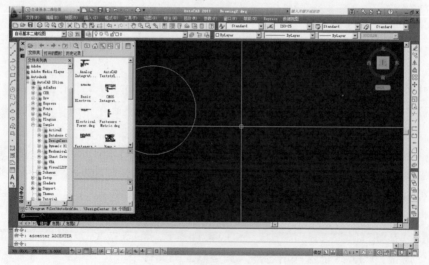

图 14.8

14.2.2 设计中心工具条

设计中心工具条位于设计中心窗口的顶部,如果把窗口调整到足够大,将会全部显示出工具条的内容(图 14.9)。工具条上的按钮从左到右分别是"加载"(Load)、"上一页"(Back)、"下一页"(Forward)、"上一级"(Up)、"搜索"(Search)、"收藏夹"(Favorites)、"主页"(Home)、"树状图切换"(Tree View Toggle)、"预览"(Preview)、"说明"(Description)、"视图"(Views)。

图 14.9

工具条各按钮的用途:

①加载(Load):该工具按钮的作用是把设计中心左边的文件夹列表定位于需要的位置。

②上一页(Back):使文件夹列表的定位返回上一个状态。

③下一页(Forward):和"上一页"相反,前进到下一个状态。

④搜索(Search):单击此按钮将弹出如图 14.10 所示对话框,可以通过关键字搜索文件资源。

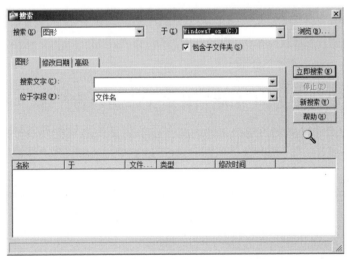

图 14.10

⑤收藏夹(Favorites):显示收藏夹的内容,如果没有定义过收藏夹则自动定位到 Autodesk 文件夹。可以把要经常访问的文件或文件夹位置放在收藏夹内,以实现快速访问。把光标置于文件夹列表中的文件夹或文件上单击鼠标右键,在快捷菜单中选择"添加到收藏夹"即可把文件夹或文件加入收藏夹。若选择"组织收藏夹",可以管理收藏夹的内容。添加一个文件夹或文件到收藏夹,实际上并没有将该文件夹或文件移动到 AutoCAD 的收藏夹中,而只是在收藏夹中添加了一个指向文件夹或文件的快捷方式。

⑥主页(Home):默认的主页是 AutoCAD 2011 安装目录下的 DesignCenter(设计中心)文件

夹,用户可以在设计中心页面上单击鼠标右键,通过选择"设置为主页"把某个特定的文件夹定为主页。

⑦树状图切换(Tree View Toggle):该按钮的作用是显示或隐藏文件夹树目录,类似于Windows资源管理器中"查看"菜单下的"详细资料"及"大图标"的切换显示。

⑧预览(Preview):开/关预览窗口。选定了绘图文件后,可以在预览窗口查看。

⑨说明(Description):开/关"说明"窗口。如果被选定文件或对象(例如图块)带有文字描述,按下该按钮将显示描述文字。

⑩视图(Views):该按钮的功能和 Windows 资源管理器的"查看"按钮一样,用于切换文件图标的显示方式。有"大图标"(Large icons)、"小图标"(Small icons)、"列表"(List)、"详细信息"(Details)四种方式。

⑪快捷菜单:在"设计中心"窗口的任意位置单击鼠标右键会弹出一个快捷菜单,里面包含了上面介绍的所有功能。

14.2.3 利用设计中心打开绘图文件

用户可以通过"设计中心"打开绘图文件,步骤如下:

①打开"设计中心";②单击"加载"按钮,选择绘图文件;③用鼠标左键按住绘图文件图标不放,拖动到绘图区域;④指定一个插入点并回答缩放比例;⑤缩放屏幕视图,清楚显示图形。

也可以右键单击文件图标,在快捷菜单完成插入图形的过程。这里所谓打开绘图文件实际上是把选择的绘图文件插入到当前绘图文件中,这一点要注意。

14.2.4 利用设计中心向当前绘图文件添加内容

通过"设计中心"可以从别的绘图文件中向当前绘图文件添加图块、标注样式、图层、布局、线型、文字样式、外部参照等内容,这是"设计中心"最有价值的地方,可帮助提高作图效率。假设要新作一个图形,而这个图形内的图块、标注样式、图层、布局、线型、文字样式、外部参照等内容和已经存在的另外一个绘图文件相同或接近,可不必在新的绘图文件里重新一个个创建图层等的信息,也不用打开原有的绘图文件,而直接通过"设计中心"把已有的资源添加到新绘图文件中。

图14.11 就展示了这样一个例子。当前绘图文件是名称为"Drawing1.dwg"的新建文件,里面什么也没有,是一个空文件。左边"设计中心"打开的是"布局示范文件(综合绘图练习02).dwg",里面包含了各种图块、图层、文字样式等信息。该文件中有 11 个图层,若需要在新的绘图文件也建立相同的图层,可以直接把"设计中心"显示的图层一个一个拖动到新文件的绘图区域内,新的绘图文件里就得到了设置和"布局示范文件(综合绘图练习02).dwg"完全一样的图层。用同样的方法可以把图块、文字样式、标注样式、线型、布局等复制到当前文件中。

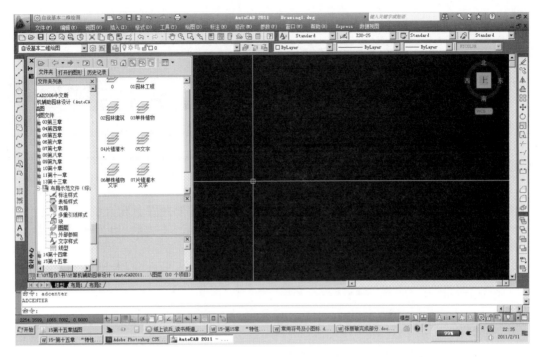

图 14.11

14.3 AutoCAD 2011 的扩展工具"Express Tools"

AutoCAD 的扩展工具非常多,这里介绍的是一组和园林设计关系较为密切的扩展工具。

如果安装 AutoCAD 2011 中文版的时候同时安装了"Express Tools",则在 AutoCAD 2011 中文版的界面上会多出一组菜单"Express",如图 14.12 所示。这组工具没有汉化,菜单和工具条显示的都是英文。

14.3.1 Express Tools 的内容

图 14.13 显示的是这组扩展工具的工具条,共有 3 个,分别是针对文字(ET:Text)、图块(ET:Blocks)和标准(ET:Standard)的扩展工具。

图 14.12

14.3.2　Express Tools 常用命令

下面主要介绍园林设计中常会用到的几个工具。

(1)一次修剪所有图线的 Extrim 命令

该命令的作用是在修剪的时候把所有与修剪界线相交的图形按指定的一边全部剪断。命令的调用方法是：

⌨ 键盘命令：EXTRIM

这个命令在 AutoCAD 2002 版本中的 Express Tools 中

图 14.13

既出现在菜单中，也出现在工具条中，但在 AutoCAD 2011 中需要用键盘输入调用。如图 14.14 所示，有一组图线(包含直线、样条弧线、曲线)穿过一个圆，通过一步把圆以外的图线部分全部剪去。

键入"Extrim"，命令提示框显示下列信息：

命令：extrim

Pick a POLYLINE, LINE, CIRCLE, ARC, ELLIPSE, IMAGE or TEXT for cutting edge…

选择对象：

点选圆(作为修剪界线)，命令提示框又显示：

Specify the side to trim on：

在圆以外的任意位置单击鼠标左键，就可以看到系统自动把所有的直线一起剪断，结果如图 14.15 所示。在需要修剪很多图线时，这比传统的修剪方法要方便快捷得多。

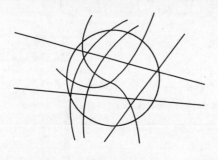
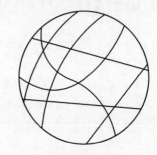

图 14.14　　　　　　图 14.15

(2)Txtexp(分解文字)命令

该命令的作用是把文字分解为图线，被分解的文字变成了图形。例如，在园林设计中要作一个书法牌匾，使用了颜体字，要把绘图文件复制到其他计算机上时，如果其他计算机上没有安装颜体这种字体，牌匾上的字就不能正确显示出来。可以事先把文字分解成图形，以避免这个问题。命令的调用方法有 3 种：

点选菜单项：Express→Text→Explode Text

⌨ 键盘命令：TXTEXP

单击"ET:Text"工具条上的按钮

输入命令后点选要分解的文字并回车即可。如图 14.16 所示中右上角文字是颜体字，右下角是颜体字被分解后的情形，左上角是 Hztext.shx 字体，左下角是 Hztext.shx 字体被分解后的情形。

图 14.16

Truetype 字体被分解后原来的文字填充不见了,而 shx 矢量字体被分解后从外观上看没有什么变化。文字经分解后就不再是矢量文字,成为图形,不能再进行文字编辑。有时候需要把艺术字体做成设计图样,就可以用这个命令把它分解后再进行加工。

(3)Super Hatch(超级填充)命令

在园林设计中常要进行一些比较特殊的图案填充,例如铺装设计中的卵石铺地,AutoCAD 2011 中有碎石(Gravel)填充的图案,但也无法代替卵石图案(图 14.17)。可以用"Express Tools"中的超级填充命令解决这样的问题。

第一步,在进行"超级填充"之前绘制好一组卵石,如图 14.18 所示。为了使卵石看起来尽量自然,采用样条曲线绘制的,且注意大小和密度的变化。

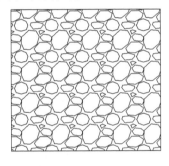
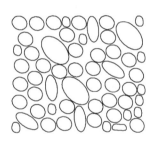

图 14.17   **图 14.18**

第二步,用 Block 把绘制好的一片卵石定义成内部块,把块名定为"LS"。

第三步,绘制好要填充的区域,注意填充区域边缘须是封闭的。

第四步,执行超级填充。

点选菜单项"Express→Draw→Super Hatch"或键入命令 Superhatch,命令提示框显示:

　　命令:_superhatch

　　正在初始化...LS

　　单位:毫米　转换:1.0000

　　指定插入点或[基点(B)/比例(S)/X/Y/Z/旋转(R)/预览比例(PS)/PX/PY/PZ/预览旋转(PR)]:

在填充区域内指定一个点,命令提示框显示:

　　输入 X 比例因子,指定对角点,或[角点(C)/XYZ]<1>:

直接单击鼠标右键接受默认值,命令提示框显示:

　　输入 Y 比例因子或<使用 X 比例因子>:

单击鼠标右键接受默认值,命令提示框显示:

　　指定旋转角度<0>

单击鼠标右键采用默认值(即不旋转),命令提示框显示:

　　命令:

Is the placement of this BLOCK acceptable? 〔Yes/No〕 ＜Yes＞:

单击鼠标右键确认,命令提示框显示:

Select a window around the block to define column and row tile distances.

在填充区域内拾取点,命令提示框显示:

当前矩形模式:宽度 = 5.9717

Specify block〔Extents〕First corner ＜magenta rectang＞:

当前矩形模式:宽度 = 5.9717

Selecting visible objects for boundary detection…Done.

单击鼠标右键确认,命令提示框显示:

Specify an option〔Advanced options〕＜Internal point＞:

在填充区域内拾取一个点,就完成了填充,结果如图 14.19 所示。

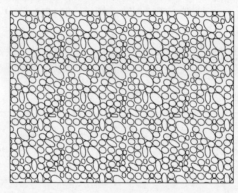

图 14.19

"Express Tools"包含了多个扩展工具,这里不再一一介绍,读者若有兴趣,可以自己研究使用。

练习题

1.将云线的弦长设置为 600 mm,绘制一条封闭的云线,用以代表片植的灌木。将云线的弦长设置为 3 000 mm;绘制一条封闭的云线,用以代表成片的树林。

2.绘制一个如右图所示的图形,用"延伸修剪"命令(extrim)一步修剪成右图的样子。

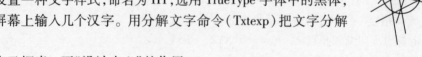

3.设置一种文字样式,命名为 HT,选用 TrueType 字体中的黑体,然后在屏幕上输入几个汉字。用分解文字命令(Txtexp)把文字分解成图形。

4.自己探索一下"设计中心"的作用。

5.绘制一个任意半径的圆,用特性调板上的参数修改功能修改其半径为 2 500 mm。

15 几个实用高级命令

本章导读　本章重点介绍几个实用高级命令：①特性匹配(Matchprop)命令；②块编辑器；③几何计算器。它们不是常规的绘图或编辑命令，但很有用。

15.1　清理(Purge)命令

该命令的作用是清除当前绘图文件中所有没用的块、标注样式、文字样式、图层、线型、形、外部参照等。在绘图过程中不可避免地会使用块、文字样式、标注样式等资源。随着绘图工作的推进，有些块被插入到绘图文件中，却没有被使用。这时候虽然在图形中看不见这些图块，但它们实际上仍存在于绘图文件中，并占用储存空间。其他如文字样式、标注样式、图层、线型等也有类似的情况。到绘图工作即将结束的时候，如果这类型的无用资源大量存在于绘图文件中，会使文件的文件量不正常的偏大。可以使用 Purge 命令安全、方便地清除绘图文件中没有用处的垃圾。命令的调用方法有：

图 15.1

　菜单项：文件(File)→图形实用工具(Drawing Utilities)→清理(Purge)

　键盘命令：PU

输入命令后将打开如图 15.1 所示的"清理"(Purge)对话框。

单击"全部清理"(Purge All)按钮，就会把所有无用的信息清理掉，清理完毕单击"关闭"退出。也可以选择只清理一部分信息(例如只清理图层)。清理有时候可以大大减小绘图文件的文件量，为了节省存储空间，建议做完图后都执行一遍清理，但执行清理命令时要慎重。

凡是在图形中被使用的资源，不论是在显示的图层还是不显示的图层内，"清理"命令都不会清除它们，因此若最后已经确认只要没有出现在图形中的东西就是可以清除的，则可以放心执行命令，该命令还是很"安全"的。

15.2　文件修复(Recover)命令

该命令的作用是修复出错的绘图文件。有时候因为不正常关机、磁盘损坏等原因造成绘图文件出错,无法正常打开,可以尝试使用该命令修复,如果损坏不严重,一般都可以修复。命令调用方法有:

✍　点选菜单项:文件(File)→图形实用工具(Drawing Utilities)→修复(Recover)

⌨　键盘命令:RECOVER

输入命令后将打开如图 15.2 所示的"选择文件"窗口。

图 15.2

找到要修复的文件后,单击"打开"按钮,会出现核查窗口。如果发现文件错误,会返回报告,并进行修复;如果文件没有错误,则报告没有查到错误。确定后打开文件。

15.3　特性匹配(Matchprop)命令

该命令的作用是把一个对象的特性赋予另外的对象。使用这个命令可以很方便地整理绘图文件中的图形对象。在实际绘图中该命令的使用非常频繁。命令的调用方法有 3 种:

✍　菜单项:修改(Modify)→特性匹配(Match Properties)

⌨　键盘命令:MA

✍　单击"标准"(Standard Tools)工具条上的按钮

输入命令后先点选要复制特性的源对象,再选择要赋予特性的目标对象,最后单击鼠标右键即可。在选择要赋予特性的目标对象时,可以一次选择多个对象,也可以依次点选对象。对象的基本特性如所在图层、颜色、线型等都可以互相赋予,但有些特性不能互相传递,如图形的几何参数等。

15.4   重命名(Rename)命令

该命令的作用是对绘图文件中的图块、标注样式、图层、线型、文字样式等重新命名。在实际工作中这可能是常常要用到的命令,如从别处获得的绘图文件图层名称不符合本工作组的要求,或插入的图块名称有错误等,就可以用该命令进行修改。命令的调用方法有:

✎ 菜单项:格式(Format)→重命名(Rename)

⌨ 键盘命令:RENAME

输入命令后将打开如图 15.3 所示的"重命名"(Rename)窗口。

在左边窗口选定要重新命名的对象后在"项目"下面的窗口中选择要重命名的具体内容,要重命名的名称会显示在"旧名称"后面,在"重命名为"后面的输入框中输入新名称,单击"确定"按钮即可。

图 15.3

15.5   块编辑器

例如,在绘图文件中插入了一个"无花果"的外部块,并复制了多个块参照(块插入后,复制出来的一个就叫一个"块参照"),如图 15.4 所示。这时发现该无花果外部块的图形存在一个缺陷,图形中心位置没有任何标记,这会使块在定点时难以精确定位。这种情况下最方便的就是用块编辑器进行修改。

点选菜单项"工具→块编辑器"或单击"标准"工具条上的按钮 ⊞,将打开如图 15.5 所示的"编辑块定义"窗口。

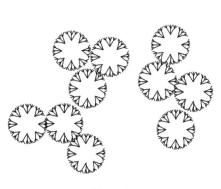

图 15.4

图 15.5

选定了要编辑的块后单击"确定"按钮,系统将启动"块编辑器",如图 15.6 所示。

"块编辑器"实际上是一个特殊的绘图界面,在其中绘制和编辑图形和在模型空间没有什么差别。系统默认的"块编辑器"背景是浅黄色,也可以把它修改成其他颜色,方法和修改模型空间及图纸空间的背景颜色的方法是一样的。在编辑器上边缘有一个专用的工具条,只要把光标移动到工具条按钮上稍停,会显示出按钮的名称,这里不再详述。

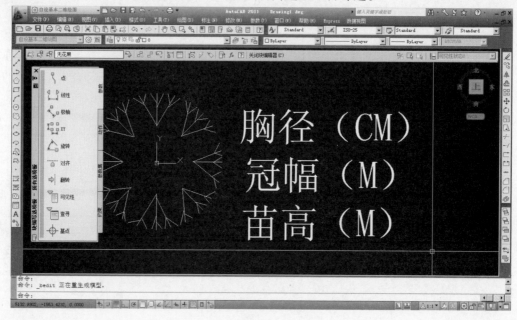

图 15.6

在图块中心位置加绘一个小小的圆,如图 15.7 所示。

确认块已经修改好后,单击专用工具条上的"保存块定义"按钮,就可以把修改保存起来。然后单击"关闭块编辑器"按钮,返回绘图界面,所有的块参照都已经被修改,如图 15.8 所示。

图 15.7

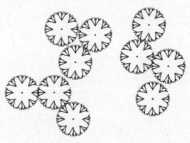

图 15.8

◎提示

在"块编辑器"中修改并保存块后,仅对当前绘图文件中的该块的块参照发生作用,不会影响外部块的原始文件,另外也可以使用"块编辑器"修改内部块。

15.6　选择过滤器和快速选择

15.6.1　选择过滤器

对绘图文件中的对象进行编辑时,总是需要选择对象,有时候是先选择对象再执行编辑命令,有时候则反过来。但 AutoCAD 2011 中提供了一些高级选择方法,方便用户在进行复杂选择操作时提高效率。选择过滤器就是这样一个工具。

调用选择过滤器的方法是:

✎ 键盘命令:Filter

输入命令后,会弹出如图 15.9 所示的“对象选择过滤器”对话框。

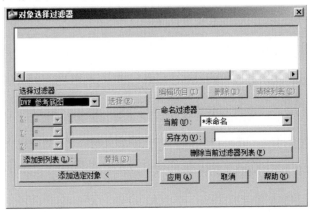

图 15.9

在该窗口中可以设定选择对象时的过滤条件,还可以把设定的过滤条件当作一个自设的“过滤器”保存起来,以便下次继续使用。下面我们通过示例说明过滤器的使用方法。

(1) 在执行编辑命令的过程中临时使用选择过滤器

打开在第 9 章完成了绿化设计的绘图文件“综合绘图实例 02(植物配置)”。该平面图中种植了“尖叶杜英”“小叶榄仁”“铁刀木”“大花紫薇”等 4 种乔木。假设现在委托方希望不要种植“小叶榄仁”“铁刀木”“大花紫薇”等 3 种乔木,要从平面图中把这 3 种乔木的所有块参照全部删除。

键入删除命令:“E”,命令提示框显示:

命令:e

ERASE

选择对象:

这时不要选择对象,键入:“ ' Filter”,在弹出的“对象选择过滤器”中单击“选择过滤器”下面的列选窗,在弹出的菜单中选择“块名”,然后单击其右侧的“选择”按钮,在弹出的块名列表中同时选择“大花紫薇”“铁刀木”“小叶榄仁”3 个块名(按住 Ctrl 键并依次点选三个块名即可同时选中它们),然后单击下方的“添加到列表”按钮,这时 3 个块名就出现在窗口上方的列表中,如图 15.10 所示。

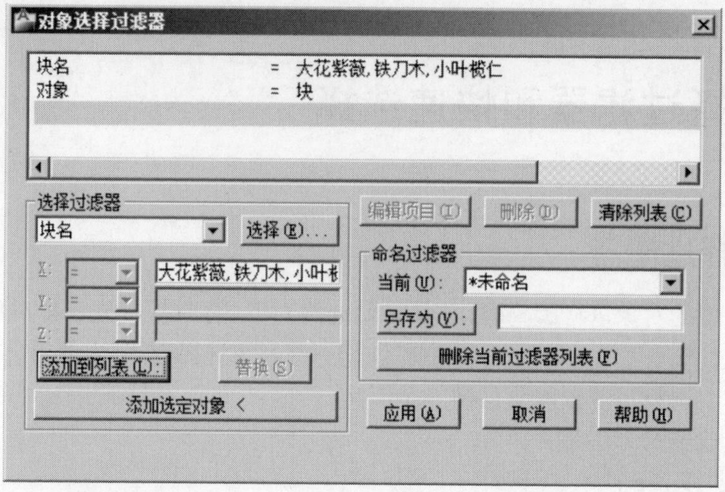

图 15.10

◎提示

①在 Filter 命令前加上单引号,是把该命令变成透明命令。有关透明命令的概念请参阅第 4 章的相关内容。②在按住键盘上的 Ctrl 键的同时分别点选三个块名即可实现同时选择。

单击"应用"按钮,系统关闭"对象选择过滤器",返回绘图界面,并且仍处于准备选择对象的状态,键入"All",选择所有在屏幕上的对象,回车或单击鼠标右键确认选择,再次回车,删除命令执行完毕,结果只有符合过滤条件的对象(即"小叶榄仁""铁刀木""大花紫薇"3 种乔木被删除。在应用了选择过滤器后选择对象的时候,也可以不键入"All",而是直接用鼠标在屏幕上选择所有对象,结果仍然是只选中符合过滤条件的对象。下面看一下命令执行的过程:

命令:e ERASE

选择对象:'filter 将过滤器应用到选择。

> >选择对象:all

找到 21 个

> >选择对象:

退出过滤出的选择。

正在恢复执行 ERASE 命令。

选择对象:找到 21 个

选择过滤器对选择大量而分散的图块非常有优势,图 15.11 是命令执行完后的结果。

(2)预先设置和保存过滤器,然后在执行编辑命令时调用

上面的例子是在执行编辑命令的过程中临时设置过滤器,AutoCAD 2011 还允许保存设置的过滤器,已经保存的过滤器以后在该绘图文件的编辑中随时可以调用。还是以同一个绘图文件作为例子说明。这次我们要删除所有"黄叶榕"和"海桐"两种大灌木的块参照。先设定过滤器,键入"Filter",在弹出的"对象选择过滤器"中单击"选择过滤器"下面的列选窗,在弹出的菜单中选择"块名",然后单击其右侧的"选择"按钮,在弹出的块名列表中同时选择"黄叶榕""海桐"两个块名,然后单击下方的"添加到列表"按钮,这时两个块名就出现在窗口上方的列表中。在"另存为"按钮后面的输入框中输入过滤器名为"GL-01",然后单击"另存为"按钮,这时"当前"后面的列选窗中就出现了刚命令的过滤器,如图 15.12 所示,最后单击"应用"按钮关闭对话框。

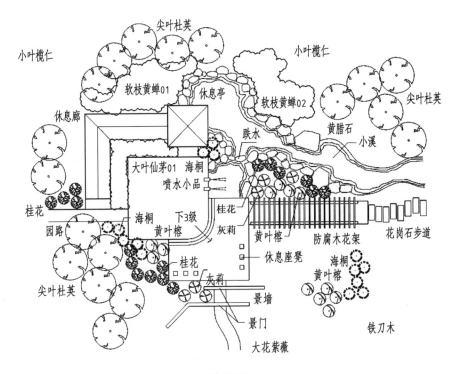

图 15.11

图 15.12

现在执行删除命令,键入"E",当系统提示选择对象时,键入"'Filter",弹出"对象选择过滤器"窗口,直接在过滤器列表中选择刚才命名并保存的"GL-01",然后单击"应用"按钮,回到绘图界面选择所有对象,并完成删除命令,结果只有符合过滤条件的两种大灌木被删除。

在这两个例子中我们是以块名作为过滤条件,其实过滤条件选项很多,甚至可以组合多个条件组成复杂的过滤器。有兴趣的读者可以参考帮助文档进一步研究。

15.6.2　快速选择

快速选择是另外一个高级选择工具,其调用方法有:

🔲 菜单项：工具→快速选择

⌨ 键盘命令：Qselect

输入命令后，将弹出如图15.13所示的"快速选择"对话框，在"对象类型"后面的列选框中选择对象的类型（直线、多段线、圆、块参照等等），默认是"所有图元"。不同的对象类型会有不同的"特性"供选择。运算符有"等于""不等于""大于""小于"等4种，应按需要选择。"值"就是要满足的条件。

例如上例中，要一次全部选中"海桐"的块参照，则选择"对象类型"为"块参照"，"特性"选择"名称"，"运算符"选择"＝等于"，"值"选择"海桐"，如图15.14所示，最后单击"确定"按钮，即可全部选中"海桐"的块参照。

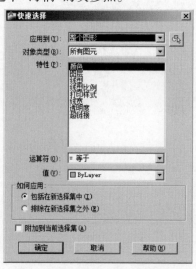
图 15.13

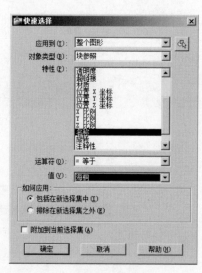
图 15.14

快速选择不能当作透明命令使用（即无法在执行一般编辑命令的过程中插入执行它），但在有些需要选择的命令执行窗口中提供了快速选择的调用按钮，如"写块"命令（Wblock）就有快速选择的按钮，如图15.15所示。

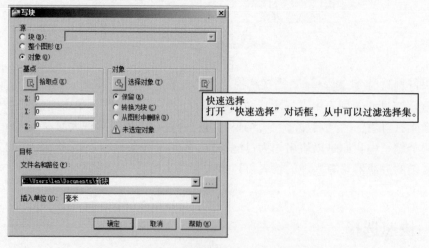
图 15.15

15.7　几何计算器

AutoCAD 2011 中也有计算器,其功能更符合制图的需要,如可以用该计算器进行几何运算。

15.7.1　通过命令行调用计算器

调用该计算器的命令为:

⌨ 键盘命令:CAL

使用该命令可以完成一般的数学计算,还可以进行几何运算。

1)数学计算

下面是一个数学计算过程的示例:

　　命令:cal > >表达式:128 * 54 + 89/2

　　6956.5

输入表达式后,就返回计算结果。

2)几何运算

(1)在计算器表达式中使用对象捕捉模式

为了说明几何计算器的用法,先在屏幕上任意绘制一条直线段和一条圆弧,如图 15.16 所示。

现在要绘制一个圆,圆心要落在直线下端点和圆弧中点之间连线的中点上。为了完成这个目标,当然可以先绘制一条连接直线段下端点和圆弧中点的辅助线,再捕捉辅助线的中点。但也可以使用计算器直接完成。方法如下:

图 15.16

键入画圆的命令:"C",命令提示框显示:

　　命令:c CIRCLE 指定圆的圆心或[三点(3P)/两点(2P)/相切、相切、半径(T)]:

键入:"'cal↙",命令提示框显示:

　　'cal

　　> > > >表达式:

键入表达式:"(end + mid)/2",命令提示框显示:

　　> > > >选择图元用于 END 捕捉:

同时光标变成一个方框,在屏幕上点击直线段的下端点,命令提示框显示:

　　> > > >选择图元用于 MID 捕捉:

点击弧线的中部,这时可以看到光标已经自动捕捉到需要的位置上,完成圆的绘制,结果如图 15.17 所示。

图 15.17

◎提示

点击直线段的下端点和弧线的中部时,不需要使用对象捕捉,在大概的位置点击即可。运算表达式的格式不能出错,否则无法执行。

在前面的练习中,使用了对象的捕捉模式作为算术表达式的一部分。计算器把它们作为点坐标的临时存储器使用。表达式(end + mid)/2 将计算出两个数值的平均值,这些数值实际上是坐标值,因此其平均值是两个坐标之间的中点。还可以进一步使用表达式(end + end + end)/3 找出三角形的中心。表 15.1 列出了可以列入表达式的对象捕捉模式。

表 15.1　几何计算器的对象捕捉模式

计算器的对象捕捉	意义	计算器的对象捕捉	意义
End	端点	Nod	节点
Ins	插入点	Qua	象限点
Int	交叉点	Per	垂足
Mid	中点	Tan	切点
Cen	圆心	Rad	对象半径
Nea	最近点	Cur	光标捕捉

表 15.1 中的 Rad 和 Cur 两项并不是真正的对象捕捉模式,尽管应用在表达式中的作用相似。下面举一个例子说明 Rad 的应用。

【例 15.1】　设有一个任意圆,不知道它的确切半径,现在要把圆向外扩大,扩大的距离为现有圆半径的三分之一。

传统方法有两种:第一种方法是先用查询命令查出圆的半径值,然后求出其三分之一,再执行"偏移"命令,输入求出的值作为偏移距离;第二种方法是先绘出圆的半径,再用"等分"(Divided)命令把半径三等分,在执行"偏移"命令的时候,用量取半径的三分之一的方法确定偏移距离。后一种方法要更精确一些,但颇为麻烦。运用几何计算器的 rad 项,可以方便地解决这个问题。

键入偏移命令:"O",命令提示框显示:

　　命令:o OFFSET

　　当前设置:删除源 = 否　图层 = 源　OFFSETGAPTYPE = 0

　　指定偏移距离或[通过(T)/删除(E)/图层(L)] <750.000 0 >:

键入:"'cal",命令提示框显示:

　　> > > >表达式:

键入表达式:"rad/3",命令提示框显示:

　　> > > >给函数 RAD 选择圆、圆弧或多段线:

在屏幕上选择圆,命令提示框显示:

　　选择要偏移的对象,或[退出(E)/放弃(U)] <退出 >:

再次选择圆,命令提示框显示:

　　指定要偏移的那一侧上的点,或[退出(E)/多个(M)/放弃(U)] <退出 >:

在圆的外面任意拾取一个点,最后回车结束命令,结果如图 15.18 左图所示,右图是绘制了

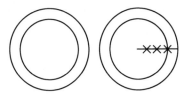

辅助线以说明执行结果是准确的。

"Cur"是要求用户指定一个点,这个点可以使用输入坐标、对象捕捉等方法给出,可以利用这个参数得到更加灵活的运算表达式。例如运算表达式:

(cur + cur)/2

当运行该运算式时,第一项"cur"执行时可以用任意的对象捕捉方式指定我们希望的点,第二项 cur 执行时也可以用任意的对象捕捉方法指定点,如此可以结合自动捕捉模式,更方便确定点。从这个角度理解,"cur"像是一个通用的替代变量。

图 15.18

(2)找出一个与另一点相关的点

在绘图中常会碰到的一个任务是从一条直线的某个相对距离处开始画线或指定点。

【例 15.2】 如图 15.19 所示有一条 1 200 mm 宽的路,并已经画好了一个标示草坪灯的符号,现在要把灯准确定位于这段路中间的位置,并且离开路边 500 mm。

传统作法可以先把灯移到路边线中点上,再往外移动 500 mm。而利用计算器的几何运算功能可以一步完成。

执行"移动"(Move)命令,当选择了草坪灯,提示指定基点时捕捉草坪灯的中心点,提示指定第二个点时,键入:"'cal",命令提示框显示:

> > > >表达式:

键入表达式:"mid + [0,500]",然后点选上面的路边线,结果如图 15.20 所示。

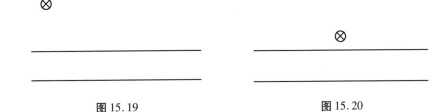

图 15.19   图 15.20

表达式中"mid"指定了参照点为中点,方括号内的值是相对于参照点的坐标增量值,第一个是 X 增量,第二个是 Y 增量。所以如果要把草坪灯定位于路的下边线下方 500 mm 处,则上面的表达式应写为:mid + [0, - 500]。此外,方括号内的坐标值也可以写成极坐标的形式,例如上面的表达式"mid + [0,500]"和表达式"mid + [500 < 90]"运行结果是一样的。

像"mid + [0,500]"这样的表达式可以理解为从中点(mid)出发的坐标增量(方括号内的值),但不要输入@,因为计算器假定用户将该坐标添加到 mid 中点捕捉模式指定的参考点上。另外也不必在方括号里写全 X、Y、Z 三个坐标,下面等号两边的坐标在表达式中是等价的:[40,50] = [40,50,0] [,25] = [0,25,0] [, ,80] = [0,0,80]

(3)绘图过程中进行复杂求和

理解了几何计算器的工作原理,就可在执行绘图命令时嵌入计算器,以简化一些复杂数据的输入。

例如,要把一个圆从原来的位置移动,X 增量为 200 + 126.789 1 + 458.562,Y 增量为 129.025 + 759.215 + 498.127。如果用常规的方法,只能先用纸笔或计算器,把 X 增量和 Y 增量的和求出来,再执行"移动"命令。现在用计算器就可以直接把数据求和的表达式输入作为

增量坐标值即可,执行"移动"命令,选取了基点后,当系统提示指定下一个点时,键入"'cal",并输入"[@200 + 126.789 1 + 458.562,129.025 + 759.215 + 498.127]"即可。

AutoCAD 允许方括号中的算式有任意多个运算符和数值,例如:

$$[@4 * (156 + 90) - (23/4) + 125 + 50 < 25 + 15 + 18]$$

这个表达式还说明了在极坐标中,角度值也可以用表达式计算。注意,上面表达式中的"<"是极坐标中距离和角度的分隔符,并不是表达式的运算符。

(4)计算器使用指南

用于命令行操作的计算器表达式有一定的格式要求,下面是一些需要记住的规定:

- 坐标值要写在方括号内,坐标值之间用逗号分隔。
- 嵌套或分组表达式要写在圆括号内。
- 运算符要放在数值之间,如同在简单数学表达式中一样。
- 对象捕捉可以用来代替坐标值。

表 15.2 列出了计算器可用的所有运算符及函数,读者可以自己逐个试一试。

表 15.2　几何计算器运算符及函数

运算符/函数	作　用	示　例
+ 或 -	加、减数或向量	$50 - 20 = 30$; $[a,b,c] + [x,y,z] = [a + x, b + y, c + z]$
* 或/	乘、除数或向量	$3 * 8 = 24$; $27/9 = 3$; $a[x,y,z] = [a * x, a * y, a * z]$
^	一个数的幂	$2^3 = 8$
sin	角度的正弦	$\sin(30) = 0.5$
cos	角度的余弦	$\cos(45) = 0.707\ 106\ 781\ 186\ 55$
tang	角度的正切	$\tan g(30) = 0.577\ 350\ 269\ 189\ 63$
asin	实数的反正弦	$a\sin(0.5) = 30$
acos	实数的反余弦	$a\cos(0.707\ 106\ 7811\ 865\ 5) = 45$
atan	实数的反正切	$a\tan(0.577\ 350\ 269\ 189\ 63) = 30$
ln	自然对数	$\ln(3) = 1.098\ 612\ 288\ 668\ 1$
log	以 10 为底的对数	$\log(2) = 0.301\ 029\ 995\ 663\ 98$
exp	自然指数	$\exp(2) = 7.389\ 056\ 098\ 930\ 7$
exp10	以 10 为底的指数	$\exp10(2) = 100$; $\exp10(3) = 1\ 000$
sqr	数的平方	$sqr(4) = 16$
sqrt	数的平方根	$sqrt(9) = 3$
abs	绝对值	$abs(52.46) = 52.46$; $abs(-25.304) = 25.304$
round	四舍五入	$round(5.6) = 6$; $round(4.2) = 4$
trunc	取整(舍弃实数的小数部分)	$trunc(3.9) = 3$; $trunc(5.1) = 5$
r2d	将弧度转化为角度	$r2d(1.5\ 708) = 90.000\ 210\ 459\ 15$
d2r	将角度转化为弧度	$d2r(90) = 1.570\ 796\ 326\ 794\ 9$
pi	圆周率	$pi = 3.141\ 592\ 653\ 589\ 8$

AutoCAD 2011 中的几何计算器功能很多,上面只列出了常用的一部分。如果读者善用计算器辅助作图,将有不少帮助。

15.7.2 图形界面计算器

在 AutoCAD 2011 中还增加了一个图形界面的"快速计算器",按下组合键 Ctrl + 8 或点选菜单项"工具→选项板→快速计算器"即可打开它,如图 15.21 所示,这对于不善于用命令行操作的人来讲是个福音。

这个计算器的普通数学计算及科学计算和一般的计算器没有什么差别,现要重点说明的是计算器上方工具条及下方"单位转换"和"变量"部分的使用。

(1) 工具条说明

● 清除:清除输入框,使其归零。

● 清除历史记录:清除历史记录区域。计算器在运行过程中把运行过的表达式和计算结果保存在历史记录区域(在输入框上面),直到退出当前绘图文件。用户可以双击任意一条历史记录重新把它写入输入框。

图 15.21

● 将值粘贴到命令行:把当前输入框中表达式的运算结果粘贴到命令行。如果在命令执行过程中以透明方式使用"快速计算",则在计算器底部,此按钮将替换为"应用"按钮。这个按钮提供了用计算器的运算结果作为绘图或编辑命令或命令参数的可能性。

● 获取坐标:计算用户在图形中单击的某个点位置的坐标。

● 两点之间的距离:计算用户在对象上单击的两个点位置之间的距离。用这个按钮可以把图线上两个点之间的距离值直接输入到计算器输入框。

● 由两点定义的直线的角度:计算用户在对象上单击的两个点连线与 X 轴正方向之间的角度。

● 由四点定义的两条直线的交点:计算用户在对象上单击的四个点位置的交点。系统把第一次和第二次指定的点当成一条直线,再把第三次和第四次指定的点当成另外一条线,然后求出它们交点的坐标。所以在求交点坐标的时候,要注意指定点的次序不能出错,否则会得到错误的结果。

● 帮助:打开计算器的帮助文档。读者如果想深入研究计算器的使用,可以查看该帮助文档。

计算器和按钮的应用如下。

【例 15.3】 如图 15.22 所示,有三条直线,请用计算器求三条直线相加的长度值,然后绘制一条新的水平直线,使其长度等于那三条直线相加的长度。

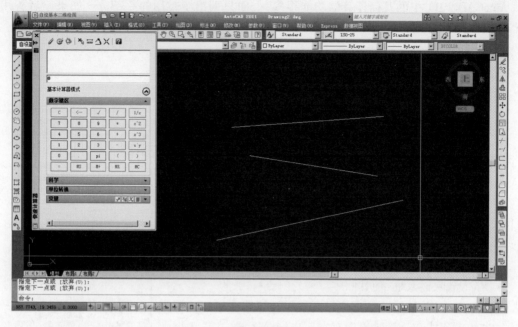

图 15.22

求和。单击计算器上方的"两点之间的距离"按钮,光标变为选择状态,用端点捕捉模式依次选择第一条直线的两个端点,选择完后可以看到计算器输入框有了一个"212.787 39"的数字,如图15.23所示,说明第一条线长等于212.787 39 mm。

在第一个数字后面输入"＋"号,然后再次"两点之间的距离"按钮,拾取第二条直线的两个端点,得到第2个长度值,如图15.24所示。

再输入一个"＋"号,并获得第3条直线的长度值,最后按下回车键,就得到三条线相加的总长度为659.234 379 mm,如图15.25所示。

以求得的值作为长度绘制水平直线。执行画"直线"(Line)命令,打开"正交模式"(F8),先随意拾取第一个点,当命令提示窗提示指定下一个点时,单击计算器上方的"将值粘贴到命令行"按钮,可以看到刚才计算出来的数值已经被粘贴到命令行,然后回到绘图

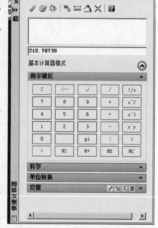

图 15.23

区域,向右拖动光标并回车,就完成了直线的绘制,直线的长度等于659.234 379 mm。

(2)单位转换

可用该计算器进行计量单位之间的换算。通过选定要换算的单位和要换算的值,就可以得到结果。如图15.26所示的左图显示了 in 与 mm 之间的换算关系,右图显示了平方英尺与平方米之间的换算关系。

图 15.24

图 15.25

单位转换	
单位类型	长度
转换目	英寸
转换到	毫米
要转换的值	1
已转换的值	25.4

单位转换	
单位类型	面积
转换目	平方英尺
转换到	平方米
要转换的值	01
已转换的值	0.09290304

图 15.26

(3)变量区域

可以使用变量区域定义并存储其他常量和函数。快捷函数是常用表达式,它们将函数与对象捕捉组合在一起。表 15.3 说明了列表中预定义的快捷函数。

表 15.3

快捷函数	对应的表达式	说　　明
dee	dist(end,end)	两端点之间的距离
ille	ill(end,end,end,end)	四个端点确定的两条直线的交点
mee	(end + end)/2	两端点的中点
nee	nor(end,end)	XY 平面内的单位矢量,与两个端点连线垂直
rad	rad	选定圆、圆弧或多段线圆弧的半径
vee	vec(end,end)	两个端点所确定的矢量
vee1	vec1(end,end)	两个端点所确定的单位矢量

在变量区域右上角有 4 个工具条按钮,左起分别是"新建变量""编辑变量""删除变量""计算器",其含义如下:

- 新建变量:打开"变量定义"对话框。
- 编辑变量:打开"变量定义"对话框,用户可以在此更改选定的变量。

● 删除变量:删除选定的变量。

● 计算器:将选定的变量返回到输入框中。在列表中的变量上直接双击也可以把变量写入到输入框。

变量为用户提供了更加灵活的运算方式,其应用基础已在 15.7.1 中介绍。

15.8　自定义命令快捷方式

所有的命令快捷方式都保存在一个叫 ACAD. pgp 的文本文件里。用户也可以自定义命令快捷方式,方法如下:

点选菜单项"工具→自定义→编辑程序参数(ACAD. pgp)",打开一个文本文件窗口,如图15.27 所示。

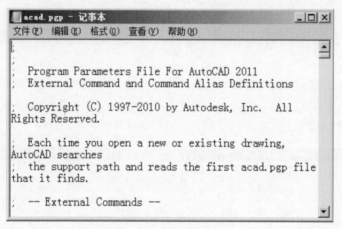

图 15.27

文件中的文本中像"E,∗ERASE"这样的文字行就是命令快捷方式的格式,这一行就定义了"E"为命令"Erase"的快捷方式。用户可以参照这种格式定义自己的快捷命令。最后保存ACAD. pgp 文件,下次启动 AutoCAD 2011 时,用户自己定义的快捷命令就生效。

以下几行是笔者定义的园林设计绘图常用快捷命令:

QS,　　∗QSAVE

RV,　　∗REVCLOUD

SK,　　∗SKETCH

ET,　　∗EXTRIM

ACAD. pgp 文件还可以备份使用,如用户按照自己的习惯定义并保存了快捷命令后,可以将它备份在磁盘上,如果重新安装了 AutoCAD 2011,只要把 ACAD. pgp 文件复制到原目录覆盖原来的文件即可,而不必每次都重新输入一遍命令的快捷方式文本。

注意:系统预先设置的命令快捷方式最好不要修改它。自己定义的命令千万不能和原有的命令雷同,免得发生冲突。

练习题

1. 选择几个你经常要使用的命令,定义自己的快捷命令并在绘图中尽量使用自定义的快捷命令。注意所定义的快捷命令不应该修改系统原有的快捷命令,而且应该便于记忆。

2. 如果磁盘上的绘图文件有损坏,可以用什么方式尝试修复?

3. PUGRE 命令的作用是什么? 使用该命令时要注意什么问题?

4. 打开一个绘图文件,尝试使用选择过滤器进行多个图形对象的快速选择。

5. 绘制并定义一个外部块,然后把它插入到一个绘图文件中,最后用块编辑器进行编辑。

6. 尝试使用 AutoCAD 2011 的计算器。

16 如何提高绘图效率

本章导读 本章重点讨论如何养成良好的使用 AUTOCAD 绘图的习惯,从而提高绘图效率及规范性的问题。

通过前面共十五章的学习,读者基本掌握了用 AutoCAD 2011 绘图、编辑和输出图纸或图像文件的方法,已经可以应用于设计工作了。在这一章里,笔者根据自己多年使用计算机作图的经验,谈一谈绘制园林设计图的技巧问题,希望能够对读者有帮助。

16.1 提高绘图效率

要提高绘图效率,需注意以下几个方面:

①勤于实践,熟能生巧:AutoCAD 2011 是非常讲究动手的软件,不论是在学习的过程或者是工作中,只有大量的练习和作图,才是提高速度和效率的有效途径。例如用"Pline"(多段线)命令绘制假山或置石(园林设计图中经常有很多假山石),熟练后会得心应手,而生疏阶段,由于不能很好地控制鼠标,画出来的假山石总不理想,要反复修改。这种情况,当然难以奢谈绘图效率的问题。

②养成多使用键盘命令的习惯:如果绘图时动辄去点选菜单项或单击工具条按钮,则无法提高绘图速度。而且当绘图界面上摆满了工具条,令屏幕有效绘图区域减小,就不得不增加使用屏幕显示控制命令的次数,等于增加了无效操作的机会,绘图速度必然受影响。所以应熟记常用命令的快捷方式,绘图时尽量用左手从键盘输入命令,配合右手的鼠标操作。

③善于总结作图的方法:使用 AutoCAD 2011,要达到同样的目的,往往有多种方法,要总结出自己觉得最便捷的方法,而不必精通所有方法。例如,作一个正五边形,既可以使用"Polygon"命令,也可以使用把一个圆周等分为 5 份,再用"多段线"或直线连接等分点的方法。"Polygon"不是常用的命令,可能不太熟悉,且在执行该命令的过程中要按照提示输入若干参数。相比之下而后一种方法比较直观,也许会快捷许多。

④多学习一些其他配套软件及计算机方面的知识:和园林设计相关的配套设计常用的有:Office 文字处理软件(如 MS Office 或 WPS Office),Photoshop,Indesign,3DMAX。在第 10 章里曾

经把苗木表输出成为电子表格文件,经过修改后又插入到绘图文件中。如果对 MS Office 里面的 Excel 缺乏了解,这操作就很难完成。

⑤养成良好的绘图习惯:主要包括"图层管理""图形颜色管理""文字样式管理""标注样式管理"等几个方面。

⑥熟悉制图标准和规范。

16.2　图层及图形颜色管理

实际工程项目中,几乎所有的设计项目都是由多人协作完成的,不论是设计公司或者是临时的设计小组,如果在用 AutoCAD 作图的时候,没有统一的要求,会给后期工作带来很多麻烦。

例如,作带绿化布置的总平面图,最好的办法是把所有绿化布置的图形包括图块、图线和文字放到统一的一个或几个图层里面,这样其他专业的人用总平面图做其他工种设计时,只需简单的把绿化相关的图层关闭或冻结即可,必要的时候还可以把它打开查看,以检验其他工种与绿化是否有冲突。若不注意这个问题,把绿化相关的图形或文字分散放到了各个图层,会造成不小的混乱。

再如,给图线定颜色是为了打印出图的时候,按照颜色指定线的粗细,若同一项目中,各设计人员间没有达成统一规则,势必降低工作效率,并增加出错的可能性。

所以在作图的时候,团队中应该有统一的约定,大家都严格遵守。即使是自己独立作图,也应该统一做法,以便于以后图形的互相调用。

16.2.1　图层设置和管理

按照笔者经验,在做园林设计平面图时,最好设置以下图层并把相关的图形内容置于其中。
- 园林工程:放置所有园林工程的图形。
- 单株植物:放置所有的乔木、单株灌木。
- 片植灌木:放置所有成片种植的灌木和地被。
- 文字:放置所有的一般文字标注。
- 单株植物文字:放置单株植物的标注及说明文字。
- 片植灌木文字:放置所有成片灌木或地被的标注文字。
- 尺寸标注:放置所有尺寸标注。
- 填充:放置所有填充图案。

也可根据实际情况设置更多的图层,总之,其设置要便于操作和协调。

如果从他处得到基础图纸,要在其上进一步做设计,最好在开始设计之前,把原始图形的图层调整一下,使之合适自己的工作。

在前面的综合绘图练习例题中,把图层名称前面都加上了数字编号(00,01,02 等),是为了使设置的图层在图层列表中显示更加有序且总是排在列表最前面,以便于查找和操作。

16.2.2 图形颜色管理

用什么颜色代表粗线、什么颜色代表细线,这主要是个人或设计小组的习惯问题,关键是要互相统一。笔者认为可从以下两个方面考虑颜色的设定:

①便于在屏幕上的识别和观察。中粗线和细线是在图形中占最大比例的图线,建议选择比较柔和的颜色,尽量减小对视觉的压力。颜色选择最好和图形内容相协调,如绿化使用绿色,水面岸线可以考虑使用蓝色或青色。

②颜色选择要尽量避免和设计小组以外的人员的颜色设置发生冲突。例如 Red(红)、Yellow(黄)、Green(绿)、Cyan(青)、Blue(蓝)、Magenta(紫)、White(白)七种颜色是 AutoCAD 里的标准颜色,被使用最多,如果我们要设定一种特殊的细线,就应该避开这几种颜色。笔者的习惯是把 8 号色或 241 号色设定为特细线(例如填充图案线),而把 120 号色设定为文字专用的颜色(线宽定为 0.15 mm 或 0.18 mm),这样一般都可以避免和其他人做图的颜色发生冲突。

16.3 文字样式及标注样式管理

除特殊要求,应该尽量使用矢量字体。

16.3.1 文字样式管理

"文字样式名"是用户自己设定的,笔者经验是,最好把"文字样式名称"定得容易理解。例如在作图时,参照国家制图标准,把一般字体定义为 FS35、FS50、FS90 三种,FS 表示是仿宋字,后面的数字表示字高,35(文字样式名不能带小数点)表示 3.5 mm,50 表示 5 mm,90 表示 9 mm。FS50 是最常用的字体,主要用于标注一般性说明文字,撰写说明书等。FS35 是比较小的字,用于尺寸标注,有时候也用于图纸空间比较挤时的一般标注文字。FS90 是较大的字体,一般用于图名标注或需要特别强调的文字标注。另外对注释性对象的特点认真研究和应用,也能提高规范性和效率。

最好不在作图时随意放大缩小字体,否则很容易造成字体大小不统一,影响图面效果。其他特殊用途的字体,可以根据需要定义。

16.3.2 标注样式管理

"标注样式"的管理与"文字样式"管理同理。设置时,令样式名称能反映其比例,便于进行尺寸标注时准确切换。

16.4　建立和积累图形资料库

建立图形库是提高工作效率的必要手段。通常园林设计图形库可以包括以下几个内容：树木平面图块、通用图形(例如羽毛球场、网球场等)、树木立面图案、人物立面图案、交通工具的平面及立面图案、以及一些特殊图形(例如模纹花坛的图案、装饰铺地的图案等)。

通过前面对 AutoCAD"设计中心"的学习，读者会明白，实际上常用的文字样式、标注样式、甚至图层等的设置都可以做成图形库的内容，以方便日后随时调用。

16.5　保存和使用样板文件

对 AutoCAD 2011 有了足够的了解后，可以把常用的图层设置、文字样式、标注样式、布局设置等在一个绘图文件中全部预先设置好，然后把它保存成样板文件，以后每次要新建绘图文件作图的时候，直接从样板文件新建绘图文件。要保存一个绘图文件成为样板文件，点选菜单项"文件(File)→另存为(Save as)"，把文件格式选择为"AutoCAD 图形样板(＊.dwt)"即可，如图16.1 所示。

图 16.1

笔者自己设置并保存了一个样板文件"园林平面图样板 01.dwt"，每次要新建绘图文件时，直接从该样板文件生成，用起来很方便，如图 16.2 所示。

在该样板文件中预设了常用的图层(图 16.3 所示)、文字样式(图 16.4)、标注样式(图 16.5)、布局(图 16.6)等。在布局中还可注明打印时颜色相关的笔宽参数、打印比例等，甚至可以把图框及标题栏等都事先在里面绘制好。

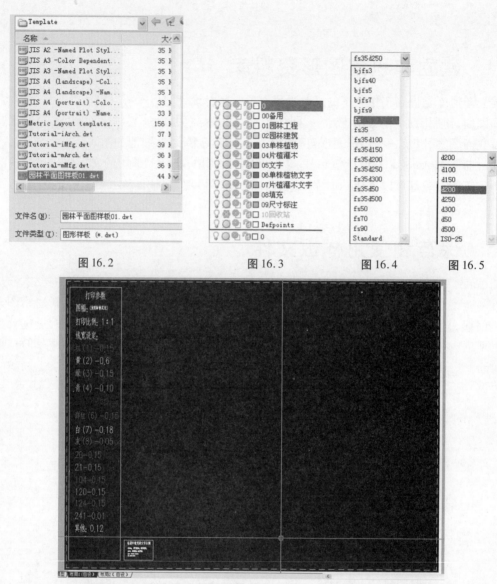

图 16.2　　　　　图 16.3　　　　　图 16.4　　　　图 16.5

图 16.6

练习题

1. 请按照自己的实际情况和特点思考一下，如何才能把 CAD 图做得又快又好。

2. 找一张较好的树木照片，将它插入绘图文件中跟踪描绘成 CAD 树形文件。

3. 用 CAD 设计并绘制一个用于模纹花坛图案种植的图案图形。

4. 绘制一套从 A3 到 A0 的标准图框，并把它们定义为外部块。注意每种幅面的图框应该有横向和竖向两种格式。

第 II 部分

1 Photoshop 与图像处理

本章导读 1.1 通过设计案列讲解专业应用中的色彩设计基础;1.2 对图像处理软件 Photoshop 进行简要介绍;1.3 是本章重点,讲解如何使用 Photoshop 给设计平面图上色。Photoshop 是一个功能强大、应用范围广泛的软件,园林设计通常仅会使用到其中的部分功能,所以在学习中应该把重心放在如何灵活使用它的功能来实现想要的设计成果表现效果。

1.1 色彩设计基础

1.1.1 色彩基础知识

1) 色彩三属性

颜色的性质由色相、明度(亮度)、纯度(饱和度)三要素构成,统称为色彩三属性。专业配色时,色彩三属性可用作测知色彩位置、准确描述色彩之间关系的工具。

(1) 色相

色相即色彩的具体项目称谓,是区分不同色彩的准确标志,如红、黄、蓝即为色相。如图 1.1 所示为不同色相在色彩空间中的分布。

如图 1.2 所示的色相环中显示了 12 种基本色,其中红、黄、蓝为三原色,其间的橙、绿、紫为相邻两原色的混合色,以此类推产生其他色彩。在色相环中,某个颜色旁边的色彩成为邻近色,圆环上正对的颜色称为补色,补色旁边的颜色称为

图1.1

相对色。同一色相下因亮度与饱和度不同而产生的一系列色彩称为同系色。

（2）明度（亮度）、纯度（饱和度）与色调

色彩中明度最高的颜色是白色，明度最低的颜色是黑色，明度可简单理解为特定色彩与白色或黑色的混合程度。明度不同，可以创造不同的视觉效果，如明色创造轻快氛围，暗色创造凝重氛围等。加大明度差，可以获得富有活力的效果，降低明度差，则获得稳健的效果。

纯度是衡量色彩鲜艳度的尺度，指颜色由纯色往灰色之间变化的程度，如图1.3所示清晰地说明了明度与纯度的关系，纵向的色彩变化称为明度变化，横向的色彩变化称为纯度变化。

图1.3中每一点的位置称之为色调，色调由明度与纯度交叉构成，能在明确色相之后精确定位色彩，也能综合反映色彩给人的感觉，是配色时的核心要素。

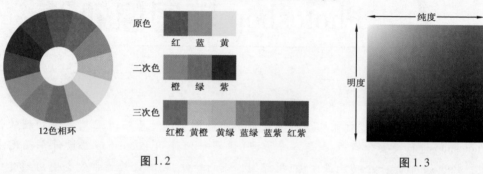

图1.2

图1.3

2）设计类配色基本原则与类型

设计类配色指有一定实用目的的配色工作，该类工作面向生活，需解决具体问题，有其基本原则（图1.4）。在设计范畴内，好的配色需兼具协调感和突出性两大属性——既给人协调一致的感觉，又使人印象深刻，可以认为是美丽与协调的统一。

根据以上原则，设计类配色可分为两大类型：突出型与融合型。突出型以视觉效果突出，印象深刻为特点；融合型以视觉效果融合，协调一致为特色。如图1.5、1.6所示，蒙德里安与莫奈的绘画作品分别是突出型与融合型配色的典型代表。

图1.4

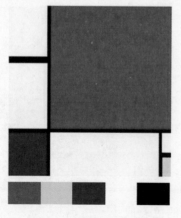

图1.5　蒙德里安作品

图1.6　莫奈作品

1.1.2 专业相关配色案例

设计领域的专业配色要兼顾"融合"与"突出",根据不同情况有所侧重。就园林专业设计成果制作的应用范畴而言,可以把上述这原则明确为"融合为主,兼具突出"。园林专业设计的内容多为以植物等自然元素为主的户外环境,这决定了园林专业设计图纸多采用协调融合的表现效果。但进行园林建筑、小品或标志性空间设计时,可能需要以视觉标识为主要目的,这时又会对色彩的突出性提出要求。以下案例展示了不同情况下的配色方案。不同配色体系的选择由设计内容、设计师色感、甲方喜好等多方面原因决定,设计师应根据具体情况灵活处理。

案例一(图1.7)展示了以灰色系为主的配色方案。该方案中尽量拉近了不同元素的色差,降低了各种色彩的饱和度,选色以近似色为主,营造出协调、素雅的氛围。

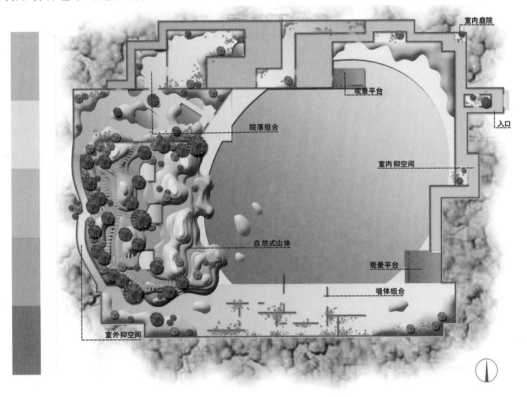

图 1.7

案例二(图1.8)展示了以艳色系为主的配色方案。其中为不同设计元素选择了不同色相,而每种色相的饱和度较高,并且分元素选择了相对色的对比,图面效果醒目、活跃。

案例三(图1.9)为大尺度的公园规划方案。整体配色方案中为协调大面积绿地效果,以营造融合感为主,选用了有差异性的绿色以区别分区,对具体设计内容的体现使用了部分对比色进行点状强调整体色调统一性。

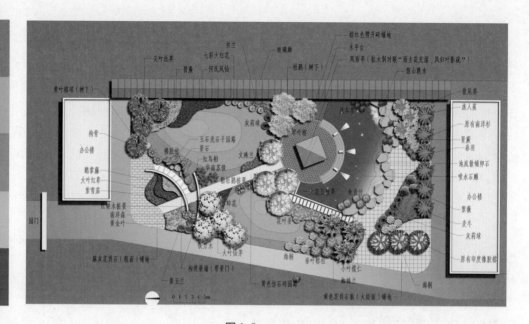

图 1.8

图 1.9

案例四（图 1.10）为中尺度的园林设计。为体现设计细节，配色选用纯度较高的色调，水体、绿地、铺地的选色都分别保持在同一色系的临近色中，以保证图纸的整体效果统一。

案例五（图 1.11）为小尺度的别墅环境设计。因表现细节很多，很难在色相上统一，但可以协调色调，即统一明度与纯度，仍可保持整张效果图的风格一致。

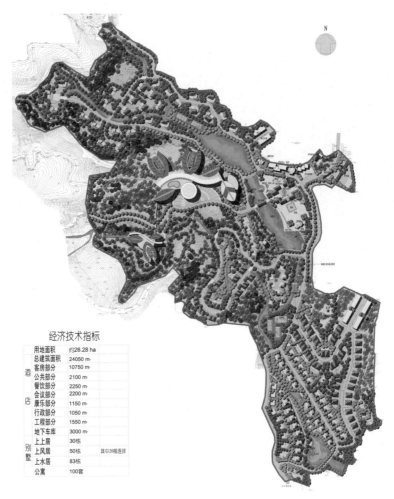

经济技术指标		
用地面积	约26.28 ha	
总建筑面积	24050 m²	
酒店　客房部分	10750 m²	
公共部分	2100 m²	
餐饮部分	2250 m²	
会议部分	2200 m²	
康乐部分	1150 m²	
行政部分	1050 m²	
工程部分	1550 m²	
地下车库	3000 m²	
别墅　上上居	30栋	
上风居	50栋	其中26栋连排
上水居	83栋	
公寓	100套	

图 1.10

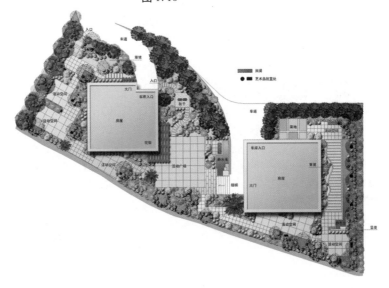

图 1.11

案例六（图1.12）的彩色平面图为"融合型"风格。绿色选择同一色系，建筑选择灰色，色相差、色调差均较小，画面整体清爽。

图1.12

案例七（图1.13）的彩色平面图为"突出型"风格。因方案尺度较大，要反映不同分区的特点，所以色相较为丰富，且局部选取一些相对色进行突出但大面积的绿色还是选择了统一色系。全图色彩纯度较高，整体感觉鲜明。

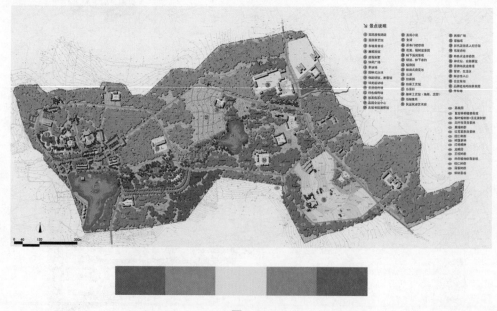

图1.13

1.2 Photoshop 简介

1.2.1 Photoshop 综述

1）Photoshop 简介

Adobe 公司推出的 Photoshop 是现今应用最为广泛的图像处理软件，强大的图像编辑及绘图能力令其成为设计行业不可缺少的工具软件。Photoshop 广泛适用于新兴的数字媒体设计和传统的印刷设计之中，也是园林设计必不可少的应用软件。图 1.14 为 Photoshop CS5 操作界面。

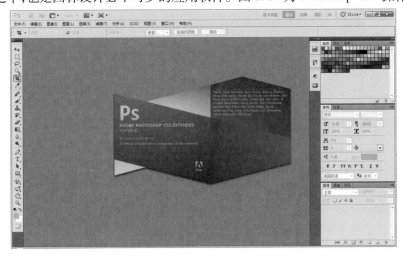

图 1.14

Photoshop 在园林设计中的应用相对较为简单，园林设计师主要使用 Photoshop 的一些初级命令和基本绘图调整功能，Photoshop 的高端功能较少使用，故本章主要讲解园林设计成果制作所常用的 Photoshop 的部分功能，以便学以致用。若您在学习完基本应用内容后需要继续深入探索 Photoshop，请参阅 Photoshop 帮助文件或相关专业书籍。

Photoshop 与其他图形或图像处理软件最大的差异在于 Photoshop 的各种处理效果可以叠加使用，从而产生无比丰富的效果。Photoshop 相对 AutoCAD 等专业绘图软件，其命令较少，初学上手较容易；但 Photoshop 的命令带有更多的模糊性，可以广泛适用于多种情况，且各项命令叠加使用可带来的多种结果，使得 Photoshop 学习中，使用经验远比对软件本身的操作重要。Photoshop 的学习过程应该在熟悉软件的基础上多探索、多交流、多积累，并要注意作品的"美感"才是制约最终制作效果的关键因素。本章以 Photoshop CS5 版本为例，介绍的一些绘图技巧和图像处理经验仅是较常用的方法，并非一定是最好的方法，希望读者在本章学习的基础上，通过经验的积累掌握更多更好的 Photoshop 应用技巧。

2）Photoshop 工作区域

首先了解一下 Photoshop 的工作界面，如图 1.15 所示为 Photoshop CS5 的工作区域示意。

图 1.15

工作区域由以下部分组成：A. 菜单栏，B. 选项栏，C. 工具箱，D. 转到 Bridge，E. 调板，F. 状态栏，G. 现用图像区域。

A. 菜单栏：包含按任务组织的各项功能菜单。例如，"选择"菜单中包含的是用于制作选项的命令。

B. 选项栏：提供与正在使用的工具相关的选项。

C. 工具箱：包含用于创建和编辑图像的工具。

D. 转到 Bridge：点击可以打开转到 Photoshop 自带的图片浏览软件 Adobe Bridge。

E. 调板：提供监视和修改图像的功能。可以自定工作区中的调板位置。

F. 状态栏：位于每个文档窗口的底部，并显示诸如现用图像的当前放大率和文件大小等有用的信息，以及有关使用现用工具的简要说明。

G. 现用图像区域：显示当前打开的文件。包含打开的文件的窗口也称为文档窗口。

3）Photoshop 工具介绍

Photoshop 的工具箱方便快捷地集成了用于创建和编辑图像的各种工具，其分类如图 1.16 所示。

选择工具库用于建立选区，在工具栏中提供了选框工具、套索工具、魔棒工具三类选择工具，并提供了可移动选区、图层和参考线的移动工具。

裁剪和切片工具库可提供图片裁剪功能，切片工具专门用于网页制作，在辅助园林设计时较少使用。

修饰工具库提供丰富的图片修饰工具，例如修复画笔工具、仿制图章工具、橡皮擦工具、涂抹工具和海绵工具等。

绘画工具专门用以模拟传统绘画效果，并提供相应的色彩处理工具。

绘图工具就是指绘制路径的工具，并包含相应的管理工具。

工具箱概览

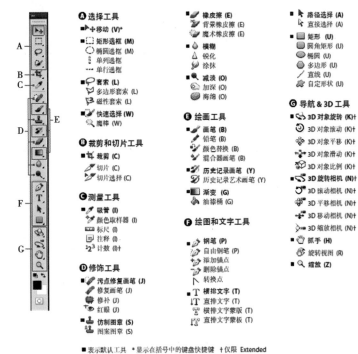

A 选择工具

- ➤＋移动 (V)*
- ▣ 矩形选框 (M)
- ○ 椭圆选框 (M)
- ▯ 单列选框
- ▭ 单行选框
- ♢ 套索 (L)
- ♦ 多边形套索 (L)
- ♦ 磁性套索 (L)
- ☞ 快速选择 (W)
- ★ 魔棒 (W)

B 裁剪和切片工具

- ◱ 裁剪 (C)
- ✄ 切片 (C)
- ⬚ 切片选择 (C)

C 测量工具

- ◢ 吸管 (I)
- ◢ 颜色取样器 (I)
- ▭ 标尺 (I)
- 注释 (I)
- 1²³ 计数 (I)†

D 修饰工具

- ◢ 污点修复画笔 (J)
- 修复画笔 (J)
- ◆ 修补 (J)
- ◉ 红眼 (J)
- ♦ 仿制图章 (S)
- ♦ 图案图章 (S)

橡皮擦 (E)

- ◢ 背景橡皮擦 (E)
- 魔术橡皮擦 (E)
- ◌ 模糊
- △ 锐化
- 涂抹
- ◢ 减淡 (O)
- 加深 (O)
- 海绵 (O)

E 绘画工具

- ◢ 画笔 (B)
- ◢ 铅笔 (B)
- ◢ 颜色替换 (B)
- 混合器画笔 (B)
- ♦ 历史记录画笔 (Y)
- 历史记录艺术画笔 (Y)
- ▮ 渐变 (G)
- 油漆桶 (G)

F 绘图和文字工具

- ◢ 钢笔 (P)
- ◢ 自由钢笔 (P)
- 添加锚点
- 删除锚点
- 转换点
- T 横排文字 (T)
- IT 直排文字 (T)
- 横排文字蒙版 (T)
- 直排文字蒙版 (T)

路径选择 (A)

- ♦ 直接选择 (A)
- ▣ 矩形 (U)
- ▢ 圆角矩形 (U)
- ○ 椭圆 (U)
- 多边形 (U)
- 直线 (U)
- 自定形状 (U)

G 导航 & 3D 工具

- ♦ 3D 对象旋转 (K)†
- 3D 对象滚动 (K)†
- ◆ 3D 对象平移 (K)†
- ◆ 3D 对象滑动 (K)†
- 3D 对象比例 (K)†
- ♦ 3D 旋转相机 (N)†
- 3D 滚动相机 (N)†
- 3D 平移相机 (N)†
- 3D 移动相机 (N)†
- 3D 缩放相机 (N)†
- ✋ 抓手 (H)
- 旋转视图 (R)
- Q 缩放 (Z)

▮ 表示默认工具　*显示在括号中的键盘快捷键　†仅限 Extended

图 1.16

文字工具用于文字的录入和排版。

注释、测量和导航工具库提供了便于快速查看定位图像的导航工具,例如抓手工具和缩放工具。测量取样的工具包括可提取图像色样的吸管工具和可测量距离、位置和角度的测量工具。

ImageReady 专有工具库针对简易动画制作和网页制作,园林设计成果制作中使用较少。

4) Photoshop 调板

Photoshop 调板提供监视和修改作品的功能。调板能供用户能设置各种修改参数,并显示图像处理过程中的各种信息。

Photoshop 默认将调板分为五组(图 1.17)。第一组调板显示图像信息,包括导航器、信息和直方图三个子调板;第二组调板用于管理颜色和样式,有颜色、色板、样式三个子调板;第三组提供历史记录和动作两个调板功能;第四组调板含图层、通道和路径三个调板,该调板最为常用;还有一个在输入文字时可点击弹出的字符/段落调板,用于编辑文字。

Photoshop CS5 带有调板井,可以帮助组织和管

图 1.17

理调板。调板井可存储或停放经常使用的调板,因此不必使它们在工作区域中保持打开。点按调板的选项卡即可使用调板井中的调板。调板将保持打开,直至在它的外部点按或再次点按调板的选项卡。调板井默认含有画笔、工具预设、图层复合三个调板。

调板可以单个显示,也可以合成一组显示,通过鼠标拖动的方式可以方便的进行重组,熟悉 Photoshop 以后可以根据自己的使用习惯自定义调板。根据经验,建议使图层调板尽可能地占用较多位置。

1.2.2 Photoshop 基本概念

使用 Photoshop 作图,必须理解以下几个计算机绘图特有的基本概念:

1)选区

画水彩画时通常都会用铅笔先勾出上色区域再上色,以免颜色溢出,在画中用铅笔勾出的区域就可理解为一个选区。在 Photoshop 中建立选区是指分离图像的一个或多个部分。可对所选的特定区域进行编辑,同时保持未选定区域不会被改动。建立选区通常是图像处理的第一步,Photoshop 提供了多种建立选区的方式。在 Photoshop 中用移动的黑白相间的“蚂蚁线”表示选区,图 1.18 中的方型蚂蚁线内为选区的范围。

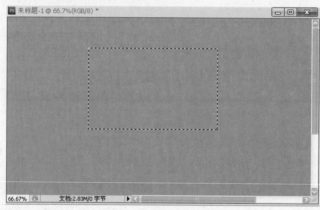

图 1.18

2)图层

做设计草图时会使用透明硫酸纸修改,避免了重新定位,以提高效率。可以将图层想象成是一张张叠起来的硫酸纸。可以透过图层的透明区域看到下面的图层。可在不影响图像中其他图层的情况下处理某一图层中的图像元素。通过更改图层的顺序和属性,可以改变图像的合成, 如图 1.19 所示。

“调整图层”“填充图层”和“图层样式”这样的特殊功能可用于创建复杂效果。

调整图层可将颜色和色调的调整应用于图像,且此种更改是随时可取消的。例如可以创建色阶或曲线调整图层,而不是直接在原始图像上调整色阶或曲线。颜色和色调调整存储在调整图层中,并应用于它下面的所有图层。

　　填充图层可以用纯色、渐变或图案填充图层。与调整图层不同,填充图层不影响它们下面的图层。

　　图 1.20 为图层调板示意,A 为图层面板菜单,B 为图层组,C 为图层,D 为展开/折叠图层效果,E 图层效果,F 图层缩览图。

图 1.19　　　　　　　　　　　　　　　　　　　图 1.20

3)路径

　　矢量形状与分辨率无关,在调整大小、打印时,有保持清晰边缘的优点。路径就是可以转换为选区或者使用颜色填充和描边的矢量轮廓。

　　由于路径可以保存,并在绘制完后可通过节点快速且准确地编辑调整,所以常作为 Photoshop 最强大的造型工具使用,通过路径建立选区也是精准选择的主要方法之一(图 1.21)。建立路径的工具主要有形状工具和钢笔工具。

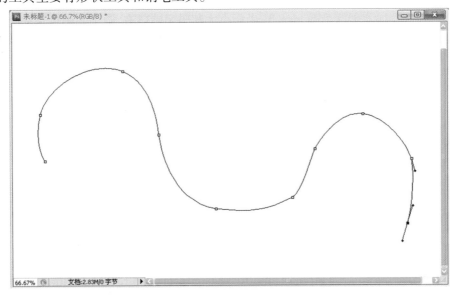

图 1.21

4）蒙版

效果图上色时我们常用一张白纸遮住不需要上色的地方，以保护图面干净，蒙版在 Photoshop 中的作用就相当于那张挡色的白纸。选择某个图像的部分区域时，未选中区域将"被蒙版"，即受保护以免被编辑。因此，创建了蒙版后，当要改变图像某个区域的颜色，或者要对该区域应用滤镜或其他效果时，就可以隔离并保护图像的其余部分。

Photoshop 的蒙版存储在 Alpha 通道中。蒙版和通道是灰度图像，可以像编辑其他图像那样编辑它们（图 1.22）。对于蒙版和通道，其中绘制为黑色的区域受到保护，绘制为白色的区域可进行编辑。

图 1.22

5）通道

通道是存储不同类型信息的灰度图像，主要有以下三类。

①颜色信息通道。该通道是在打开新图像时自动创建的，用以储存图片每种主色的信息。图像的颜色模式决定了所创建的颜色通道的数目。例如，RGB 图像的每种颜色（红色、绿色和蓝色）都有一个通道，并且还有一个用于编辑图像的复合通道。

②Alpha 通道。作用是储存选区的灰度图像。可以添加 Alpha 通道来创建和存储蒙版，这些蒙版用于处理或保护图像的某些部分。

③专色通道。这个通道指定用于专色油墨印刷的附加印版。

因为与传统手工工作模式不同，通道是 Photoshop 中较难理解的概念。如果将图层概念理解为传统硫酸纸叠加模式的模仿，那通道则是根据一些数据信息对图片进行分层，比如 RGB 颜色信息通道即是将一张图片中的蓝色、红色和绿色完全分开成三层，以此类推，Alpha 通道即是将图片中的选区提出，分为一层。

通道的优势在于可以将上述的数据信息表现成灰度图像，即可用 Photoshop 的图像编辑功能对数据信息进行处理，且方便进行选区的储存、编辑和转换。因园林设计图制作所涉及的图像处理多基于传统绘画模式，故应用通道的机会不太多。（图 1.23）

图 1.23

1.2.3   Photoshop **各项功能应用**

1）Photoshop **预设**

工作前必须对 Photoshop 进行预设，以发挥 Photoshop 的最好性能。

打开"菜单栏/编辑/首选项"对话框，可以对 Photoshop 进行各方面的预设调整。在此我们只介绍一开始就需调整的预设选项，其他选项可通过自己的经验慢慢调整。

①暂存盘设置。如果系统没有足够的内存来执行某个操作，Photoshop 将使用一种专用虚拟内存技术，即我们所说的暂存盘。暂存盘可设在可用存储空间的任何驱动器或驱动器分区。默认情况下，Photoshop 使用安装了操作系统的硬盘驱动器作为主暂存盘，并默认可设置 4 个暂存盘依次使用，可在"首选项/增效工具与暂存盘"中设置。

暂存盘适于空间光足、方便进行文件碎片整理的硬盘空间，为获得最佳性能，最好不要将暂存盘设在系统盘和要进行编辑的大型文件所在盘。

②内存使用情况。系统分配给 Photoshop 的内存配额直接影响 Photoshop 的使用速度，用户可在"首选项/内存与图像高速缓存"处调整 Photoshop 占用内存量，建议根据自己电脑的情况尽量设置得大些，但最好不要超过 90%，因为还要考虑多个软件的同时使用问题。

③文字。在"首选项/文字"处要保证"显示亚洲字体选项"被选中，这样 Photoshop 才能识别中文字库；同时要注意"以英文显示字体名称项"不能被选中，否则字体预览时将不显示字体的汉字名，如图 1.24 所示。

图 1.24

2)Photoshop 文件基本操作

Photoshop 文件基本操作包括新建、储存、缩放移动、改变尺寸、调整旋转画布、辅助工具使用等。

①新建图像文件。选择"文件/新建"命令即会弹出新建对话框,需设置以下参数来定位新文件。在预设对话框中提供了一系列默认常用规格图像文件的数据;选择自定模式可根据输出需要对文件的尺寸、分辨率、颜色模式和背景内容等数据进行设置,如图 1.25所示。

②储存文件。选择"文件/储存"命令可存储对当前文件所做的更改,文件格式不变;选择"文件/储存为"命令即会弹出"存储为"对话框,可将图像存储至其他位置,或以其他文件名或格式存储图像(图 1.26);选择"文件/储存 Web 和设备所用格式"可将图像存储为可用于 Internet 或移动设备的优化图像。

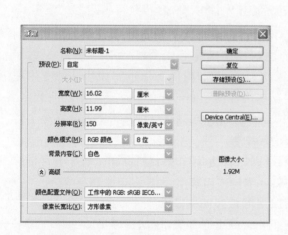

图 1.25

图 1.26

③缩放移动。在"工具"面板选择缩放命令,光标会自动更改为缩放放大镜,点击鼠标左键即可对图像进行缩放,Alt 键用于切换放大和缩小放大镜。

在"工具"面板选择移动命令,光标会自动更改为移动手掌,按住鼠标左键即可移动图像。

④改变尺寸。选择"图像/图像大小"命令即会弹出对话框,如图 1.27 所示,可对文件像素、长宽进行设置,以获得最适合的尺寸。

⑤调整和旋转画布。选择"图像/画布大小"命令即会弹出对话框,如图 1.28 所示,可对图像画布大小进行设置。

图 1.27   图 1.28

选择"图像/旋转画布"命令即会弹出对话框,如图 1.29
所示,可对图像画布进行各种角度的旋转,且可以对画布进
行水平和垂直翻转。

3)选择

"选择"有选框、套索、魔棒或快速选择工具、选择色彩
范围几种。

①选框。在"工具"面板点击选框工具(图 1.30),选择
矩形选框或椭圆选框可建立对应形状选区,选择单行或单
列选框则可将边框定义为宽度为 1 个像素的行或列。

图 1.29

②套索。在"工具"面板点击套索工具(图 1.31),可选择套索工具、多边形套索工具和磁性
套索工具建立选区。套索工具对于绘制选区边框的手绘线段十分有用,多边形套索工具对绘制
直线非常有帮助,使用磁性套索工具时,边界则会对齐于图像中定义区域的边缘。

图 1.30   图 1.31

③魔棒或快速选择工具。在"工具"面板点击魔棒工具(图 1.32),可使用魔棒工具或快速
选择工具建立选区。

图 1.32

使用快速工具选择工具,利用可调整的圆形画笔鼻尖快速"绘制"选区。拖动时,选区会向
外扩展并自动查找跟随图像中定义的边缘。

使用魔棒工具可以选择颜色一致的区域(例如,一朵红花),而不必跟踪其他轮廓。

④选择色彩范围。选择"选择/色彩范围"命令会弹出对话框,如图 1.33 所示。"色彩范围"命令可选择现有选区或整个图像内指定的颜色或色彩范围。

4)变换和修改图像

Photoshop 提供调整裁剪、修饰和修复图像、校正图像扭曲和杂色、调整图像、锐化程度和模糊程度、变换对象、操控变形、内容识别缩放、液化滤镜、消失点、使用 Photomerge 创建全景图像等选项供使用者对图像进行变换和修改。

例如可以使用裁剪工具和"裁剪"命令裁剪图像;使用"镜头校正"滤镜修复常见的镜头瑕疵,如桶形和枕形失真、晕影和色差;用"滤镜/杂色/减少杂色"命令,设置对话框中选项可减少图像杂色和 JPEG 不自然感,如图 1.34 所示。

图 1.33

图 1.34

5)调整色彩

所有 Photoshop 颜色调整工具的工作方式本质上是相同的:它们都将现有范围的像素值映射到新范围的像素值。这些工具的差异表现在所提供的控制数量上。可在"调整"面板中访问颜色调整工具及其选项设置,以色阶为例,如图 1.35 及 1.36 所示。

图 1.35

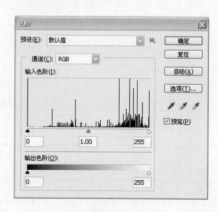

图 1.36

6）绘画

Photoshop CS5 提供多个用于绘制和编辑图像颜色的工具（图 1.37）。

图 1.37

画笔工具和铅笔工具与传统绘图工具的相似之处在于它们都使用画笔描边来应用颜色；渐变工具、填充命令和油漆桶工具都将颜色应用于大块区域；橡皮擦工具、模糊工具和涂抹工具等工具都可修改图像中的现有颜色。

7）绘图

Photoshop CS5 中的绘图包括创建矢量形状和路径，可以使用形状工具、钢笔工具或自由钢笔工具进行绘制（图 1.38），矢量形状是指使用形状或钢笔工具绘制的直线和曲线。

在 Photoshop CS5 中，可以创建自定形状库，编辑形状的轮廓（称作路径）和属性（如描边、填充颜色和样式）。路径可以转换为选区或者使用颜色填充和描边的轮廓。通过编辑路径的锚点，我们可以很方便地改变路径的形状。工作路径是出现在"路径"面板中的临时路径，用于定义形状的轮廓，如图 1.39 所示。

图 1.38

图 1.39

8）文字

Photoshop CS5 提供创建文字、编辑文本、设置字符格式、字体、行距和字距、缩放和旋转文字、设置段落格式、创建文字效果等功能。当创建文字时，"图层"面板中会添加一个新的文字图层，创建文字图层后，可以编辑文字并对其应用图层命令，如图 1.40 及图 1.41 所示。

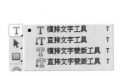

图 1.40

图 1.41

1.3 用 Photoshop 制作彩色平面图

1.3.1 彩色平面图制作步骤

1)导入及准备工作

在 Photoshop 中打开用 AutoCAD 虚拟打印生成的 TGA 格式图像文件(也可是其他格式的图像文件,例如 tiff 格式的文件等,相关内容请参阅本书第一部分),选取含园林工程图层信息的文件,在文件窗口标题栏可见原文件默认为无法编辑色彩的"灰色/8"模式,在菜单栏选取"图像/模式/RGB 颜色",使文件转化成可编辑色彩的"RGB/8"模式,如图 1.42 所示。

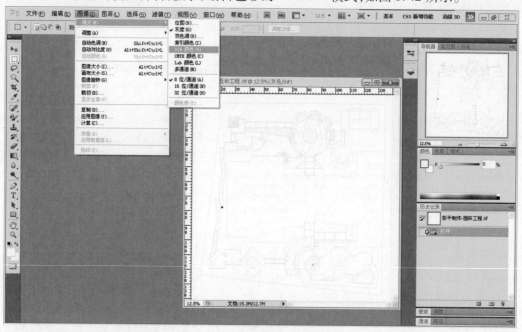

图 1.42

将其他几幅 TGA 文件打开并拖入"园林工程图"文件,利用 Photoshop 的自动吸附功能将文件对位于同一位置,将图层调板中的图层混合模式改为"正片叠底"(1.43)。

或在菜单栏"选择/色彩范围"中以最大容差值选取白色,删除,仅保留黑色图线,如图 1.44 所示。两种方法都是为了上层图层可以透明叠加到背景层上。

按"Ctrl +J"复制多一层背景层。开始对每一层图层根据其内容进行重命名,若图层过多,可新建图层文件夹以方便管理。完后调整图层顺序,保证"文字"层在最上,"园林工程"层在最后,其余按设计元素立面高度排列,最后将"文字"图层关掉,如图 1.45 所示。至此,制作彩平的第一步工作完成。

图 1.43　　　　　　　　　　　图 1.44　　　　　　　　　　　图 1.45

◎**图层命名的价值及图层文件夹的使用**

在 Photoshop 中绘图时为了编辑方便,往往会产生很多图层,过多的图层关系会导致难以查找需编辑图层和加大文件量,延缓软件反映速度。建议在新建图层的同时及时为图层命名。在图层过多时建立图层文件夹对图层分类管理,既方便预览查找,又为以后同类图层合并做好准备。

新建图层文件夹时可右键点击文件夹,选取组属性的对话框为文件夹设置颜色以示区别。

2) 填充上色

上色前应将园林工程层以外的辅助底图暂时关闭,避免干扰。先对决定平面图整体感觉的大色块上色,推荐顺序为铺地、水体、草地、建筑可根据实际方案调整,原则是先把握住大的色彩感觉,如图 1.46 至图 1.48 所示。上色的方式有纯色填充和贴真实纹理两种,大色块上色推荐使用纯色填充,制作速度快且效果协调。

◎**上色方式**

上色工具主要有油漆桶工具和渐变工具两种,快捷键为 G。油漆桶工具使用效果为在选区内色彩平涂,渐变工具则可提供各种方式的色彩渐变效果。填充颜色由调色板上的前景色和背景色决定。按快捷键 Alt + Delete 可快速执行前景色平涂式填充,按快捷键 Ctrl + Delete 可快速执行背景色平涂式填充。

用魔术棒工具在"园林工程"层上选择要填色的区域后填色,铺地、草地、建筑直接平均填充颜色,水体则需用渐变填充。初学者往往会在选色时反复比较颜色而浪费大量时间,建议将推敲颜色的工作放在平面图基本完成的时候,先凭感觉选择即可,如实在没把握可先参照一些成熟作品。

在填充建筑时要新建图层,为稍后加阴影做准备,不同高度的建筑要新建不同的层,因为阴影高度不同。其他填充直接做在"园林工程"层即可,万一后期要修改也不用担心,"背景"层即是"园林工程"层的备份层。但若要对某部分进行特殊效果处理,必须新建图层。

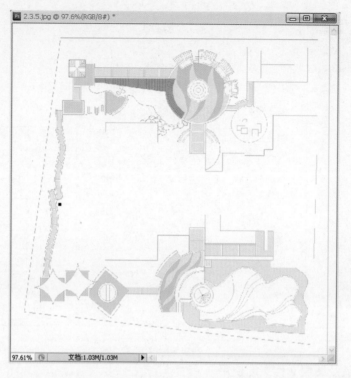

图 1.46

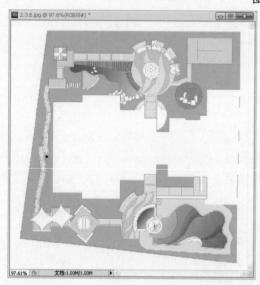

图 1.47

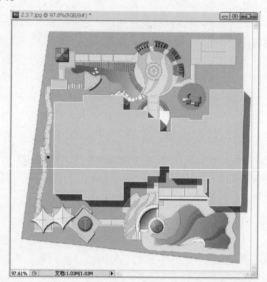

图 1.48

　　在选取填充区域的时候可能会出现无法单独选择正确区域的问题,该问题由 CAD 图线存在未封闭缺口引起。遇此情况,须将图像放大,慢慢查找出缺口后用直径为 1 像素的铅笔工具以黑色画线将其封住,如图 1.49。该问题可能导致耗费相当大精力和时间,故 CAD 中规范的制图和虚拟打印前检查图线是否闭合非常重要。

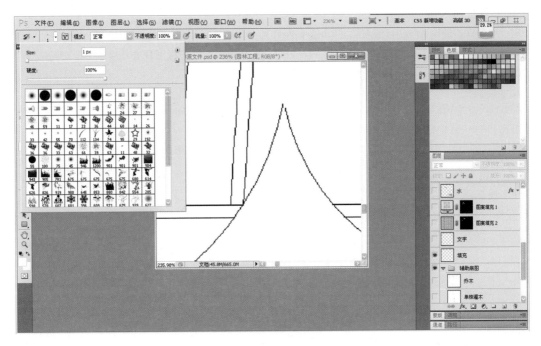

图 1.49

3）乔木及单株灌木贴图

完成园林工程层上色后，进入植物贴图阶段。打开辅助底图中的乔木层，并用浏览工具（ACDSee、Adobe Bridge 等）打开自己的彩色平面植物图案库，挑选与原植物配置设计色彩、大小相适合的乔木平面图案，导入 Photoshop，进行贴图，如图 1.50 所示。

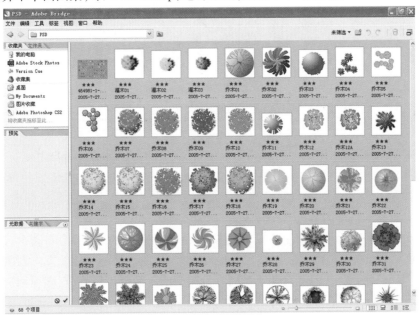

图 1.50

◎使用浏览工具

在设计中推荐使用 ACDSee 和 Adobe Bridge 两个图片浏览软件。ACDSee 是 Windows 普及最广的图片浏览软件,具有反应速度快,操作简单方便等优良特性,在 ACDSee 界面下直接将图片文件拖入 Photoshop 中即可打开文件,与 Photoshop 能方便的兼容。

Adobe Bridge 是与 Photoshop 捆绑安装的浏览软件,Bridge 与 Photoshop 具有更好的兼容性。体现在以下几点:在 Photoshop 中可以直接转到 Bridge;Bridge 小巧的界面能方便的与 Photoshop 同时预览;在 Bridge 中双击图形即可在 Photoshop 中打开。

但 Bridg 的图片预览功能比 ACDSee 稍逊一筹,推荐两个软件一起使用,根据各自的特点发挥不同的优势。

若彩色平面植物图案为带有底色的 jpeg 格式时,须用魔术棒先选择背景色,后按 Ctrl + Shift + I 反选图形,再用移动工具拖入正在制作的彩平文件中。若是已分离背景的 PSD 文件,可选中图案图层后直接导入,如图 1.51 所示。导入后要及时对植物图层重命名,若植物种类繁多,应建立图层文件夹进行分类管理。

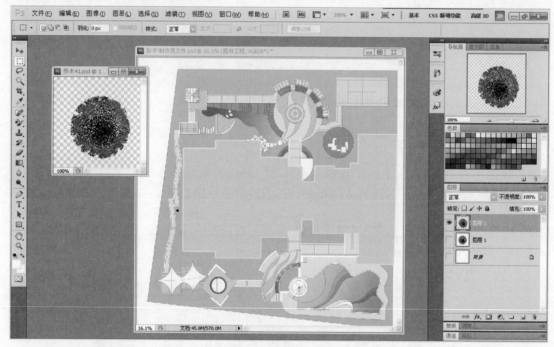

图 1.51

管理好图层后,把乔木图案挪动到辅助线条底图上相对应的位置,用自由变换命令(Ctrl + T)进行大小缩放,使乔木图案大小与位置都与 CAD 线稿吻合(缩放时按住 Shift 键可以实现等比例缩放),如图 1.52 所示。同时要注意图案的阴影朝向是否和全图的阴影朝向一致,如不一致须在自由变换命令下对图案进行旋转,调整阴影方向。

按住 Ctrl 键并用鼠标点击图层调板中乔木图案图层的图层缩览图,会自动全选图案。之后同按住 Alt 键与鼠标左键拖动复制图案到其他对应位置,此法复制生成的乔木图案都位于同一图层,不会产生过多的图层,但若后期要对同一种树中的一两棵进行修改,则须用选择工具将目标选中后进行。

重复以上步骤,直到布置完图中的所有单株乔灌木,要注意所选树木图案选择与植物设计吻合并视觉搭配合适。细微的色相和明度偏差可以等最后调整时修正。完成后要检查图层的

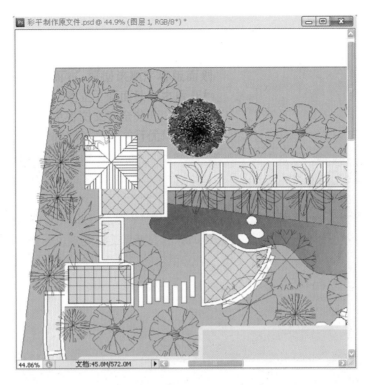

图 1.52

管理,同种树种最好合并在同一层,以避免文件过大,并根据树木的立面高度调整图层的上下顺序,以造成合理的遮挡,为加入投影做准备,如图 1.53 所示。

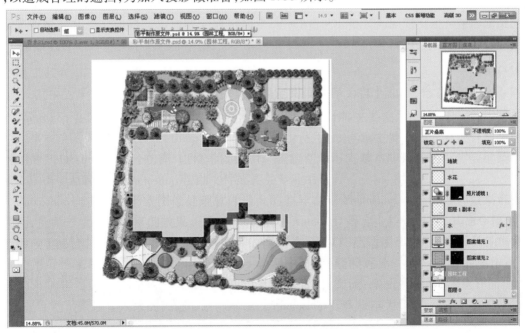

图 1.53

4)绘制片植灌木及地被

接下来绘制片植的花灌木和地被植物。绘制方法采用"相似纹理贴图",以模仿片植花灌木的粗造纹理。详细方法如下:

准备一些平面植物纹理(图1.54),在Photoshop中打开后用套索工具圈选一部分面积,按Ctrl+C复制。

图1.54

回到正在制作中的彩色平面图形文件,关闭乔灌木层,用魔术棒在辅助线条底图中的地被层上选取地被选区。按快捷键Shift+Ctrl+V,平面植物纹理便以蒙板形式自动粘贴到选区内并生成新的图层。用自由变换(Ctrl+T)缩放图案大小以调整在平面图中的尺寸,如图1.55所示。

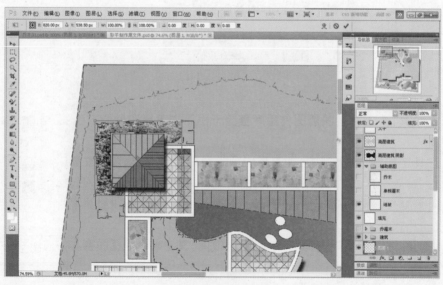

图1.55

按住 Ctrl 键用鼠标左键点击新图层的图层缩览图,选取调整好后的平面植物纹理,按住 Alt 键并按鼠标左键拖动复制图案,此时的平面植物纹理只会在选区内复制并始终位于同一图层,根据感觉自然的填满选区即可(图 1.56)。把图层重新命名为花灌木层。

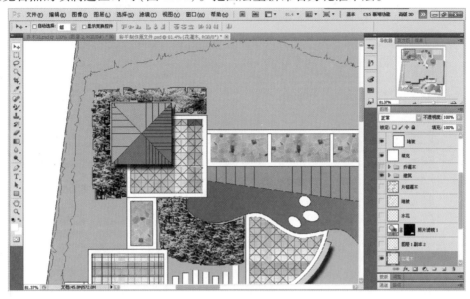

图 1.56

打开乔灌木图层,在乔灌木与草地的色彩参照下调整花灌木层的颜色。图中乔灌木与草地的色彩偏绿,为了以示区别,将花灌木层颜色调整偏黄。选择"变化"对话框(菜单栏/图像/变化),点击加深黄色预览图,直至颜色适合为止,确定即可,如图 1.57 所示。

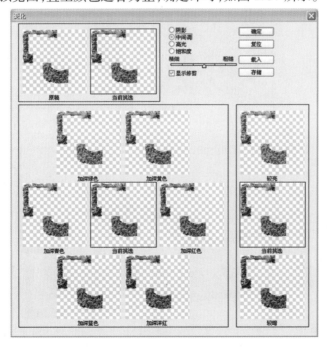

图 1.57

接下来绘制花灌木,丰富片植灌木的层次。在工具条上画笔工具处选取第三项颜色替换工具,如图 1.58 所示,并在前景色调色板选取一个鲜艳的花色。

用颜色替换工具涂抹片植灌木的前半部分,两种灌木种类就由色彩区别开来了,如图 1.59 所示。用此法可以制作不同花色花灌木配置。

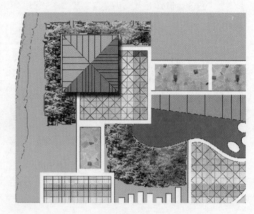

图 1.58   图 1.59

为了加强真实感,可以用加深工具顺着阴影方向局部加深灌木,模拟立体感。重复上述方法,直至做完全图的片植灌木,如图 1.60 所示。

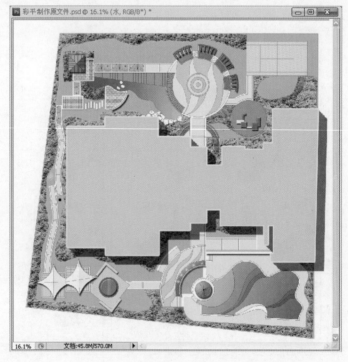

图 1.60

之后,打开刚才关闭的乔木层,保证辅助底图中的填充层处于正片叠底状态显示,至此,要绘制的主要元素都基本完成,成果如图1.61所示。

图 1.61

5) 添加阴影

完成上色工作之后要根据立面高度为建筑、乔木等要素添加阴影,增强真实感。添加阴影时要注意根据立面关系的对应调整图层关系,避免出现低矮灌木的阴影遮挡高大乔木的错误。添加阴影的方式一般有以下两种:

(1) 使用图层样式为元素添加阴影

选择要添加阴影的元素图层,例如上图中的"乔木大叶紫薇"所在图层,双击该图层或在右键点击图层后弹出的对话框中选择第二项"混合选项",可弹出图1.62所示的图层样式对话框,在混合选项中的第一项"投影"处打钩并单击该项后便得到设置投影的各个选项。可通过控制投影的不透明度、角度、距离、扩展和大小等参数来调节阴影效果,其他的高级选项在园林中应用较少。

在设置投影参数时要注意整幅图的投影角度一致,避免出现阴影方向与乔木平面绘制的受光方向矛盾的错误。

完成设置之后右键单击"大叶紫薇"图层,选择"拷贝图层样式"选项后,开始选择其他需要设置同类阴影的元素,例如"垂叶榕"层、"茶花"层、"芒果"层等,同样右键点击图层,选择"粘贴图层样式"选项,之前为"大叶紫薇"层设置的投影样式便自动在其他图层生成了,如图1.63所示。

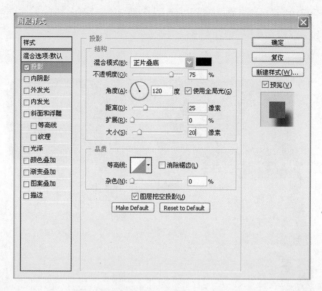

图 1.62

图 1.63

　　之后可以根据立面高度关系对图层上下关系和图层投影样式中的"距离""大小"进行调整,体现更真实的感觉,如图 1.64 所示。

　　使用图层样式为元素添加阴影的方法简单易用,适用于单株乔灌木和园林建筑的阴影表现,但用于表现高层建筑会显得不够真实,需要其他方法补充。

　　(2)使用颜色块为高层建筑添加阴影

　　图层样式因为命令自身的限制无法模拟大体块的投影,故高层建筑的阴影通常是绘制一黑色块叠加于建筑层之下。具体制作方式如下:

按 Ctrl 键单击"高层建筑"层的图层预览图建立选区后新建图层填充黑色,并将新建图层位置放置于"高层建筑"层之下,选中新图层并建立选区后按住 Alt 键交替重复点击右方向键和下方向键,直至黑色块有足够的面积体现高层阴影。之后调低黑色块层的不透明度,与其他元素阴影相适合,如图 1.65 所示。

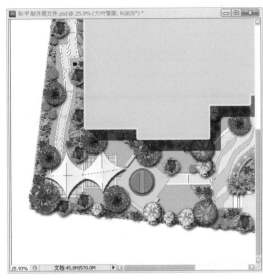

图 1.64   图 1.65

完成绘图后将放置于最上的"文字"层激活,为平面图添加说明文字。至此,使用 Photoshop 绘制彩色平面图的基本步骤已演示完毕,如图 1.66 所示。接下来要发挥 Photoshop 强大的调整功能,使成图效果更加理想。

图 1.66

6)图面整体色彩调整

因整个绘图过程中添加的元素很多,很难把握图面的整体效果的协调。

如图1.66所示,图面右上角的垂叶榕颜色偏暗,而草地绿色过于强烈,有些喧宾夺主。通常在绘制完之后还要对图面进行一次整体上的色彩调整。

在"乔灌木"图层文件夹中激活"垂叶榕"层后选择"图像/调整/亮度/对比度"对话框,为图层亮度增加15,对比度增加25,点击确定,使"垂叶榕"层与周围色彩更协调,如图1.67所示。

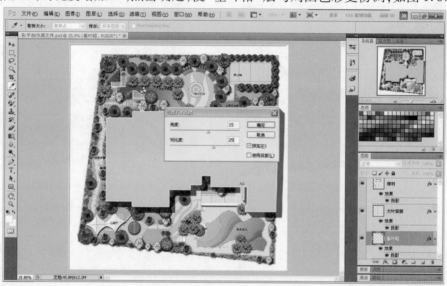

图1.67

回到园林工程层,用魔术棒选择出草坪选区,选择"图像/调整/色相与饱和度"对话框(快捷键Ctrl+U),在色相处输入"−18",使草坪的色相偏黄,与周边环境能更好的融洽,如图1.68所示。

图1.68

以此类推,可以根据以上思路对图中各个元素进行调整,以得到更加协调的效果。调整的方式可根据不同需要选择"色阶""曲线""色相/饱和度""亮度/对比度""色彩平衡""变化"等命令。

1.3.2　彩色平面图专项元素制作要点

1)草坪及地形

最简单的草坪做法是选择一个区域后进行纯色填充。只要注意草坪色与整体配色的协调即可。草坪色作为平面图的基色,通常最好有一定偏色(冷绿、暖绿或灰绿)(图 1.69),饱含度过高的绿色往往过于醒目而使图面不够耐看,草坪的偏色方向也决定了其他元素的偏色方向。

图 1.69

若要追求更加真实的效果,可为草地增加杂色纹理,以模拟真实材质。选择"滤镜/杂色/添加杂色",弹出"添加杂色"对话框,选择"高斯模糊"并在"单色"选框上打钩后,根据预览效果确定杂色数量,便可得到类似草坪的杂色纹理,如图 1.70 所示。

图 1.70

有地形变化的草地制作会相对复杂一些,但制作原理与上述相同。区别在于需要根据等高线逐渐选择填充色彩,利用色彩的明暗变化表示地形起伏,如图 1.71 所示。填色过程中要注意填出渐变关系,色彩跳跃不能太大。

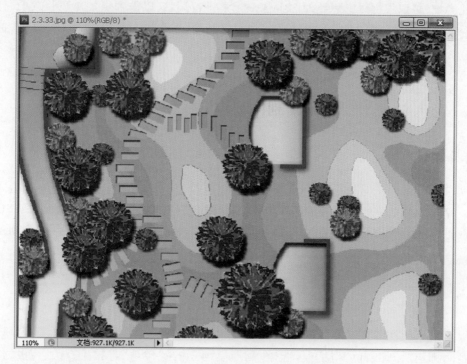

图 1.71

　　若为追求更真实的三维效果,可在填充时将不同等高线的绿色分层填充,并对每一个绿色图层添加图层样式/斜面与浮雕,如图 1.72 所示,根据具体情况调整大小和软化两个数值来模拟三维山体。

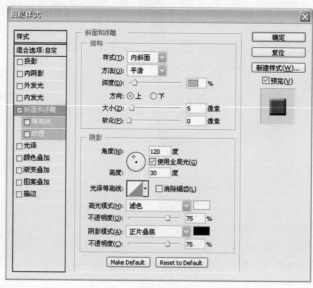

图 1.72

成果如图 1.73 所示。

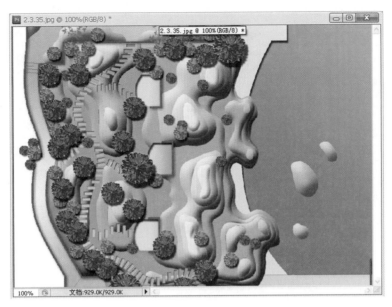

图 1.73

2）水体

水体上色方式一般为渐变上色与真实材质填充两种。

渐变上色方法如前所示,要点为色彩的选择。水的色彩范围一般为蓝绿色到青紫色:偏蓝绿色的水色与绿化色彩接近,色彩感觉较协调;偏青紫色的水色与铺地使用的浅黄色和绿化使用的暖绿色互补,色彩效果醒目,如图 1.74 至图 1.76 所示。

图 1.74

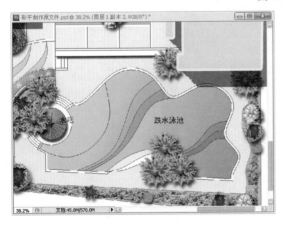

图 1.75

图 1.76

贴真实材质填充与填充片植灌木方法相似。挑选一真实水体照片,用套索工具选取,按快捷键 Ctrl + C,用魔术棒在 CAD 辅助底图中选取泳池选区,按快捷键 Shift + Ctrl + V,水体纹理便以蒙板形式自动粘贴到选区内,选取纹理图层后按住 Alt 键进行复制,使水纹理完全覆盖泳池即可。

填充后可为水体层的图层样式添加一个内阴影效果,以增加泳池的立体感,如图 1.77 所示。

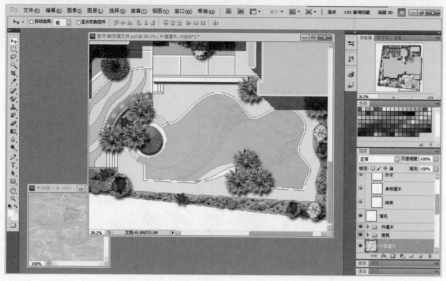

图 1.77

水中的水花喷出效果或跌水效果都是用画笔模拟。先将前景色设为白色,选择画笔工具,选择图中所示雾状笔刷,将笔刷主直径调为合适大小并适当降低不透明度,在喷泉位置处点击出水花效果即可。可以逐渐缩小笔刷主直径在喷泉中心重复点击几次,模拟水花立体感,如图 1.78 所示。

图 1.78

3) 铺地

铺地画法有纯色填充、渐变填充、真实材质填充三种。纯色填充时,其铺地纹理及分格线可沿用 CAD 中已做好的线条。铺地的色彩应贴近真实材质,较多使用的色彩为灰色至浅褐色色系,如图 1.79 及图 1.80 所示。

图 1.79

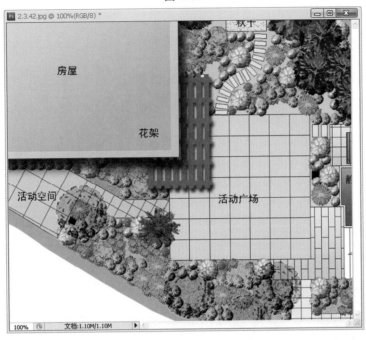

图 1.80

渐变填充使图面效果更富变化,适合图中有大面积铺地时使用,使用时要注意渐变的色差不可太大,如图 1.81 所示,铺地虽然都使用了渐变效果,但整体感并没有破坏。

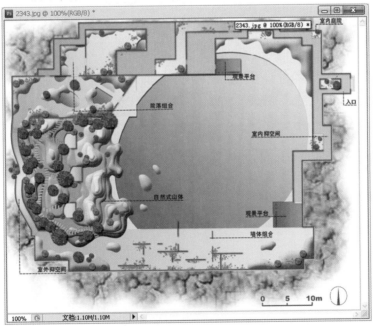

图 1.81

铺地若用真实材质填充,可沿用上述填充片植灌木与水体材质的方法。因铺地材质排列均衡,亦可使用图案填充的方式填充:

在 Photoshop 中打开选定的铺地材质,点击菜单栏中的"编辑/定义图案",为图案命名,将铺地材质定义成图案,如图 1.82 所示。

选择要填充的铺地选区,点击菜单栏"图层/新建填充图层/图案"或点击图层调板下方的黑白半球图示,在跳出的菜单中选择图案,即会跳出图案填充对话框,如图 1.83 所示。单击图案缩略图,在菜单中选出新建的铺地图案作为填充对象,并根据预览调整好缩放值,点击"确定"完成填充。完成后双击图层缩览图可调出图案填充对话框再次对图案进行大小调整即可。

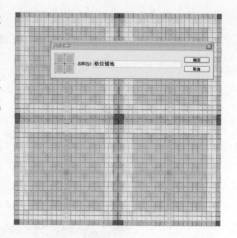

图 1.82

图 1.83

◎**色彩填充与真实材质填充的比较**

制作彩色平面图中用纯色填充和渐变填充表达材质的方式可归纳为色彩填充,具有操作简便、文件量小、视觉上简洁大方的特点,但无法真实表达细节。

真实材质填充具很强的真实感和装饰性,但有制作过程烦琐,且会增大文件量,使计算机运算速度降低。

色彩填充适合于中大型的平面图表达,真实材质填充适合于小型平面图表达,若以工作速度为重,推荐首选色彩填充。

4)构筑物

彩色平面图中的构筑物主要有亭、廊、榭等园林建筑,雕塑和活动器具等。绘制构筑物的重点是表现立体感,由表达构筑物本身的光影效果和添加适合的阴影体现。

　　表达构筑物的光影效果有两种方式,第一种为色彩填充模拟,通过色彩的对比体现立体感。如图 1.84 中的亭子,两个向阳的面使用浅褐色填充,而阴影面则使用深褐色填充。

　　图 1.85 中的张拉膜亭则是根据每个面的受光情况用浅黄色渐变填充,渐变填充可以产生更细腻的效果,模拟曲面光影。

图 1.84

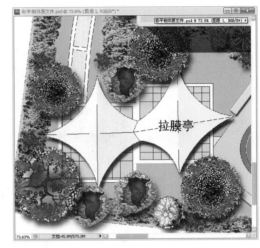

图 1.85

　　更加真实模拟立体感的绘制方式是在图层样式中添加"斜面和浮雕效果",通过对大小值和软化值的调整,丰富且逼真的立体效果,如图 1.86 所示,注意同一图层中只能应用一种斜面和浮雕效果,若想一个建筑上体现不同深度的立体光影必须分块新建图层。

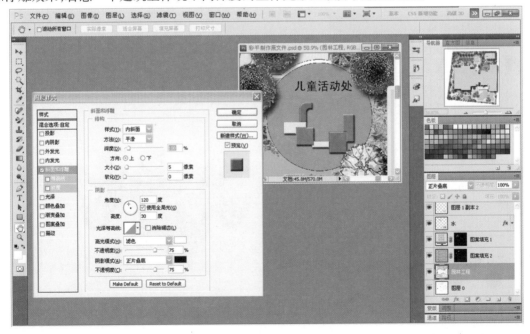

图 1.86

5)片植乔木

彩色平面图中经常需要绘制片植乔木,这里介绍两种快速在 Photoshop 绘制片植乔木的方法。

先在 CAD 中用云线工具画出乔木的范围,然后导入 Photoshop,再用真实材质填充即可(真实材质导入参照铺地材质导入部分),效果如图 1.87 所示。

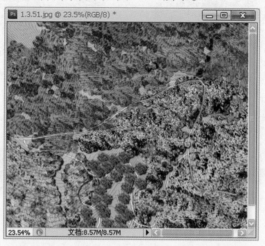

图 1.87

也可以选择用画笔工具的散布形状绘制片植乔木。选择"画笔/散布",先画出成片乔木的轮廓,然后打上阴影即可,如图 1.88 所示。散布画笔绘制片植乔木效果如图 1.89 所示。

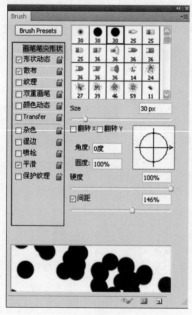

图 1.88

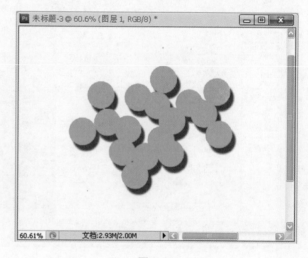

图 1.89

1.4 图像调整与修饰

1.4.1 裁剪和尺寸调整

1)图片的裁剪

处理图片时,通常需要做的是裁剪图片至适合的范围。

第一步,打开需要处理的图片,用鼠标单击绘图区左边绘图工具条上的 按钮或按快捷键C,选择剪裁工具,然后回到绘图区域内,这时工作界面如图 1.90 所示。

图 1.90

第二步,绘制裁剪框,在绘图区域单击鼠标,就指定了裁剪框的第一个角点,向右下方移动鼠标,此时界面如图 1.91 所示,阴影部分为被裁剪掉的部分。第一次绘制裁剪框的位置不需要准确,因为拖动裁剪框边的小方框可以编辑裁剪框。

图 1.91

◎提示

如果不希望被裁剪的部分显示为阴影，如图 1.92，有两种解决办法：①按键盘上的"/"键来关闭屏蔽功能；②用鼠标点击选项栏上面屏蔽前面的方框，去掉方框内的"√"，即关闭屏蔽功能。

图 1.92

第三步,编辑裁剪框,拖动裁剪框边的小方框可改变裁剪框的大小,调整好大小后在边框外移动光标(此时光标为双箭头形状)就能旋转裁剪框,如图 1.93 所示。

图 1.93

第四步,调整好裁剪框的位置后,按回车键或选项栏上黑色的"√"完成图片的裁剪,如图 1.94 所示。

图 1.94

◎提示

取消已绘制好的裁剪框的方法:①按键盘上的 Escape 键;②点击选项栏 ⊘ (取消当前裁剪操作)符号;③点击工具栏的其他工具,会弹出警告对话框询问是否裁剪图像,点击不裁剪。

2)图片尺寸的调整

①如果同一个文档中只需处理一个图片文件,操作方法如下:

第一步,用鼠标单击菜单栏上的图像菜单,选择图像大小,如图 1.95 所示。

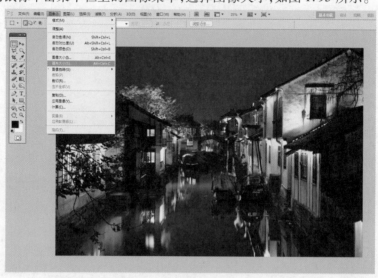

图 1.95

第二步,在弹出的对话框中打开重定图像像素 ，然后输入想要的尺寸大小,如图 1.96 所示,点击"确定",图像大小随即改变。

②如果同一个文档中有多个图像文件,操作方法如下:

单击图层窗口里面需要调整大小的图像图层,然后按 Ctrl + T(自由变换快捷键),如图1.97 所示。按住 Shift 拖动 4 个角的小方块可以按比例改变图像的大小。

图 1.96

图 1.97

1.4.2 颜色和曝光校正

当被摄物体周边光环境很弱的时候,拍出来的图片常会发生曝光不足的问题,可用 Photoshop进行一定弥补。

1) 图层混合模式校正曝光不足

第一步，打开曝光不足的图片，按 Ctrl + J 创建背景图层副本，如图 1.98 所示。在此图层上调整图层面板里的混合模式，从正常改为滤色，如图 1.99 所示。

图 1.98   图 1.99

第二步，有的图片这样做后曝光量仍显不足，则可以继续按 Ctrl + J，直至曝光正常（Ctrl + J 创建的图层是基于图层面板上所选的图层），如图 1.100。有的图片多复制一次会显得过曝，少复制一次又显得曝光不够，此时只要调整图层面板上面图层的不透明度即可，如图 1.101 所示。

图 1.100   图 1.101

2）调整曝光

第一步，打开曝光不足的图片，在菜单栏点击图像—调整—曝光度，如图 1.102 所示。

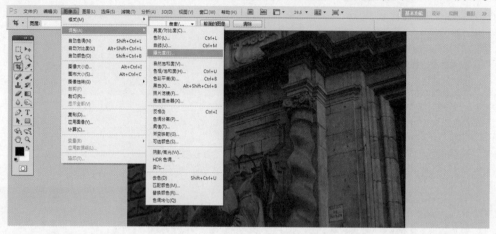

图 1.102

第二步，在弹出的"曝光度"对话框中拖动曝光度滑块，向右为正增加图像的高光（这个动作通常会完成校正图像曝光度的大部分工作），并显示出一些中间调，如图 1.103 所示。

第三步，拖动"位移"滑块，向右移动增加图像整体的亮度，向左移动则增加阴影区域，如图 1.104 所示。

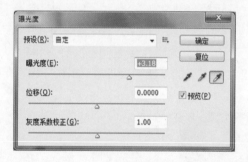

图 1.103

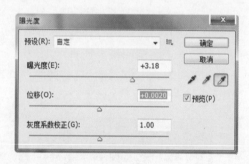

图 1.104

第四步，拖动"灰度系数"滑块，向右移动增加中间调亮度，向左则使中间调变暗，如图 1.105所示。

图 1.105

图片处理前后对比如图 1.106 和图 1.107 所示。

图 1.106

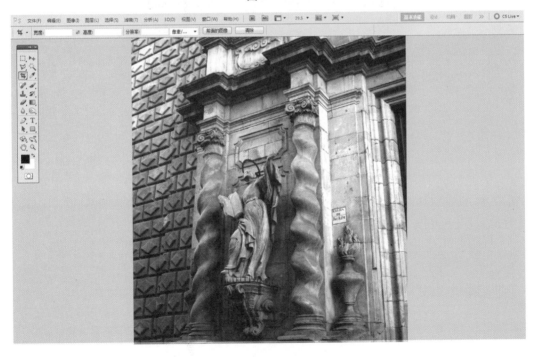

图 1.107

1.4.3 处理图像问题

1）减淡和加深

"减淡"和"加深"可对效果图图面进行局部调整,达到增加明暗层次,进行明暗自然过渡,突出主体等效果。下面以一张SketchUp导出的效果图为例,介绍操作方法。

这张效果图整体色调较浅,层次较弱,需要加深部分阴影来增加图面的层次感。

第一步,打开需要处理的图片,点击图层面板新建一个图层(图层1),如图1.108所示。

图1.108

第二步,点击工具栏  或按快捷键B选择画笔工具,在选项栏中调整画笔的大小、不透明度及流量,如图1.109所示。

图1.109

◎提示

可以按"【"、"】"键来减小、加大画笔的大小;画笔颜色设为黑色时是加深,设为白色时是减淡。

第三步,放大需要加深的部值,在图层1里使用画笔工具,加深部分阴影,如图1.110所示。

第四步,显示全图,稍调整一下大的环境关系即可。

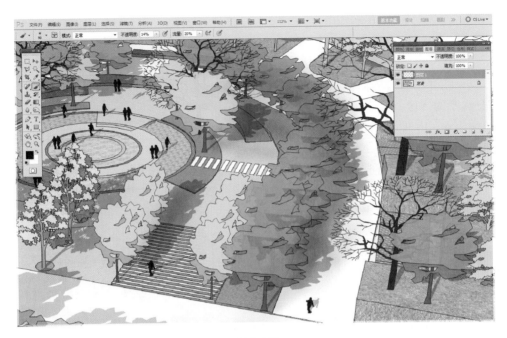

图 1.110

2）柔焦效果

在方案表现时，使用 SketchUp 导出的图片作为效果图，方便快捷，但图像线条太硬，图面不够丰富。如对图像进行一些柔化，可将效果改善。下面也以一张 SketchUp 导出的效果图为例介绍操作方法。

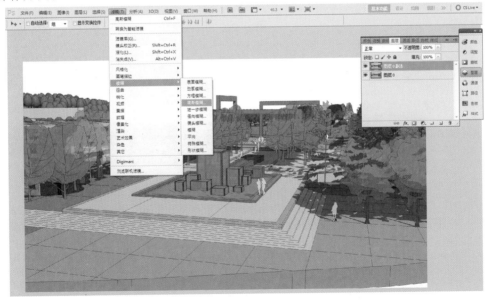

图 1.111

第一步,打开需要处理的图片,按 Ctrl + J 创建背景图层副本,然后点击菜单栏滤镜—模糊—高斯模糊,如图 1.111 所示。

第二步,在弹出的对话框中,拖动"半径"滑块修改像素。对于高分辨率的图像,可输入 20 像素左右,对于低分辨率的图像,可输入 6 ~ 10 像素,如图 1.112 所示。

第三步,点击确定,此时整幅图像都是模糊的,效果如图 1.113所示。在图层选项处选择柔光效果,模糊图像即与清晰图像相混合,既能看见图像中的细节又能产生梦幻的柔焦效果,如图 1.114 所示。

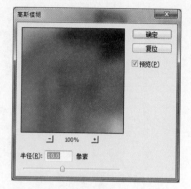

图 1.112

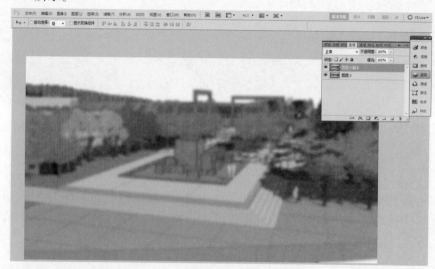

图 1.113

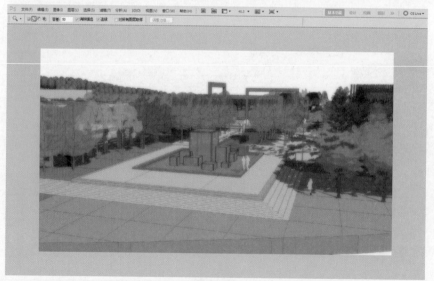

图 1.114

3）去掉多余图像

处理图片时,常常要去掉图片中不需要的图像使图面变得干净,方法有很多种,下面介绍其中两种使用频率较高的方法。

（1）用仿制图章去掉多余图像

第一步,打开需要处理的图片,图中的人物破坏了图面整体营造的氛围,如图 1.115 所示。

图 1.115

第二步,点击工具栏 按钮或按快捷键"S"选取仿制图章工具,然后将光标移动到接近被覆盖图像的周围,按住 Alt 键,单击鼠标,这样就复制了鼠标单击点所在的图像。然后再将光标移动到被覆盖图像上面,点击鼠标进行覆盖。

第三步,如果碰到两种元素交界的地方,担心会破坏了这些交界边缘(此处是建筑石栏杆处),就在边缘处放置选区,这样仿制图章就不会覆盖掉选区以外的地方,如图 1.116 所示。

图 1.116

◎**提示**

处理边界时候为了使交接自然,可以在选项栏调整仿制图章工具的硬度来使边界变得模糊。

第四步,绘制完成,如图 1.117 所示。

图 1.117

◎**提示**

按下 Alt 键后同时将光标向右拖动,再单击鼠标,将会获得你所拖动区域的图像,然后再沿着同样的直线方向绘图,就能绘制或覆盖像地平线、墙壁、栏杆等线性的对象。

(2)直接覆盖多余图像

第一步,打开需要处理的图片,如图 1.118 所示。图中如果想要去掉电车的车头灯,最快捷的方法就是直接用其周围的图像把它直接覆盖掉。

图 1.118

第二步,放大有车头灯的区域,如图 1.119 所示。

图 1.119

第三步,单击工具面板▦或按快捷键"M"选择椭圆选框工具,在车灯附近拖出一个椭圆型选框,然后单击右键,选择羽化,如图 1.120 所示。

图 1.120

第四步,在弹出的羽化选区窗口中输入羽化数值(一般 3～5 像素即可),如图 1.121 所示。

第五步,按住 Alt + Ctrl 键,把选择的对象覆盖到车灯的位置,如图 1.122 所示。然后按 Ctrl + D 取消选择,就能完成操作,处理后图片如图 1.123 所示。

图 1.121

图 1.122

图 1.123

4）校正梯形失真

用广角镜头拍摄高大的建筑物时容易产生较明显的透视变形，在 Photoshop 中能够校正。

第一步，在有 Photoshop 标尺的界面下打开需要调整的图片，如果没有标尺的话按 Ctrl + J 显示标尺，如图 1.124 所示。

第二步，适当缩小图像，按 Ctrl + A 全选图像，然后按 Ctrl + T 自由变换图像。很多时候我们都需要一条参考线来帮助判断校正尺度，点击左边标尺将会拖出一条蓝色的参考线，如图 1.125 所示。

图 1.124

图 1.125

第三步，按住 Ctrl 键，拖动左上方的小方块，根据参考线拉伸失真的图像，如图 1.126 所示。

第四步，经过上一个步骤后图像有一点矮胖的感觉，此时释放 Ctrl 键，拉伸顶部中间的小方块使图像拉长，如图 1.127 所示。

图 1.126

图 1.127

第五步，图像调整合适后按回车键完成操作，但此时的图像会有一点膨胀的感觉，点击菜单栏滤镜—扭曲—挤压可以解决这个问题，如图 1.128 所示。在弹出的挤压对话框里拖动数量滑块，并观察对话框中的预览，直至膨胀感消失，如图 1.129 所示。

图 1.128

图 1.129

1.5　贴图技巧——有效利用现有图像资源

1.5.1　贴图元素选取与校正

　　表达场地剖立面、透视的效果图,贴图技术是必要的,选取合适的素材、色调能有助于设计表达。下面以一张剖立面图为例介绍贴图的步骤以及技巧。

　　第一步,打开需要绘制的剖立面图,如图 1.130 所示。此图仅仅只有线条,需根据立面的设计内容对此图进行加工。

图 1.130

第二步,首先处理成图中的背景部分,此处为草地及水体。在土丘内填充合适的绿色,然后用加深工具刷出草坡的起伏感;此处表达水的设计并不多,因而可以直接填充一个蓝色,在图层面板中图层混合模式设置为正片叠底,并可根据需要调整图层不透明度,如图1.131所示。

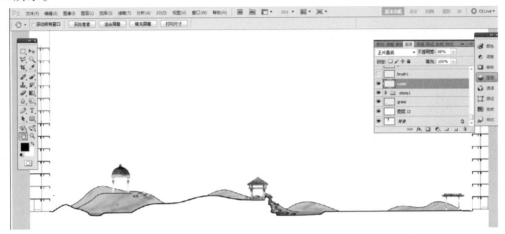

图 1.131

第三步,选择乔木的贴图,根据设计的需要进行贴图,如图 1.132 所示。

◎提示

乔木是围合空间最重要的元素,乔木贴图的选择要根据设计需要来选择高矮、色彩。建议使用带有灌木层的乔木贴图,可以使图面更统一自然。

图 1.132

◎提示

贴图的时候要注意突出重点,突出成片树林的设计重点的处理方法为:重点的树图层不透明度为 100%,而作为背景的树图层不透明度降低,同时可以将图层混合模式改为正片叠底,如图 1.133 所示。

图 1.133

第四步,完成乔木的贴图,根据图中需要遮挡或丰富内容的部分添加灌木,如图 1.134 所示。

图 1.134

第五步,局部修改完成后,将全图显示出来调整细节部分,最后添加背景天空建筑,完成剖立面的效果图表达,如图 1.135 所示。

图 1.135

◎提示

　　贴图素材的积累很重要,平时要多收集相关图片,并将图中较好的内容提取出来。

1.5.2　全景图的拼接以及全图调整技法

1)全景图的拼接

　　在 Photoshop 中能够轻易快速地将连续图片拼接成全景图。在进行现场调研时候,全景图有助于更好的了解场地情况。下面介绍最简捷的用 Photomerge 自动拼接全景图的方法。

　　第一步,点击菜单栏文件—自动—Photomerge,如图 1.136 所示。

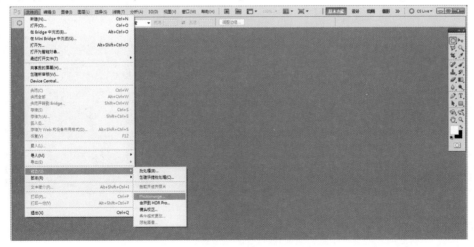

图 1.136

第二步,此时会弹出 Photomerge 的对话框,单击"浏览"选项弹出打开图片的对话框,如图 1.137 所示。选取所需多张图片后,如图 1.138 所示。

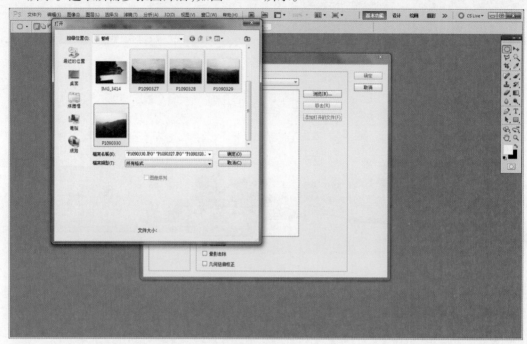

图 1.137

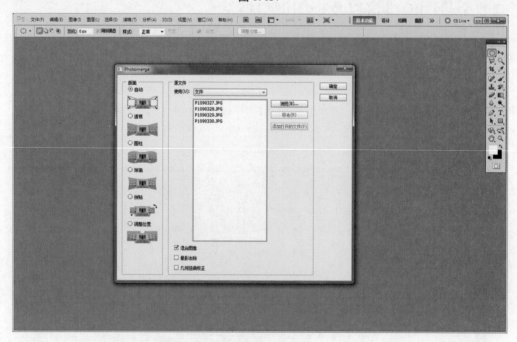

图 1.138

◎提示

通常 Photomerge 的对话框中版面栏选择"自动"即可,默认自动。

第三步,进行第二个操作步骤后,点击"确定",Photoshop 将会自动拼接图片,完成后如图 1.139所示。

图 1.139

第四步,按快捷键 C 使用裁剪工具裁剪图片,完成全景图的拼接,如图 1.140 所示。

图 1.140

◎提示

用 Photomerge 处理图片的时候也可以先按顺序打开图片,如图 1.141 所示。点击菜单栏文件—自动—Photomerge,弹出对话框后不是点击浏览图片而是添加打开文件,点确定后 Photoshop 也能自动拼接图片,如图 1.142所示。

图 1.141

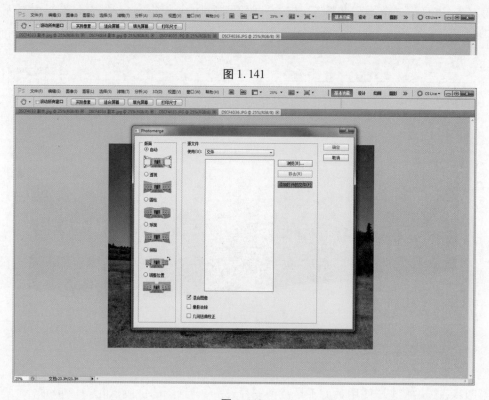

图 1.142

2) 校正全景图曝光问题

全景图中的单张图片,由于拍摄方向的不同,可能曝光也不同。假设不是很清楚这些图片的曝光差异,可用匹配色校正的方法纠正曝光。

第一步,打开要拼接成全景图的图片,用 Photomerge 快速拼接图片进行预览。

第二步,关闭全景图片。在要拼接成全景图的图片中挑选一张曝光合适的图片,记住图片名称,然后打开存在曝光问题的图片。接下来点击菜单栏图像—调整—匹配颜色,如图1.143所示。

图 1.143

第三步,在弹出的对话框里,点击图像统计里的"源",选择曝光合适的图片名称,如图1.144所示。点击"确定",完成颜色匹配。

◎提示

在图片中会明显看到颜色匹配后的效果,但有的图片颜色可能会有偏差(例如偏紫、偏黄),这时候可以拖动对话框里图像选项的颜色强度滑块可以调整偏差。

第四步,用同样方法校正其他存在差异的图片,然后再次使用 Photomerge 将处理后的图片拼接成全景图,裁剪后如图1.145所示。

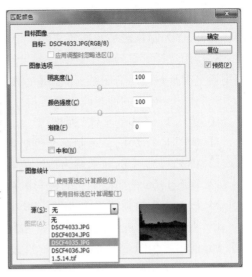

图 1.144

图 1.145

练习题

1. 简述明度、纯度与色调的概念差异。

2. 各举两例艺术作品说明突出型和融合型两种配色类型。

3. 选择三张自己的园林绘画作品,使用 Photoshop 吸管命令和填充命令制作每张作品的主色调卡(参照图1.7),判断作品属于突出型还是融合型。

4. 根据自己电脑的配置情况重新设置 Photoshop 首选项,将暂存盘设为 C 盘以外空间最大的硬盘,内存占用设为70%,勾选"显示亚洲字体选项"。

5. 按打印要求新建一个国际标准竖向 A4 空白 PSD 文件,一个国际标准横向 A3 空白 JPEG 文件。

6. 用三种选择方式为图1.34中的粉红色花朵建立选区,再用三种调色方式将粉红色花朵改为蓝色。

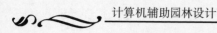
7. 结合 CAD 部分的综合练习题成果,通过虚拟打印,在 Photoshop 中建立一个分好图层的 PSD 文件,作为制作彩平的准备文件。

8. 使用选择工具检查上题制作的 PSD 文件中是否存在图线未封闭情况,如有该情况出现,使用铅笔工具封闭所有图线,保证每个选区都能正常填充。

9. 将图 1.46 中的铺装改为真实材质。

10. 为图 1.47 中的水体添加阴影,制作凹陷效果。

11. 为图 1.47 中的草地制作杂色肌理。

12. 将图 1.53 中的乔木调为粉红色的开花乔木。

13. 将图 1.66 按照图 1.9 的色彩风格进行调整。

14. 以 16∶9 的画幅比例将图 1.90 中的路灯裁出,构成一张单独的图案。

15. 将图 1.108 的曝光度降低,并参照图 1.114 附加柔焦效果。

16. 使用仿制图章工具清除图 1.118 电车旁的栏杆。

17. 按消除梯形失真的方式将图 1.106 中的双柱调为平行。

18. 把图 1.135 中的手绘乔木素材换为照片乔木素材。

19. 使用 Photomerge 功能拼贴一组 3 张以上的连拍照片,并校正曝光。

20. 将 CAD 部分综合练习题成果制作为彩色平面图。

2 InDesign 与排版设计

本章导读　本章将学习园林设计方案的成果编排，了解版面设计的基础知识和InDesign软件在方案文本排版上的应用。InDesign 与 Photoshop 同属 Adobe 公司推出的设计软件 CS 系列，基本操作方式很相似，所以 InDesign 部分不再详细介绍软件基本操作方法，而是通过一些常用版面的编排示例去了解 InDesign 的基本功能和学习常用的操作方法。

2.1　版面设计基础

　　能熟练使用排版软件 InDesign，并不能代表可做出优秀的版面设计。要做好版面设计还需要了解基本的平面设计原理。在学习软件的过程中，基本设计原理的掌握能够帮助抓住重点，事半功倍，所以在具体讲解软件之前先对版面设计基础原理进行简要说明。

　　在园林设计应用范畴中的版面设计，主要目的是能清晰传达设计内容，所以园林应用中的版面设计讲究框架明确，逻辑清晰，平面元素辅助设计内容的传达，而不喧宾夺主，整体画面讲究协调感，而不是以视觉冲击力为主要目的。为保证读者能真正控制自己的版面设计，而不将其作为一种过于依赖个人天赋的艺术美感，本书选择介绍一系列可以量化的设计要素。读者可根据具体项目要求，选择合适的设计要素，做出恰当的版面。

2.1.1　视觉度

　　相对于文字，图像(插图、照片等)产生的视觉冲击力的强度叫做视觉度。图像的视觉冲击力越强，视觉度就越高，图像经过艺术处理提纯就等于提高了图像的视觉度，例如矢量化的插画视觉度大于照片，人物照片的视觉度大于风和日丽的风景照片。高视觉度的版面一般应用于封面以提升吸引力，如图2.1、图2.2所示。

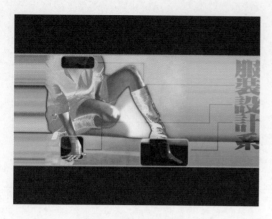
图 2.1 高视觉度图像

图 2.2 低视觉度图像

2.1.2 图版率

占据版面的图形和文字的面积比叫做图版率,版面全是文字的话,图版率为 0%,全是图画时,图版率为 100%,低图版率能传达大量文字信息,适合设计说明类版块,高图版率的视觉度较高,能产生高度的吸引力,适合图纸类版块的排版。同理,设计说明的排版如加入少量图片提高图版率,可以避免枯燥乏味;图纸的排版加入说明文字,可以显得工作细致。在版面设计中推荐图文混排,如图 2.3、图 2.4 所示,避免大量使用 0% 和 100% 的图版率。

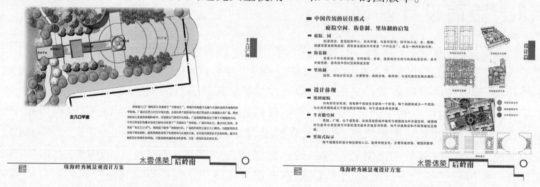
图 2.3 高图版率图像 　　　　　　　　图 2.4 低图版率图像

2.1.3 版面元素的跳跃率

版面元素的跳跃率指同类版面元素在版面中的大小比率。版面元素可简单分为文字与图像两大类。文字的跳跃率即以正文为基准,与最大标题的字体大小比率,如图 2.5 所示;图像的跳跃率即版面中最小图像与最大图像的大小比率,如图 2.6 所示。跳跃率高可形成对比,视觉冲击力强,跳跃率低适合营造平稳的印象。

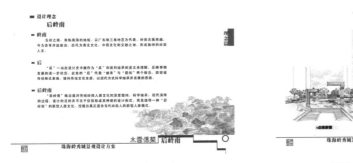

图 2.5　文字的跳跃率

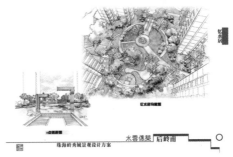

图 2.6　图像的跳跃率

2.1.4　网格约束率

网格指版面设计中辅助线所形成的网格,网格约束率即版面元素遵循辅助线网格的程度,高网格约束的版面感觉稳重平衡,如图 2.7 所示,低网格约束的版面感觉自由轻松,如图 2.8 所示。网格约束率高的前提下适当突破版面约束,较为适合园林专业的应用范畴。

图 2.7　高网格约束率

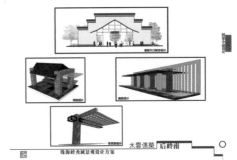

图 2.8　低网格约束率

2.1.5　版面率

版面率指版面元素占版面总面积的面积比,留白较多,版面率就低,所以版面率实际反映版面的留白多少,版面率高,可传递丰富的信息量,如图 2.9 所示;版面率低,适合表现高品质,如图 2.10 所示。

图 2.9　高版面率版面

图 2.10　低版面率版面

2.1.6　字体印象

与图片相比,字体在平面设计中给人的印象显得并不突出,其实字体印象能从细节中传递平面设计所要传递的信息氛围,字体印象与平面设计相符合是一份好的平面设计的基本要求。在版面设计中可选择的字体样式非常丰富,可简单分为:衬线体、非衬线体、特效字体三种。衬线体即在字体笔画转角位强化处理的字体,例如宋体及其一系列的变体。衬线体在长篇幅阅读时(例如小说)可以通过笔画变化保持阅读者不易产生视觉疲劳,字体印象相对古典,繁复。

非衬线体即字体笔画粗细无变化的字体,代表为黑体及其变体。非衬线体字体印象显得现代、简洁。特效字体为字体设计师专门设计的不同风格的主题字体,通常视觉效果夸张,冲击力强,适合强调标题时使用,如图2.11所示。

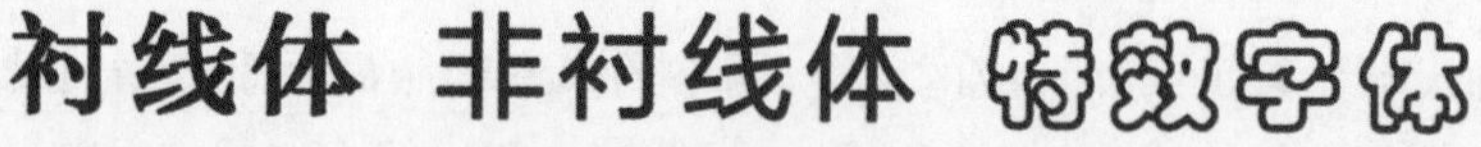

衬线体　非衬线体　特效字体

图2.11　字体印象图示

园林专业设计的版面设计主要以传递设计信息为目的,所以建议谨慎使用特效字体,如使用也应避免过于花俏,且仅限于标题,内容文字应以衬线体或非衬线体为主。如整个文本涉及使用多种字体以区分不同标题,也应尽量将字体控制在三种左右,过多的字体选择会影响图册的统一性和专业性。正文文字不应选择过于花俏的字体,也不建议选择 Windows 自带宋体,该字体图册打印效果欠佳。

字体大小的选择对于字体印象也非常重要。在园林设计范畴内,字体的跳跃率不宜过大,且字体大小变化不宜过多,应结合字体选择将字体大小变化控制在三种左右。普通人能接受的最小阅读字号为6号,但阅读效果不佳,8~10号字体为普通书籍最常用的正文字号。由于多为图文混排,文字量不大,在园林设计图册排版中一般选择10~12号为正文字号,标题字体一般选择14~32号,根据具体情况确定大小,谨记标题字号变化需按层级规范,不可变化太多。

2.2　InDesign 简介

2.2.1　InDesign 综述

InDesign 的推出是为了替代当时已经老化的传统排版软件 PageMaker,其成熟的功能与创新的技术,让其在诞生之日起就引起人们广泛的关注。随着软件的发展,InDesign 的定位已不仅仅局限在印刷排版上,而是成为涉及 Web 和无线通信领域的跨媒体桌面出版软件。它能为印刷和数字出版设计专业的版面,不仅广泛应用于报纸、杂志、图册等印刷品的编排,还可用于名片设计、海报设计等工作,甚至可以用来制作交互式文档与演示文稿。若干年前,在设计成果排版设计领域,几乎都是使用 CorelDraw,但近年来使用 InDesign 的人越来越多,因为该软件和 Photoshop 同属 Adobe 公司,在软件界面、操作方式等方面均有很高的一致性,而且文件之间的

兼容性也更好。可以说,只要熟悉 Photoshop 的使用,学习使用 InDesign 是比较简单的。

因为 Photoshop 的普及面非常广,几乎所有的设计人员都会使用它,所以有很多人喜欢用 Photoshop 做设计成果的排版工作。虽然从最后结果看,似乎 Photoshop 也能把"排版"工作做好,但实际上用 Photoshop"排版"存在很多问题,例如效率低下、修改麻烦、容易出错、不利于素材的重复利用、风格难以有效统一,等等,这都因为 Photoshop 本身并非针对排版的专业软件。在此对涉及排版用途的几类软件做一分析,方便读者在学习过程中选用合适的软件。

Adobe CS 为 Adobe 公司推出的设计系列软件,广泛适用于各种设计行业,如今已推出 CS5 系列,其中涉及打印和印刷的 Photoshop、Illustrator 和 InDesign 与园林设计相关应用息息相关。在实际应用中有设计师根据自己对软件的熟悉程度选择 Photoshop 和 Illustrator 进行图册编排工作,但由于软件特性的限制,往往事倍功半。因为 Photoshop 的主要功能定位为位图图像处理,Illustrator 的主要功能定位为矢量图绘制,而 InDesign 的主要功能定位是多页面图册书籍排版,其凭借内建创意工具和精确的排版控制来帮助排版人员发挥设计创意,提高工作效率。由于三个软件共享了核心处理技术,有很强的交互性和兼容性。建议还是在不同环节穿插使用专门软件,以发挥出相应软件的最强功效。还有一点需特别指出,InDesign 也具有一定的矢量图绘制功能,这部分功能足够园林相关专业的分析图制作等使用,无需再使用 Illustrator 制作,故本教材未选择 Illustrator 进行讲解。

Corel 公司推出的 CorelDraw 软件为基于矢量图绘制的核心功能,兼具多页面图册排版功能和简单图像处理功能的综合性软件,也可用于相关设计专业的成果编排。但由于与 Photoshop 缺乏较好的色彩兼容性,导致出品在打印时有一定的色彩损失,并且在操作习惯上也与Photoshop不同,在此还是选择了具有较好兼容性和交互性的 InDesign 作为推荐的图册排版软件。

2.2.2　InDesign 主要功能简述

InDesign 经过多年的发展,成为了跨媒体的桌面出版软件,其中的功能已是非常丰富,像插入 Flash 动画、MP3 音频、MP4 视频,导出交互式 PDF、多媒体电子书、网页,等等。但是有不少功能在园林设计中很少用到,这里只挑选出对园林设计方案编排有帮助的一些特色功能来进行介绍。

①多页面编辑:一套方案文本中的所有页面都可以在一个 InDesign 文件中制作,页面的显示非常直观,有助于设计师去把控整套文本的编排效果。

②主页功能:主页类似于模板,在一个 InDesign 文件中允许预先制定多个页面模板,让你在文本编排中能内快速插入不同模板的页面,并且更改主页能实现关联页面的同步修改。

③文件置入:与 CorelDraw 不同,InDesign 在排版时,版面内的素材图像元素都是采用链接方式引入排版文档内,这样的好处是一方面能有效减少 InDesign 文档的大小,另一方面一旦修改了原链接文件,图册内的相关内容也可以同步更新。

④网格置入:在置入多个文件时,通过鼠标拖动和方向键的组合就能快速更改置入图像的栏数和列数,并等分其间距。这对编排需要应用大量图片的页面很有帮助。

⑤矢量图绘制:InDesign 能读取并且编辑 Illustrator 格式的图像,且具有一定的矢量图绘制功能,可以满足园林方案分析图制作的需要。

⑥自动生成页码和目录:InDesign 能根据预先设定的条件为文本自动生成页码与目录,即

使对文本页面进行了顺序调整,页码和目录也能自动适应。

⑦打包功能:InDesign 能把与文本制作中使用到的所有图片和字体的源文件整理到一个文件夹中,便于将相关文件整体转移到不同的计算机中编辑。

⑧自动备份功能:InDesign 会对编辑中的文件自动生成备份,即使遇到软件崩溃或者计算机断电等情况也能通过备份文件还原,避免出现前功尽弃的情况。

2.3 图册排版思路及范例

2.3.1 图册排版基本思路

用 InDesign 排版,可以简单的理解为"拼图"的过程。版面中的各种元素如效果图,意向图等可视为"零片","零片"可依个人喜好使用 Photoshop 或者 Illustrator 制作,InDesign 只负责最后的"拼排"工作。当然,在熟悉 InDesign 的操作后也可以直接用其软件功能高效制作出优质的"零片"。因为 InDesign 采用链接的形式引用素材,在这种情况下,排版文档和素材图像文件之间就必须有稳定的目录关系,否则一旦发生文件移动或改名,排版文档就会出现链接文件无法编辑的情况。所以在工作中要养成有序整理各种文件的良好习惯,在开始进入排版工作之前,应先做好下列准备工作:

(1)准备好所有的排版素材文件

例如已经制作好的各种总平面图、表现图、剖面图、立面图、设计意向参考图,以及各种文字文本材料、装饰版面的图形图像元素,等等。

(2)建立清晰简明的文档及素材目录

实际工作中,往往一个项目由多人分工协作,常常出现的情况是,负责排版的人已经开始编排,但某些素材文件可能还没有完全制作好,或者某些素材文件在排版过程中需要修改,等等,这时负责排版的人应该养成良好习惯,在计算机中建立清晰的工作目录。一般情况下建议建立如下所示的工作目录,并放置在共享文件夹中:

▱ 某某方案设计成果编排
▱ 01_总图
▱ 02_表现图
▱ 03_设计意向参考图
▱ 04_装饰版面的元素
▱ 05_文字和文本

"某某方案设计成果编排"是项目成果的总目录,所有排版用到的素材都应在该目录下,这样做一方面便于组织和查找素材,另一方面,如果需要把排版的文件拷贝到别的计算机上打印和处理,直接把整个文件夹拷贝就行,不用担心有些素材文件会丢失。"01_总图"的目录下用来保存所有具有总图性质的设计平面图,例如设计方案总平面图、功能分区平面图、交通分析图等。"02_表现图"用来保存所有表现图性质的图像文件,例如效果图、剖立面图等。"03_设计意向参考图"则用来保存所有的参考图,在图片数量大的情况下还需要根据排版内容将意向图

归类存放到子文件夹中。"04_装饰版面的元素"用来保存装饰排版版面的各种元素。"05_文字和文本"用来保存排版时可能用到的文字材料,例如设计说明、图形说明等,一般情况下最好是 doc 格式或 txt 格式的文本文件。在遇到方案投标之类含大量页面的文本制作,建议根据章节顺序再将文件夹结构进行细分,以利于快速查找素材。

准备工作完成后,就可进入实际排版的操作。

2.3.2 图册排版范例

1) 启动 InDesign 并创建排版文档

图 2.12 是 InDesign CS5 启动后的界面,布局与 Photoshop CS5 非常接近。其中 A 为"工具"面板,B 为"控制"面板,C 为应用程序栏,D 为工作区切换器,E 为面板组,F 为欢迎界面。在启动弹出的欢迎界面中,需要选择是打开已有的排版文档,或者是创建新的排版文档。点选右边的"文档",进入图 2.13 所示的窗口。

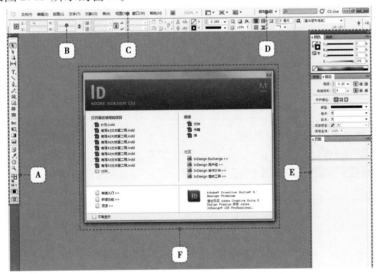

图 2.12

该窗口中,"页数"一项是用来预先设定大概会有多少页,暂以 10 页为例,在排版过程中可以根据需求随时增加或删除页。多数情况下设计成果图册较少采用双面打印,应把"对页"前面的"√"去掉。

"主页文本框架"保持不选择状态。

"页面大小"按照需要,选择 A3 幅面,"页面方向"一般情况下应该选择"横向"。"装订"应该选择"从左到右",其他均采用默认值,选择好后的界面如图 2.14 所示。

◎提示

"对页"选项适用于双面打印时可以同时看到左页(偶数页)和右页(奇数页)的情况,相当于翻开一本杂志,同时看到左右两页的情况。因为装订成册时,对于左页(偶数页),装订线在右侧,但右页(奇数页)的装订线却是在左侧,"对页"选项就是为了适应这种情况。

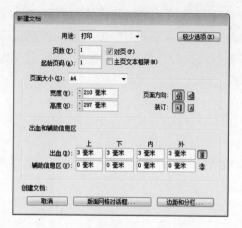 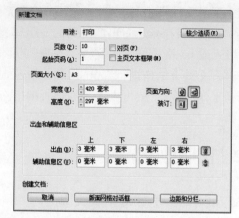

图 2.13　　　　　　　　　　　　　　　　　　　图 2.14

接着点击"边距和分栏"按钮,并按图 2.15 设置各项参数。

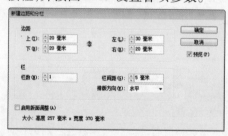

图 2.15

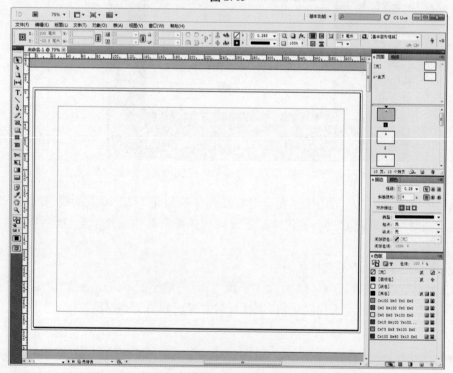

图 2.16

点击"边距"区域内中间表示相互关联的链条符号,使之断开。把"左"边距设为 30 mm,为装订图册留出空间。用 A3 幅面横向排版,一般会将文字分成两栏或三栏,以方便阅读,不过在 InDesign 中,文字的定位非常灵活,而且对于设计图册图像的比重远大于文字的比重,所以在这里可以不分栏,"栏数"采用默认的一栏。点击"确定",进入排版工作的界面,如图 2.16 所示。

页面从外向里有三条框线,第一条是红线,是出血位置线(用于标明装订时裁切掉的多余边部位置,以保证成品裁切时,有色彩的位置能做到色彩完全覆盖到要表达的位置边界);第二条是黑线,这是 A3 纸面的真正边线;第三条是蓝线,这是版心的范围线。这三条线在打印或输出时不会被输出。可以看到版心离左边的边线比其他边远,这是为了留出装订空间。

先把文件保存好,再做其他的工作,注意文件应保存在项目的根目录下,这里保存在"石门公园设计成果编排"下。文件名也应该容易识别,切忌使用一些他人难以理解的文件名,例如 smgy. indd 之类,InDesign 排版文件的后缀是 indd。

2)规划和设计主页

设计方案的图册中,每页上有一些内容是固定不变的,在 InDesign 中,使用"主页"的概念解决每页上相同内容编排的问题,即在主页上设计好的元素,在将来的每页中,凡是用到该主页的,都将保持完全一致,而且编辑时不会受影响;可以设计多个主页,以适应不同章节或不同部分的需要。

点击右上角的"页面",打开页面管理面板,如图 2.17 所示。

展开面板分成两部分,上部显示主页,默认其中已经有一个"无"的主页和一个"A-主页",下部是正常页面,已经含有十个基于"A-主页"的页面。

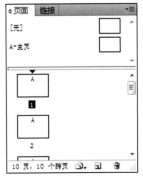

图 2.17

在进行下一步工作之前,先规划一下园林设计图册的页面类型。一个典型的 A3 设计成果图册,大致包括以下页面内容:①封面,②扉页,③目录页,④设计说明页,⑤放置总图性质图形的页,⑥放置表现图性质图形的页,⑦放置设计意向参考图的页,⑧封底。

一般情况下,封面和封底会制作成独立的一页,将其归分为一个主页;扉页用于装饰和标识不同的部分,样式和其他页面不同,也可归为一个主页;另外③~⑦的内容都会编排在一个相同的背景上,故要将背景制作成一个主页。也就是说实际上需要设计的主页应该是 3 个。

3)设计封面与封底

将光标置于"页面"面板的[无]上单击鼠标右键,在弹出的菜单中选择"新建主页"的选项,如图 2.18 所示。

在弹出的"新建主页"窗口中输入主页的名称,如图 2.19 所示。

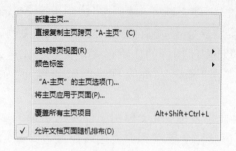

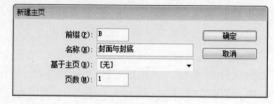

图 2.18 图 2.19

单击"确定",可见到页面管理面板中已添加新主页,如图 2.20 所示。

用同样的方法添加"C-扉页"。接着在"A-主页"位置单击鼠标右键,选择"A-主页"的主页选项,将"名称"改为"文本背景",确定后主页面板如图 2.21 显示。

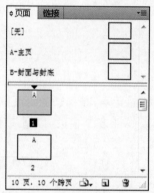

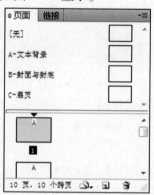

图 2.20 图 2.21

封面和封底一般会设计在一张加长页上以方便打印装订。以往的 InDesign 版本仅支持同一页面规格的图册,要排加长图纸需要另建文件,非常不方便。现在 InDesign CS5 版本新增了"页面工具"来解决这个问题。下面通过一个简单的封面版面来了解 InDesign 的一般操作方法。

双击"B-封面与封底"或双击右侧的白色框,这时工作界面中的页面就变成了"B-封面与封底",即在排版窗口中所作的一切工作都将影响"B-封面与封底"。单击工具面板页面工具▧,快捷键(Shift + P),再点击需要调整的"B-封面与封底"白色框,左上角的控制栏会变成如图 2.22 所示样式。

图 2.22

封面和封底需要书脊连接,先预设书脊的宽度为 10 mm,这样该页的规格应该是两倍的 A3 宽度加书脊的宽度,即 850 mm,调整如图 2.23 所示。

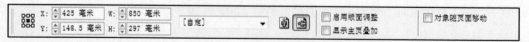

图 2.23

双击抓手工具🖐,或双击"B-封面与封底",让该图纸完整显示在作业区。长按工具栏的矩形工具,弹出的次级菜单中选择椭圆工具,按着 Shift 键在图纸中部拖出一个圆,见图 2.24。

图 2.24

将控制栏中的 W 和 H 的值设为 80 mm,见图 2.25,注意最左边的控制点位置要设在中间,以方便后续操作。

选择颜色面板,用 Shift + X 键切换填色与描边色板,如图 2.26 所示。

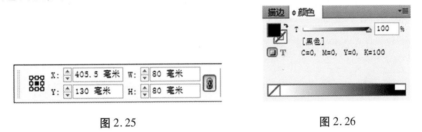

图 2.25   图 2.26

◎提示

这里需要说明一下,在 InDesign 中绘制的图形,默认有描边和填充区域,两个部分可以填充不同的颜色。描边作用于对象的边框(即框架),填色作用于对象的背景。描边可以设置不同的宽度和线型,当把宽度设为 0 时,效果与不设边框相同。

双击左上角的黑色方块,在弹出来的颜色面板中输入以下参数,如图 2.27 所示。

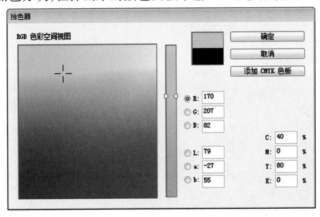

图 2.27

点击确定返回,可以看到圆形内部已经填充成绿色,如图 2.28 所示。

选择圆形,右键弹出菜单中选择"变换" > "缩放"命令,如图 2.29 所示。

将缩放参数设成 90% 后单击"复制(C)"按钮,如图 2.30 所示。

这样在原来的圆形中就有一个缩小的圆,如图 2.31 所示。

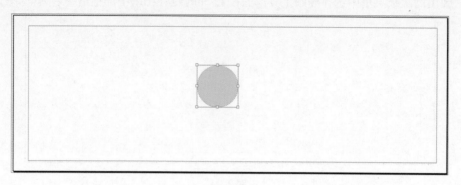

图 2.28

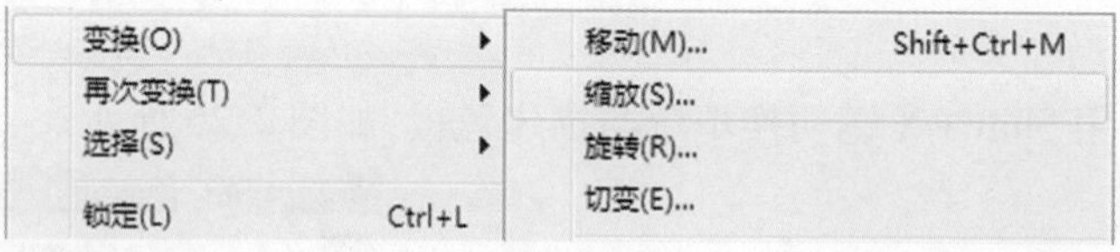

图 2.29

图 2.30

图 2.31

点选小圆,将颜色设置成如图 2.32 所示。

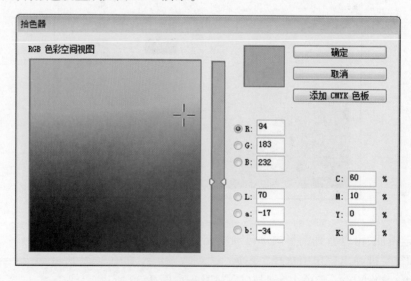

图 2.32

再次选择绿色圆,再复制一个 80% 的圆,用快捷键(Ctrl +])将其位置上移一个图层,这样就可以看到 80% 的绿色圆,将其颜色设为"C80 M20 Y0 K0"。用同样的方法,再复制一个 70% 大小的圆,颜色设为"C100 M30 Y0 K0",结果如图 2.33 所示。

图 2.33

◎提示

InDesign 中重叠的对象是按建立或读入的顺序排列的。可以选择对象后右键菜单里的排列选项卡进行调整,或使用快捷键 Ctrl +]前移一层,Ctrl +[后移一层。

框选所有图形,将其移至页面左部,如图 2.34 所示。

再次框选图形,并按着 Alt 键将图形拖动,复制出一个相同的图形,接着按住 Shift 键将其拖到页面右侧对称的位置,如图 2.35 所示。

图 2.34

图 2.35

◎提示

选择对象后,按住 Alt 键并开始拖动可以复制对象。放开 Alt 键后,在移动过程中通过上下左右方向键可以产生阵列的效果;拖动中按住 Shift 键可以约束对象在水平或垂直方向移动。

在页面空白处单击鼠标右键,选择"显示标尺",或使用快捷键(Ctrl + R)。参考线的绘制方法和 Photoshop 中一样,把光标移动到界面左侧的标尺区域,按住左键可以拖出一条竖直方向的参考线,同样的方法可以拖出水平方向的参考线,绘制参考线的时候可以借助标尺准确量度,以使上下完全对称。通过软件自身的捕捉控制,建立如图 2.36 所示的 9 条辅助线。

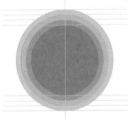

图 2.36

使用工具栏中的矩形工具,沿着辅助线拖动,分别建立四个矩形。调整排列顺序并使用吸色工具将颜色调整至如图 2.37 所示的样子。

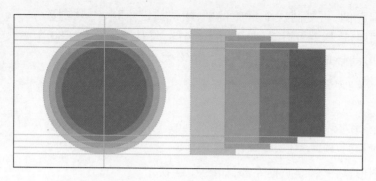

图 2.37

◎提示

InDesign 的吸管工具有类似格式刷的功能，除了可以吸取对象的颜色，还能复制对象的透明度、填色与描边属性。操作方法为点选 🖊，点击需要复制属性的对象，待图标变为 🖌 后，再点击需要更改属性的对象。吸管工具也对图像和文字起作用。

点击最大的绿色矩形，将鼠标移到矩形左边中间的锚点旁边，待鼠标图案变为双箭头后点击图形相左拖动，将绿色矩形延伸到圆形中心的纵向辅助线上。使用相同的方法，将矩形的右边延伸到右边圆形图案的中部，如图 2.38 所示。

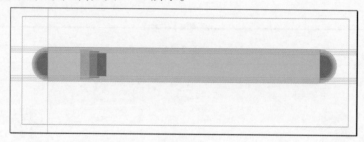

图 2.38

对余下的三个矩形进行相同的操作，分别将他们的两边延伸到两个圆形的中部，最后图形如图 2.39 所示。

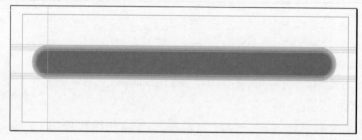

图 2.39

选中建立的辅助线，用 Del 键删除。框选整个图形，用右键"编组"命令，快捷键 Ctrl + G 将图形编为一组。编组的目的是为了将多个对象组合成一组，以方便同时对其进行移动或缩放。从左边的标尺栏拉出两条纵向辅助线，在控制栏中分别将其"X"属性设为 420 mm 和 430 mm。两个辅助线间的距离就是预留给书脊的位置。移动群组的图形，使其中部锚点自动对齐到两条辅助线之间，如图 2.40 所示。

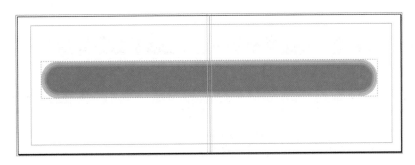

图 2.40

在图形右半部画一个小矩形,宽 45 mm,高 30 mm,拖动使其中部对齐图形中间水平方向的等分辅助线,如图 2.41 所示。

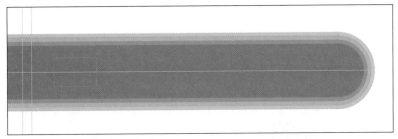

图 2.41

按住 Alt 键向右拖动矩形,放开 Alt 键后连按三次右方向键使两个矩形间再复制出 3 个相同的矩形,继续向右拖动使矩形间留有一定的间隙,如图 2.42 所示。

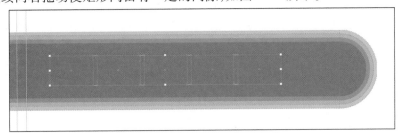

图 2.42

把鼠标移到右上角的控制栏,把矩形的边角属性改为圆角,如图 2.43 所示。

选择“文件(F)”标题栏下的“置入”命令,或用快捷键 Ctrl + D,打开置入命令窗口。找到方案目录下效果图的存放文件夹,按住 Ctrl 键选择 5 张具备代表性的方案效果图后单击“打开”按钮,如图 2.44 所示。

分别点击 5 个倒圆角矩形的中部,将刚才选择的效果图分别置入矩形框架中,如图 2.45 所示。

图 2.43

矩形框架中的效果图没有完整显示出来,用选择工具 双击或用直接选择工具 单击效果图,对置入的效果图进行拖动缩放或移动,也可以在选择图像后用快捷键 Ctrl + Shift + Alt + C 键来让图形快速适应框架。框架此时等于兼有蒙版的功能,使置入的图像只显示需要的部分,其他部分不显示,但原始图像并没有受影响。调整后的效果如图 2.46 所示。

图 2.44

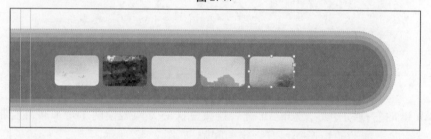

图 2.45

图 2.46

再拉一个宽 200 mm，高 20 mm 的矩形，倒圆角，填充成群组图形最外围的绿色，移到如图 2.47 所示位置。

图 2.47

使用工具栏中的文字工具 T，在新画的矩形中拉一个文字框，输入"石门森林公园总体规划设计"，并在控制面板中将字体设为微软雅黑，字体大小设为 36 点，点选最右侧全部强制双齐图标 ，效果如图 2.48 所示。

图 2.48

长按文字工具 T，在弹出菜单中选择直排文字工具，在书脊中部拉一个框，输入"石门森林公园总体规划设计"，格式为微软雅黑 14 号。将鼠标移动到文字框右下角，待鼠标图案变为 45°，如图 2.49 所示。

双击鼠标左键，文本框架就会适应文字的大小。拖动文本框，使系统自动捕捉到中心位置，如图 2.50 所示。

制作一个 10 mm 宽，80 mm 高的绿色矩形，置于书脊文字之下，如图示 2.51 所示。

到这里，就完成了一个简约风格的封面封底设计。双击抓手工具 显示整个页面，再按 W 键切换到预览模式，全页效果如图 2.52 所示。

图 2.49   图 2.50

图 2.51

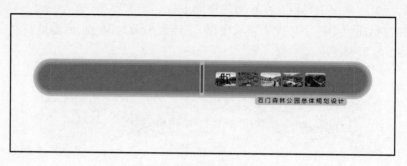

图 2.52

4)设计扉页和文本背景的主页

接下来进行扉页的设计。先点击封面上已群组的长条图形,用 Ctrl + C 命令复制后双击页面选项板的"C-扉页",使该主页进入编辑状态,再使用 Ctrl + V 粘贴命令将图形粘贴到主页上,调整位置至图 2.53 所示。

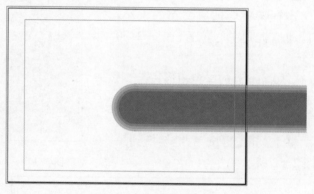

图 2.53

点选图形,使用右键菜单中的"变换">"缩放"命令,将图形缩小至 70%,单击确定。双击编辑该图形,调整至图 2.54 所示。注意矩形的右边要贴近出血线。

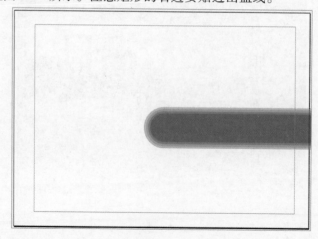

图 2.54

这个图形将作为扉页的背景,因为每张扉页的标题都不一样,所以标题不能在主页上制作。对扉页进行完善,双击"A-文本背景",进入文本背景的编辑。使用同样的方法,将扉页的图形复制,贴入 A 主页内,对图形移动和缩放至如图 2.55 所示的效果。

图 2.55

使用文字工具 T 在左下角键入"石门森林公园总体规划设计"字样,样式为黑体,18 点,点选全部强制双齐 ▤。效果如图 2.56 所示。

图 2.56

这就做好了用于文本背景的主页,页面面板如图 2.57 所示。

至此把要用的主页全部设计好了。保存文件。接下来要设定文字样式。

5）设定文本的字符和段落样式

Adobe InDesign 处理文本的能力很强,可以像在 MS Office Word 软件里处理文字一样预先设定好需要用的字符样式及段落样式,这样不仅会提高处理图册中文字的效率,而且将来可以顺利地自动生成目录。在 InDesign 中设置字符样式和段落样式的方法跟在 word 中

图 2.57

的方法很像,所以如果对 Office 软件比较熟练,这里也很容易掌握。使用右上角的工作区切换器,将工作区设为"排版规则"（默认是"基本功能"）,如图 2.58 所示。

不足以

　　这样,工作区右侧的面板组就会出现"段落样式""字符样式"等面板。"字符"面板主要是用来临时调整字符的格式,当只有少数文字需要一次性调整格式时可使用该面板。"字符样式"面板就是预先设定文字的样式,以后可以随时把样式应用于任意文本。同理,"段落"面板用于局部调整段落的格式,而"段落样式"便于反复应用。一般情况下,在设计图册的排版中,段落样式的应用要远多于字符样式的应用,因为设计图册主要任务是要简明地表达方案,不需要过于花哨的排版。字符格式的调整主要是把单个或多个文字进行加粗、下划线、字形拉长、压扁等处理,在文本编排过程中使用较少,可以不用预先设定。将重点放在段落样式的预设。

　　展开"段落样式"面板,单击面板下方的"创建新样式"按钮,创建一个新的段落样式,软件默认的名称为"段落样式1",如图2.59所示。

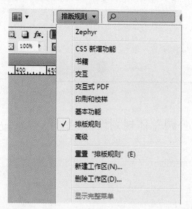

图2.58　　　　　　　　　　　　　　图2.59

　　双击"段落样式1",打开"段落样式选项"窗口,在"常规"选项卡中修改样式名称为"标题1"其他不变,如图2.60所示。

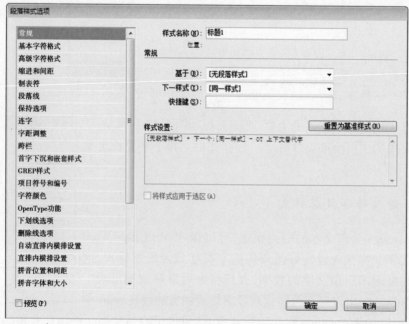

图2.60

在左侧的列表中点选"基本字符格式",将"字体系列"设为黑体,大小设为 48,其他选项采用默认值,如图 2.61 所示。

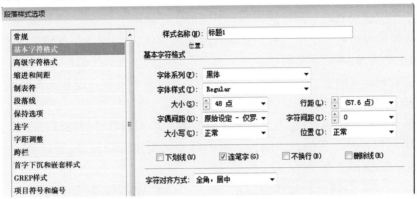

图 2.61

"高级字符格式"采用默认值,"缩进和间距"设置如图 2.62 所示。

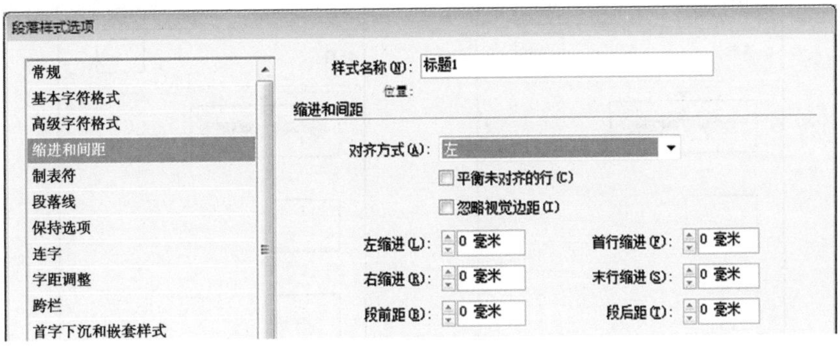

图 2.62

其他选项根据需要设定,这里不再说明。设置完成后单击确定,可以看到新样式"标题 1",该样式将来用于文本的一级标题,即扉页上的标题。

用相同的方法新建"标题 2"和"标题 3"两个样式,这两个段落样式可以基于"标题 1"设定,则只须修改字符的大小即可,本例中"标题 2"选择字符大小是 18,行距是 20。"标题 3"字符大小是"14",行距仍是"20"。

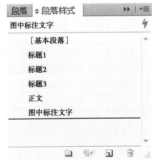

图 2.63

然后新建"正文"段落样式,将字体设为黑体,大小设为"12",行距设为"20",对齐方式设为"双齐末行齐左",首行缩进 10 mm。

在新建"图中标注文字"段落样式,将字体设为黑体,大小为"12",行距"20",对齐方式设为"双齐末行居左",首行缩进"0"。

请注意,如果觉得段落样式不太合适,可以随时双击样式名打开重新设定。完成了段落样式设置,如图 2.63 所示,其中"基本段落"为软件原先默认的样式。

至此,版面的基本设计就完成了。接下来可进入实际排版了。

6) 实际页面的排版

在以上工作完成的基础上便可进行每个页面的实际编排了。

①先完成封面与封底的应用。展开页面管理面板,可以看见在主页区域下方的页面区域内默认已经有 10 个页面,表示页面的缩略图上会显示应用的主页的代码(A),可以尝试按住其他主页的名称拖放到该页面上,就可以把其他页面应用到这个页面。现在第 1 页应用的主页是 B,将 B 主页应用到第 1 页,如图 2.64 所示。

②完成扉页页面。按照设想,用扉页来区分方案文本不同章节,其标题应该用预先设好的段落样式标题 1,以方便之后的目录编排。因为第 2 页要用来做目录,所以页面面板的"C-扉页"拖动至第 3 页,如图 2.65 所示。

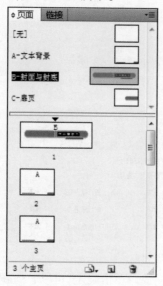

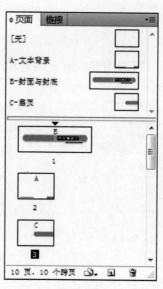

图 2.64　　　　　　　　　　图 2.65

双击第 3 页,使用文字工具键入"设计分析篇",并应用段落样式"标题 1"。应用段落样式的方式有两种,第一种是在段落样式面板中先把要使用的样式设置为当前样式,这时候用文字工具输入的文字就会默认使用这种段落样式。第二种方式是先任意用文字工具输入文字,然后选中文字,再在段落样式面板中单击要应用的样式,就会把该样式赋予选中了的文字。注意,在同一块文本中,可以给不同的文字使用不同的样式。注意,"标题 1""标题 2""标题 3"将是生成图册目录的基础。应用完毕后将文字改为白色,移动到如图 2.66 中所示位置。

这样,扉页也完成了。之后需要增加不同章节的扉页,只需拖动"C-扉页"主页至相关页面即可。扉页的标题可复制第 3 页的标题文字,在对应的新页面使用右键菜单中的"原位粘贴"命令完成复制,最后再修改标题文字。"原位粘贴"命令在排版的过程中会经常使用到,它能将一个页面上的对象复制到另一个页面的相同位置,可以用来复制页面标题文字或者相同的图形布局。

③完成文本背景页面。除了第 1 页和第 3 页有更改过,其他的页面样式仍然是默认为"A-页面背景",只需要在上面加入页面标题。

双击页面面板的第 2 页图标,使用文字工具键入"目录"字样,应用段落样式"标题 2",将颜色改为白色,在目字与录字之间空两格,移动位置到如图 2.67 中所示。

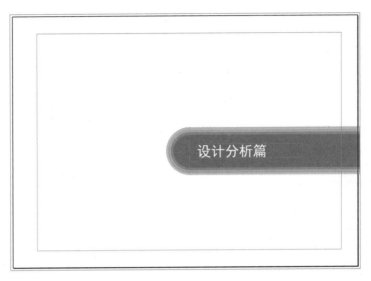

图 2.66

这样,已完成了文本背景的制作。之后设计的页面背景标题都使用"复制"和"原位粘贴"命令来定位再编辑。当前因为还不存在文本目录,所以先不做其他操作,等之后其他内容完成编排后再在这个页面上生成目录。

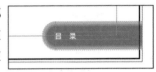

图 2.67

下面转入图纸内容的编排。由于文本有很多内容的排法是相似的,只选择一些典型内容做示范。

④文字说明的编排。双击第 4 页的图标,在新页面中用文字工具拖出一个文本框,在拖动过程中按两下右方向键把文本框等分为三栏。用这种方式进行分栏非常方便,默认的分类间距为 5 mm,可在拖动的过程中按住 Ctrl 键再按左右方向键可以调整分类间距,或者在分好后再用间隙工具 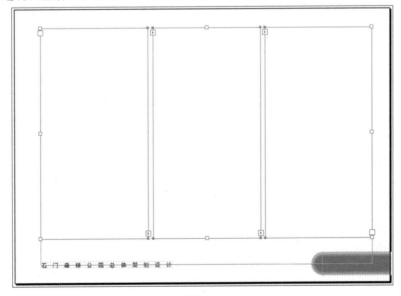 进行调整,分好栏的文本框图像如图 2.68 所示。

图 2.68

输入文本之前可以先把段落样式"正文"设为当前样式,使刚输入的文本都是这种格式,再按需要把标题样式赋予实际的标题。复制预先在 Word 中写好的设计说明,将它粘贴到第一个文本框中,效果如图 2.69 所示。

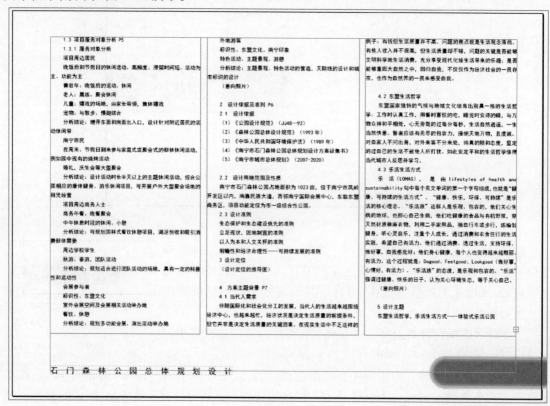

图 2.69

可见三个文字栏是连通的,在第一个文本框中的进行换行操作也会影响后面的文本框。如果现有的文本框输满后仍有文字装不下,文本框的右下角会出现一个中间有 + 号的红色方框,如图 2.70 所示。

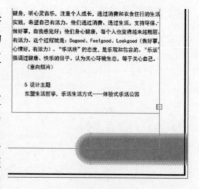

图 2.70

切换到选择工具,单击红色小方框,光标变成带有一个文字块的样子,在右边栏内拖出合适的文本框,上一个文本框中装不下的文本就会继续在这里填入,如果还是装不下,又会显示红色小方框,可以在新建的页面内继续相同的操作,直到完成文本输入。同时把相应的标题应用恰当的段落样式。如图 2.71 和 2.72 所示。

复制第 2 页的"目录"标题,分别"原位粘贴"到第 4 页和第 5 页,再把文字改为"设计说明",如图 2.73 所示。

⑤给页面添加自动页码。有了几个页面后,回到主页 A 给它添加自动页码,这样图册的每一页都会自动显示页码(封面封底和扉页除外),而且即使在中间增加了页面,页码也会自动修正。

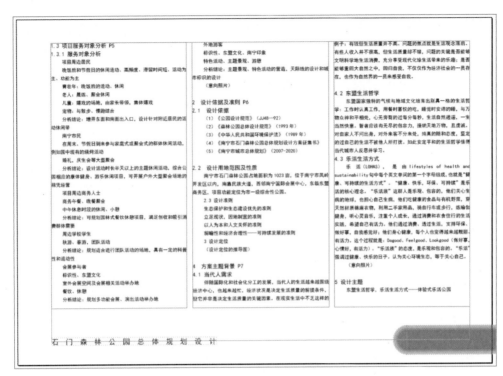

图 2.71

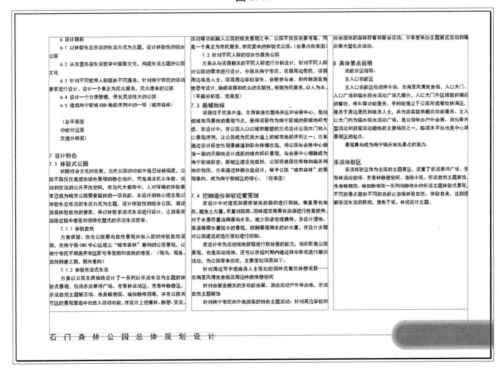

图 2.72

在"页面"面板中双击"A-文本背景",使之成为当前编辑页。在段落样式面板中把"标题2"设为当前样式。选择文字工具,在页面右下角的蓝色图形中拖出一个文本框,不要在其中输

入文字,而是执行菜单项"文字 > 插入特殊字符 > 标志符 > 当前页码",这时文本框中会显示一个"A",将其改为白色。转到图册设计说明页,可见页面右下角已经显示了页码,但是显示的数字却是"4",因为若从封面算起,这是第 4 个页面。所以要改动页码的显示方式,让它等于扉页之后的第 2 页,显示为 02。具体做法:在"页面"面板中扉页上单击鼠标右键,选择"页码和章节选项",选择"起始页码"为1,样式为 01,02,03,…,如图 2.74 所示。

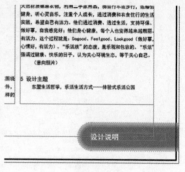

图 2.73

确定后再检查,可以看到页码显示正确了。再在"A-文本背景"中微调页码的位置,让其如图 2.75 所示。

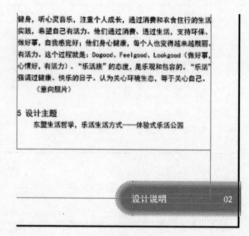

图 2.74　　　　　　　　　　　　　　　　图 2.75

⑥总图类编排。下面介绍总平面图、分区图和分析图的制作。在页面面板选择第 04 页,使用矩形框架工具▣,或按快捷键 F,拖出一个空白矩形框架,如图 2.76 所示。

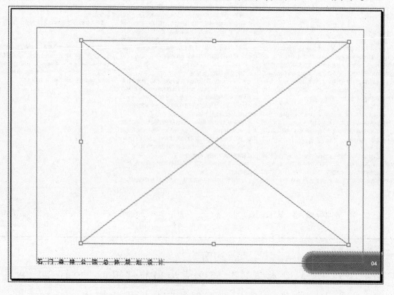

图 2.76

　　然后按组合键"Ctrl + D"或选择菜单项"文件→置入",在弹出的窗口中找到硬盘上需要置入的总平面图,并打开。这时置入的平面图显示肯定不完整。在置入的图像上单击鼠标右键,选择"适合→按比例适合内容",然后再次单击鼠标右键,选择"适合→使框架适合内容",就把置入的平面图调整好了,如图 2.77 所示。

　　接下来制作比例尺和指北针。

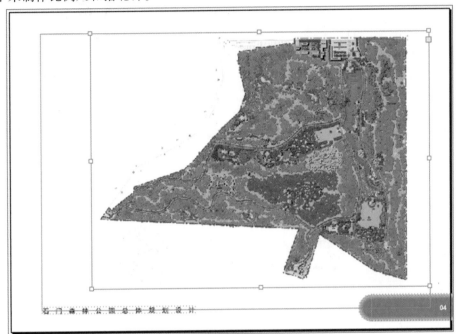

图 2.77

　　在页面左上角画一个圆,在控制区把其大小设为 10 mm,颜色和线宽如图 2.78 所示。

　　在圆心处设置一条纵向辅助线,使用钢笔工具 画一个三角形,如图 2.79 所示。钢笔工具的用法可以参考 Photoshop 里的说明。

图 2.78　　　　　　　　　　　　图 2.79

　　对三角形做如图 2.80 的设置。

　　设置后的效果如图 2.81 所示

图 2.80   图 2.81

选择三角形,Alt 键拖动复制后,右键选择"变换">"水平翻转"命令,调整到如图 2.82 所示。使用文字工具键入"N"字,设置为黑体,大小为 18 点,移动到三角形顶端。将指北针的所有元素框选,用 Ctrl + G 键建组,完成后如图 2.83 所示。

图 2.82   图 2.83

接下来使用直线工具 ,画一条等同于总图上 50 m 距离的横线,将描边设为 6 mm,再复制一个到图形摆放到如图 2.84 所示的位置。

图 2.84

用文字工具分别输入"0M""50M""100M""150M"四组数字,大小设为 8 点,移动到如图 2.85 所示位置,用 Ctrl + G 将图形群组,完成比例尺的制作。

图 2.85

讲指北针和比例尺移动到页面左上角,摆放到合适的位置,如图 2.86 所示。

接下来制作景点标示。在图中空白处画一个直径 10 mm 的圆,参数设置如图 2.87 所示。

使用文字工具输入"01"字样,样式为黑体,大小为 8 点,颜色为白色,居中。移动到圆心处,将字和圆形群组,如图 2.88 所示。

使用 Alt 键将景点标示符号拖动复制到总图上的对应位置,再使用直接选择工具 对数字进行修改,如图 2.89 所示。

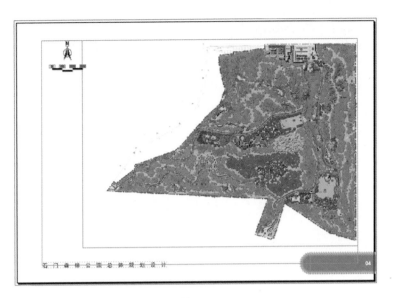

图 2.86

图 2.87

图 2.88

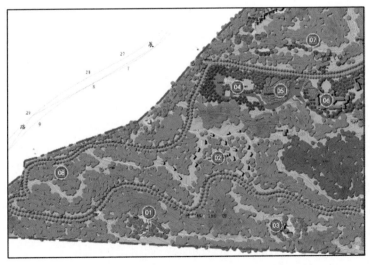

图 2.89

标好所有对应景点位置后,接着标示景点名称。使用文字工具拖出一个矩形文字框,拖动过程中按两下右方向键将文字框分为三栏,控制文字框的宽度大约为两个 12 点的字符,如图 2.90 所示。

键入"01"~"30"的字样,如图 2.91 所示。

调整文字框的大小和间距至如图 2.92 所示。

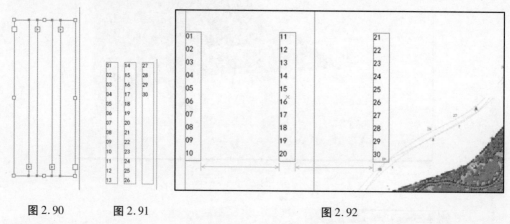

图 2.90　　　　图 2.91　　　　　　　　　　图 2.92

用同样的方法再制作 3 个分栏,输入景点的名字,并调整位置及大小至效如果图 2.93 所示。

图 2.93

今后如要对景点顺序进行调整或者增删,这里将数字和中文字分开编辑互不影响的方式就会非常便捷。完成这一步后可以将景点标示拖动到合适位置并将页面名称完善,按下"W"键预览效果,如图 2.94 所示。

接下来制作功能分区图。先复制 04 页的总平面图,原位粘贴到 05 页上。点击图片,按 Ctrl + D 置入一张已经通过 Photoshop 降低饱和度与提升了明度的总平面,如图 2.95 所示。

因为该总平面只是在 Photoshop 中调整颜色,位置与像素大小没有变化,所以置入时能保证和原图大小和位置与原图完全相同。在实际工作中,分析图常常是由不同的人制作的,只要事先约定好制图的规格,在后期置入 InDesign 排版时也能保证图纸位置是完全相同的,这样就能制作出整齐的版面。

使用钢笔工具 ，在图上画出一个闭合的曲线,如图 2.96 所示。

将图形的填色和描边属性做如图 2.97 所示的设置。

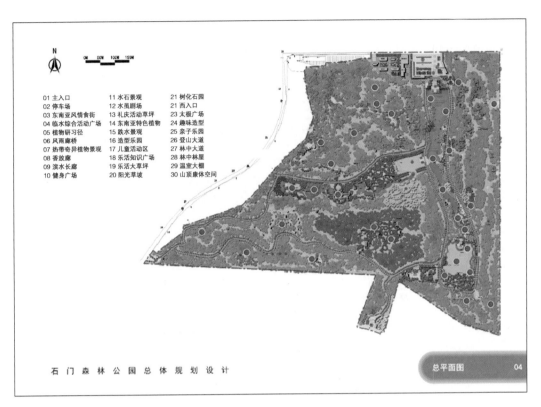

图 2.94

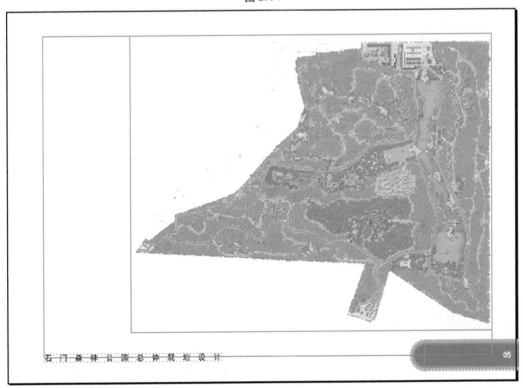

图 2.95

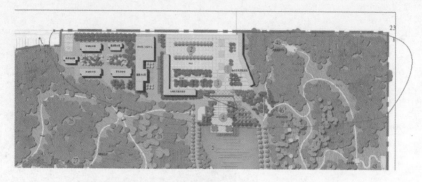

图 2.96

图 2.97

再选中图形,右键菜单中选择"效果">"透明度"命令,做如图 2.98 所示的设置。

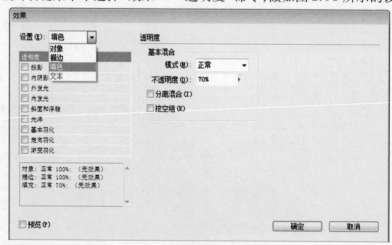

图 2.98

这就做出了一个半透明的块,如图 2.99 所示。

使用相同的方法,再将其他分区制作出来,如图 2.100 所示。

使用矩形工具,在左上角制作出 5 个小矩形。分别选择一个矩形,使用吸管工具 点击总图上的色块进行属性的复制。完成后键入色块对应的分区名称,键入分区说明,并加上页面名称,这样就完成了分区平面的制作。成果如图 2.101 所示。

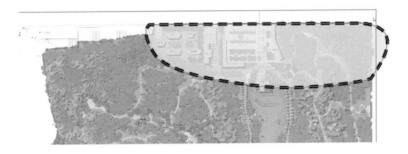

图 2.99

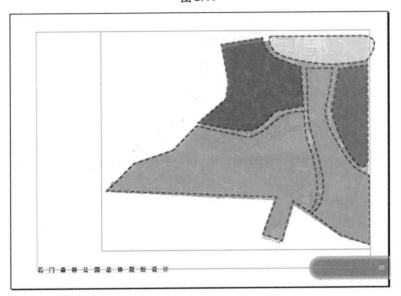

图 2.100

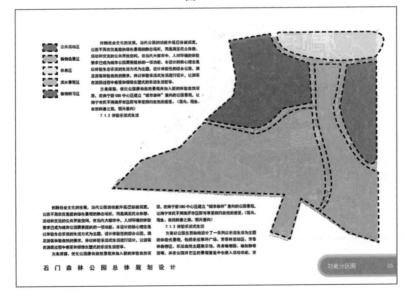

图 2.101

⑦表现图类编排。在新页面中使用框架工具建立如图 2.102 所示结构。

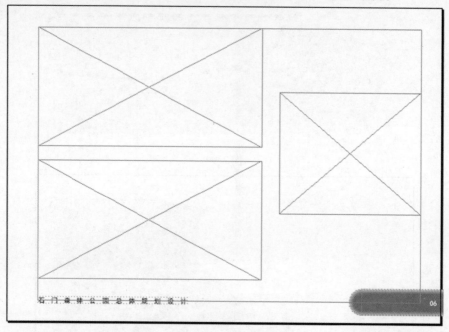

图 2.102

按"Ctrl + D"置入调整明度的平面图和两张效果图,在图上单击鼠标右键,选择"适合→按比例填充框架",结果如图 2.103 所示。

图 2.103

点击总平面框架,右键"复制"再使用"原位粘贴",在使用 Ctrl + D 置入原始总平面,如图 2.104 所示,原始的总平面准确的叠加在调整过明度的总平面上。

图 2.104

选择最上端的平面,用 Crtl + X 剪切到内存中。再长按矩形框架工具,在弹出的菜单中选择圆形框架工具。接着在总平面对应效果图的位置按住 Shift 键拖出两个圆形框架,分别点击圆形框架,使用右键菜单中的贴入内部命令,如图 2.105 所示。

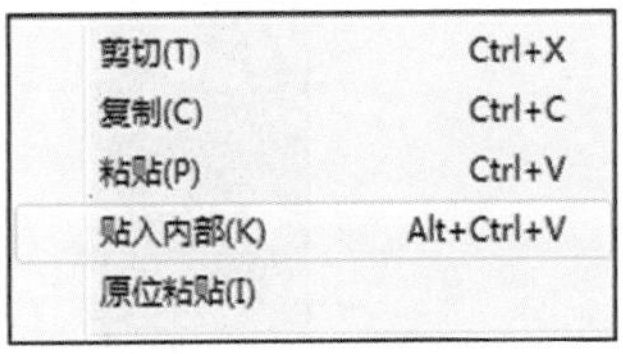

剪切(T)	Ctrl+X
复制(C)	Ctrl+C
粘贴(P)	Ctrl+V
贴入内部(K)	Alt+Ctrl+V
原位粘贴(I)	

图 2.105

粘贴在内存中的原平面图就会置入到圆形框架之中,而且位置与底下的高明度平面图完全对应,如图2.106所示。

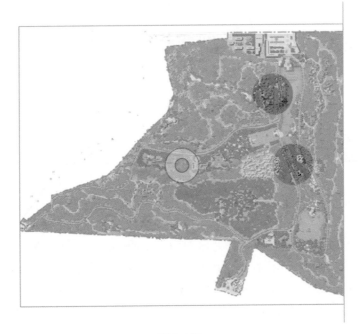

图 2.106

再选择框架,将其描边属性按图 2.107 所示设置。

接着再用钢笔工具画出索引线,颜色描边属性如图 2.108 所示。所得图形形状如图 2.109 所示。

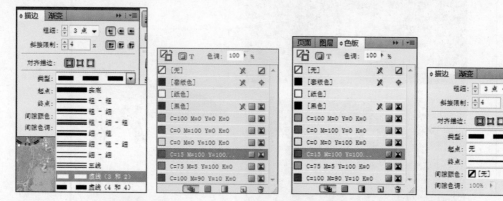

图 2.107　　　　　　　　　　　　　　　　　　　　图 2.108

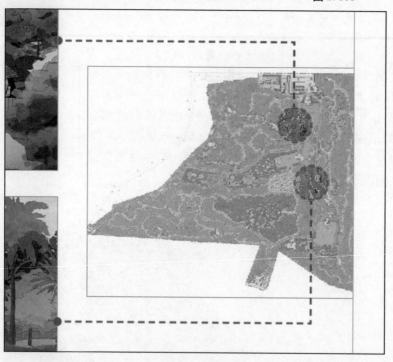

图 2.109

在图 2.109 中的合适位置添加文字说明,并完善页面标题,最后结果如图 2.110 所示。

⑧设计意向图类编排。这里以植物意向图为例说明。通常意向图版面都会编排多张意向图,由于意向图的规格大小不相同,在以往的软件中编排往往要设置大量辅助线。在 InDesign 中的"框架"工具很好地解决了这个问题,并且在最新的 CS5 中拖动框架结合上下左右方向键就能快速等分框架,非常灵活。拖动过程中按三次右方向键,三次上方向键,效果如图 2.111 所示。

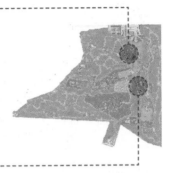

图 2.110

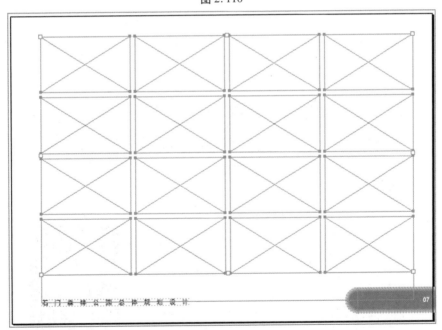

图 2.111

拉好框架后，在控制栏的右上角按下自动调整按钮和按比例填充框架，如图 2.112 所示。

按 Ctrl + D 键，在弹出的选择窗口中复选要一起倒入的 16 张意向图，按回车键确定。这样 16 张图片都会读入到内存中，并会在鼠标旁边附有预览图。接着你就可以根据预览图决定图片摆放的位置，按鼠标左键点击要置入的框架，这样该意向图就会自动置入所选框架，并按比例自动适应框架，如图 2.113 所示。

图 2.112

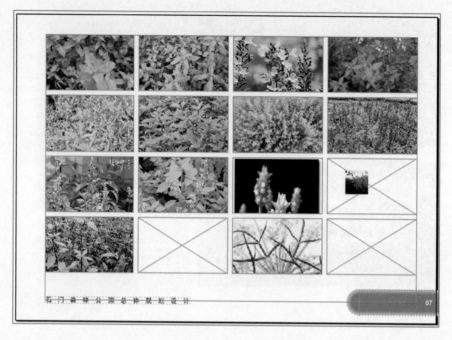

图 2.113

完成所有图片的置入后,再按需求用直接选择工具,快捷键 A,对框架内的图片进行微调。也可以用选择工具,快捷键 V 对框架进行调整。这种编排方法大大减少了重复裁剪图片的时间,效率很高。图 2.114 所示为调整完善后的植物意向图页面。

图 2.114

至此,完成了常用页面的编排演示,接下来生成目录。

⑨生成目录。展开"页面"面板,双击要放置目录的页面(这里是第 2 页),使其成为当前页。

选择菜单项"版面→目录样式",打开目录样式窗口,如图 2.115 所示。

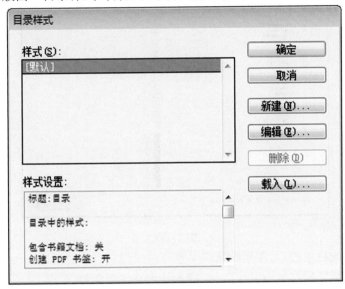

图 2.115

单击"新建"按钮,打开新建目录样式窗口,"目录样式"采用默认的名称;标题采用"目录"两个字,但在中间加四个空格;从右边栏中依次选中"标题 1","标题 2"和"标题 3"移到左边栏内;先选中"标题 1",然后在条目样式中选择"标题 2","页码"选择"条目前","条目与页码之间"选择 3 次"全角空格",如图 2.116 所示。

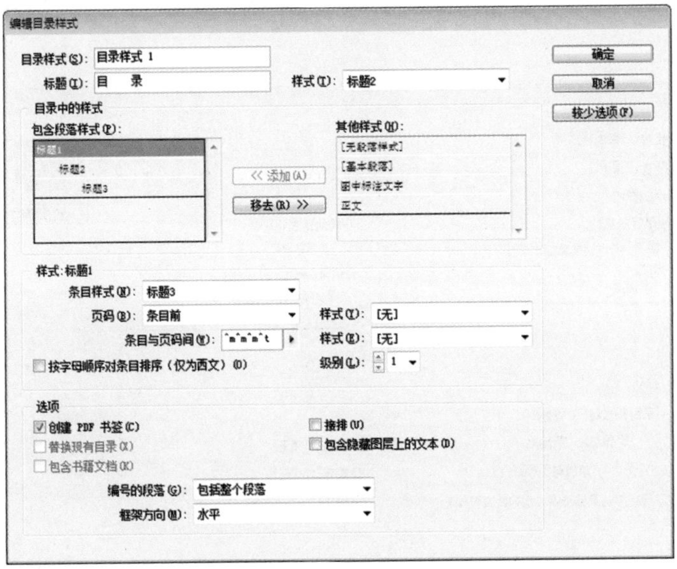

图 2.116

然后选中左边栏内"标题 2","标题 3"也做同样的设定。然后确定,再确定,回到页面。选择菜单项"版面→目录",打开目录窗口,检查没有错误后,点击"确定",在页面空白处拖出适当的区域,就可以看到生成的目录了。调整目录的位置,这样就完成了目录的生成,如图 2.117 所示。

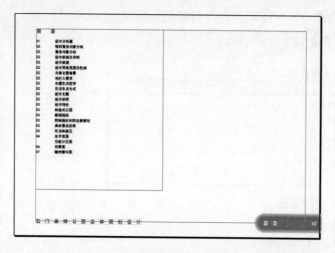

图 2.117

如果在已经生成目录之后,图册的页面又重写编辑过,例如增加、减少了页面或设计说明文本长度有变化导致标题所在页面发生变化,或者是调整了目录样式,等等,只须选择菜单项"版面→更新目录"即可自动修正目录的内容,非常方便。

再生成另外一种样式的目录。删除刚才做好的目录,接下来先新建一个目录样式。选择菜单项"版面→目录样式",再单击"新建"按钮,打开新建目录样式对话框。目录样式名就取默认的"目录样式 2"。然后从右栏中选择"标题 1","标题 2"和"标题 3"添加到左栏。

然后选中左栏中的"标题 1",将"条目样式"设为"标题 2","页码"选择"条目后",其余不变。"标题 2"和"标题 3"也做相同设置。两次"确定"后完成新目录样式的设定,设定值如图 2.118 所示。

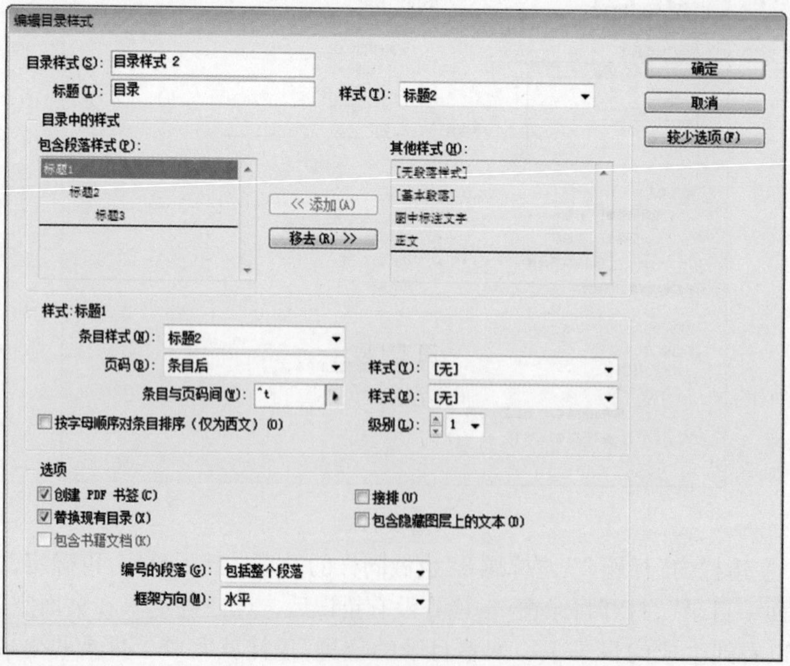

图 2.118

再选择菜单项"版面→目录",打开"目录"对话框,确认选择了目录样式 2,另外勾选"创建 PDF 书签"(这样生成的 PDF 文件,目录项有定位跳转的功能,即在目录上单击,可以直接跳转到相应的正文页)。

单击"确定",回到页面上拖出一个合适大小的文本框,生成新目录,样式如图 2.119 所示。

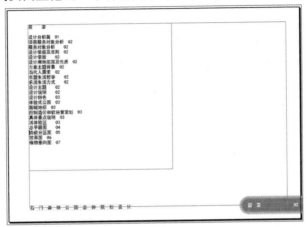

图 2.119

现在双击目录文本框进入文字编辑状态,选中所有目录条目,然后选择菜单项"文字→制表符"(或按组合键"Ctrl + Shift + T"),打开"制表符"对话框,如图 2.120 所示。

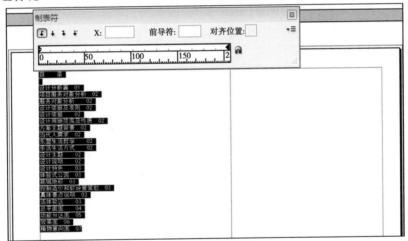

图 2.120

选中左上角的第一个箭头,这个箭头叫"左对齐定位符",将 X 值设为 0 mm,意思是目录条目的左边起点处于文本框最左侧(X 坐标值为 0),如图 2.121 所示。

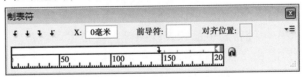

图 2.121

再选中第三个箭头(右对齐定位符),然后在标尺最右侧指定位置(X 坐标),确认"前导符"为小圆点,这时目录就成为所希望的样式了,如图 2.122 所示。

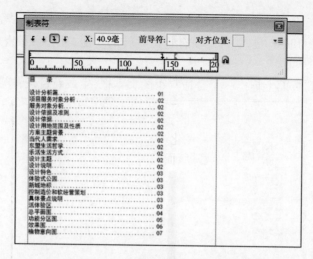

图 2.122

在空白处单击鼠标取消对目录条目的选择,并关闭"制表符"对话框,符合要求的目录就做好了,如图 2.123 所示。

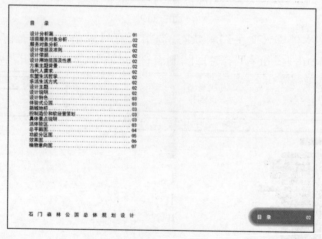

图 2.123

2.4 图板排版思路及范例

版面表达除图册之外还有图版形式,例如设计竞赛和设计展览往往要求成果为图版形式,方便评委可以一目了然设计内容,不用逐本翻页阅读。图版有 A0、A1、A2、或 A0 加长几种常用图幅,其中以 A0 与 A1 图幅最为常用。图板在实际应用中有辅助表现类和主要表现类两种用途,辅助表现类指在图板中单纯将总平面和表现图等重要技术图纸放大,起辅助图册表现设计内容、方便集体讨论的作用,由于较为简单,在此不扩展论述。主要表现类指在图板中以图文混排的方式传递全部设计信息,无需再借助图册表达设计内容的图板形式,本文主要讲解该类型的排版思路。

在图板排版中对软件的技术要求与图册排版完全相同,在此不探讨软件技术,仅就排版思路进行讨论。图板排版与图册排版最大差异性在于版面空间与容量的不同,图板往往需要在一

到两页图板之内表现完所有的设计内容,单页信息量会非常大。要让读者能轻松获取设计信息,要求对版面进行合理的空间分隔和阅读顺序规划。版面空间和阅读顺序规划的最佳帮手就是辅助线,所以在进行图板排版的第一步工作就是利用辅助线进行版面空间划分。现代阅读顺序一般为自上而下,自左而右,根据该顺序将版面划分成两到三块,再进行每块板块的内部细分。在确定版面空间划分,建立了版面秩序之后开始将设计内容按阅读顺序导入版面中,同时注意图文混排的比例,避免将图文完全分开。之后根据第一节所讲的文字与图像的调阅率、网格率、版面率等平面设计原理对版面进行优化调整,在突出重点的前提下实现版面整体的协调性,最后制作版面装饰元素和背景色,丰富版面效果,即完成了图板的排版。

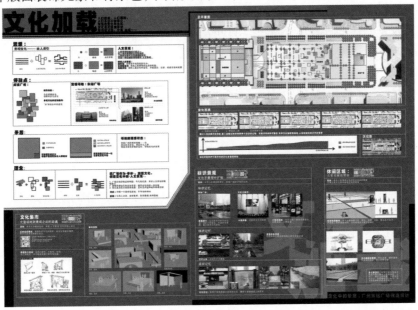

图 2.124

图 2.124 为横向 A0 图板排版范例。上图的排版顺序依此为:首先将版面以辅助线分隔为四部分,其中为平面类图纸预留了最大空间,并规定阅读顺序为自上而下,自左而右;之后对每部分板块进行细分,绘制分隔栏并导入图文类容,以便读者理解阅读顺序;在分隔栏采用图文混排的方式,保证版面元素的相应跳跃率,除总平面之外控制其他图文元素的大小,保证全版面能传递尽量多的信息量;之后为设计主要技术图纸部分添加背景色,增加图文对比效果,再制作版头及其他版面装饰元素即完成排版。版面装饰元素应尽量简洁,以适合专业风格。

2.5　图像输出基本知识

选择菜单项"文件→导出"或者按组合键"Ctrl + E",会打开文件导出向导,导出的文件格式有好几种,比较常用的就两种,一种是 pdf 格式的文件,另一种是 jpeg 图像格式文件。当然也可以在 InDesign 中直接打印图册,但需要计算机连接彩色打印机。一般情况下,总是要导出 pdf 或 jpeg 格式的文件用以制作演示文稿或拿到出图店打印。导出 jpeg 文件时,它会按照每页导出,图册有多少页,就会产生多少个 jpeg 图像文件,所以最好把导出的序列文件保存到一个专门的文件夹里,而导出 pdf 文件则只有一个完整的文件,且 pdf 文件打印也很方便,所以本书推

荐导出 pdf 文件。导出时注意设置导出的质量(对于 pdf 文件)或精度(对于 jpeg 文件),针对打印而言应设置为300dpi,针对多媒体汇报72dpi 以上即可。InDesign CS5 中 pdf 文件的导出包含两种,一种为"pdf(打印)",一种为"pdf(交互)"。pdf(打印)适用于导出打印及印刷用文件,pdf(交互)适用于多媒体演示文稿。在"pdf(打印)"的导出选项中,建议在"压缩"选项中将图像品质设为"高",以免"最大值"形成过大文件,如输出文件要进行专业印刷,请勾选"标记与出血"相应选项,以显示印刷所需相应标记。"pdf(交互)"导出选项相对较简单,根据演示需要选择合适分辨率和 jpeg 品质即可。

如果是导出 pdf 文件,可能会碰到一个问题:现在很多人的计算机上安装的一些平面设计用字体,多半没有授权,这种情况下导出 pdf 文件时会提醒字体未授权,不能嵌入 pdf 文件中,如果在没有安装这种字体的计算机上,pdf 文件可能无法正常显示采用这种字体的文字。笔者建议在排版的时候尽量固定采用经过测试的授权字体,且减少美术字体数的使用,以免后期出现太多问题。

练习题

1. 对比图2.5与图2.6的视觉度大小。

2. 对比报刊与杂志在图版率、版面元素的跳跃率和网格约束率方面的差异。

3. 对比图2.110和图2.123的版面率大小。

4. 使用字体印象对图2.10中的字体进行分类。

5. 根据教材2.3.1内容建立自己的排版成果文件夹。

6. 新建一个20页的单面横向A3空白文本,并新建3个主页。

7. 根据图2.33的制作方法,制作一个同样配色的方型图案。

8. 在新建文件中设置与图2.63所示一样的段落样式。

9. 基于上题段落样式,参照图2.69制作4分栏的满页文字。

10. 基于第5题成果,为除封面以外的文件页面添加页码。

11. 将上一章习题中的彩色平面图成果导入排版文件中,并绘制指北针和比例尺。

12. 参照图2.94,为11题成果标识文字。

13. 参照图2.101,为12题成果制作功能分区分析图。

14. 参照图2.110,基于上题成果制作效果图及索引版面。

15. 参照图2.113,制作满幅18张的意向图版面。

16. 选择自己的一份图纸齐全的设计作品,使用 InDesign 进行排版,需严格依照本章指引对文字段落样式进行设置。

17. 为16题排版成果生成目录。

18. 使用两张横向A1图幅大板表达16题所选设计成果的主要内容,要求图文混排,逻辑清晰。

19. 将第15题成果按"pdf(交互)"格式导出为分辨率为72dpi 的成果图集。

20. 将第17题成果按"pdf(打印)"格式导出为分辨率为300dpi 的打印文件。

参考文献

[1] 魏兆骥,吉国华,童滋雨,等. CAD 在建筑设计中的应用[M]. 北京:中国建筑工业出版社,2005.

[2] 宋振会. AutoCAD 高级教程[M]. 北京:清华大学出版社,2002.

[3] Alan Jeffenris, Michael Jones. AutoCAD 建筑设计[M]. 张雷,王求是,谭华,等,译. 北京:机械工业出版社,2000.

[4] 杨学成,林云,齐羚. 计算机辅助园林设计[M]. 南京:东南大学出版社,2003.

[5] 卢圣. 计算机辅助园林设计[M]. 北京:气象出版社,2001.

[6] Adobe 公司. Adobe Photoshop CS5 中文版经典教程[M]. 张海燕,译. 北京:人民邮电出版社,2010.

[7] Scott Kelby. Photoshop CS5 数码照片专业处理技法[M]. 孙军安,袁鹏飞,译. 北京:人民邮电出版社,2011.

[8] 视觉设计研究所. 设计配色基础[M]. 于雯竹,陆娜,译. 北京:中国青年出版社,2004.

[9] 视觉设计研究所. 版面设计基础[M]. 张喆,译. 北京:中国青年出版社,2004.

[10] Adobe 公司. Adobe Indesign CS5 中文版经典教程[M]. 周进,张海燕,译. 北京:人民邮电出版社,2011.